Jean-Pierre Demailly

Gewöhnliche Differentialgleichungen

Jean-Pierre Demailly

Gewöhnliche Differentialgleichungen

Theoretische und numerische Aspekte

Aus dem Französischen übersetzt
von Mathias Heckele

Herausgegeben von Klas Diederich

vieweg

Dieses Buch ist die deutsche Ausgabe von
Jean-Pierre Demailly: Analyse Numérique et Equations Différentielles
Presses Universitaires de Grenoble, © 1991

Druck und buchbinderische Verarbeitung: Langelüddecke, Braunschweig
Gedruckt auf säurefreiem Papier
Printed in Germany

ISBN 3-528-06553-2

Vorwort des Herausgebers

Die rasch zunehmende Verfügbarkeit kleiner leistungsfähiger Rechner mit „mathematikfähiger" Software und benutzerfreundlichen Programmiersprachenpaketen verändert allmählich die Praxis der in Forschung und Lehre tätigen Mathematiker, selbst da, wo diese – oft mit einigem Stolz – betonen, zu den „reinen" zu gehören. Selbst die mathematische Denkart und die Auswahl der untersuchten Probleme werden von den sich anbietenden Diensten der Rechenknechte und Meister der graphischen Darstellungen beeinflußt. Sie erlauben es, Beispiele zu analysieren und zu veranschaulichen, lange heuristische Rechnungen durchzuführen und viele Fälle konkret zu testen. Dadurch legen sie dem mathematischen Denken neue Fragestellungen und Vermutungen nahe, die der theoretische Verstand analysieren und zu neuen Theorien entwickeln kann. Viel schöne Mathematik wurde in den letzten 20 Jahren auf diesem Wege entwickelt. Theorien ohne interessante rechenbare Beispiele finden weniger Interesse. Gute konkrete Mathematik, die gründlich erforschen kann, was man vor 30 Jahren in manchen Kreisen noch naserümpfend „just an example" genannt hätte, weckt heute Begeisterung.

Durch diese Entwicklung wurde der alte Graben zwischen Theorie und Berechnung durch viele Brücken überquerbar gemacht. Die Distanz zwischen den „reinen" und den „angewandten" Mathematikern ist in der jüngeren Generation geschrumpft. Das kann beiden Seiten nur zum Vorteil dienen.

Was sich auf dem Felde der mathematischen Forschung seit einiger Zeit verändert hat, kann auch für die Lehre auf allen Stufen – von der Primarschule bis zum Doktoranden der Mathematik – fruchtbar werden. Insbesondere im Mathematikstudium ist die Trennung in Theorie und Numerik oft wenig effektiv und hinderlich. Sie macht die Theorie noch theoretischer und damit für die Studierenden schwerer faßbar. Und in der Numerik müssen anschließend große Teile desselben Stoffes erneut unter anderen Gesichtspunkten behandelt werden. Die Theorie, in der nur die trivialen Beispiele konkret werden, bleibt unmotiviert. Und die Numerik ohne die Anbindung an den Versuch, größere Zusammenhänge zu verstehen, kann durch die Vielfalt sogenannter „Verfahren" ermüdend sein. Die Verfügbarkeit der Rechner legt es nahe, auch in der Lehre die beiden Seiten eng miteinander zu verzahnen. Dazu ist zweierlei erforderlich:

a)   Die Zahl von Computerarbeitsplätzen für Studierende in unseren mathematischen Fachbereichen muß wesentlich erhöht werden;

b)   eine neue Generation von Lehrbüchern muß entstehen, die Theorie und Beispiele, Abstraktion und Konkretisierung, logische Stringenz und „Praktikabilität" stärker miteinander verbinden.

Das vorliegende Buch gehört zu dieser neuen Generation und verwirklicht den Plan auf einem besonders geeigneten Gebiet: der Lehre von den gewöhnlichen Differentialgleichungen.

Wuppertal, den 16. Juni 1994   Klas Diederich

Vorwort des Autors

Grundlage des vorliegenden Werkes ist eine Mathematikvordiplomvorlesung, welche an der Universität Grenoble I in den Jahren 1985-88 gehalten wurde. Das Ziel dieser Vorlesung war es, den Studenten einige theoretische Grundbegriffe über Differentialgleichungen und gewöhnliche Differentialgleichungssysteme vorzustellen. Dabei wurde großer Wert auf die numerischen Verfahren gelegt, die es erlauben, solche Gleichungen effektiv zu lösen. Aus diesem Grund war ein großer Teil dieser Vorlesung der Einführung von grundlegenden Techniken des numerischen Rechnens gewidmet: Polynominterpolation, numerische Integration, Newton-Verfahren mit einer und mehreren Variablen.

Die Neuartigkeit dieses Buches liegt nicht in seinem Inhalt, bei dem sich der Autor schamlos an der bestehenden Literatur orientiert hat (besonders am Buch von Crouzeix-Mignot, was die numerischen Methoden angeht, und an den Klassikern von H. Cartan und J. Dieudonné bei der Theorie der Differentialgleichungen), sondern vielmehr in der Auswahl der Themen und in ihrer Darstellung. Es ist zwar relativ leicht, Spezialwerke zu finden, welche entweder den theoretischen Grundlagen der Differentialgleichungen und ihren Anwendungen gewidmet sind (Arnold, Coddington-Levinson), oder aber nur numerische Verfahren behandeln (Henrici, Hildebrand). Dagegen gibt es jedoch verhältnismäßig wenig Werke, die beide Gebiete gleichzeitig abdecken und dazu noch auf einem Niveau angesiedelt sind, daß auch ein Vordiplomstudent sie als Lehrbuch verwenden kann. Jeweils ein ganzes Kapitel gewidmet haben wir dem Studium von grundlegenden Lösungsverfahren durch explizite Integration und dem Studium linearer Differentialgleichungen mit konstanten Koeffizienten, Themen, welche im allgemeinen in anspruchsvolleren Werken vernachlässigt werden. Es wurde auch besonderer Wert darauf gelegt, die wichtigsten Ergebnisse anhand verschiedener Beispiele zu veranschaulichen.

Die meisten vorgestellten numerischen Verfahren konnten tatsächlich von den Studenten, unter Verwendung passender Graphiksoftware, in lauffähige Turbo-Pascal-Programme umgesetzt werden. Aus diesem Grund wurde gelegentlich auf diese Programmiersprache Bezug genommen. Die Gesamtheit der im vorliegenden Werk besprochenen Themen übersteigt zweifelsohne den Umfang, der vernünftigerweise in einem Jahr auf Vordiplomniveau behandelt werden kann (In der Tat haben wir den Stoff über einen Zeitraum von 6 Semestern, in denen die Vorlesung gehalten wurde, gesammelt). Um dem Leser bei der Stoffauswahl behilflich zu sein, sind die schwierigeren Unterkapitel, sowie die heikelsten Beispiele mit einem Sternchen gekennzeichnet. Zum Thema graphische Darstellung von Lösungen von Differentialgleichungen sei der interessierte Leser auf zahlreiche Beispiele im Buch von Artigue-Gautheron verwiesen. Dort finden sich vor allem die unterschiedlichsten Darstellungen qualitativer Phänomenen, singuläre Punkte in Vektorfeldern betreffend, wie sie in Kapitel 10 behandelt werden.

Ich möchte mich an dieser Stelle bei meinen Kollegen aus Grenoble für ihre Anmerkungen und stetigen Verbesserungen im Laufe unserer dreijährigen Zusammenarbeit herzlich bedanken. Mein besonderer Dank gilt gleichermaßen Michèle Artigue, Alain

Dufresnoy, Jean-René Joly und Marc Rogalsky, welche sich die Zeit genommen haben und das Manuskript sehr aufmerksam durchgelesen haben. Ihre Kritik und Vorschläge haben viel zur endgültigen Form dieses Werkes beigetragen.

Jean-Pierre Demailly

Literatur

Deutschsprachige Titel

Opfer, G.: *Numerische Mathematik für Anfänger*. Braunschweig/Wiesbaden 1993.

Werner, H. und H. Arndt: *Gewöhnliche Differentialgleichungen. Eine Einführung in Theorie und Praxis*. Berlin, 1986.

Stoer, J. und R. Bulirsch: *Numerische Mathematik II*. Berlin 1990.

Schwarz, H. R.: *Numerische Mathematik*. Stuttgart 1988.

Arnold, V: *Differentialrechnung*. Berlin, 1991.

Cartan, H.: *Differentialrechnung*. Mannheim, 1974.

Gastinel, N.: *Lineare Numerische Analysis*. Braunschweig, 1972.

Englischsprachige Titel

Rouche, N.: *Ordinary Differential Equations: Stability and Periodic Solutions*. Boston, 1980

Coddington, E. A. and N. Levinson: *Theory of Ordinary Differential Equations*. New York, 1955.

Henrici, P.: *Discrete variable methods in ordinary differential equations*. New York, 1962.

Hildebrand, F. B.: *Introduction to numerical analysis*. New York, 1956.

Französische Titel

Artigue, M. et V. Gautheron: *Systèmes différentielles, Etude Graphique*. Paris, 1983.

Crouzeix, M. et A. L. Mignot: *Analyse numérique des équations différentielles*. Paris, 1986.

Dieudonné, J.: *Calcul infinitésimial*. Paris, 1968.

Inhaltsverzeichnis

1 Numerische Näherungsrechnungen

Das Ziel dieses Kapitels ist es, die wesentlichen Schwierigkeiten zu erörtern, mit denen die Durchführung von numerischen Berechnungen auf einem Computer verbunden sind. Für viele Fälle gibt es genau darauf abgestimmte Verfahren, die es erlauben, sowohl die Rechenleistung als auch die Rechengenauigkeit zu erhöhen.

1.1 Fehlerfortpflanzung

1.1.1 Genäherte Dezimaldarstellung von reellen Zahlen

Der Computer besitzt konstruktionsbedingt eine endliche Speicherkapazität. Eine reelle Zahl x muß notwendigerweise in genäherter Form dargestellt werden. Die gebräuchlichste Schreibweise ist augenblicklich die Gleitkommadarstellung :

$$x \simeq \pm m \cdot b^p$$

mit b als *Basis*, m als *Mantisse*, und p als *Exponent*. Die internen Berechnungen werden im allgemeinen zur Basis $b = 2$ durchgeführt, selbst wenn das Ergebnis schließlich zur Basis 10 ausgegeben wird. Die Mantisse m ist eine Festkommazahl mit einer maximalen Anzahl von N zuverlässigen Ziffern (bestimmt durch die Wahl der Speichergröße, die dem Datentyp *REAL* zugeordnet wird): Je nach Maschine wird m geschrieben als:

- $m = 0, a_1 a_2 \ldots a_N = \sum_{k=1}^{N} a_k b^{-k}, \qquad b^{-1} \leq m < 1;$
- $m = a_0, a_1 a_2 \ldots a_{N-1} = \sum_{0 \leq k < N} a_k b^{-k}, \quad 1 \leq m < b.$

Das hat zur Folge, daß die Genauigkeit bei der Näherung einer reellen Zahl immer eine *relative Genauigkeit* ist:

$$\frac{\Delta x}{x} = \frac{\Delta m}{m} \leq \frac{b^{-N}}{b^{-1}} = b^{1-N}.$$

Man definiert diese relative Genauigkeit als $\varepsilon = b^{1-N}$.

In Turbo-Pascal belegen die REAL-Zahlen 6 Byte Speicherplatz. Das erlaubt, reelle Zahlen in einem Bereich von $10^{-38} = 1\,\text{E} - 38$ bis $10^{38} = 1\,\text{E} + 38$ mit einer Mantisse von 11 zuverlässigen Ziffern darzustellen. Die relative Genauigkeit liegt in der Größenordnung 10^{-10}.

1.1.2 Nichtassoziativität von arithmetischen Operationen

Angenommen, es soll mit reellen Zahlen gerechnet und anschließend zum Beispiel auf drei zuverlässige Ziffern gerundet werden. Zu berechnen sei die Summe $x + y + z$ mit

$$x = 8,22, \quad y = 0,00317, \quad z = 0,00432$$

$(x + y) + z$ ergibt : $x + y = 8,22317 \simeq 8,22$

$\qquad\qquad\qquad (x + y) + z \simeq 8,22432 \simeq 8,22$

$x + (y + z)$ ergibt : $y + z = 0,00749$

$\qquad\qquad\qquad x + (y + z) = 8,22749 \simeq 8,23.$

Die Addition ist also wegen der Rundungsfehler nicht assoziativ!

1.1.3 Rundungsfehler bei Summen

Es sollen einige Verfahren untersucht werden, welche es erlauben, eine *obere Schranke* für die durch arithmetische Operationen bedingten Rundungsfehler anzugeben.

Es seien x, y reelle Zahlen, von denen angenommen wird, daß sie ohne Fehler durch N zuverlässige Ziffern dargestellt werden:

$$x = 0, a_1 a_2 \ldots a_N \cdot b^p, \quad b^{-1+p} \le x < b^p,$$
$$y = 0, a'_1 a'_2 \ldots a'_N \cdot b^q, \quad b^{-1+q} \le y < b^q.$$

Wir bezeichnen $\Delta(x + y)$ als den Rundungsfehler, der bei der Berechnung von $x + y$ begangen wird. Wir nehmen zum Beispiel $p \ge q$. Wenn es keinen Überlauf gibt, das heißt, wenn $x + y < b^p$, dann wird die Berechnung von $x + y$ von einem Verlust der $p - q$ letzten Ziffern von y begleitet, entsprechend den Potenzen $b^{-k+q} < b^{-N+p}$; damit ist $\Delta(x + y) \le b^{-N+p}$, während $x + y \ge x \ge b^{-1+p}$ ist. Im Falle eines Überlaufes $x + y \ge b^p$ (was zum Beispiel geschieht, wenn $p = q$ und $a_1 + a'_1 \ge b$ sind), geht auch die zur Potenz b^{-N+p} gehörende Dezimalstelle verloren, weswegen $\Delta(x+y) \le b^{1-N+p}$ wird. In beiden Fällen gilt:

$$\Delta(x + y) \le \varepsilon(|x| + |y|),$$

mit der in Abschnitt 1.1.1 beschriebenen relativen Genauigkeit $\varepsilon = b^{1-N}$. Dies gilt unabhängig vom Vorzeichen von x und y.

Im allgemeinen sind die reellen Zahlen x, y selbst nur als Näherungswerte x', y' bekannt mit $\Delta x = |x' - x|$ und $\Delta y = |y' - y|$. Zu diesen Fehlern addiert sich noch der Rundungsfehler

$$\Delta(x' + y') \le \varepsilon(|x'| + |y'|) \le \varepsilon(|x| + |y| + \Delta x + \Delta y).$$

Die Fehler Δx und Δy sind gegenüber $|x|$ und $|y|$ meist nur in der Größenordnung von ε, so daß man die Ausdrücke $\varepsilon\Delta x$ und $\varepsilon\Delta y$ vernachlässigen kann. Man erhält also

$$\Delta(x + y) \le \Delta x + \Delta y + \varepsilon(|x| + |y|).$$

Es soll der allgemeine Fall der Summenberechnung $\sum u_k$ von *positiven* reellen Zahlen betrachtet werden. Die Teilsummen $s_k = u_1 + u_2 + \cdots + u_k$ werden nach und nach durch Rekursionsbeziehungen berechnet

$$\begin{cases} s_0 = 0 \\ s_k = s_{k-1} + u_k, \qquad k \geq 1. \end{cases}$$

Wenn die reellen Zahlen u_k genau bekannt sind, dann ergibt sich für die Summe s_k der Fehler Δs_k mit $\Delta s_1 = 0$ und

$$\Delta s_k \leq \Delta s_{k-1} + \varepsilon(s_{k-1} + u_k) = \Delta s_{k-1} + \varepsilon s_k.$$

Der Gesamtfehler für s_n erfüllt also die Ungleichung

$$\Delta s_n \leq \varepsilon(s_2 + s_3 + \cdots + s_n),$$

und damit $\quad \Delta s_n \leq \varepsilon(u_n + 2u_{n-1} + 3u_{n-2} + \cdots + (n-1)u_2 + (n-1)u_1).$

Da die ersten Summanden im Fehler Δs_n mit den größten Koeffizienten behaftet sind, ergibt sich folgende allgemeine Regel (siehe Beispiel in Abschnitt 1.1.2).

Allgemeine Regel

Bei der Addition von reellen Zahlen wird in der Regel der Fehler am kleinsten, wenn man zuerst die Terme mit den kleinsten Absolutwerten aufaddiert.

1.1.4 Rundungsfehler bei der Multiplikation

Das Produkt von zwei Mantissen mit N Ziffern ergibt eine Mantisse von $2N$ oder $2N - 1$ Ziffern, von denen die N oder $N - 1$ letzten verloren gehen. Bei der Berechnung eines Produktes xy (mit x, y ohne Fehler) ergibt sich also ein Rundungsfehler

$$\Delta(xy) \leq \varepsilon|xy| \quad \text{mit} \quad \varepsilon = b^{1-N}.$$

Wenn x und y selbst nur als Näherungswerte x', y' bekannt sind, mit $\Delta x = |x' - x|$ und $\Delta y = |y' - y|$, so hat man von vornherein schon einen Fehler

$$\begin{aligned} |x'y' - xy| = |x(y' - y) + (x' - x)y'| &\leq |x|\Delta y + \Delta x|y'| \\ &\leq |x|\Delta y + \Delta x|y| + \Delta x \Delta y. \end{aligned}$$

Zu diesem Fehler addiert sich der Rundungsfehler

$$\Delta(x'y') \leq \varepsilon|x'y'| \leq \varepsilon(|x| + \Delta x)(|y| + \Delta y).$$

Vernachlässigt man die Terme $\Delta x \Delta y$, $\varepsilon \Delta x$, $\varepsilon \Delta y$, so erhält man die Näherungsformel

$$\Delta(xy) \leq |x|\Delta y + \Delta x|y| + \varepsilon|xy|. \qquad (*)$$

Als Verallgemeinerung ergibt sich für die als fehlerfrei angenommenen reellen Zahlen $x_1, \ldots, x_k$ aus Formel $(*)$

$$\Delta(x_1 x_2 \ldots x_k) \leq \Delta(x_1 \ldots x_{k-1})|x_k| + \varepsilon|x_1 \ldots x_{k-1} \cdot x_k|$$

und daraus durch einfache Rekursion

$$\Delta(x_1 x_2 \ldots x_k) \leq (k-1)\varepsilon|x_1 x_2 \ldots x_k|.$$

Der Fehler bei der Division ergibt sich in gleicher Weise zu $\Delta(x/y) \leq \varepsilon|x/y|$. Daraus folgt für alle Exponenten $\alpha_i \in \mathbb{Z}$ die allgemeine Gleichung

$$\Delta(x_1^{\alpha_1} x_2^{\alpha_2} \ldots x_k^{\alpha_k}) \leq (|\alpha_1| + \cdots + |\alpha_k| - 1)\varepsilon|x_1^{\alpha_1} x_2^{\alpha_2} \ldots x_k^{\alpha_k}|.$$

Man stellt fest, daß $|\alpha_1| + \cdots + |\alpha_k| - 1$ genau der Anzahl der benötigten Rechenschritte entspricht, um $x_1^{\alpha_1} x_2^{\alpha_2} \ldots x_k^{\alpha_k}$ durch aufeinanderfolgende Multiplikationen oder Divisionen von x_i zu berechnen.

Im Gegensatz zur Addition hängt die Größe des Fehlers bei der Multiplikation also *nicht von der Reihenfolge* der Faktoren ab.

1.1.5 Horner-Schema

Wir interessieren uns für die Entwicklung eines Polynomes

$$P(x) = \sum_{k=0}^{n} a_k x^k.$$

Das naivste Verfahren, das einem in den Sinn kommt, besteht darin $x^0 = 1$ und $s_0 = a_0$ zu setzen und durch Rekursion weiterzurechnen:

$$\begin{cases} x^k = x^{k-1} \cdot x \\ u_k = a_k \cdot x^k \qquad \text{für} \quad k \geq 1. \\ s_k = s_{k-1} + u_k \end{cases}$$

Für jeden Wert k benötigt man also zwei Multiplikationen und eine Addition. Es gibt in der Tat jedoch ein noch effizienteres Verfahren:

Horner-Schema

Man zerlegt $P(x)$ folgendermaßen:

$$P(x) = a_0 + x(a_1 + x(a_2 + \cdots + x(a_{n-1} + x a_n) \ldots)).$$

Setzt man dann

$$p_k = a_k + a_{k+1} x + \cdots + a_n x^{n-k},$$

so besteht das Verfahren darin, $P(x) = p_0$ durch absteigende Rekursion zu berechnen.

$$\begin{cases} p_n = a_n \\ p_{k-1} = a_{k-1} + xp_k, \qquad 1 \le k \le n. \end{cases}$$

Auf diese Weise führt man bei jedem Schritt nur eine Multiplikation und eine Addition aus, was eine Multiplikation und damit erheblich an Rechenzeit einspart.

Vergleichen wir jetzt die Rundungsfehler der beiden Verfahren unter der Annahme, daß die reellen Zahlen $x, a_0, a_1, \ldots, a_n$ fehlerfrei dargestellt sind.

• »Naive« Methode. Hier gilt $P(x) = s_n$ mit

$$\begin{aligned} \Delta(a_k \cdot x^k) &\le k\varepsilon|a_k||x|^k, \\ \Delta s_k &\le \Delta s_{k-1} + k\varepsilon|a_k||x|^k + \varepsilon(|s_{k-1}| + |u_k|) \\ &\le \Delta s_{k-1} + k\varepsilon|a_k||x|^k + \varepsilon(|a_0| + |a_1||x| + \cdots + |a_k||x|^k). \end{aligned}$$

Da $\Delta s_0 = 0$ ist, ergibt sich nach der Summation über k:

$$\begin{aligned} \Delta s_n &\le \sum_{k=1}^{n} k\varepsilon|a_k||x|^k + \varepsilon\sum_{k=1}^{n}(|a_0| + |a_1||x| + \cdots + |a_k||x|^k) \\ &\le \sum_{k=1}^{n} k\varepsilon|a_k||x|^k + \varepsilon\sum_{k=0}^{n}(n+1-k)|a_k||x|^k. \end{aligned}$$

Daraus folgt $\quad \Delta P(x) \le (n+1)\varepsilon\sum_{k=0}^{n}|a_k||x|^k.$

• Horner-Schema. In diesem Fall gilt

$$\begin{aligned} \Delta p_{k-1} &\le \Delta(xp_k) + \varepsilon(|a_{k-1}| + |xp_k|) \\ &\le (|x|\Delta p_k + \varepsilon|xp_k|) + \varepsilon(|a_{k-1}| + |xp_k|) \\ &= \varepsilon(|a_{k-1}| + 2|x||p_k|) + |x|\Delta p_k. \end{aligned}$$

Entwickelt man $\Delta P(x) = \Delta p_0$ in eine Reihe, dann folgt daraus

$$\Delta p_0 \le \varepsilon(|a_0| + 2|x||p_1|) + |x|\Big(\varepsilon|a_1| + 2|x||p_2| + |x|\big(\varepsilon|a_2| + \cdots\big)\Big)$$

mit

$$\begin{aligned} \Delta P(x) &\le \varepsilon\sum_{k=0}^{n}|a_k||x|^k + 2\varepsilon\sum_{k=1}^{n}|x|^k|p_k|, \\ \Delta P(x) &\le \varepsilon\sum_{k=0}^{n}|a_k||x|^k + 2\varepsilon\sum_{k=1}^{n}(|a_k||x|^k + \cdots + |a_n||x|^n), \\ \Delta P(x) &\le \varepsilon\sum_{k=0}^{n}(2k+1)|a_k||x|^k. \end{aligned}$$

Man erkennt, daß die Summe über die Fehlerkoeffizienten, mit denen die Ausdrücke $|a_k||x|^k$ versehen sind, $\varepsilon \sum (2k+1) = \varepsilon(n+1)^2$ ergibt, also dasselbe Ergebnis wie bei der naiven Methode: Da $2k+1 \leq 2(n+1)$ ist, wird der Fehler im schlimmsten Fall doppelt so groß wie bei der naiven Methode. Trotzdem ergibt sich ein Vorteil, da die kleinen Koeffizienten die ersten Beiträge der Rechnung beeinflussen, so daß die Genauigkeit des Horner-Schemas deutlich besser ist, wenn die Ausdrücke $|a_k||x|^k$ schnell kleiner werden: Das ist zum Beispiel der Fall, wenn $P(x)$ der Beginn einer konvergenten Reihe ist.

Übung

Berechnen Sie den Fehler, der bei den Teilsummen der Exponentialreihe

$$\sum_{k=0}^{n} \frac{x^k}{k!}, \quad x \geq 0$$

begangen wird, unter Berücksichtigung eines gewissen Rundungsfehlers der $a_k = 1/k!$.

Lösung: *Mit der naiven Methode erhält man* $\Delta P(x) \leq \varepsilon(1 + (n+x)e^x)$, *während die Zerlegung in Faktoren*

$$P(x) = 1 + x\Big(1 + \frac{x}{2}\Big(1 + \frac{x}{3}\Big(1 + \cdots \Big(1 + \frac{x}{n-1}\Big(1 + \frac{x}{n}\Big)\Big)\cdots\Big)\Big)$$

als Fehler $\Delta P(x) \leq \varepsilon(1 + 3xe^x)$ *ergibt, was in der Praxis deutlich besser ist, da n ja groß genug gewählt werden muß.*

1.1.6 Fehlerfortpflanzung

Die Fehlerabschätzung, die wir gerade gemacht haben, ist der schlimmste Fall, der bei der Fehlerfortpflanzung entstehen kann, da wir nur den Absolutbetrag der Fehler berücksichtigt haben. In der Praxis werden sich die Fehler teilweise durch zufällige Vorzeichen ausgleichen.

Angenommen, man versucht zum Beispiel die Teilsumme s_n von Termen höherer Ordnung einer konvergenten Reihe $S = \sum u_k$ zu berechnen, wobei die positiven reellen Zahlen u_k ohne Fehler dargestellt sein sollen. Setzt man $s_k = s_{k-1} + u_k$ und $s_0 = u_0$, so gilt für die Fehler Δs_k

$$\Delta s_k = \Delta s_{k-1} + \alpha_k$$
$$\text{mit} \quad \Delta s_0 = 0 \quad \text{und} \quad |\alpha_k| \leq \varepsilon(s_{k-1} + u_k) = \varepsilon s_k \leq \varepsilon S.$$

Daraus schließt man $\Delta s_n = \alpha_1 + \alpha_2 + \cdots + \alpha_n$ und im besonderen $|\Delta s_n| \leq n\varepsilon S$. Im schlimmsten Fall wird der Fehler also proportional zu n. Wir werden sehen, daß man unter vernünftigen Annahmen ein sehr viel besseres Ergebnis erwarten darf:

Annahmen

(1) Die Fehler α_k sind Zufallsvariable, welche alle unabhängig voneinander sind (wenn die u_k zufällig gewählt werden).

(2) Der Erwartungswert $E(\alpha_k)$ ist Null, das bedeutet, daß die Rundungsfehler gleich oft nach oben wie nach unten begangen werden.

Aus Annahme (2) folgt $E(\Delta s_n) = 0$, während sich aus Annahme (1) ergibt, daß sich die Variationen addieren

$$\text{var}(\Delta s_n) = \text{var}(\alpha_1) + \cdots + \text{var}(\alpha_n).$$

Da $E(\alpha_k) = 0$ und $|\alpha_k| \leq \varepsilon S$ ist, erhält man $\text{var}(\alpha_k) \leq \varepsilon^2 S^2$ und damit für die Standardabweichung

$$\sigma(\Delta s_n) = \sqrt{\text{var}(\Delta s_n)} \leq \sqrt{n}\,\varepsilon S.$$

Der mittlere quadratische Fehler wächst in diesem Fall nur mit $\sqrt{n}$. Nach der Tschebyscheffschen Ungleichung ergibt sich:

$$P(|\Delta s_n| \geq \alpha\,\sigma(\Delta s_n)) \leq \alpha^{-2}.$$

Die Wahrscheinlichkeit, daß der Fehler größer als $10\sqrt{n}\varepsilon S$ wird, liegt damit unter 1%.

1.2 Auslöschung

Auslöschung tritt bei der Subtraktion zweier etwa gleich großer Zahlen auf. Dadurch kann es zu beträchtlichen Genauigkeitsverlusten kommen. Die nachfolgenden Beispiele veranschaulichen die dabei auftretenden Schwierigkeiten und die entsprechenden Gegenmaßnahmen.

1.2.1 Beispiel

Lösung der Gleichung $x^2 - 1634\,x + 2 = 0$.
Angenommen, die Berechnungen werden auf 10 zuverlässige Ziffern durchgeführt. Die bekannten Gleichungen für die Lösung einer quadratischen Gleichung liefern die Diskriminante Δ' und die beiden Lösungen x_1, x_2:

$$\begin{aligned}
\Delta' &= 667\,487, \qquad \sqrt{\Delta'} \simeq 816,9987760 \\
x_1 &= 817 + \sqrt{\Delta'} \simeq 1633,998776, \\
x_2 &= 817 - \sqrt{\Delta'} \simeq 0,0012240.
\end{aligned}$$

Wenn man die Subtraktion wie hier durchführt, so ergibt sich für x_2 ein Verlust von fünf zuverlässigen Ziffern! Im vorliegenden Fall ist die Gegenmaßnahme einfach: Es genügt, zu beachten, daß nach dem Vietaschen Wurzelsatz $x_1 x_2 = 2$ gilt und damit

$$x_2 = \frac{2}{x_1} \simeq 1,223991125 \cdot 10^{-3}.$$

Der verwendete *numerische Algorithmus muß geändert werden.*

1.2.2 Beispiel

Näherungsberechnung von e^{-10}.

Angenommen, es wird dafür die Folge $e^{-10} \simeq \sum_{k=0}^{n} (-1)^k 10^k / k!$ verwendet, und die Berechnungen werden immer auf 10 zuverlässige Ziffern gemacht. Für den führenden Beitrag $|u_k| = 10^k / k!$ gilt

$$\frac{|u_k|}{|u_{k-1}|} = \frac{10}{k} \geq 1 \quad \text{sobald} \quad k \leq 10.$$

Man hat also 2 Terme mit maximalem Absolutwert $|u_9| = |u_{10}| = 10^{10}/10! \simeq 2,755 \cdot 10^3$, wohingegen $e^{-10} \simeq 4,5 \cdot 10^{-5}$ ist. Vergleichen wir u_{10} und e^{-10}:

u_{10}:

2	7	5	5,	·	·	·	·	·	·

e^{-10} :

			0,	0	0	0	0	4	5

Das bedeutet, daß mindestens 8 zuverlässige Ziffern durch Auslöschung der Terme u_k mit entgegengesetzten Vorzeichen verloren gehen. Eine einfache Gegenmaßnahme besteht in der Ausnutzung der Beziehung

$$e^{-10} = 1/e^{10} \quad \text{mit} \quad e^{10} \simeq \sum_{k=0}^{n} \frac{10^k}{k!}.$$

Aus diesem Grund sollte man im Rahmen der gegebenen Möglichkeiten *Additionen vermeiden, bei denen sich Zahlen mit entgegengesetzten Vorzeichen auslöschen.*

1.2.3 Beispiel

Approximation von π durch einbeschriebene Vielecke.
Es sei P_n der Inkreisradius des regelmäßigen n-Eckes, mit dem Umkreisradius $R = 1$.

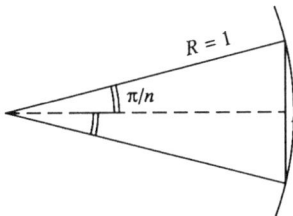

Die Seitenlänge dieses Vieleckes beträgt $2 \cdot R \sin \pi/n = 2 \sin \pi/n$ und damit

$$P_n = n \sin \frac{\pi}{n},$$

$$P_n = \pi - \frac{\pi^3}{6n^2} + o\left(\frac{1}{n^3}\right).$$

Man erhält also eine Approximation von π mit einer Genauigkeit der Größenordnung $6/n^2$. Um P_n zu entwickeln, benutzt man das als Dichotomie bezeichnete Verfahren der wiederholten Winkelhalbierung, welches eine rekursive Berechnung erlaubt

$$x_k = P_{2^k} = 2^k \sin \frac{\pi}{2^k}.$$

Wenn α ein Winkel zwischen 0 und $\pi/2$ ist, gilt

$$\sin \frac{\alpha}{2} = \sqrt{\frac{1}{2}(1 - \cos \alpha)} = \sqrt{\frac{1}{2}\left(1 - \sqrt{1 - \sin^2 \alpha}\right)}. \qquad (*)$$

Setzt man $\alpha = \pi/2^k$ ein, so ergeben sich folgende Gleichungen

$$\begin{cases} x_{k+1} = 2^k \sqrt{2\left(1 - \sqrt{1 - (x_k/2^k)^2}\right)} \\ x_1 = 2, \end{cases}$$

und aus dem oben Genannten $\lim_{k \to +\infty} x_k = \pi$.

Am Bildschirm wird man jedoch etwas völlig anderes beobachten! Sobald $(x_k/2^k)^2$ kleiner als die relative Rechengenauigkeit wird, berechnet der Computer

$$\sqrt{1 - (x_k/2^k)^2} = 1 \quad \text{und daraus} \quad x_{k+1} = 0.$$

Um diese Schwierigkeit zu umgehen, genügt es, $(*)$ durch

$$\sin \frac{\alpha}{2} = \sqrt{\frac{1}{2} \frac{1 - \cos^2 \alpha}{1 + \cos \alpha}} = \frac{\sin \alpha}{\sqrt{2(1 + \cos \alpha)}} \qquad (**)$$

zu ersetzen mit

$$\sin \frac{\alpha}{2} = \frac{\sin \alpha}{\sqrt{2 \left(1 + \sqrt{1 - \sin^2 \alpha}\right)}}.$$

Dann ergibt sich als Rekursionsbeziehung

$$x_{k+1} = \frac{2x_k}{\sqrt{2 \left(1 + \sqrt{1 - (x_k/2^k)^2}\right)}},$$

welche die vorige Auslöschung vermeidet, so daß die Berechnung der x_k bis zu sehr viel höheren k-Werten durchgeführt werden kann.

Ein noch effektiveres Verfahren erhält man, wenn man beachtet, daß sich der Kosinus in (**) durch die Beziehung $\cos \alpha = \dfrac{\sin 2\alpha}{2 \sin \alpha}$ ersetzen läßt. Damit ergibt sich

$$\sin \frac{\alpha}{2} = \sin \alpha \sqrt{\frac{\sin \alpha}{2 \sin \alpha + \sin 2\alpha}}, \quad \text{und damit}$$

$$x_{k+1} = x_k \sqrt{\frac{2x_k}{x_k + x_{k-1}}}.$$

Hierzu werden zwei Startwerte benötigt, zum Beispiel $x_1 = 2$ und $x_2 = 2\sqrt{2}$.

1.3 Numerische Instabilität

Dabei handelt es sich um Erscheinungen, welche durch die Verstärkung von Rundungsfehlern bedingt sind. Eine solche Verstärkung geschieht bei Rekursions- oder Iterationsrechnungen häufig.

1.3.1 Rekursionsrechnung

Als Beispiel sei angenommen, daß das folgende Integral numerisch zu bestimmen ist

$$I_n = \int_0^1 \frac{x^n}{10 + x}, \qquad n \in \mathbb{N}.$$

Eine einfache Rechnung ergibt

$$\begin{aligned}
I_0 &= \int_0^1 \frac{dx}{10 + x} = \Big[\ln (10 + x)\Big]_0^1 = \ln \frac{11}{10}, \\
I_n &= \int_0^1 \frac{x}{10 + x} \cdot x^{n-1} dx = \int_0^1 \left(1 - \frac{10}{10 + x}\right) x^{n-1} dx \\
&= \int_0^1 x^{n-1} dx - 10 \int_0^1 \frac{x^{n-1}}{10 + x}\, dx = \frac{1}{n} - 10\, I_{n-1}.
\end{aligned}$$

Das erlaubt uns, I_n rekursiv zu berechnen

$$\begin{cases} I_0 = \ln \dfrac{11}{10} \\[2mm] I_n = \dfrac{1}{n} - 10\, I_{n-1}. \end{cases}$$

Dieses offensichtlich mathematisch eindeutig lösbare Problem führt bei numerischer Berechnung zu katastrophalen Ergebnissen. Tatsächlich hat man selbst unter Vernachlässigung des Rundungsfehlers für $1/n$

$$\Delta I_n \simeq 10\,\Delta I_{n-1}.$$

Der Fehler von I_n explodiert exponentiell, da der Ausgangsfehler von I_0 beim n-ten Rekursionsschritt mit 10^n multipliziert wird. Was also ist zu tun, um I_{36} zu berechnen? Da die Folge x^n für $x \in [0,1]$ abnehmend ist, ist auch die Folge I_n abnehmend. Da $10 \le 10 + x \le 11$ ist, gilt weiter

$$\frac{1}{11(n+1)} \le I_n \le \frac{1}{10(n+1)}.$$

Die Approximation $I_n \simeq (11(n+1))^{-1}$ ergibt einen absoluten Fehler $\Delta I_n \le (110(n+1))^{-1}$ und damit einen relativen Fehler $\Delta I_n / I_n \le 1/10$. Er liegt damit in einer nicht sehr befriedigenden Größenordnung. Der Verbesserungsvorschlag besteht darin, *die Rekursion umzudrehen*, indem

$$I_{n-1} = \frac{1}{10}\left(\frac{1}{n} - I_n\right)$$

gesetzt wird. Vernachlässigt man wiederum den Fehler für $1/n$, dann erhält man dieses Mal $\Delta I_{n-1} \simeq 1/10 \cdot \Delta I_n$, eine Abschätzung, die in die richtige Richtung geht. Geht man von $I_{46} \simeq (11 \cdot 47)^{-1}$ aus, ergibt sich für I_{36} zweifelsohne ein relativer Fehler von weniger als 10^{-10}.

Übung

Zeigen Sie, daß $0 \le I_n - I_{n+1} \le (10(n+1)(n+2))^{-1}$ gilt und schließen Sie von der Gleichung, welche I_n in Abhängigkeit von I_{n+1} ausdrückt, auf folgende Abschätzung:

$$\frac{1}{11(n+1)} \le I_n \le \frac{1}{11(n+1)} + \frac{1}{110(n+1)(n+2)}$$

und damit $\Delta I_n \simeq (11(n+1))^{-1}$ mit einem relativen Fehler $\le (10(n+2))^{-1}$.

Man erkennt die grundlegende Rolle, welche die Fehlerverstärkungsfaktoren 10 im ersten und $1/10$ im zweiten Fall spielen. Allgemein gilt: Wenn der Verstärkungsfaktor $A > 1$ ist, dann ist es unabdingbar, die Anzahl der Rekursionsschritte n so zu beschränken, daß $A^n \varepsilon$ kleiner 1 bleibt, wenn ε die relative Rechengenauigkeit ist.

1.3.2 Iterationsrechnungen

Es sei eine Folge (u_n) zu berechnen, welche bestimmt wird durch ihren Anfangswert u_0 und die Rekursion $u_{n+1} = f(u_n)$. Dabei sei f eine vorgegebene Funktion. Man hat also $u_n = f^n(u_0)$, wobei $f^n = f \circ f \circ \cdots \circ f$ die n-te Iteration von f ist. Betrachtet man beispielsweise die Folge (u_n) mit

$$u_0 = 2, \qquad u_{n+1} = |\ln(u_n)|,$$

von der man das Glied u_{30} bestimmen möchte. Eine Berechnung in Turbo-Pascal ergibt sofort $u_{30} \simeq 0,880833175$.

Anbetracht des vorangegangenen Beispiels ist die Frage zulässig, ob diese Rechnung unter Berücksichtigung von Rundungsfehlern sehr aussagekräftig ist. Startet man von Werten u_0 sehr nahe bei zwei, so erhält man folgende Ergebnisse (gerundet auf 10^{-9}):

u_0	2,000000000	2,000000001	1,999999999	$5 \cdot 10^{-10}$
u_5	5,595485181	5,595484655	5,595485710	$9 \cdot 10^{-8}$
u_{10}	0,703934587	0,703934920	0,703934252	$5 \cdot 10^{-7}$
u_{15}	1,126698502	1,126689382	1,126707697	$8 \cdot 10^{-6}$
u_{20}	1,266106839	1,266256924	1,265955552	10^{-4}
u_{24}	1,000976376	1,001923276	1,000022532	10^{-3}
u_{25}	0,000975900	0,001921429	0,000022532	100%
u_{26}	6,932150628	6,254686211	10,700574400	50%
u_{30}	0,880833175	0,691841353	1,915129896	100%

Die letzte Spalte gibt die Größenordnung der relativen Abweichung $\Delta u_n/u_n$ an, welche man zwischen der zweiten oder dritten Spalte und der ersten Spalte beobachtet. Man erkennt, daß diese Abweichung stetig zunimmt, um bei u_{24} ungefähr 10^{-3} zu erreichen. Bei der Berechnung von u_{25} geschieht eine numerische Katastrophe: Die relative Abweichung wird nahezu 100%! Daraus folgt, daß alle Werte ab u_{25} bei einer Rechengenauigkeit von 10^{-9} sicherlich nicht mehr aussagekräftig sind.

Um diese Erscheinung zu verstehen, genügt es, zu beachten, daß ein Fehler Δx der Variablen x einen Fehler $\Delta f(x)$ für $f(x)$ nach sich zieht, der näherungsweise gegeben ist durch

$$\Delta f(x) = |f'(x)| \, \Delta x.$$

Das folgt ganz einfach, wenn man $f(x + \Delta x) - f(x)$ durch sein Differential $f'(x)\Delta x$ annähert, solange f an der Stelle x differenzierbar ist. Der Verstärkungskoeffizient des absoluten Fehlers ist also durch den Betrag der Ableitung $|f'(x)|$ gegeben. Dieser Koeffizient kann manchmal sehr groß sein. Oft (und hier im besonderen) empfiehlt es sich jedoch, die relativen Fehler zu betrachten. Die Gleichung

$$\frac{\Delta f(x)}{|f(x)|} = \frac{|f'(x)||x|}{|f(x)|} \frac{\Delta x}{|x|}$$

zeigt, daß $|f'(x)||x|/|f(x)|$ der Verstärkungskoeffizient des relativen Fehlers ist. Im hier interessierenden Falle $f(x) = \ln(x)$ hat dieser Koeffizient den Wert $1/|\ln x|$; er wird immer dann sehr groß, wenn x nahe bei 1 liegt, wie das zum Beispiel für u_{24} der Fall ist.

1.4 Aufgaben

1.4.1

Für $x \geq 0$ sei $F(x)$ definiert durch $F(x) = \dfrac{2}{\sqrt{\pi}} \displaystyle\int_0^x e^{-t^2}\, dt$.

(a) Schließen Sie $F(x)$ zwischen zwei aufeinanderfolgende ganze Zahlen ein.

(b) $F(x)$ soll als Reihensumme ausgedrückt werden, indem e^{-t^2} in eine Potenzreihe bezüglich x entwickelt wird. Setzen Sie dann $x = 3$; berechnen Sie die ersten 10 Glieder der Reihe. Leiten Sie daraus ab, daß für $x \geq 3$ Auslöschung bei der Berechnung der ersten Reihenglieder auftritt.

(c) Es sei $g(x)$ durch $F(x) = e^{-x^2} g(x)$ definiert.

Zeigen Sie, daß g Lösung einer Differentialgleichung ist.

Drücken Sie $g(x)$ als Summe einer Potenzreihe in x aus.

(d) Leiten Sie den Ausdruck $F(x) = \sum a_n(x)$ ab, für den alle $a_n(x)$ positiv sind. Bestimmen Sie $a_0(x)$ und geben Sie die Rekursionsbeziehung zwischen $a_n(x)$ und $a_{n-1}(x)$ an. Zeigen Sie die Gültigkeit der Ungleichung

$$\sum_{n=N+1}^{+\infty} a_n(x) \leq a_N \, \frac{x^2}{N - x^2} \quad \text{(für } N > x^2\text{)}.$$

(e) Schreiben Sie unter Verwendung der vorhergehenden Ergebnisse ein Pascal-Programm, welches für die Eingabe von x und einer ganzen Zahl $k \leq 1$ einen Näherungswert von $F(x)$ auf 10^{-k} genau ausrechnet.

1.4.2

Es sei $(I_n)_{n \in \mathbb{N}}$ die Integralfolge

$$I_n = \int_0^1 \frac{x^n}{6 + x - x^2}\, dx.$$

(a) Zeigen Sie, daß I_n eine Rekursionsbeziehung folgender Art erfüllt:

$$I_{n+1} = \alpha I_n + \beta I_{n-1} + c_n \qquad (*)$$

mit α, β als Konstanten und einer bekannten Zahlenfolge (c_n).

(b) Man beabsichtigt, I_n rekursiv mit der Beziehung (∗) und den Startwerten I_0 und I_1 zu berechnen.

Für die Werte I_0 und I_1 werden die Rundungsfehler ε_0 und ε_1 angenommen. Der daraus für I_n folgende Fehler wird mit ε_n bezeichnet. (Wir vernachlässigen dabei im Augenblick den Fehler bei der Berechnung von c_n und die Rundungsfehler, welche bei der Anwendung der Gleichung (∗) auftreten können.)

α) Bestimmen Sie ε_n in Abhängigkeit von ε_0 und ε_1.

β) Ist es mit dieser Vorgehensweise möglich, I_{50} auf einem Computer zu berechnen, der eine relative Genauigkeit von 10^{-10} besitzt?

1.4.3

Es sei (x_k) mit $k = 1, \ldots, n$ eine Folge reeller Zahlen. Man bezeichnet $\mu_n = \dfrac{1}{n} \displaystyle\sum_{k=1}^{n} x_k$ als den Mittelwert und $\sigma_n = \sqrt{\sigma_n^2}$ als die Standardabweichung. Für diese gilt: $\sigma_n^2 = \dfrac{1}{n} \displaystyle\sum_{k=1}^{n} (x_k - \mu_n)^2$.

(a) Es gelte die Gleichung $q_n = \displaystyle\sum_{k=1}^{n} x_k^2$. Drücken Sie σ_n^2 als Funktion von q_n und μ_n aus.

(b) Schreiben Sie ein Programm, das den Mittelwert und die Standardabweichung einer beliebigen Anzahl von reellen Zahlen berechnet. Die Daten werden über die Tastatur eingegeben; nach jeder Eingabe soll der Mittelwert und die Standardabweichung der bereits eingegebenen Daten angezeigt werden.

(c) Angenommen, für $k = 1, \ldots, n$ gilt $x_k = \mu + \varepsilon_k$ mit $|\varepsilon_k| < \varepsilon$, wobei ε gegenüber μ klein sein soll. Zeigen die, daß die Ungleichung $\left| q_n/n - \mu^2 \right| \le 3\mu\varepsilon$ gilt.

Folgern Sie daraus, daß dieses Rechenverfahren für σ_n mit der Gleichung aus (a), für eine solche Folge nicht geeignet ist.

(d) Suchen Sie nach einem stabileren Algorithmus für die Berechnung von σ_n.

Verifizieren Sie dazu die folgenden Gleichungen:

$$(n+1)\sigma_{n+1}^2 = n\sigma_n^2 + n(\mu_{n+1} - \mu_n)^2 + (x_{n+1} - \mu_{n+1})^2,$$
$$(n+1)\mu_{n+1} = n\mu_n + x_{n+1}.$$

Schließen Sie daraus auf $\sigma_{n+1}^2 = \dfrac{n}{n+1}\sigma_n^2 + \dfrac{1}{n}(x_{n+1} - \mu_{n+1})^2$.

(e) Bearbeiten Sie Aufgabe (b) mit dem neuen Algorithmus.

(f) Man betrachtet eine Folge reeller Zahlen $x_k = 1 + \varepsilon\, \dfrac{2k - n - 1}{n - 1}$, $k = 1, \ldots, n$.
Bestimmen Sie deren Mittelwert und deren Standardabweichung.

(g) Man löst dieselbe Aufgabe für die Folge der 2^n reellen Zahlen x_k mit $k = 1, \ldots, 2^n$,
so daß man für $p = 0, \ldots, n$ die Ausdrücke C_n^p, welche gleich $\mu + \dfrac{2p - n}{\sqrt{n}}$ sind,
erhält. (Man wird bemerken, daß $p^2 \cdot Ca_n^p = pn \cdot Ca_{n-1}^{p-1}$ gilt.)

2 Polynomapproximation numerischer Funktionen

Polynomfunktionen sind die am leichtesten numerisch auszuwertenden Funktionen. Aus diesem Grunde ist es wichtig zu wissen, wie eine beliebige Funktion durch Polynome approximiert werden kann. In diesem Zusammenhang ist das Interpolationsverfahren nach Lagrange eines der grundlegenden Handwerkzeuge.

Bezeichnungen

Mit $\mathcal{P}_n$ wird im folgenden der Vektorraum der Polynome über $\mathbb{R}$ mit reellen Koeffizienten maximal n-ten Grades bezeichnet. Es gilt also dim $\mathcal{P}_n = n + 1$.
Ist f eine auf einem Intervall $[a, b] \subset \mathbb{R}$ definierte Funktion, mit Werten in $\mathbb{R}$ oder $\mathbb{C}$, dann bezeichnet man die *Supremumsnorm* von f auf $[a, b]$ mit

$$\| f \|_{[a,b]} = \sup_{x \in [a,b]} |f(x)|$$

oder einfach mit $\| f \|$, wenn es keine Verwechslungsmöglichkeiten gibt. Schließlich bezeichnet $\mathcal{C}([a, b])$ den Raum stetiger Funktionen auf $[a, b]$ mit Werten in $\mathbb{R}$.

2.1 Interpolationsverfahren nach Lagrange

2.1.1 Existenz und Eindeutigkeit des Interpolationspolynomes

Es sei $f : [a, b] \to \mathbb{R}$ eine stetige Funktion. Auf $[a, b]$ seien $n + 1$ Punkte $x_0, x_1, \ldots, x_n$ paarweise verschieden, aber nicht notwendigerweise in aufsteigender Reihenfolge geordnet, vorgegeben.

Problem

Gibt es ein Polynom $p_n \in \mathcal{P}_n$, so daß $p_n(x_i) = f(x_i)$, $\forall i = 0, 1, \ldots, n$ ist?
Ein solches Polynom soll *Lagrangesches Interpolationspolynom von f in den Punkten $x_0, x_1, \ldots, x_n$ genannt werden.* Wir setzen

$$l_i(x) = \prod_{j \neq i} \frac{(x - x_j)}{(x_i - x_j)}, \quad 0 \leq i \leq n,$$

wobei die Multiplikation über die Indizes j so durchgeführt wird, daß $0 \leq j \leq n, j \neq i$ ist. Es ist offensichtlich, daß $l_i \in \mathcal{P}_n$ und

$$l_i(x_j) = 0 \quad \text{für} \quad j \neq i,$$
$$l_i(x_i) = 1.$$

Das obenstehende Problem besitzt also mindestens eine Lösung

$$p_n(x) = \sum_{i=0}^{n} f(x_i) l_i(x), \quad p_n \in \mathcal{P}_n. \tag{$*$}$$

Satz

Das Interpolationsproblem $p_n(x_i) = f(x_i)$, $0 \leq i \leq n$ besitzt nur eine einzige, durch die Gleichung $(*)$ gegebene, Lösung.

Bleibt noch die *Eindeutigkeit* zu beweisen. Angenommen, es sei $q_n \in \mathcal{P}_n$ eine weitere Lösung des Problems. Dann gilt $p_n(x_i) = q_n(x_i) = f(x_i)$, also ist x_i eine Nullstelle von $q_n - p_n$. Folglich ist das Polynom

$$\pi_{n+1}(x) = \prod_{j=0}^{n} (x - x_j)$$

ein Teiler von $q_n - p_n$. Da der Grad des Polynoms $\deg \pi_n = n + 1$ und $q_n - p_n \in \mathcal{P}_n$ ist, bleibt als einzige Möglichkeit $q_n - p_n = 0$.

Bemerkung 1

Es gilt $\pi_{n+1}(x) = (x - x_i) \cdot \prod_{j \neq i} (x - x_j)$, woraus folgt

$$\pi'_{n+1}(x_i) = \prod_{j \neq i} (x_i - x_j).$$

Das ergibt die Gleichung

$$l_i(x) = \frac{\pi_{n+1}(x)}{(x - x_i)\pi'_{n+1}(x_i)}.$$

Bemerkung 2 (Beweis)

Um diesen Satz zu beweisen, kann man auch $p_n(x) = \sum_{j=0}^{n} a_j x^j$ setzen und das lineare Gleichungssystem aus $n + 1$ Gleichungen

$$\sum_{j=0}^{n} a_j x_i^j = f(x_i), \quad 0 \leq i \leq n$$

lösen, wobei $a_0, a_1, \ldots, a_n$ die $n + 1$ Unbekannten sind. Die Determinante des Systems wird Vandermondesche Determinante genannt:

$$\Delta = \begin{vmatrix} 1 & x_0 & x_0^2 & \cdots & x_0^n \\ 1 & x_1 & x_1^2 & \cdots & x_1^n \\ \vdots & \vdots & \vdots & \ddots & \vdots \\ 1 & x_n & x_n^2 & \cdots & x_n^n \end{vmatrix}$$

Es gilt nun zu zeigen, daß für verschiedene x_i die Determinante $\Delta \neq 0$ ist. Nun ist Δ ein Polynom $1 + 2 + \cdots + n = n(n+1)/2$ -ten Grades der Variablen $x_0, x_1, \ldots, x_n$. Offenkundig wird für ein Paar (i, j), für welches $x_i = x_j$ $(0 \leq j < i \leq n)$ gilt, auch $\Delta = 0$. Δ ist also durch das Polynom $\prod\limits_{0 \leq j < i \leq n} (x_i - x_j)$, welches selbst auch $n(n+1)/2$ -ten Grades ist, teilbar. Der Quotient ist also eine Konstante, die zum Beispiel durch den Koeffizienten $x_1 x_2^2 \cdots x_n^n$ in Δ gegeben ist. Folglich ist

$$\Delta = \prod_{0 \leq j < i \leq n} (x_i - x_j). \qquad \blacksquare$$

Es ist nicht empfehlenswert, das vorhergehende System numerisch zu lösen, um p_n zu erhalten. Wir werden etwas später ein sehr viel effektiveres Verfahren kennenlernen (siehe Abschnitt 2.1.3).

Übung

Es sollen zwei weitere Beweise der obenstehenden Ergebnisse mit Hilfe der linearen Algebra hergeleitet werden.

(a) *Zeigen Sie, daß die Abbildung $\phi_n : \mathcal{P}_n \to \mathbb{R}^{n+1}$, $p \mapsto (p(x_i))_{0 \leq i \leq n}$ linear ist. Schließen Sie daraus, daß ϕ_n dann und nur dann injektiv ist, wenn sie auch surjektiv ist. Übertragen Sie diese Ergebnisse auf die Begriffe Eindeutigkeit und Existenz eines Interpolationspolynoms.*

(b) *Zeigen Sie durch vollständige Induktion in n, daß ϕ_n surjektiv ist. [Hinweis: Wenn das Ergebnis für $n - 1$ gilt, dann soll der Wert $p(x_n)$ um den Wert eines Polynomes n-ten Grades $(x - x_0) \cdots (x - x_{n-1})$ korrigiert werden.] Was folgt daraus?*

(c) *Zeigen Sie direkt, daß die Polynome $(l_i)_{0 \leq i \leq n}$ ein linear unabhängiges System bilden. Leiten Sie daraus ab, daß dies eine Basis zu $\mathcal{P}_n$ ist, und daß ϕ_n ein Isomorphismus ist.*

2.1.2   Restgliedabschätzung

Der Interpolationsfehler ist durch die folgende theoretische Formel gegeben.

Satz

Angenommen, f sei auf $[a, b]$ $n + 1$-mal differenzierbar. Dann gibt es für jedes $x \in [a, b]$ einen Punkt $\xi_x \in\,] \min(x, x_i),\ \max(x, x_i) [$, so daß

$$f(x) - p_n(x) = \frac{1}{(n + 1)!}\,\pi_{n+1}(x) f^{(n+1)}(\xi_x).$$

Man benötigt das folgende Lemma, welches aus dem Satz von Rolle hervorgeht.

Lemma

Es sei g eine auf $[a, b]$ p-mal differenzierbare Funktion und es gibt $p + 1$ Punkte $c_0 < c_1 < \cdots < c_p$ auf $[a, b]$, für die $g(c_i) = 0$ gilt. Dann gibt es ein $\xi \in\,]c_0, c_p[$, für welches $g^{(p)}(\xi) = 0$ ist.

Das Lemma läßt sich durch vollständige Induktion in p beweisen. Für $p = 1$ ergibt sich der Satz von Rolle. Nehmen wir an, das Lemma sei für $p - 1$ bewiesen. Der Satz von Rolle liefert die Punkte $\gamma_0 \in\,]c_0, c_1[, \ldots, \gamma_{p-1} \in\,]c_{p-1}, c_p[$, für die $g'(\gamma_i) = 0$ gilt. Wegen der Induktionsannahme gibt es also ein $\xi \in\,]\gamma_0, \gamma_{p-1}[\, \subset\,]c_0, c_p[$, für das $(g')^{(p-1)}(\xi) = g^{(p)}(\xi) = 0$ wird.

Beweis des Satzes.

- Wenn $x = x_i$, dann ist $\pi_{n+1}(x_i) = 0$ und dies gilt für jeden Punkt ξ_x.

- Nehmen wir jetzt an, daß x sich von den anderen Punkten x_i unterscheidet.

Es sei $p_{n+1}(t)$ das Interpolationspolynom von $f(t)$ in den Stützstellen $x, x_0, \ldots, x_{n+1}$, so daß $p_{n+1} \in \mathcal{P}_{n+1}$ ist. Voraussetzungsgemäß ist $f(x) - p_n(x) = p_{n+1}(x) - p_n(x)$. Der Grad des Polynoms $p_{n+1} - p_n$ ist jedoch $\leq n + 1$ und wird für die $n + 1$ Punkte $x_0, x_1, \ldots, x_n$ gleich 0. Damit ergibt sich

$$p_{n+1}(t) - p_n(t) = c \cdot \pi_{n+1}(t), \quad c \in \mathbb{R}.$$

Betrachten wir die Differenzfunktion

$$g(t) = f(t) - p_{n+1}(t) = f(t) - p_n(t) - c\pi_{n+1}(t).$$

Diese Funktion wird für $n + 2$ Punkte $x, x_0, x_1, \ldots, x_n$ gleich Null, also gibt es nach dem Lemma ein $\xi_x \in\,] \min(x, x_i), \max(x, x_i) [$, so daß $g^{(n+1)}(\xi_x) = 0$ wird. Also

$$p_n^{(n+1)} = 0, \quad \pi_{n+1}^{(n+1)} = (n + 1)!$$

Folglich erhält man $g^{(n+1)}(\xi_x) = f^{(n+1)}(\xi_x) - c \cdot (n + 1)! = 0$, und damit

$$f(x) - p_n(x) = p_{n+1}(x) - p_n(x) = c\pi_{n+1}(x) = \frac{f^{(n+1)}(\xi_x)}{(n + 1)!}\,\pi_{n+1}(x). \qquad \blacksquare$$

Nimmt man die obere Schranke des Absolutwertes der beiden Terme in der Fehlergleichung, dann ergibt sich insbesondere:

Korollar

$$\| f - p_n \| \leq \frac{1}{(n+1)!} \, \| \, \pi_{n+1} \, \| \, \| \, f^{(n+1)} \, \|$$

Diese Gleichungen verdeutlichen, daß der Interpolationfehlers $f(x) - p_n(x)$ sowohl von der Größe $\| \, f^{(n+1)} \, \|$ abhängt, welche sehr groß werden kann, wenn f zu schnell oszilliert, als auch von der Größe $\| \, \pi_{n+1} \, \|$, welche an die Verteilung der Punkte x_i im Intervall $[a, b]$ geknüpft ist.

2.1.3 Dividierte Differenzen

Es soll nun ein einfaches, aber leistungsfähiges Verfahren zur Berechnung eines Interpolationspolynoms von f beschrieben werden. Es sei p_k das Interpolationspolynom von f an den Stützstellen $x_0, x_1, \ldots, x_k$.

Bezeichnung

Der führende Koeffizient des Polynoms p_k ($=$ Koeffizient von t^k in $p_k(t)$) wird mit $f[x_0, x_1, \ldots, x_k]$ bezeichnet.

Dann ist $p_k - p_{k-1}$ ein Polynom, dessen Grad $\leq k$ ist, mit den Nullstellen $x_0, x_1, \ldots, x_{k-1}$ und dem führenden Koeffizienten $f[x_0, x_1, \ldots, x_k]$. Daraus folgt:

$$p_k(x) - p_{k-1}(x) = f[x_0, x_1, \ldots, x_k](x - x_0) \cdots (x - x_{k-1}).$$

Da $p_0(x) = f(x_0)$ ist, ergibt sich damit die grundlegende Gleichung

$$p_n(x) = f(x_0) + \sum_{k=1}^{n} f[x_0, x_1, \ldots, x_k](x - x_0) \cdots (x - x_{k-1}). \qquad (**)$$

Um diese Gleichung anwenden zu können, müssen selbstverständlich noch die Koeffizienten $f[x_0, x_1, \ldots, x_k]$ berechnet werden. Zu diesem Zweck benutzt man eine Rekursion über die Anzahl k der Punkte x_i, unter Beachtung, daß $f[x_0] = f(x_0)$ ist.

Rekursionsgleichung

Für $k \geq 1$ gilt

$$f[x_0, x_1, \ldots, x_k] = \frac{f[x_1, \ldots, x_k] - f[x_0, \ldots, x_{k-1}]}{x_k - x_0}. \qquad (***)$$

Die Größe $f[x_0, x_1, \ldots, x_k]$ wird wegen dieser Gleichung als *dividierte Differenz k-ter Ordnung* von f in den Stützstellen $x_0, \ldots, x_k$ bezeichnet.

Bestätigung von $(**)$. Wir bezeichnen das Polynom von f in den Stützstellen $x_1, x_2, \ldots, x_k$ mit $q_{k-1} \in \mathcal{P}_{k-1}$. Wir setzen

$$\widetilde{p}_k(x) = \frac{(x - x_0)q_{k-1}(x) - (x - x_k)p_{k-1}(x)}{x_k - x_0}.$$

Dann ist $\widetilde{p}_k \in \mathcal{P}_k$, $\widetilde{p}_k(x_0) = p_{k-1}(x_0) = f(x_0)$, $\widetilde{p}_k(x_k) = q_{k-1}(x_k) = f(x_k)$ und für $0 < i < k$ gilt

$$\widetilde{p}_k(x_i) = \frac{(x_i - x_0)f(x_i) - (x_i - x_k)f(x_i)}{x_k - x_0} = f(x_i).$$

Daraus folgt $\widetilde{p}_k = p_k$. Da $f[x_1, \ldots, x_k]$ der führende Koeffizient von q_{k-1} ist, erhält man die gesuchte Gleichung (***) durch Gleichsetzen der Koeffizienten von x^k in der folgenden Identität

$$p_k(x) = \frac{(x - x_0)q_{k-1}(x) - (x - x_k)p_{k-1}(x)}{x_k - x_0}.$$

Algorithmus für die praktische Anwendung

Zunächst ordnet man die Werte $f(x_i)$ in einer Tabelle TAB an, dann verändert man diese Tabelle schrittweise, beginnend bei den höchsten Indizes:

Tabelle	0. Stufe	1. Stufe	2. Stufe	$\ldots$	n-te Stufe
TAB $[n]$	$f(x_n) \rightarrow$	$f[x_{n-1}, x_n] \rightarrow$	$f[x_{n-2}, x_{n-1}, x_n] \cdots \rightarrow$		$f[x_0, \ldots, x_n]$
TAB $[n-1]$	$f(x_{n-1}) \overset{\nearrow}{\rightarrow}$	$f[x_{n-2}, x_{n-1}]$	$\nearrow$		$\nearrow$
TAB $[n-2]$	$f(x_{n-2}) \nearrow$				
$\vdots$	$\vdots$	$\vdots$	$\vdots$		
TAB $[2]$	$f(x_2) \rightarrow$	$f[x_1, x_2] \rightarrow$	$f[x_0, x_1, x_2]$		
TAB $[1]$	$f(x_1) \overset{\nearrow}{\rightarrow}$	$f[x_0, x_1]$	$\nearrow$		
TAB $[0]$	$f(x_0) \nearrow$				

Am Ende der n-ten Stufe enthält der Speicherplatz TAB$[k]$, in der als Steigungsschema bezeichneten Tabelle, den gesuchten Koeffizienten $f[x_0, \ldots, x_k]$, und es kann mit der Gleichung (**) weitergearbeitet werden. Einfachheitshalber verwendet man hier das Horner-Schema:

$$p_n(x) = \text{TAB}\,[0] + (x - x_0)(\text{TAB}\,[1] + (x - x_1)(\text{TAB}\,[2] + \cdots + (x - x_{n-1})\text{TAB}\,[n])))$$

Es wird also eine Rekursion in umgekehrter Reihenfolge durchgeführt

$$\begin{cases} u_n = \text{TAB}\,[n] \\ u_k = \text{TAB}\,[k] + (x - x_k)u_{k+1}, \quad 0 \le k < n, \end{cases}$$

welche zu $u_0 = p_n(x)$ führt.

Bemerkung

Nach vorstehender Gleichheit (∗∗) gilt

$$p_k(x_k) - p_{k-1}(x_k) = f[x_0, x_1, \ldots, x_k](x_k - x_0) \cdots (x_k - x_{k-1}).$$

Die Fehlerabschätzung aus Abschnitt 2.1.2 ergibt jedoch

$$p_k(x_k) - p_{k-1}(x_k) = f(x_k) - p_{k-1}(x_k) = \frac{1}{k!} \pi_k(x_k) f^{(k)}(\xi)$$

mit $\pi_k(x) = (x - x_0) \cdots (x - x_{k-1})$ und $\xi \in \,] \min(x_0, \ldots, x_k), \max(x_0, \ldots, x_k)[$.
Aus dem Vergleich dieser beiden Gleichungen ergibt sich

$$f[x_0, x_1, \ldots, x_k] = \frac{1}{k!} f^{(k)}(\xi), \quad \xi \in \,] \min(x_i), \max(x_i)[.$$

Wenn man annimmt, daß $f, f', \ldots, f^{(n)}$ existieren und stetig sind, dann sieht man, daß
die dividierten Diffferenzen $f[x_0, \ldots, x_k]$ beschränkt sind und zwar unabhängig von der
Wahl der x_i, selbst wenn einige dieser Punkte eng beieinander liegen.

2.1.4 Äquidistante Stützstellen

Man betrachtet die Unterteilung des Intervalles $[a, b]$ mit konstanter Schrittweite $h = (b - a)/n$. Die Stützstellen sind also gegeben durch

$$x_i = a + ih = a + i\frac{b - a}{n}, \quad 0 \le i \le n.$$

Mit $f_i = f(x_i)$ bezeichnet man die zugehörigen Funktionswerte von f und führt den
folgendermaßen definierten Operator Δ, den Operator der Vorwärtsdifferenzen ein:

$$\Delta : (f_0, f_1, \ldots, f_n) \mapsto (\Delta f_0, \Delta f_1, \ldots, \Delta f_{n-1})$$

mit

$$\Delta f_i = f_{i+1} - f_i, \quad 0 \le i \le n - 1.$$

Wenn man die Operation Δ iteriert, so ergeben sich reelle Zahlen $\Delta^k f_i, 0 \le i \le n - k$,
welche durch die folgende Rekursionsbeziehung definiert werden:

$$\Delta^k f_i = \Delta^{k-1} f_{i+1} - \Delta^{k-1} f_i, \quad k \ge 1, \quad 0 \le i \le n - k,$$

wobei $\Delta^0 f_i = f_i, 0 \le i \le n$ gesetzt ist.

Übung

Bestätigen Sie, daß $\Delta^k f_i = \sum_{j=0}^{k} (-1)^j C_k^j f_{i+j}$ *ist.*

Durch Rekursion läßt sich leicht zeigen, daß die dividierten Differenzen durch

$$f[x_i, x_{i+1}, \ldots, x_{i+k}] = \frac{\Delta^k f_i}{k! h^k}$$

gegeben sind.

Mit diesen Bezeichnungen sind wir in der Lage, die grundlegende Gleichung (**) neu zu formulieren. Für $x \in [a, b]$ führen wir eine Variablentransformation $x = a + sh$, $s \in [0, n]$ durch, dann ergibt sich

$$\begin{aligned}
(x - x_0) \cdots (x - x_{k-1}) &= sh(sh - h) \cdots (sh - (k-1)h) \\
&= h^k s(s - 1) \cdots (s - k + 1).
\end{aligned}$$

Man erhält die *Newtonsche Interpolationsformel*, in welcher $s = (x - a)/h$ ist:

$$\begin{aligned}
p_n(x) &= \sum_{k=0}^{n} \Delta^k f_0 \cdot \frac{s(s-1) \cdots (s - k + 1)}{k!} \\
&= f_0 + \frac{s}{1} \left(\Delta^1 f_0 + \frac{s-1}{2} \left(\Delta^2 f_0 + \cdots + \frac{s - n + 1}{n} \Delta^n f_0 \right) \cdots \right).
\end{aligned}$$

Die Koeffizienten von $\Delta^k f_0$ lassen sich nach dem in Abschnitt 2.1.3 beschriebenen Schema berechnen:

$$\begin{array}{llll}
f_n & \to \Delta f_{n-1} \to \Delta^2 f_{n-2} \cdots \Delta^{n-1} f_1 \to \Delta^n f_0 \\
f_{n-1} & \to \Delta f_{n-2} \nearrow & \Delta^{n-1} f_0 \nearrow \\
f_{n-2} & \nearrow \\
\vdots \\
f_2 & \to \Delta f_1 \to \Delta^2 f_0 \\
f_1 & \to \Delta f_0 \nearrow \\
f_0 & \nearrow
\end{array}$$

Dieses Schema wird als Differenzenschema bezeichnet. Am Ende der n-ten Stufe enthält die Tabelle die gesuchten Koeffizienten $\Delta^k f_0$.

Abschätzung des Interpolationsfehlers

Es gilt $\pi_{n+1}(x) = (x - x_0) \cdots (x - x_n) = h^{n+1} s(s-1) \cdots (s-n)$, und damit

$$f(x) - p_n(x) = \frac{s(s-1) \cdots (s-n)}{(n+1)!} h^{n+1} f^{(n+1)}(\xi_x).$$

Die Funktion $\varphi(s) = |s(s-1) \cdots (s-n)|$, $s \in [0, n]$ erfüllt $\varphi(n-s) = \varphi(s)$, sie erreicht also ihr Maximum auf $[0, n/2]$. Da $\varphi(s-1)/\varphi(s) = (n+1-s)/s > 1$ für $1 \leq s \leq n/2$, erkennt man, daß φ sein Maximum tatsächlich auf $[0, 1]$ erreicht. Daraus folgt

$$\max_{[0,n]} \varphi = \max_{s \in [0,1]} \varphi(s) \leq n!,$$

un damit ergibt sich als Ergebnis

$$|f(x) - p_n(x)| \leq h^{n+1} \cdot \frac{1}{n+1} \max_{[x_0, \ldots, x_n]} |f^{(n+1)}|.$$

Eine typische Anwendung dieser Gleichungen ist die Berechnung des Näherungswertes für einen Funktionswert $f(x)$ mittels einer Zahlentabelle, welche die mit einer konstanten Schrittweite h aufeinanderfolgenden Werte $f(x_i)$ liefert. Es soll zum Beispiel $h = 10^{-2}$ angenommen werden, und man möchte $f(x)$ auf 10^{-8} genau berechnen. Eine lineare Interpolation (der Fall $n = 1$) ergäbe mit $h^2 = 10^{-4}$ einen viel zu großen Fehler. Erst ein Polynom dritten Grades erlaubt es, einen Fehler $\leq h^4 = 10^{-8}$ zu erreichen, weil $\max |f^{(4)}| \leq 4$ ist.

Bemerkung

Aus dem weiter oben hergeleiteten Ausdruck π_{n+1} wird ersichtlich, daß

$$\| \pi_{n+1} \|_{[a,b]} = h^{n+1} \max_{s \in [0,n]} \varphi(s) \leq h^{n+1} n! = \frac{n!}{n^{n+1}} (b-a)^{n+1}$$

und mit der Stirling-Formel $n! \sim \sqrt{2\pi n} \left(\frac{n}{e}\right)^n$ ergibt sich, daß die Größenordnung von $\| \pi_{n+1} \|$

$$\| \pi_{n+1} \| = O\left(\frac{b-a}{e}\right)^{n+1} \qquad \text{ist, wenn} \quad n \to +\infty.$$

Da für großes n

$$\varphi\left(\frac{1}{2}\right) = \frac{1}{2} \cdot \frac{1}{2} \cdot \frac{3}{2} \cdots \left(n - \frac{1}{2}\right) \geq \frac{1}{4} 1 \cdot 2 \cdots (n-1)$$

$$\geq \frac{1}{4n} n! \geq \frac{1}{4n} \sqrt{6n} \frac{n^n}{e^n} \geq \frac{n^{n-\frac{1}{2}}}{e^{n+1}}$$

ist, sieht man, daß tatsächlich

$$\| \pi_{n+1} \| \geq h^{n+1} \frac{n^{n-\frac{1}{2}}}{e^{n+1}} = \frac{1}{n^{3/2}} \left(\frac{b-a}{e} \right)^{n+1}.$$

Wir werden in Abschnitt 2.2.2 sehr viel genauere Abschätzungen erhalten. Die folgende Übungsaufgabe zeigt die Bedeutung der Newtonschen Interpolationsformel in der Arithmetik.

Übung

(a) *Zeigen Sie daß die Newton-Polynome*

$$N_k(s) = \frac{s(s-1)\cdots(s-k+1)}{k!}, \quad 0 \leq k \leq n$$

eine Basis $\mathcal{P}_n$ bilden, und daß für jedes $s \in \mathbb{Z}$ $N_k(s) \in \mathbb{Z}$ gilt.
[Hinweis: Benutzen Sie die C_n^k oder eine Rekursion, ausgehend von der Beziehung $N_k(s) - N_k(s-1) = N_{k-1}(s)$.]

(b) *Zeigen Sie, daß für ein Polynom $p \in \mathcal{P}_n$ gilt, daß für jedes $s \in \mathbb{Z}$ genau dann $p(s) \in \mathbb{Z}$ gilt, wenn p eine Linearkombination von $N_0, \ldots, N_n$ mit Koeffizienten aus $\mathbb{Z}$ ist.*

2.1.5 Tschebyscheff-Interpolation

Die *Tschebyscheff-Polynome* werden folgendermaßen definiert:

$$t_n(x) = \cos(n \arccos x), \quad x \in [-1, 1].$$

Es ist *a priori* nicht offensichtlich, daß t_n ein Polynom ist! Um dies zu erkennen, geht man wie folgt vor. Wir setzen $\theta = \arccos x$, das heißt $x = \cos \theta$ mit $\theta \in [0, \pi]$. Daraus folgt also

$$\begin{aligned}
t_n(x) &= \cos n\theta, \\
t_{n+1}(x) + t_{n-1}(x) &= \cos((n+1)\theta) + \cos((n-1)\theta) \\
&= 2 \cos n\theta \cos \theta = 2x t_n(x).
\end{aligned}$$

Die Funktion t_n läßt sich also mit den folgenden Rekursionsformeln berechnen

$$\begin{cases} t_0(x) = 1, \quad t_1(x) = x \\ t_{n+1}(x) = 2x\, t_n(x) - t_{n-1}(x). \end{cases}$$

Daraus ergibt sich, daß t_n ein Polynom n-ten Grades ist; der führende Koeffizient ist für $n \geq 1$ gleich 2^{n-1}. Bestimmen wir die Nullstellen von t_n. Für $x = \cos \theta \in [-1, 1]$ mit $\theta \in [0, \pi]$ ergibt sich $t_n(x) = \cos n\theta = 0$, wenn und nur wenn $n\theta = \pi/2 + i\pi$, gleichbedeutend mit $\theta = (2i+1)\pi/2n$ und $0 \leq i \leq n - 1$. Das Polynom t_n besitzt also genau n verschiedene Nullstellen:

$$\cos \frac{2i+1}{2n} \pi \in\,]-1, 1[, \quad 0 \leq i \leq n - 1.$$

Da t_n n-ten Grades ist, kann es keine weiteren Nullstellen geben.

Definition

Die Stützstellen des Tschebyscheff-Polynoms n-ter Ordnung sind die Punkte $x_i = \cos\dfrac{2i+1}{2n+2}\pi$, $0 \le i \le n$, die Nullstellen der Polynome t_{n+1}.

Die Punkte x_i sind symmetrisch um 0 (mit $x_{n-i} = -x_i$) herum verteilt, wobei sie in der Umgebung von 1 und -1 dichter liegen:

Da der führende Koeffizient von t_{n+1} gleich 2^n ist, gilt

$$t_{n+1}(x) = 2^n \prod_{i=0}^{n}(x - x_i) = 2^n \pi_{n+1}(x).$$

Für den Übergang von $[-1, 1]$ auf ein beliebiges Intervall $[a, b]$ benutzt man die lineare Bijektion

$$\begin{aligned}[-1,1] &\longrightarrow [a,b]\\ u &\longmapsto x = \frac{a+b}{2} + \frac{b-a}{2}\,u,\end{aligned}$$

welche -1 auf a und 1 auf b abbildet. Die Abbildungen der Tschebyscheff-Stützstellen $u_i \in\ ]-1, 1[$ sind gegeben durch $x_i = \dfrac{a+b}{2} + \dfrac{b-a}{2}\cos\dfrac{2i+1}{2n+2}\pi$, $\quad 0 \le i \le n$.

Diese Punkte werden auch Tschebyscheff-Stützstellen n-ter Ordnung auf dem Intervall $[a, b]$ genannt. In diesem Fall gilt $x - x_i = \dfrac{b-a}{2}(u - u_i)$, also ist das Polynom π_{n+1} gegeben durch

$$\pi_{n+1}(x) = \prod_{i=0}^{n}(x - x_i) = \left(\frac{b-a}{2}\right)^{n+1}\prod_{i=0}^{n}(u - u_i),$$

wobei $\displaystyle\prod_{i=0}^{n}(u - u_i) = \dfrac{1}{2^n}t_{n+1}(u)$ das zu $[-1, 1]$ gehörende Polynom $\pi_{n+1}(u)$ ist. Man erhält dann

$$\pi_{n+1}(x) = \frac{(b-a)^{n+1}}{2^{2n+1}}t_{n+1}(u) = \frac{(b-a)^{n+1}}{2^{2n+1}}t_{n+1}\left(\frac{2}{b-a}\left(x - \frac{a+b}{2}\right)\right).$$

Nach der Definition der Tschebyscheff-Polynome gilt $\|\,t_{n+1}\,\| = 1$, damit

$$\|\,\pi_{n+1}\,\| = 2\left(\frac{b-a}{4}\right)^{n+1}.$$

Dieser Wert ist sehr viel kleiner als die Abschätzung $(b-a/e)^{n+1}$, welche man für $\| \pi_{n+1} \|$ mit äquidistanten Stützstellen x_i, vor allem bei genügend großem n erhalten hat: Für $n = 30$ ergibt sich zum Beispiel $(e/4)^{n+1} < 7 \cdot 10^{-6}$.

Daraus folgt, daß die Interpolation mit Tschebyscheff-Stützstellen im allgemeinen beträchtlich genauer ist, als die Interpolation mit äquidistanten Stützstellen. Dies ist der Grund für ihre praktische Bedeutung. Wir kommen auf diese Fragen in Abschnitt 2.3 zurück.

2.2 Konvergenz von Interpolationspolynomen p_n für n gegen $+\infty$

Es sei $f : [a, b] \to \mathbb{R}$ eine stetige Funktion. Für jede ganze Zahl $n \in \mathbb{N}$ gibt man eine Folge von $n + 1$ paarweise verschiedenen Stützstellen $x_{i,n} \in [a, b]$, $0 \leq i \leq n$ vor, und man betrachtet das Interpolationspolynom p_n von f an den Stützstellen $x_{0,n}, x_{1,n}, \ldots, x_{n,n}$.

Problem

Unter welchen Bedingungen (bezüglich der Art der Funktion f oder auch der Wahl der Stützstellen $x_{i,n}$) kann man sicher sein, daß p_n gleichmäßig gegen f konvergiert, wenn $n \to +\infty$ strebt?

Wenn man keinerlei Kenntnisse über die Verteilung der Stützstellen $x_{i,n}$ hat, ist die beste obere Schranke für $\pi_{n+1}(x)$ *a priori*

$$|\pi_{n+1}(x)| = \prod_{i=0}^{n} |x - x_{i,n}| \leq (b-a)^{n+1}, \quad \forall x \in [a, b],$$

wobei $|x - x_{i,n}|$ durch $b - a$ ersetzt wird. Für den Fall äquidistanter oder Tschebyscheff-Stützstellen erzielt man selbstverständlich eine bessere Abschätzung

$$\| \pi_{n+1} \| \leq \left(\frac{b-a}{e}\right)^{n+1}, \quad \text{bzw.} \ \| \pi_{n+1} \| \leq 2\left(\frac{b-a}{4}\right)^{n+1}.$$

Da der Interpolationsfehler nach Abschnitt 2.1.2 außerdem von $\| f^{(n+1)} \|$ abhängt, führt dies auf die Suche nach einer oberen Schranke für die höheren Ableitungen von f.

2.2.1 Analytische Funktionen

Eine *analytische* Funktion ist eine Funktion, welche sich *in der Umgebung aller Punkte für die sie definiert ist, als Potenzreihe darstellen läßt.*
Wir nehmen $f(x) = \sum a_k x^k$ an, mit einem Konvergenzradius $R > 0$. Die Funktion f ist also mindestens auf $]-R, R[$ definiert. Für jedes $r < R$ ist die Reihe $\sum a_k r^k$ konvergent, also ist die Folge $a_k r^k$ beschränkt (und strebt gegen Null), das heißt, es gibt eine Konstante $C(r) \geq 0$, für die

$$|a_k| \leq \frac{C(r)}{r^k}, \quad \forall k \in \mathbb{N}.$$

Damit ist man in der Lage $f(x)$ auf $]-r, r[\subset]-R, R[$ gliedweise zu differenzieren, was zu folgendem Ausdruck führt

$$f^{(n)}(x) = \sum_{k=0}^{+\infty} a_k \frac{d^n}{dx^n}(x^k),$$

$$|f^{(n)}(x)| \leq C(r) \sum_{k=0}^{+\infty} \frac{1}{r^k} \frac{d^n}{dx^n}(x^k) \quad \text{für} \quad x \geq 0$$

$$= C(r) \frac{d^n}{dx^n} \left[\sum_{k=0}^{+\infty} \left(\frac{x}{r}\right)^k \right]$$

$$= C(r) \frac{d^n}{dx^n} \left(\frac{1}{1 - \frac{x}{r}} \right) = C(r) \frac{d^n}{dx^n} \left(\frac{r}{r - x} \right)$$

$$= \frac{n! \, r \, C(r)}{(r - x)^{n+1}}.$$

Auf dem ganzen Intervall $[-\alpha, \alpha]$ mit $\alpha < r < R$ gilt also

$$\frac{1}{n!} \parallel f^{(n)} \parallel_{[-\alpha, \alpha]} \leq \frac{r C(r)}{(r - \alpha)^{n+1}}.$$

Nehmen wir jetzt an, daß $f : [a, b] \to \mathbb{R}$ die Potenzreihe mit dem Konvergenzradius $R > \alpha = (b - a)/2$ und der Entwicklungsstelle $c = (a + b)/2$ sei. Für jedes r, für das $(b - a)/2 < r < R$ und $n \in \mathbb{N}$ gilt, ergibt sich aus vorstehendem

$$\frac{1}{n!} \parallel f^{(n)} \parallel_{[a,b]} \leq \frac{r C(r)}{\left(r - \dfrac{b - a}{2} \right)^{n+1}}.$$

Der Interpolationsfehler läßt sich also nach oben abschätzen durch

$$\parallel f - p_n \parallel \leq \frac{1}{(n + 1)!} \parallel \pi_{n+1} \parallel \parallel f^{(n+1)} \parallel \leq 2 \left(\frac{b - a}{\lambda} \right)^{n+1} \frac{r C(r)}{\left(r - \dfrac{b - a}{2} \right)^{n+2}}$$

$$\leq \frac{2 r C(r)}{r - \dfrac{b - a}{2}} \left(\frac{\dfrac{b - a}{\lambda}}{r - \dfrac{b - a}{2}} \right)^{n+1}$$

mit $\lambda = 1$ für beliebige Stützstellen $x_{i,n}$, mit $\lambda = e$ für äquidistante Stützstellen Stützstellen, äquidistante oder mit $\lambda = 4$ für Tschebyscheff-Stützstellen. Der Fehler konvergiert gegen Null, wenn man r so wählen kann, daß $(b - a)/\lambda < r - (b - a)/2$, das heißt $r > (1/\lambda + 1/2)(b - a)$. Das ist möglich, sobald der Konvergenzradius R selbst diese Abschätzung nach unten erfüllt. Damit läßt sich feststellen:

Satz

Es sei $f : [a,b] \rightarrow \mathbb{R}$ eine analytische Funktion, welche durch die Potenzreihe mit dem Konvergenzradius R um den Entwicklungspunkt $c = (a + b)/2$ gegeben ist. Dann werden für beliebige Stützstellen und $\lambda = 1$ (beziehungsweise äquidistante Stützstellen und $\lambda = e$ oder Tschebyscheff-Stützstellen und $\lambda = 4$) die Interpolationspolynome p_n in den Stützstellen $x_{i,n}$ gleichmäßig gegen f konvergieren, vorausgesetzt, daß $R > (1/\lambda + 1/2)(b - a)$ ist.

Übung

Zeigen Sie, daß man $\lambda = 2$ verwenden kann, wenn die Stützstellen $x_{i,n}$ gleichmäßig um $c = (a + b)/2$ herum verteilt sind.
[Hinweis: Zur Vereinfachung sei $c = 0$ gesetzt. Benntzen Sie die Tatsache, daß $|(x - x_{i,n})(x + x_{i,n})| \leq 1/4 \, (b - a)^2$ für jedes $x \in [a, b]$ und jedes $i = 0, 1, \ldots, n$ gilt.]

Diese Ergebnisse sind in der Tat noch nicht zufriedenstellend, da die hinreichenden Konvergenzbedingungen, welche sie liefern, im allgemeinen weit über den Anforderungen liegen, die eigentlich notwendig wären. Außerdem handelt es sich um rein theoretische Ergebnisse, ohne die Berücksichtigung von Rundungsfehlern. Wir werden jetzt an Hand von Beispielen genauere Berechnungen durchführen, wobei für äquidistante Stützstellen das Produkt π_{n+1} genau abgeschätzt werden soll.

2.2.2 *Abschätzung von $\pi_{n+1}(z), z \in \mathbb{C}$ für äquidistante Stützstellen

Wir setzen $h = (b - a)/n$, $x_j = a_j + jh$, $0 \leq j \leq n$, und es sei $z \in \mathbb{C}$,

$$|\pi_{n+1}(z)| = |z - x_i| \cdot \prod_{j \neq 1} |z - x_j|,$$

$$\ln|\pi_{n+1}(z)| = \ln \delta_n(z) + \sum_{j \neq i} \ln|z - x_j|$$

mit $\delta_n(z) = |z - x_i|$ dem Abstand von z zum nächsten Punkt x_i. Die letzte Summation sieht aus wie die Riemannsumme der Funktion $x \mapsto \ln|z - x|$. Deswegen soll diese Summation mit dem entsprechenden Integral verglichen werden.

Lemma 1

Für jedes $a \in \mathbb{C}$ setze man $\phi(a) = \int_0^1 \ln|1 - at|dt$.
Dann konvergiert das Integral und die Funktion ϕ ist auf $\mathbb{C}$ stetig. Ferner ist:

(i) $\dfrac{1}{h} \displaystyle\int_{x_j}^{x_{j+1}} \ln|z - x|dx - \ln|z - x_j| = \phi\Big(\dfrac{h}{z - x_j}\Big), 0 \leq j \leq i - 1;$

(ii) $\dfrac{1}{h}\displaystyle\int_{x_j}^{x_{j+1}} \ln|z-x|\,dx - \ln|z-x_{j+1}| = \phi\left(-\dfrac{h}{z-x_{j+1}}\right), \; i \le j \le n-1.$

Beweis. Wenn $a \notin [1,+\infty]$ ist, dann ist die Funktion $t \mapsto \ln|1-at|$ auf $[0,1]$ definiert und stetig. Es sei Log die allgemeine Bezeichnung des auf $\mathbb{C} \setminus\,]-\infty, 0]$ definierten komplexen Logarithmus. Da $\ln|z| = \mathrm{Re}\,(\mathrm{Log}\, z)$, folgt mit Hilfe einer partiellen Integration leicht

$$\phi(0) = 0, \quad \phi(a) = \mathrm{Re}\left[\left(1-\frac{1}{a}\right)\mathrm{Log}\,(1-a)\right] - 1 \quad \text{für} \quad a \notin \{0\} \cup [1,+\infty[.$$

Wenn $a \in [1,+\infty[$ ist, dann ergibt eine analoge Rechnung $\phi(1) = -1$ und für $a > 1$ ergibt sich $\phi(a) = (1-1/a)\ln(a-1) - 1$. Die Stetigkeit von ϕ läßt sich anhand dieser Gleichungen bestätigen (Übungsaufgabe!)

Identität (i): Man führt folgende Koordinatentransformation durch

$$x = x_j + ht, \quad dx = h\,dt, \quad t \in [0,1].$$

Damit ergibt sich:

$$\frac{1}{h}\int_{x_j}^{x_{j+1}} \ln|z-x|\,dx = \int_0^1 \ln|z-x_j-ht|\,dt$$

$$= \int_0^1 \ln\left(|z-x_j|\cdot\left|1-\frac{h}{z-x_j}t\right|\right)dt = \ln|z-x_j| + \phi\left(\frac{h}{z-x_j}\right).$$

Identität (ii): Diese ergibt sich auf dieselbe Weise, indem $x = x_{j+1} - ht$ gesetzt wird. ∎

Addiert man die verschiedenen Identitäten (i) und (ii), so erhält man

$$\frac{1}{h}\int_a^b \ln|z-x|\,dx - \sum_{j \ne i} \ln|z-x_j| = \sum_{j=0}^{i-1} \phi\left(\frac{h}{z-x_j}\right) + \sum_{j=i+1}^{n} \phi\left(-\frac{h}{z-x_j}\right). \quad (*)$$

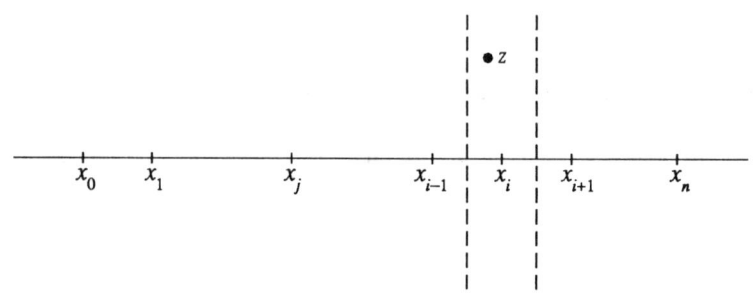

Wenn $0 \le j < i$ ist, dann folgt aus der Tatsache $|z-x_i| = \min|z-x_k|$, daß $\mathrm{Re}\,z \ge x_i - h/2$ und damit

$$|z-x_j| \ge \mathrm{Re}(z-x_j) \ge x_i - \frac{h}{2} - x_j = \left(i-j-\frac{1}{2}\right)h \ge \frac{1}{2}(i-j)h,$$

weil $1/2 \leq 1/2(i-j)$. Aus $\operatorname{Re} w > 0$ folgt $\operatorname{Re}(1/w) > 0$, und man schließt daraus:

$$\operatorname{Re}\left(\frac{h}{z-x_j}\right) > 0, \quad \left|\frac{h}{z-x_j}\right| \leq \frac{2}{i-j} \leq 2.$$

Für $i < j \leq n$ erhält man auf dieselbe Art $\operatorname{Re} z \leq x_i + h/2$ und

$$|z-x_j| \geq \operatorname{Re}(x_j - z) \geq x_j - x_i - \frac{h}{2} = \left(j - i - \frac{1}{2}\right)h \geq \frac{1}{2}(j-i)h,$$

$$\operatorname{Re}\left(-\frac{h}{z-x_j}\right) > 0, \quad \left|\frac{h}{z-x_j}\right| \leq \frac{2}{j-i} \leq 2.$$

Lemma 2

Für alle $a \in \mathbb{C}$, für welche $\operatorname{Re} a \geq 0$ und $|a| \leq 2$ ist, gilt

$$\phi(a) = -\frac{1}{2}\ln|1+a| + O(|a|^2).$$

Beweis. Da die beiden Terme für $\operatorname{Re} a \geq 0$ stetig sind, genügt es, die Abschätzung für a in der Umgebung von Null zu machen. Man weiß, daß $\operatorname{Log}(1+z) = z + O(|z|^2)$ ist und damit

$$\ln|1+z| = \operatorname{Re}\operatorname{Log}(1+z) = \operatorname{Re}\operatorname{Log}(1+z) = \operatorname{Re} z + O(|z|^2),$$

$$\phi(a) = \int_0^1 (-\operatorname{Re} a \cdot t + O(|a|^2 t^2))dt = -\frac{1}{2}\operatorname{Re} a + O(|a|^2),$$

während $\ln|1+a| = \operatorname{Re} a + O(|a|^2)$ ist. Daraus folgt das Lemma.   ∎

Die obige Identität $(*)$ und das auf $a = \pm\dfrac{h}{z-x_j} = O\left(\dfrac{1}{j-i}\right)$ angewandte Lemma 2 ziehen dann

$$\sum_{j \neq i} \ln|z-x_j| - \frac{1}{h}\int_a^b \ln|z-x|dx = \frac{1}{2}\sum_{j=0}^{i-1}\ln\left|1+\frac{h}{z-x_j}\right| + \frac{1}{2}\sum_{j=i+1}^{n}\ln\left|1-\frac{h}{z-x_j}\right|$$

$$+ O\left(\frac{1}{i^2} + \frac{1}{(i-1)^2} + \cdots + \frac{1}{1^2}\right) + O\left(\frac{1}{1^2} + \cdots + \frac{1}{(n-i)^2}\right)$$

nach sich.

Da die Reihe $\displaystyle\sum_{n=1}^{+\infty}\frac{1}{n^2}$ konvergent ist, sind die zu Eins komplementären Terme beschränkt, das heißt $O(1)$. Ferner ist

$$1 + \frac{h}{z-x_j} = \frac{z-x_j+h}{z-x_j} = \frac{z-x_{j-1}}{z-x_j},$$

$$1 - \frac{h}{z-x_j} = \frac{z-x_j-h}{z-x_j} = \frac{z-x_{j+1}}{z-x_j}.$$

Damit heben sich die Logarithmen in den beiden Summationen fast alle gegenseitig weg, was zu

$$\sum_{j \neq i} \ln |z - x_j| - \frac{1}{h} \int_a^b \ln |z - x| dx = \frac{1}{2} \ln \left| \frac{z - x_{-1}}{z - x_{i-1}} \cdot \frac{z - x_{n+1}}{z - x_{i+1}} \right| + O(1)$$

führt, mit $x_{-1} = a - h$ und $x_{n+1} = b + h$. Durch Potenzieren und Multiplikation mit $|z - x_i|$ erhält man

$$\prod |z - x_j| = |z - x_i| \exp \left(O(1) + \frac{1}{h} \int_a^b \ln |z - x| dx \right) \cdot \sqrt{\frac{|z - x_1|}{|z - x_{i-1}|} \cdot \frac{|z - x_{n+1}|}{|z - x_{i+1}|}}.$$
$$(**)$$

Die Größe des Wurzelausdrucks liegt zwischen 1 und $(1 + 2n)^2$. Tatsächlich ist

$$1 \leq \frac{|z - x_{-1}|}{|z - x_{i-1}|} \leq \frac{|z - x_{i-1}| + ih}{|z - x_{i-1}|} \leq 1 + 2i,$$

weil für $i \neq 0$ $|z - x_{i-1}| \geq \operatorname{Re}(z - x_{i-1}) \geq h/2$ ist, und für $i = 0$ ist der erste Quotient gleich Eins. Der zweite Quotient wird ebenso durch $1 + 2(n - i)$ nach oben abgeschätzt. Da $\exp(O(1))$ zwischen zwei positiven Konstanten liegt und $1/h = n/(b-a)$ ist, erhält man folgende Abschätzung:

Abschätzung von π_{n+1}

Setzt man $A(z) = \exp \left(\frac{1}{b - a} \int_a^b \ln |z - x| dx \right)$, dann gibt es Konstanten $C_1, C_2 > 0$, so daß

$$C_1 \delta_n(z) A(z)^n \leq |\pi_{n+1}(z)| \leq C_2 n \delta_n(z) A(z)^n.$$

Man sieht also, daß der Exponentialfaktor $A(z)^n$ der dominierende Term im Verhalten von $|\pi_{n+1}(z)|$ ist. Um $\|\pi_{n+1}\|_{[a,b]}$ auszuwerten, genügt es, $A(x)$ für $x \in [a, b]$ zu berechnen:

$$A(x) = \exp \left(\frac{1}{b - a} \int_a^b \ln |x - t| dt \right).$$

Die Funktion $t \mapsto \ln |t - x|$ ist in $t = x$ unstetig, aber der Leser kann leicht einsehen, daß die folgende partielle Integration zulässig ist:

$$\int_a^b \ln |t - x| dt = [(t - x) \ln |t - x|]_a^b - \int_a^b (t - x) \frac{dt}{t - x}$$
$$= (b - x) \ln (b - x) + (x - a) \ln (x - a) - (b - a),$$

weil die Funktion $t \mapsto (t - x) \ln |t - x|$ auf $[a, b]$ stetig ist, und man auf jedem der Intervalle $[a, x - \varepsilon]$ und $[x + \varepsilon, b]$ bis an seine Grenzen gehen kann. Daraus folgt

$$\begin{cases} A(x) & = \dfrac{1}{e}(x-a)^{\frac{x-a}{b-a}}(b-x)^{\frac{b-x}{b-a}} \quad \text{für} \quad x \in]a,b[, \\ A(a) & = A(b) = \dfrac{1}{e}(b-a). \end{cases}$$

Eine Kurvendiskussion von $x \mapsto A(x)$ ergibt folgenden Kurvenverlauf:

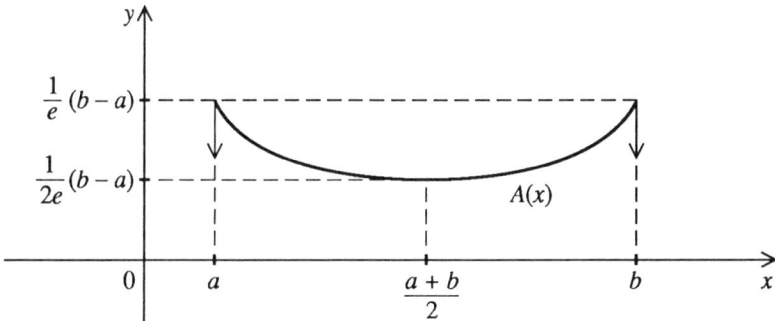

Die Funktion A erreicht ihr Maximum $\|A\| = 1/e(b-a)$ bei $x = a$ oder b und ihr Minimum $1/2e(b-a)$ bei $x = (a+b)/2$. Aus praktischer Sicht ergibt sich, daß die Konvergenz von $p_n(x)$ im allgemeinen in der Umgebung der Ränder a, b weniger gut ist als in der Intervallmitte.

2.2.3 *Das Rungesche Phänomen

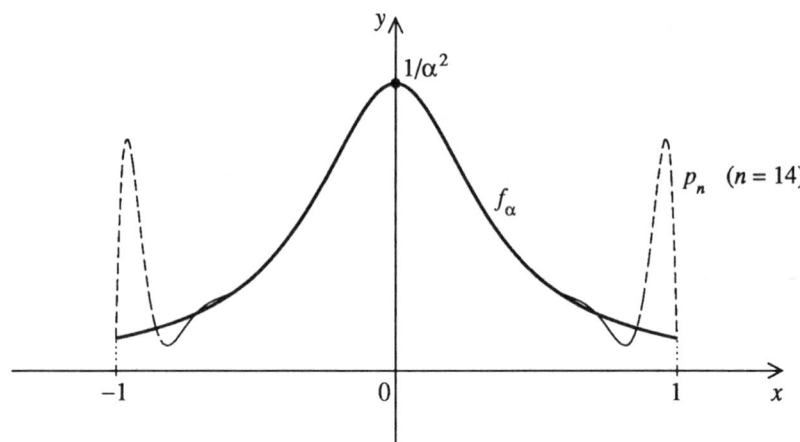

Thema dieses Abschnittes ist es, ein konkretes Beispiel einer analytischen Funktion f zu geben, bei der die Interpolationspolynome keine konvergente Folge bilden. Zu diesem Zweck betrachten wir die Funktion

$$f_\alpha(x) = \frac{1}{x^2 + \alpha^2}, \quad x \in [-1, 1]$$

mit dem Parameter $\alpha > 0$.

Es sei p_n das Interpolationspolynom von f in den Stützstellen $x_j = -1 + j\frac{1}{n}$, $0 \le j \le n$. Hier ist

$$f_\alpha(x) = \frac{1}{\alpha^2} \frac{1}{1 + \dfrac{x^2}{\alpha^2}} = \frac{1}{\alpha^2} \sum_{k=0}^{+\infty} (-1)^k \left(\frac{x^2}{\alpha^2}\right)^k$$

mit dem Konvergenzradius $R = \alpha$. Aus Abschnitt 2.2.1 weiß man, daß p_n gleichmäßig gegen f_α konvergiert, sobald $\alpha > 2(1/2 + 1/e) \simeq 1,74$ wird. Was geschieht jedoch für kleine α?

Berechnung von $p_n(x)$

Der Interpolationsfehler ergibt sich hier zu

$$f_\alpha(x) - p_n(x) = \frac{1}{x^2 + \alpha^2} - p_n(x) = \frac{1 - (x^2 + \alpha^2)p_n(x)}{x^2 + \alpha^2}.$$

Der Grad des Polynoms $1 - (x^2 + \alpha^2)p_n(x)$ ist $\leq n + 2$, Null in den Stützstellen $x_0, \ldots, x_n$ (weil p_n ja f interpoliert) und gleich Eins in den Stützstellen $\pm i\alpha$. Außerdem läßt sich $1 - (x^2 + \alpha^2)p_n(x)$ durch $\pi_{n+1}(x) = \prod(x - x_j)$ teilen und der Quotient ist nullten oder ersten Grades. Wir wollen die Parität dieses Quotienten näher untersuchen.

Da die Stützstellen x_j symmetrisch um Null herum verteilt sind, ist das Polynom p_n immer gerade, während π_{n+1} dann gerade ist, wenn n ungerade ist und umgekehrt. Der Quotient ist ein Binom $c_0 + c_1 x$, das für ungerades n gerade ist und für gerade n ungerade. Folglich ist

$$1 - (x^2 + \alpha^2)p_n(x) = \begin{cases} c_0 \cdot \pi_{n+1}(x) & \text{wenn } n \text{ ungerade ist,} \\ c_1 x \cdot \pi_{n+1}(x) & \text{wenn } n \text{ gerade ist.} \end{cases}$$

Ersetzt man x durch $i\alpha$, dann findet man $c_0 = 1/\pi_{n+1}(i\alpha)$ und $c_1 = 1/i\alpha\pi_{n+1}(i\alpha)$, und damit wird

$$f_\alpha(x) - p_n(x) = \begin{cases} \dfrac{1}{x^2 + \alpha^2} \dfrac{\pi_{n+1}(x)}{\pi_{n+1}(i\alpha)} & \text{wenn } n \text{ ungerade ist.} \\[3mm] \dfrac{x}{i\alpha(x^2 + \alpha^2)} \dfrac{\pi_{n+1}(x)}{\pi_{n+1}(i\alpha)} & \text{wenn } n \text{ gerade ist.} \end{cases}$$

Jetzt soll, unter Benutzung der Abschätzungen aus Abschnitt 2.2.2, die punktweise Konvergenz von $p_n(x)$ genauer untersucht werden.

Untersuchung der punktweisen Konvergenz der Folge $p_n(x)$.

Für $x = \pm 1$ ist $p_n(x) = p_n(\pm 1) = f_\alpha(\pm 1) = 1/(1 + \alpha^2)$ eine konstante Folge. Man nimmt also im folgenden an, daß x ein Fixpunkt in $]-1, 1[$ ist, und man versucht eine Abschätzung von $|\pi_{n+1}(x)/\pi_{n+1}(i\alpha)|$ zu erhalten. Für $x = i\alpha$ zeigt die Gleichung $(**)$ aus Abschnitt 2.2.2, daß es Konstanten $C_3, C_4 > 0$ gibt, so daß

$$C_3 A(i\alpha)^n \leq |\pi_{n+1}(i\alpha)| \leq C_4 A(i\alpha)^n,$$

da $\alpha \leq |i\alpha - x_j| \leq \sqrt{\alpha^2 + 4}$ für jedes $j \in \{-1, \ldots, n + 1\}$. Desgleichen sind für $z = x \in]-1, 1[$ die Beträge $|z - x_{i-1}|$ und $|z - x_{i+1}|$ in der gleichen Größenordnung wie $h = 2/n$, während $|z - x_{-1}|$ und $|z - x_{n+1}|$ gegen $1 + x$ beziehungsweise gegen $1 - x$ streben. Man hat also positive Konstanten $C_5, C_6, \ldots$, so daß

$$C_5 n\delta_n(x) A(x)^n \leq |\pi_{n+1}(x)| \leq C_6 n\delta_n(x) A(x)^n,$$
$$C_7 n\delta_n(x)\left(\frac{A(x)}{A(i\alpha)}\right)^n \leq |f_\alpha(x) - p_n(x)| \leq C_8 n\delta_n(x)\left(\frac{A(x)}{A(i\alpha)}\right)^n.$$

Die Berechnungen aus Abschnitt 2.2.2 ergeben

$$A(x) = \frac{1}{e}(1 + x)^{\frac{1+x}{2}}(1 - x)^{\frac{1-x}{2}},$$

$$A(i\alpha) = \exp\left(\frac{1}{2}\int_{-1}^{1} \ln|i\alpha - x|dx\right) = \exp\left(\frac{1}{4}\int_{-1}^{1} \ln(x^2 + \alpha^2)dx\right)$$

$$= \exp\left(\frac{1}{2}\int_{0}^{1} \ln(x^2 + \alpha^2)dx\right) = \frac{1}{e}\sqrt{1 + \alpha^2}\exp\left(\alpha \arctan\frac{1}{\alpha}\right),$$

da $\ln(x^2 + \alpha^2)$ als Stammfunktion $x \ln(x^2 + \alpha^2) - 2x + \alpha \arctan x/\alpha$ besitzt. Die Funktion $\alpha \mapsto A(i\alpha)$ ist auf $]0, +\infty[$ streng monoton wachsend mit

$$\lim_{\alpha \to 0} A(i\alpha) = \frac{1}{e}, \quad \lim_{\alpha \to +\infty} A(i\alpha) = +\infty.$$

Der kritische Wert α_0 ergibt sich aus $A(i\alpha_0) = \sup_{x \in [-1,1]} A(x) = 2/e$ zu $\alpha_0 \simeq 0,526$. Für $\alpha > \alpha_0$ konvergiert die Folge (p_n) auf $[-1, 1]$ punktweise (und sogar gleichmäßig) gegen f_α. Für $\alpha < \alpha_0$ ergibt sich folgende Abbildung:

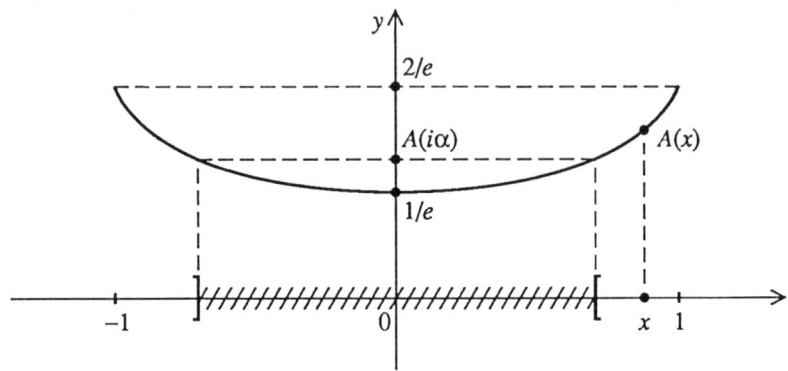

- Wenn $A(x) < A(i\alpha)$ (offenes Intervall, schraffiert) ist, dann konvergiert $p_n(x)$ gegen $f_\alpha(x)$.

- Wenn $x \in\ ]-1, 1[$ und $A(x) \geq A(i\alpha)$, dann divergiert die Folge $(p_n(x))$, wie man mit Hilfe des nachstehenden Lemmas erkennen kann.

Lemma

Für jedes $n \in \mathbb{N}^*$ gilt

$$\max\left(n\delta_n(x), (n+1)\delta_{n+1}(x)\right) \geq \frac{1}{2} \min(1+x, 1-x) > 0.$$

Es gibt tatsächlich Indizes j, k, für die gilt

$$\delta_n(x) = |x - x_{j,n}| = \left|x - \left(-1 + j \cdot \frac{2}{n}\right)\right|,$$

$$\delta_{n+1}(x) = |x - x_{k,n}| = \left|x - \left(-1 + k \cdot \frac{2}{n+1}\right)\right|.$$

Man erhält also

$$\max\left(n\delta_n(x), (n+1)\delta_{n+1}(x)\right) \geq \frac{1}{2}(n\delta_n(x) + (n+1)\delta_{n+1}(x))$$

$$\geq \quad \frac{1}{2}\Big(|n(x+1) - 2j| + |(n+1)(x+1) - 2k|\Big)$$

$$\geq \quad \frac{1}{2}\,|\text{Differenz}| = \frac{1}{2}\,|x + 1 - 2k + 2j|$$

$$\geq \quad \frac{1}{2}\,\text{Abstand}(x, \text{ungerade Ganzzahlige in } \mathbb{Z})$$

$$= \quad \frac{1}{2}\,\min(|x - 1|, |x + 1|).$$

Mit Hilfe des Lemmas sieht man, daß

$$\max\Big(|f_\alpha(x) - p_n(x)|,\, |f_\alpha(x) - p_{n+1}(x)|\Big) \geq C\left(\frac{A(x)}{A(i\alpha)}\right)^n.$$

Die Folge $(|f_\alpha(x) - p_n(x)|)_{n\in\mathbb{N}}$ bleibt für $A(x) > A(i\alpha)$ nicht beschränkt und strebt für $A(x) = A(i\alpha)$ nicht gegen Null.

Dieses Beispiel zeigt also, daß man selbst für eine völlig reguläre Funktion f nicht erwarten darf, daß die Interpolationspolynome p_n in den äquidistanten Stützstellen auf dem Interpolationsintervall gegen f konvergieren.

2.3   Beste gleichmäßige Approximation

2.3.1   Existenz und Eindeutigkeit des Polynoms bester Approximation

Im Vektorraum $\mathcal{C}([a, b])$ seien die stetigen Funktionen $f : [a, b] \to \mathbb{R}$ mit der Supremumsnorm

$$\|f\| = \sup_{x\in[a,b]} |f(x)|,$$

und der zugehörigen Metrik $d(f, g) = \|f - g\|$ definiert. Man bezeichnet

$$d(f, \mathcal{P}_n) = \inf_{p\in\mathcal{P}_n} \|f - p\|.$$

Satz und Definition

Für jedes $n \in \mathbb{N}$ gibt es ein eindeutiges Polynom $q_n \in \mathcal{P}_n$, für welches die Metrik ein Minimum besitzt

$$\|f - q_n\| = d(f, \mathcal{P}_n).$$

Dieses Polynom wird Polynom bester gleichmäßiger Approximation von f n-ten Grades genannt.

Beweisen wir zunächst die Existenz von q_n. Approximiert man f durch $p = 0$, sieht man, daß $d(f, \mathcal{P}_n) \leq \|f\|$ ist. Die Menge der Polynome $p \in \mathcal{P}_n$, für die $\|f - p\| \leq \|f\|$ gilt, ist eine abgeschlossene und beschränkte Teilmenge $K \subset \mathcal{P}_n$, die wegen $0 \in K$ nicht leer ist. Da die Dimension von $\mathcal{P}_n$ endlich ist, ist K eine kompakte Teilmenge, also nimmt die stetige Funktion $p \mapsto \|f - p\|$ ihr Infimum im Punkt $p = q_n \in K$ an. ∎

Vor dem Beweis der Eindeutigkeit führen wir eine bequeme Bezeichnung ein.

Definition

Man nennt eine Funktion $g \in \mathcal{C}([a, b])$ gleichmäßig auf $(k + 1)$ Punkten von $[a, b]$ alternierend, wenn es Punkte $x_0 < x_1 < \cdots < x_k$ in $[a, b]$ gibt, für die

$$\forall i = 0, 1, \ldots, k, \quad |g(x_i)| = \|g\| \quad \text{und} \quad \forall i = 0, 1, \ldots, k-1, \quad g(x_{i+1}) = -g(x_i).$$

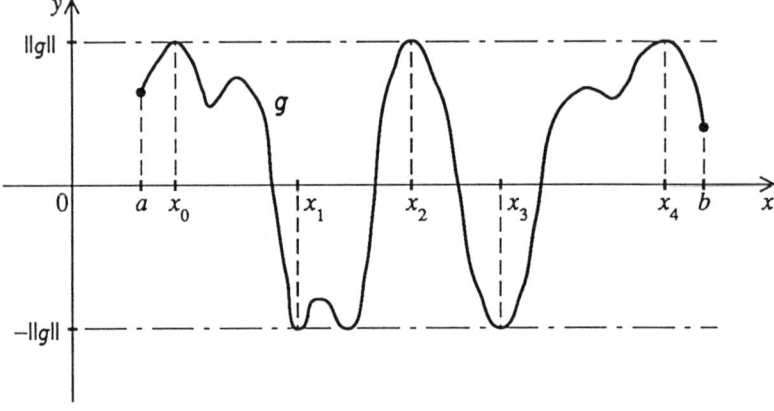

Beweis der Eindeutigkeit *. Wir zeigen, daß wenn $p \in \mathcal{P}_n$ ein Polynom ist, für welches das Minimum der Metrik $\|f - p\|$ erzielt wird, $g = f - p$ gleichmäßig auf $n + 2$ Punkten von $[a, b]$ alterniert. Wenn das nicht der Fall ist, sei

$$x_0 = \inf \{x \in [a, b]; |g(x)| = \|g\|\}$$

der erste Punkt, für den g seinen maximalen Absolutwert erreicht, weiter ist dann x_1 der erste Punkt $> x_0$, für den $g(x_1) = -g(x_0), \ldots$, und x_{i+1} ist der erste Punkt $> x_i$ für den $g(x_{i+1}) = -g(x_i)$. Wir nehmen an, daß diese Folge für $i = k \leq n$ endet. Nach dem Zwischenwertsatz wird g notwendigerweise in jedem Intervall $[x_{i-1}, x_i]$ einmal zu Null. Es sei $c_i \in [x_{i-1}, x_i]$ die größte reelle Zahl in diesem Intervall, für die $g(c_i) = 0$ wird, so daß

$$a \leq x_0 < c_1 < x_1 < c_2 < \cdots < x_{k-1} < c_k < x_k \leq b.$$

Nehmen wir zum Beispiel $g(x_0) > 0$ und setzen

$$\begin{aligned}
\pi(x) &= (c_1 - x)(c_2 - x) \cdots (c_k - x), \quad \pi \in \mathcal{P}_n, \\
g_\varepsilon(x) &= g(x) - \varepsilon\pi(x) = f(x) - (p(x) + \varepsilon\pi(x)).
\end{aligned}$$

Dann kann man zeigen, daß für genügend kleine $\varepsilon > 0$ gilt: $\|g_\varepsilon\| < \|g\|$. Das widerspricht der Aussage über das Minimum von $\|f - p\|$. Voraussetzungsgemäß gilt signum $g(x_i) = (-1)^i$ und

$$
\begin{array}{lll}
-\|g\| & < g(x) \leq \|g\| & \text{auf} \quad [a, x_0], \\
-\|g\| & \leq (-1)^i g(x) < \|g\| & \text{auf} \quad [x_{i-1}, c_i]
\end{array}
$$

(stünde hier nur $\leq$ anstatt von $<$, dann erhielte man $x_i \leq c_i$),

$$
0 \leq (-1)^i g(x) \leq \|g\| \quad \text{auf} \quad [c_i, x_i]
$$

(für einen Wert < 0, würde $g(x)$ auf $]c_i, x_i[$ Null werden),

$$
-\|g\| < (-1)^k g(x) \leq \|g\| \quad \text{auf} \quad [x_k, b]
$$

(stünde hier nur $\leq$ anstatt von $<$, gäbe es einen Punkt x_{k+1}).

Es gibt also eine positive Konstante $A < \|g\|$, so daß $g(x) \geq -A$ auf $[a, x_0]$, $(-1)^i g(x) \leq A$ auf $[x_{i-1}, c_i]$ und $(-1)^k g(x) \geq -A$ auf $[x_k, b]$ ist. Bezeichnet man $M = \sup_{[a,b]} |\pi(x)|$ und berücksichtigt dabei die Tatsache, daß auf $]c_i, c_{i+1}[$ signum $\pi(x) = (-1)^i$, dann erhält man

$$
\begin{array}{lll}
-A - \varepsilon M \leq g_\varepsilon(x) < \|g\| & \text{auf} & [a, x_0], \\
-\|g\| < (-1)^i g_\varepsilon(x) \leq A + \varepsilon M & \text{auf} & [x_{i-1}, c_i], \\
-\varepsilon M \leq (-1)^i g_\varepsilon(x) < \|g\| & \text{auf} & [c_i, x_i], \\
-A - \varepsilon M \leq (-1)^k g_\varepsilon(x) < \|g\| & \text{auf} & [x_k, b],
\end{array}
$$

was für genügend kleines ε die Ungleichung $\|g_\varepsilon\| < \|g\|$ nach sich zieht. Aus diesem Widerspruch folgt $k \geq n + 1$, was zu beweisen war.

Um die Eindeutigkeit von p zu überprüfen, genügt es zu zeigen, daß es für jedes Polynom $q \in \mathcal{P}_n, q \neq p$ einen Punkt x_i, mit $0 \leq i \leq n + 1$ gibt, für den

$$
(-1)^i (f(x_i) - q(x_i)) > (-1)^i (f(x_i) - p(x_i));
$$

damit folgt insbesondere $\|f - q\| > \|f - p\|$. Wenn dem nicht so wäre, hätte man für jedes $i = 0, 1, \ldots, n + 1$

$$
(-1)^i (p(x_i) - q(x_i)) \leq 0.
$$

Nach dem Zwischenwertsatz würde es einen Punkt $\xi_i \in [x_i, x_{i+1}]$ geben, so daß $p(\xi_i) - q(\xi_i) = 0$ für $i = 0, 1, \ldots, n$. Wenn die ξ_i alle verschieden voneinander sind, dann hätte $p - q$ genau $n + 1$ Nullstellen, also wäre im Gegensatz zur Annahme $p = q$. Man kann jedoch $\xi_{i-1} < \xi_i$ wählen, es sei denn, das Polynom $(-1)^i (p(x) - q(x))$ besitzt im Intervall $[x_{i-1}, x_{i+1}]$ nur für $x = x_i$ eine Nullstelle, in diesem Fall muß man $\xi_{i-1} = x_i = \xi_i$ nehmen. Dann bleibt auf $[x_{i-1}, x_{i+1}]$ $(-1)^i (p(x) - q(x)) \geq 0$, weil seine Vorzeichenfunktion für $x = x_{i-1}$ und $x = x_{i+1}$ positiv ist. Damit ergibt sich, daß $\xi_i = x_i$ mindestens eine doppelte Nullstelle von $p - q$ ist, folglich hätte $p - q$ unter Berücksichtigung der Vielfachheit aber noch $n + 1$ weitere Nullstellen, was ein Widerspruch ist. ∎

Wir stellen außerdem fest, daß nach vorangegangenem Beweis, das Polynom bester gleichmäßiger Approximation sich wie folgt charakterisieren läßt:

Charakterisierung

Für $f \in C([a, b])$ ist $q_n \in P_n$ das Polynom bester gleichmäßiger Approximation an f das einzige Polynom $\leq n$-ten Grades, für das $f - q_n$ auf wenigstens $(n + 2)$ Punkten von $[a, b]$ gleichmäßig alterniert.

Beispiel

Wir schreiben die Tschebyscheff-Polynome in der Form

$$2^{-n}t_{n+1}(x) = x^{n+1} - q_n(x)$$

mit q_n vom Grad $\leq n$. Da $t_{n+1}(\cos \theta) = \cos(n + 1)\theta$ gleichmäßig über die $n + 2$ Punkte $\theta_i = i\,\pi/(n + 1)$, $0 \leq i \leq n + 1$ alterniert, folgt, daß $q_n(x)$ das Polynom bester gleichmäßiger Approximation n-ten Grades von x^{n+1} auf $[-1, 1]$ ist. Anders ausgedrückt, $2^{-n}t_{n+1}$ ist das eindeutig bestimmte Polynom vom Grad $n + 1$, welches die kleinstmögliche Supremumsnorm auf $[-1, 1]$ besitzt: Diese Norm hat den Wert 2^{-n}.

2.3.2   Polynomdichte in $C([a,b])$

Leider ist es im allgemeinen sehr schwierig, das Polynom q_n bester gleichmäßiger Approximation zu finden. Deswegen wollen wir ein sehr viel besser anzuwendendes Approximationsverfahren untersuchen.

Definition

Für $f \in C([a, b])$ ist der Stetigkeitsmodul von f die Funktion $\omega_f : \mathbb{R}_+ \to \mathbb{R}_+$, welche definiert ist durch

$$\omega_f(t) = \sup\{|f(x) - f(y)|; \quad x, y \in [a, b] \quad \text{mit} \quad |x - y| \leq t\}.$$

Für alle $x, y \in [a, b]$ gilt damit $|f(x) - f(y)| \leq \omega_f(|x - y|)$, was bedeutet, daß ω_f quantitativ die Stetigkeit von f mißt.

Eigenschaften des Stetigkeitsmodules

(i) $t \mapsto \omega_f(t)$ *ist eine monoton wachsende Funktion.*

(ii) $\lim\limits_{t \to 0^+} \omega_f(t) = 0.$

(iii) *Für alle $t_1, t_2 \in \mathbb{R}_+$ ist $\omega_f(t_1 + t_2) \leq \omega_f(t_1) + \omega_f(t_2)$.*

(iv) *Für jedes $n \in \mathbb{N}$ und jedes $t \in \mathbb{R}_+$ ist $\omega_f(nt) \leq n\,\omega_f(t)$.*

(v) *Für jedes $\lambda \in \mathbb{R}_+$ und jedes $t \in \mathbb{R}_+$ ist $\omega_f(\lambda t) \le (\lambda + 1)\omega_f(t)$.*

Beweis. (i) ist offensichtlich, (ii) ergibt sich aus der Tatsache, daß jede auf $[a, b]$ stetige Funktion gleichmäßig stetig ist.

(iii) Es seien $x, y \in [a, b]$ beliebig gewählt, so daß $|x - y| \le t_1 + t_2$. Dann gibt es ein $z \in [x, y]$, für das $|x - z| \le t_1$ und $|z - y| \le t_2$ ist, und damit

$$|f(x) - f(y)| \le |f(x) - f(z)| + |f(z) - f(y)| \le \omega_f(t_1) + \omega_f(t_2).$$

Daraus folgt die Ungleichung (iii), indem man das Supremum von x, y nimmt.

(iv) folgt unmittelbar aus (iii) und (v) erhält man durch Anwendung von (iv) mit $n = E(\lambda) + 1$. ∎

Wir wollen jetzt die *Jackson-Polynome* einführen, welche eine ziemlich gute Näherung einer beliebigen stetigen Funktion erlauben. Für jedes ganzzahlige $n \ge 2$ soll das trigonometrische Polynom $J_n \ge 0$ vom Grad $n - 2$

$$J_n(\theta) = c_n \prod_{1 \le k \le n-2} \left(1 - \cos\left(\theta - \frac{2k+1}{n}\right)\pi\right)$$

betrachtet werden, wobei $c_n > 0$ so gewählt wird, daß $J_n(\pi/n) = 1/2$. Ersetzt man k durch $n-1-k$, sieht man sofort, daß $J_n(-\theta) = J_n(\theta)$ ist. Ferner ist $J_n\left((2k+1)\pi/n\right) = 0$ für jedes $k \in \mathbb{Z}$, wenn $k \not\equiv 0$ oder $-1 \pmod{n}$, während $J_n(\pm\pi/n) = 1/2$ ist. Wir benötigen folgendes Lemma.

Lemma

Es sei $P(\theta) = \sum_{|j| \le n-1} a_j e^{ij\theta}$, $j \in \mathbb{Z}$ ein trigonometrisches Polynom höchstens vom Grad $n - 1$. Dann gilt

$$(\forall \theta \in \mathbb{R}) \quad \sum_{0 \le k \le n-1} P\left(\theta - k\frac{2\pi}{n}\right) = na_0.$$

Tatsächlich ist $\sum_{0 \le k \le n-1} e^{ij(\theta - k2\pi/n)} = e^{ij\theta}\dfrac{1 - e^{-ijn2\pi/n}}{1 - e^{-ij2\pi/n}} = 0$ für $j \not\equiv 0 \pmod{n}$, und die Summe hat für $j = 0$ den Wert n.

Da $J_n(\theta)$ und $J_n(\theta)(1 - \cos\theta)$ trigonometrische Polynome vom Grad $n - 2$ beziehungsweise $n - 1$ sind, schließt man daraus

$$\sum_{0 \le k \le n-1} J_n\left(\theta - k\frac{2\pi}{n}\right) = 1,$$

$$\sum_{0 \le k \le n-1} J_n\left(\theta - k\frac{2\pi}{n}\right)\left(1 - \cos\left(\theta - k\frac{2\pi}{n}\right)\right) = 1 - \cos\frac{\pi}{n};$$

tatsächlich sind nach dem Lemma diese Summen Konstanten und für $\theta = -(\pi/n)$ ergibt sich aus der Definition von $J_n(\theta)$, daß $J_n(\theta - k\, 2\pi/n) = 0$ wird, außer für $k = 0$ und $k = n - 1$, für welche $J_n(\theta - k \cdot 2\pi/n) = 1/2$ wird. Wir stellen weiter fest, daß

$$\left| \cos\theta - \cos k\,\frac{2\pi}{n} \right|^2 = \left| \mathrm{Re}\left(e^{i\theta} - e^{ik\,2\pi/n} \right) \right|^2$$

$$\leq \left| e^{i\theta} - e^{ik\,2\pi/n} \right|^2 = \left| e^{i(\theta - k\,2\pi/n)} - 1 \right|^2$$

$$= 2\left(1 - \cos\left(\theta - k\,\frac{2\pi}{n} \right) \right).$$

Wendet man die Cauchy-Schwarzsche Ungleichung $\left| \sum a_k b_k \right| \leq \left(\sum a_k^2 \right)^{1/2} \left(\sum b_k^2 \right)^{1/2}$ auf die Größen

$$a_k = J_n\left(\theta - k\,\frac{2\pi}{n} \right)^{1/2}, \quad b_k = J_n\left(\theta - k\,\frac{2\pi}{n} \right)^{1/2} \left| \cos\theta - \cos k\,\frac{2\pi}{n} \right|$$

an, so schließt man daraus

$$\sum_{0 \leq k \leq n-1} J_n\left(\theta - k\,\frac{2\pi}{n} \right) \left| \cos\theta - \cos k\,\frac{2\pi}{n} \right|$$

$$\leq \left(\sum J_n\left(\theta - k\,\frac{2\pi}{n} \right) \right)^{1/2} \cdot \left(\sum J_n\left(\theta - k\,\frac{2\pi}{n} \right) \left| \cos\theta - \cos k\,\frac{2\pi}{n} \right|^2 \right)^{1/2}$$

$$\leq \left(2\sum J_n\left(\theta - k\,\frac{2\pi}{n} \right) \left(1 - \cos\left(\theta - k\,\frac{2\pi}{n} \right) \right) \right)^{1/2}$$

$$\leq \left(2\left(1 - \cos\frac{\pi}{n} \right) \right)^{1/2} = 2\sin\frac{\pi}{2n} \leq \frac{\pi}{n}. \qquad (*)$$

Es sei $f \in \mathcal{C}([-1,1])$ jetzt eine beliebige stetige Funktion. Man ordnet ihr das folgende trigonometrische Polynom vom Grad $\leq n - 2$ zu:

$$\varphi_n(\theta) = \sum_{0 \leq k \leq n-1} f\left(\cos k\,\frac{2\pi}{n} \right) J_n\left(\theta - k\,\frac{2\pi}{n} \right).$$

Ersetzt man k durch $n - k$ für $1 \leq k \leq n - 1$, so erkennt man, daß $\varphi_n(-\theta) = \varphi_n(\theta)$ ist, folglich ist $\varphi_n(\theta)$ eine Linearkombination der geraden Funktionen 1, $\cos\theta$, ..., $\cos(n-2)\theta$. Da diese genau durch die Tschebyscheff-Polynome $t_k(\cos\theta)$ bestimmt sind, sieht man, daß es ein Polynom p_{n-2} vom Grad $\leq n - 2$ gibt, für das $\varphi_n(\theta) = p_{n-2}(\cos\theta)$ ist. Aus ähnlichen Gründen gibt es ein Polynom $j_{n,k}(x)$ vom Grad $\leq n - 2$, für welches

$$\frac{1}{2}\left(J_n\left(\theta + k\,\frac{2\pi}{n} \right) + J_n\left(\theta - k\,\frac{2\pi}{n} \right) \right) = j_{n,k}(\cos\theta).$$

Beachtet man, daß $p_{n-2}(\cos\theta) = \frac{1}{2}\left(\varphi_n(\theta) + \varphi_n(-\theta) \right)$ ist und ersetzt man x durch $\cos\theta$, dann ist man in der Lage, das Polynom p_{n-2} explizit in Abhängigkeit von den $j_{n,k}$ auszudrücken:

$$p_{n-2}(x) = \sum_{0 \leq k \leq n-1} f\left(\cos k\frac{2\pi}{n}\right) j_{n,k}(x), \quad \forall x \in [-1,1].$$

Dieses Polynom soll Jackson-Approximationspolynom vom Grad $n-2$ von f genannt werden. Damit haben wir den:

Satz von Jackson

Für jedes $f \in C([a,b])$, erfüllen die Jackson-Approximationspolynome die Ungleichung

$$\|f - p_n\| \leq 3\,\omega_f\left(\frac{b-a}{n+2}\right).$$

Beweis. Der Fall eines beliebigen Intervalls $[a,b]$ läßt sich leicht durch dieselbe Variablentransformation wie in Abschnitt 2.1.5 auf den Fall $[a,b] = [-1,1]$ zurückführen. Man nimmt also $f \in C([-1,1])$ an und sucht eine obere Schranke für

$$\|f - p_{n-2}\|_{[-1,1]} = \sup_{\theta \in [0,\pi]} |f(\cos \theta) - \varphi_n(\theta)|.$$

Die Eigenschaft $\sum J_n(\theta - k \cdot 2\pi/n) = 1$ erlaubt uns,

$$f(\cos \theta) = \sum_{0 \leq k \leq n-1} f(\cos \theta) J_n\left(\theta - k\frac{2\pi}{n}\right)$$

zu schreiben und damit wegen der Definition von φ_n

$$f(\cos \theta) - \varphi_n(\theta) = \sum_{0 \leq k \leq n-1} \left(f(\cos \theta) - f\left(\cos k\frac{2\pi}{n}\right)\right) J_n\left(\theta - k\frac{2\pi}{n}\right).$$

Die Eigenschaft (v) des Stetigkeitsmoduls führt mit $t = \dfrac{2}{n}$ und $\lambda = \dfrac{n}{2}\left|\cos\theta - \cos k\dfrac{2\pi}{n}\right|$ zu

$$\left|f(\cos \theta) - f\left(\cos k\frac{2\pi}{k}\right)\right| \leq \omega_f(\lambda t)$$

$$\leq \left(1 + \frac{n}{2}\left|\cos\theta - \cos k\frac{2\pi}{n}\right|\right)\omega_f\left(\frac{2}{n}\right),$$

und folglich ergibt die Ungleichung ($*$)

$$|f(\cos \theta) - \varphi_n(\theta)| \leq \left[\sum_{0 \leq k \leq n-1} J_n\left(\theta - k\frac{2\pi}{n}\right)\left(1 + \frac{n}{2}\left|\cos\theta - \cos k\frac{2\pi}{n}\right|\right)\right]\omega_f\left(\frac{2}{n}\right)$$

$$\leq \left(1 + \frac{n}{2}\cdot\frac{\pi}{n}\right)\omega_f\left(\frac{2}{n}\right).$$

Schließlich erhält man

$$\|f - p_{n-2}\| \leq \left(1 + \frac{\pi}{2}\right)\omega_f\left(\frac{2}{n}\right) \leq 3\,\omega_f\left(\frac{2}{n}\right). \qquad \blacksquare$$

Aus dem Satz von Jackson ergibt sich, daß (p_n) gleichmäßig gegen f konvergiert, wenn n gegen $+\infty$ strebt. Da das bestangepaßte Polynom q_n definitionsgemäß $\|f - q_n\| \leq \|f - p_n\|$ erfüllt, schließt man daraus, daß (q_n) gleichmäßig gegen f konvergiert, wenn n gegen $+\infty$ strebt. Dies ist gleichbedeutend mit der folgenden Aussage:

Satz von Weierstraß

Der Raum $\mathcal{P}$ der Polynome ist dicht in $\mathcal{P}([a, b])$ bezüglich der Supremumsnorm.

2.4 Numerische Stabilität des Interpolationsverfahrens nach Lagrange

2.4.1 Die zu den Stützstellen gehörige Lebesgue-Konstante

Es seien $x_0, x_1, \ldots, x_n \in [a, b]$ paarweise verschiedene Stützstellen. Man betrachtet den Interpolationsoperator von Lagrange

$$L_n : \mathcal{C}([a, b]) \longrightarrow \mathcal{P}_n$$
$$f \longmapsto p_n.$$

In der Praxis ist die zu interpolierende Funktion f nicht genau bekannt: Man verfügt nur über einen Näherungswert $\widetilde{f} = f + g$, wobei g einen Fehlerterm darstellt. Anstatt $p_n = L_n(f)$ zu berechnen, wird man $\widetilde{p}_n = L_n(\widetilde{f}) = L_n(f) + L_n(g) = p_n + L_n(g)$ berechnen.

Wenn der bei f begangene Fehler g ist, dann wird $L_n(g)$ der Fehler für p_n sein. Aus numerischer Sicht wird es sehr wichtig sein, $\|L_n(g)\|$ in Abhängigkeit von $\|g\|$ abschätzen zu können.

Rufen wir uns die in Abschnitt 2.1.1 bewiesene Interpolationsformel (*) noch einmal ins Gedächtnis: Für $L_n(g) = r_n$, ist

$$r_n(x) = \sum_{i=0}^{n} g(x_i)l_i(x).$$

Man erhält also

$$|r_n(x)| \leq \left(\sum_{i=0}^{n} |l_i(x)|\right) \|g\|.$$

Satz und Definition

Die Norm des Interpolationsoperators L_n ist

$$\Lambda_n = \sup_{x \in [a,b]} \left(\sum_{i=0} |l_i(x)| \right).$$

Die Zahl Λ_n wird die zu festem $x_0, x_1, \ldots, x_n$ gehörige Lebesgue-Konstante genannt.

Beweis. Nach vorhergesagtem gilt $\|L_n(g)\| = \|r_n\| \leq \Lambda_n \|g\|$, also $\|L_n\| \leq \Lambda_n$. Umgekehrt zieht die Stetigkeit der l_i die Existenz eines Punktes $\xi \in [a, b]$ nach sich, für den $\Lambda_n = \sum |l_i(\xi)|$ ist. Man kann eine stückweise lineare Funktion $g \in \mathcal{C}([a,b])$ finden, für die $\|g\| = 1$ und $g(x_i) = \pm 1 = \text{signum}\,(l_i(\xi))$ ist. Damit ist

$$L_n(g)(\xi) = \sum_{i=0}^n |l_i(\xi)| = \Lambda_n,$$

so daß $\|L_n(g)\| \geq \Lambda_n$ und $\|L_n\| \geq \Lambda_n$. ∎

Die Konstante Λ_n läßt sich gefühlsmäßig als *Fehlerverstärkungsfaktor des Lagrange-schen* Interpolationsverfahrens deuten. Im weiteren wird sich zeigen, daß Λ_n aufgrund der folgenden Ungleichung auch eng mit der Konvergenz von Interpolationspolynomen verbunden ist:

Satz

Für jedes $f \in \mathcal{C}([a,b])$ gilt $\|f - L_n(f)\| \leq (1 + \Lambda_n) d(f, \mathcal{P}_n)$.

Beweis. Es sei q_n das Polynom gleichmäßig bester Approximation an f, so daß $\|f - q_n\| = d(f, \mathcal{P}_n)$. Weil $q_n \in \mathcal{P}_n$ ist, gilt $L_n(q_n) = q_n$, also

$$
\begin{aligned}
f - L_n(f) &= f - q_n - L_n(f - q_n) \\
\|f - L_n(f)\| &\leq \|f - q_n\| + \|L_n(f - q_n)\| \\
&\leq \|f - q_n\| + \Lambda_n \|f - q_n\| = (1 + \Lambda_n) d(f, \mathcal{P}_n).
\end{aligned}
$$

∎

2.4.2 Äquidistante Stützstellen

Wir setzen $x_i = a + ih$, $0 \leq i \leq n$ und $x = a + sh$ mit $s \in [0, n]$, $h = \dfrac{b - a}{n}$. Damit erhalten wir

$$l_i(x) \prod_{j \neq i} \frac{(x - x_j)}{(x_i - x_j)} = \prod_{j \neq i} \frac{s - j}{i - j} = (-1)^{n-i} \frac{s(s-1) \cdots \widehat{(s - i)} \cdots (s - n)}{i!(n-i)!},$$

wobei mit $\widehat{s-i}$ ein auszulassender Faktor bezeichnet wird. Damit kann man beweisen, daß

$$\Lambda_n \sim \frac{2^{n+1}}{n \ln(n)}.$$

Wir begnügen uns mit der Herleitung einer unteren Schranke von Λ_n. Für $s = 1/2$, das heißt für $x = a + h/2$ ergibt sich

$$
\begin{aligned}
|l_i(x)| &= \frac{\frac{1}{2} \cdot \frac{1}{2} \cdot \frac{3}{2} \cdots \left(\widehat{i - \frac{1}{2}}\right) \cdots \left(n - \frac{1}{2}\right)}{i!(n-i)!} \\
&\geq \frac{1}{4} \cdot \frac{1 \cdot 2 \cdots (\widehat{i-1}) \cdots (n-1)}{i!(n-i)!} \geq \frac{1}{4n^2} \frac{n!}{i!(n-i)!}.
\end{aligned}
$$

Daraus schließt man

$$\Lambda_n \geq \sum_{i=0}^{n} |l_i(x)| \geq \frac{1}{4n^2} \sum_{i=0}^{n} C_n^i = \frac{1}{4n^2} 2^n.$$

Da Λ_n ziemlich schnell gegen $+\infty$ strebt, erkennt man, daß das Interpolationsverfahren nach Lagrange auf äquidistanten Stützstellen *kein sehr stabiles numerisches Verfahren ist*: Für großes n erfahren die Fehler eine große Verstärkung. Da Λ_n im allgemeinen sehr viel schneller gegen $+\infty$ strebt als $d(f, \mathcal{P}_n)$ gegen Null (vgl. den Satz von Jackson), gibt der obenstehende Satz auch einen Hinweis auf die Ursache, weswegen das Rungesche Phänomen auftritt.

Übung

Zeigen Sie, daß $|l_i(x)| \leq \dfrac{(n-k)!(k+1)!}{i!(n-i)!} \leq \dfrac{n!}{i!(n-i)!}$ *für* $x = a + sh$ *mit* $s \in [k, k+1]$, $0 \leq k < n$ *gilt. Folgern Sie daraus, daß* $\Lambda_n \leq 2^n$ *ist.*

2.4.3 Tschebyscheff-Stützstellen

Wie man leicht erkennt, ändert sich die Konstante Λ_n bei einer linearen Koordinatentransformation $x \mapsto \alpha x + \beta$ nicht. Zur Vereinfachung wählen wir das Intervall $[-1, 1]$. In diesem Fall ist das Interpolationspolynom einer Funktion $f \in \mathcal{C}([-1, 1])$, wegen $\pi_{n+1}(x) = 2^{-n} t_{n+1}(x)$ nach Abschnitt 2.1.5, gegeben durch $P_n(x) \sum f(x_i) l_i(x)$ mit

$$l_i(x) = \frac{\pi_{n+1}(x)}{(x - x_i)\pi'_{n+1}(x_i)} = \frac{t_{n+1}(x)}{(x - x_i)t'_{n+1}(x_i)}.$$

Abschätzung der Lebesgue-Konstanten

Man kann zeigen, daß

$$\Lambda_n \sim \frac{2}{\pi} \ln(n) \quad \text{für} \quad n \to +\infty.$$

Wir begnügen uns mit der Bestätigung, daß $\Lambda_n \le C \ln(n)$ ist, mit einer Konstanten $C \ge 0$ und überlassen es dem Leser, das Verfahren zu verbessern, um das obige, genauere Ergebnis zu bekommen. Wir setzen

$$x = \cos \theta, \quad x_i = \cos \theta_i \quad \text{mit} \quad \theta_i = \frac{2i+1}{2n+2} \pi, \quad 0 \le i \le n.$$

Die Beziehung $t_{n+1}(\cos \theta) = \cos(n+1)\theta$ ergibt durch Differenzieren

$$\sin \theta\, t'_{n+1}(\cos \theta) = (n+1) \sin(n+1)\theta.$$

Da $\sin(n+1)\,\theta_i = \sin(2i+1)\pi/2 = (-1)^i$ ist, folgt daraus

$$t'_{n+1}(x_i) = (n+1) \frac{(-1)^i}{\sin \theta_i},$$

$$l_i(\cos \theta) = \frac{(-1)^i \sin \theta_i \, \cos(n+1)\theta}{(n+1)(\cos \theta - \cos \theta_i)},$$

$$|l_i(\cos \theta)| = \frac{|\sin \theta_i \, \cos(n+1)\,\theta|}{(n+1)|\cos \theta - \cos \theta_i|}.$$

Eine untere Schranke dafür ist

$$\cos \theta - \cos \theta_i = -2 \sin \frac{\theta - \theta_i}{2} \sin \frac{\theta + \theta_i}{2}.$$

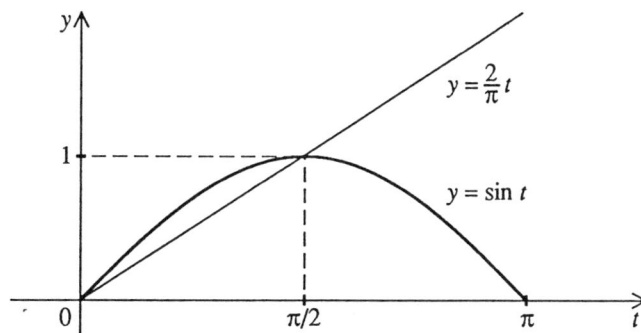

Für jedes $t \in \left[0, \frac{\pi}{2}\right]$ ist $\sin t \ge \frac{2}{\pi} t$, deswegen ist

$$\frac{\theta - \theta_i}{2} \in \left[-\frac{\pi}{2}, \frac{\pi}{2}\right], \quad \text{und damit} \quad \left|\sin \frac{\theta - \theta_i}{2}\right| \geq \frac{2}{\pi} \frac{|\theta - \theta_i|}{2}.$$

Desweiteren ist $\dfrac{\theta + \theta_i}{2} \in \left[\dfrac{\theta_i}{2}, \dfrac{\theta_i + \pi}{2}\right]$ mit $\dfrac{\theta_i}{2} \leq \dfrac{\pi}{2}$ und $\dfrac{\theta_i + \pi}{2} \geq \dfrac{\pi}{2}$, also

$$\left|\sin \frac{\theta + \theta_i}{2}\right| \geq \min \left(\sin \frac{\theta_i}{2}, \sin \frac{\theta_i + \pi}{2}\right) = \min \left(\sin \frac{\theta_i}{2}, \cos \frac{\theta_i}{2}\right).$$

Da $\sin \theta_i = 2 \sin \dfrac{\theta_i}{2} \cos \dfrac{\theta_i}{2} \leq 2 \min \left(\sin \dfrac{\theta_i}{2}, \cos \dfrac{\theta_i}{2}\right)$, ergibt sich

$$|l_i(\cos \theta)| \leq \pi \frac{|\cos (n + 1)\theta|}{(n + 1)|\theta - \theta_i|}. \tag{$*$}$$

Nach dem Mittelwertsatz der Differentialrechnung ist

$$\cos (n + 1)\theta = \cos (n + 1)\theta - \cos (n + 1)\theta_i = (n + 1)(\theta - \theta_i)(-\sin \xi),$$
$$|\cos (n + 1)\theta| \leq (n + 1)|\theta - \theta_i|,$$

also $|l_i(\cos \theta)| \leq \pi$, $\forall \theta \in [0, \pi] \setminus \{\theta_i\}$, und dies gilt aus Stetigkeitsgründen auch für $\theta = \theta_i$.

Halten wir nun $\theta \in [0, \pi]$ fest und sei θ_j der am nächsten bei θ gelegene Punkt. Wenn man $h = \pi/(n + 1) = \theta_{i+1} - \theta_i$ setzt, dann erhält man

$$|\theta - \theta_j| \leq \frac{h}{2},$$
$$|\theta - \theta_i| \geq |\theta_j - \theta_i| - |\theta - \theta_j| \geq (|j - i| - 1)h.$$

Die Ungleichung $(*)$ ergibt

$$\sum_{i=0}^{n} |l_i(\cos \theta)| \leq \frac{\pi}{(n + 1)h} \sum_{j \neq i, i+1, i-1} \frac{1}{|j - i| - 1} + 3\pi,$$

woraus $\Lambda_n \leq 2\left(1 + \dfrac{1}{2} + \cdots + \dfrac{1}{n}\right) + 3\pi \leq C \ln (n)$ folgt.

Übung

Zeigen Sie umgekehrt, daß gilt

$$\sum_{i=0}^{n} |l_i(1)| = \frac{1}{n + 1} \sum_{i=0}^{n} \cot \frac{\theta_i}{2} \geq \frac{2}{\pi} \int_{\theta_0/2}^{\pi/2} \cot t \, dt \geq \frac{2}{\pi} \ln (n).$$

Nach dem Satz aus Abschnitt 2.4.1 und dem Satz von Jackson erhält man für jedes $f \in \mathcal{C}([a, b])$:

$$\|f - L_n(f)\| \leq (1 + \Lambda_n)d(f, \mathcal{P}_n) \leq C' \ln (n) \cdot \omega_f \left(\frac{b - a}{n + 2}\right).$$

Korollar

Man nehme an, daß f einer Lipschitz-Bedingung genügt, das heißt, das es eine Konstante
$K \geq 0$ gibt, so daß $\forall x, y \in [a, b]$ gilt: $|f(x) - f(y)| \leq K(x - y)$.
Dann konvergiert die Folge $L_n(f)$ der Tschebyscheff-Polynome gleichmäßig gegen f
auf $[a, b]$.

Unter diesen Annahmen ist tatsächlich $\omega_f(t) \leq Kt$, also

$$\|f - L_n(f)\| \leq KC'(b - a) \frac{\ln(n)}{n + 2},$$

und diese Größe strebt für n gegen $+\infty$ gegen 0. ∎

Diese Ergebnisse zeigen, daß die Interpolation mit Tschebyscheff-Stützstellen eine beträchtlich getreuere Approximation liefert als die Interpolation mit äquidistanten Stützstellen. In der nächsten Abbildung sind zum Vergleich die zur Funktion $f_x(x) = 1/(x^2 + \alpha^2)$ gehörenden Interpolationspolynome sechsten Grades für $\alpha = \sqrt{8}$ (siehe auch Abschnitt 2.2.3) aufgezeichnet.

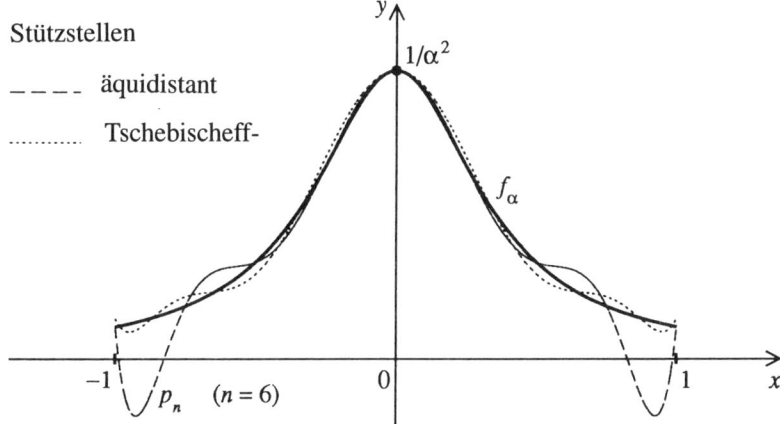

2.5 Orthogonale Polynome

Es sei $]a, b[$ ein offenes Intervall, nicht notwendigerweise beschränkt in $\mathbb{R}$. Gegeben sei eine *Gewichtsfunktion* auf $]a, b[$, das heißt eine stetige Funktion $w :]a, b[\to]0, +\infty[$. Man nehme weiter an, daß für jede ganze Zahl $n \in \mathbb{N}$ das Integral $\int_a^b |x|^n w(x) dx$ konvergent ist; das ist zum Beispiel der Fall, wenn $]a, b[$ beschränkt ist und wenn $\int_a^b w(x) dx$

konvergiert. Unter diesen Annahmen betrachtet man den Vektorraum E der auf $]a, b[$ stetigen Funktionen, für die gilt

$$\|f\|_2 = \sqrt{\int_a^b |f(x)|^2 w(x) dx} < +\infty.$$

Aufgrund der oben gemachten Annahmen enthält E den Vektorraum der Polynome. Für den Raum E ist ein natürliches Skalarprodukt definiert, nämlich

$$\langle f, g \rangle = \int_a^b f(x)g(x)w(x)dx,$$

und $\| \ \|_2$ ist die zu diesem Skalarprodukt gehörende Norm. Diese Norm wird L^2-Norm oder *mittlere quadratische Norm* genannt. Man bezeichnet $d_2(f, g) = \|f - g\|_2$ als die zugehörige Metrik.

Satz 1

Es gibt eine Folge normierter Polynome $(p_n)_{n \in \mathbb{N}}$, $\deg(p_n) = n$, jeweils paarweise orthogonal bezüglich des Skalarproduktes von E. Diese Folge ist eindeutig. Die Polynome p_n werden als zu den Gewichtsfunktionen w orthogonale Polynome bezeichnet.

Beweis. Man konstruiert p_n rekursiv mit Hilfe des Schmidtschen Orthogonalisierungsverfahrens. Es ist $p_0(x) = 1$, weil p_0 normiert sein soll.
Nehmen wir $p_0, p_1, \ldots, p_{n-1}$ als bereits konstruiert an. Da $\deg p_i = i$ ist, bilden diese Polynome eine Basis von $\mathcal{P}_{n-1}$. Man kann also nach einem p_n in der Form

$$p_n(x) = x^n - \sum_{j=0}^{n-1} \lambda_{j,n} p_j(x)$$

suchen. Die Bedingung $\langle p_n, p_k \rangle = 0$ für $k = 0, 1, \ldots, n - 1$ ergibt

$$\langle p_n, p_k \rangle = 0 \quad = \quad \langle x^n, p_k \rangle - \sum_{j=0}^{n-1} \lambda_{j,n} \langle p_j, p_k \rangle$$

$$= \quad \langle x^n, p_k \rangle - \lambda_{k,n} \|p_k\|_2^2.$$

Es bleibt einem also nur eine einzige Wahl, nämlich

$$\lambda_{k,n} = \frac{\langle x^n, p_k \rangle}{\|p_k\|_2^2}. \qquad \blacksquare$$

Bemerkung

Die auf diese Weise konstruierte Folge p_n ist im allgemeinen nicht orthonormiert. Die normierte Folge $\tilde{p}_n = \dfrac{1}{\|p_n\|_2} p_n$ ist eine orthonormierte Basis im Raum $\mathcal{P}$ der Polynome.

Satz 2

Die Polynome p_n genügen der Rekursionsbeziehung

$$p_n(x) = (x - \lambda_n)p_{n-1}(x) - \mu_n p_{n-2}(x), \quad n \geq 2$$

mit

$$\lambda_n = \frac{\langle xp_{n-1}, p_{n-1} \rangle}{\|p_{n-1}\|_2^2}, \quad \mu_n = \frac{\|p_{n-1}\|_2^2}{\|p_{n-2}\|_2^2}.$$

Beweis. Das Polynom xp_{n-1} ist normiert und vom Grad n, also kann man

$$xp_{n-1} = p_n + \sum_{k=0}^{n-1} \alpha_k p_k$$

schreiben, mit $\langle xp_{n-1}, p_k \rangle = \alpha_k \|p_k\|_2^2$, $0 \leq k \leq n - 1$. Aus der Definition des Skalarproduktes folgt

$$\langle xp_{n-1}, p_k \rangle = \langle p_{n-1}, xp_k \rangle = \int_a^b xp_{n-1}(x)p_k(x) \, dx.$$

Wenn $k \leq n - 3$, $xp_k \in \mathcal{P}_{n-2}$ ist, dann wird $\langle p_{n-1}, xp_k \rangle = 0$. Es gibt also höchstens zwei Koeffizienten, die nicht Null sind:

$$\alpha_{n-1} = \frac{\langle xp_{n-1}, p_{n-1} \rangle}{\|p_{n-1}\|_2^2} = \lambda_n, \quad \alpha_{n-2} = \frac{\langle p_{n-1}, xp_{n-2} \rangle}{\|p_{n-2}\|_2^2}.$$

Da jedoch $xp_{n-2} = p_{n-1} + q$, $q \in \mathcal{P}_{n-2}$ ist, also

$$\langle p_{n-1}, xp_{n-2} \rangle = \| p_{n-1} \|_2^2 + \langle p_{n-1}, q \rangle = \|p_{n-1}\|_2^2,$$

was $\alpha_{n-2} = \mu_n$ und $xp_{n-1} = p_n + \lambda_n p_{n-1} + \mu_n p_{n-2}$ ergibt.   ∎

Beispiele

Einige Spezialfälle haben Anlaß zu umfangreicheren Studien gegeben. Wir wollen einige davon nennen:

- $]a, b[=]0, +\infty[$, $w(x) = e^{-x}$, $p_n = $ Laguerre-Polynome;

- $]a, b[=] - \infty, +\infty[$, $w(x) = e^{-x^2}$, $p_n = $ Hermitesche Polynome;

- $]a, b[=] - 1, 1[$, $w(x) = 1$, $p_n = $ Legendre-Polynome;

- $]a, b[=] - 1, 1[$, $w(x) = \dfrac{1}{\sqrt{1 - x^2}}$, $p_n = $ Tschebyscheff-Polynome.

Wir wollen nun überprüfen, ob die Tschebyscheff-Polynome t_n tatsächlich paarweise orthogonal sind bezüglich der Gewichtsfunktion $w(x) = 1/\sqrt{1-x^2}$. Die Variablentransformation $x = \cos\theta$, $\theta \in [0, \pi]$ ergibt:

$$\int_{-1}^{1} t_n(x)t_k(x)\,\frac{1}{\sqrt{1-x^2}}\,dx = \int_0^{\pi} t_n(\cos\theta)t_k(\cos\theta)\,d\theta$$

$$= \int_0^{\pi} \cos n\theta \cdot \cos k\theta\,d\theta = \begin{cases} 0 & \text{für} \quad n \neq k. \\ \dfrac{\pi}{2} & \text{für} \quad n = k \neq 0. \\ \pi & \text{für} \quad n = k = 0. \end{cases}$$

Da t_n für $n \geq 1$ als höchsten Koeffizienten 2^{n-1} besitzt, schließt man daraus

$$\begin{cases} p_0(x) = t_0(x) = 1 \\ p_n(x) = 2^{1-n}t_n(x) \quad \text{für} \quad n \geq 1. \end{cases}$$

Es ist bekannt, daß t_n genau n verschiedene Nullstellen in $]-1, 1[$ hat. Wir werden sehen, daß dies eine allgemeine Eigenschaft der orthogonalen Polynome ist.

Satz 3

Für jede Gewichtsfunktion w auf $]a, b[$ besitzt das Polynom p_n genau n verschiedene Nullstellen im Intervall $]a, b[$.

Beweis. Es seien $x_1, \ldots, x_k$ die in $]a, b[$ enthaltenen unterschiedlichen Nullstellen von p_n, und $m_1, \ldots, m_k$ seien die zugehörigen Vielfachheiten. Es gilt $m_1 + \cdots + m_k \leq \deg p_n = n$. Wir setzen $\varepsilon_i = 0$, wenn m_i gerade ist und $\varepsilon_i = 1$, wenn m_i ungerade ist und definieren damit

$$q(x) = \prod_{i=1}^{k}(x - x_i)^{\varepsilon_i}, \quad \deg q \leq k \leq n.$$

Das Polynom $p_n q$ besitzt in $]a, b[$ die Nullstellen x_i mit gerader Vielfacheit $m_i + \varepsilon_i$, also hat $p_n q$ in $]a, b[\setminus\{x_1, \ldots, x_k\}$ immer das gleiche Vorzeichen. Folglich gilt

$$\langle p_n, q\rangle = \int_a^b p_n(x)q(x)w(x)dx \neq 0.$$

Da p_n orthogonal zu $\mathcal{P}_{n-1}$ ist, muß notwendigerweise $\deg q = n$, also $k = n$ und $m_1 = \cdots = m_k = 1$ sein. ∎

Es wurden bis jetzt schon mehrere Polynomapproximationsverfahren für stetige Funktionen durch vorgestellt. Hier noch ein weiteres.

Satz 4

Es sei $f \in E$. Dann gibt es ein eindeutiges Polynom $r_n \in \mathcal{P}_n$, für welches $\|f - r_n\|_2 = d_2(f, \mathcal{P}_n)$; r_n wird als Polynom n-ten Grades bester quadratischer Approximation f bezeichnet.

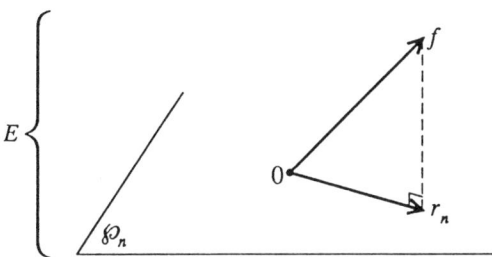

Da wir im euklidischen Raum arbeiten, ist der am nächsten zu f gelegene Punkt $\mathcal{P}_n$ nichts anderes als sie senkrechte Projektion von f auf $\mathcal{P}_n$. Wenn man r_n als $r_n = \sum \alpha_k p_k$ darstellt, dann folgt daraus $\langle f, p_k \rangle = \langle r_n, p_k \rangle = \alpha_k \|p_k\|_2^2$ und daraus die Gleichung

$$r_n(x) = \sum_{k=0}^{n} \frac{\langle f, p_k \rangle}{\|p_k\|_2^2} \, p_k(x). \qquad \blacksquare$$

Es soll jetzt die Konvergenz von r_n untersucht werden, wenn n gegen $+\infty$ strebt. Die leicht einzusehende Ungleichung

$$\int_a^b |f(x)|^2 w(x) dx \le (\sup |f(x)|)^2 \int_a^b w(x) dx$$

zieht

$$\|f\|_2 \le C_w \|f\| \quad \text{mit} \quad C_w = \left(\int_a^b w(x) dx \right)^{1/2}$$

nach sich. Dies ermöglicht, $\| \ \|_2$ über die Supremumsnorm zu beeinflussen.

Satz 5

Wenn $]a, b[$ beschränkt ist, dann ist für jedes $f \in E$ $\lim\limits_{n \to +\infty} \|f - r_n\|_2 = 0$.

Bemerkung

Der Satz 5 kann für unbeschränktes $]a, b[$ falsch sein.

Beweis.

- Wir nehmen zunächst an, daß $f \in C([a, b])$ ist. In diesem Fall sei q_n das Polynom bester gleichmäßiger Approximation zu f. Es ist

$$\|f - r_n\|_2 \leq \|f - q_n\|_2 \leq C_w \|f - q_n\|,$$

woraus leicht folgt, daß $\lim_{n \to +\infty} \|f - q_n\| = 0$.

- Nehmen wir weiter eine beliebige Funktion $f \in E$ an. Es sei χ_α die Plateaufunktion, welche in untenstehender Abbildung definiert ist:

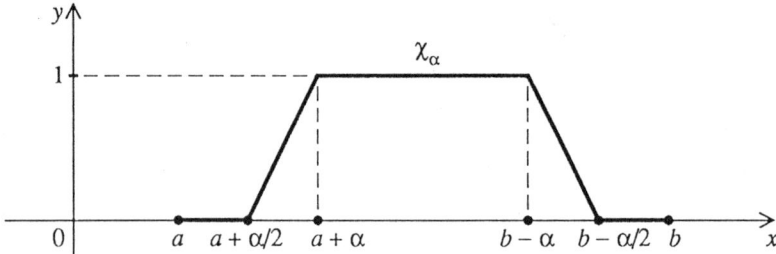

Da $f \in C(]a, b[)$ ist, gilt $f\chi_\alpha \in C([a, b])$, wenn man $f\chi_\alpha(a) = f\chi_\alpha(b) = 0$ setzt. Ferner ist

$$\|f - f\chi_\alpha\|_2^2 \leq \int_a^{a+\alpha} |f(x)|^2 w(x) dx + \int_{b-\alpha}^b |f(x)|^2 w(x) dx,$$

so daß $\lim_{\alpha \to 0+} \|f - f\chi_\alpha\|_2 = 0$. Es sei $r_{\alpha,n}$ das Polynom bester quadratischer Approximation von $f\chi_\alpha$. Es gilt

$$\|f - r_n\|_2 \leq \|f - r_{\alpha,n}\|_2 \leq \|f - f\chi_\alpha\|_2 + \|f\chi_\alpha - r_{\alpha,n}\|_2.$$

Es werde nun ein $\varepsilon > 0$ festgehalten. Man kann zunächst $\alpha > 0$ so wählen, daß $\|f - f\chi_\alpha\|_2 < \varepsilon/2$; wenn α auf diese Weise festgelegt worden ist, kann man ein n_0 so wählen, daß für $n > n_0$ sich $\|f\chi_\alpha - r_{\alpha,n}\|_2 < \varepsilon/2$ ergibt und damit schließlich $\|f - r_n\|_2 < \varepsilon$. ∎

Numerische Umsetzung

Wenn die Polynome p_n bekannt sind, dann ist die Berechnung der r_n möglich, sobald man die Integrale $\langle f, p_k \rangle$ bestimmen kann: Die numerischen Integrationsverfahren werden aus diesem Grunde Thema des nächsten Kapitels sein. Wenn die Polynome p_n nicht bekannt sind, dann kann man sie numerisch mit der Rekursionsbeziehung aus Satz 2 berechnen. Der Gesamtaufwand dieser Berechnungen ist im allgemeinen sehr viel größer als mit Interpolationsverfahren.

2.6 Aufgaben

2.6.1

Man bezeichnet mit $\mathcal{C}([a, b], \mathbb{R})$ den Raum der auf dem Intervall $[a, b]$ stetigen reellwertigen Funktionen und der Norm $\|\ \|_\infty$ gleichmäßiger Konvergenz. Man betrachtet die Abbildung

$$\phi : \mathcal{C}([a, b], \mathbb{R}) \rightarrow \mathbb{R}^{n+1}$$
$$f \mapsto (m_0(f), m_1(f), \ldots, m_n(f)),$$

für die $m_i(f) = 1/2\,(f(x_i) + f(x_i'))$ mit $x_0 < x_0' < x_1 < x_1' < \cdots < x_n < x_n'$ als festen Punkten in $[a, b]$.

(a) Es sei $f \in \mathcal{C}([a, b], \mathbb{R})$, so daß $\phi(f) = 0$. Zeigen Sie, daß es für jedes i ein $\xi_i \in [x_i, x_i']$ gibt, für welches $f(\xi_i) = 0$.

(b) Zeigen Sie, daß die Einschränkung $\phi : \mathcal{P}_n \rightarrow \mathbb{R}^{n+1}$ von ϕ auf den Raum $\mathcal{P}_n$ der Polynome vom Grad $\leq n$ injektiv ist. Schließen Sie daraus, daß es für jedes $f \in \mathcal{C}([a, b]), \mathbb{R})$ ein eindeutiges Polynom $P_n \in \mathcal{P}$ gibt, für das $\phi(p_n) = \phi(f)$.

(c) Es soll jetzt angenommen werden, daß f zur Klasse C^{n+1}. gehört. Geben Sie unter Benutzung von (a) eine obere Schranke für $\|p_n - f\|_\infty$ in Abhängigkeit von $f^{(n+1)}$ und $b - a$ an.

(d) Berechnen Sie p_2 explizit in Abhängigkeit von $m_0(f)$, $m_1(f)$, $m_2(f)$ für die Zerlegung $x_0 < x_0' < x_1 < x_1' < x_2 < x_2'$ von $[a, b] = [-1, 1]$ mit konstanter Schrittweite $2/5$.

2.6.2

Man bezeichnet mit t_n das Tschebyscheff-Polynom n-ten Grades und mit c eine reelle Zahl, für die $|c| < 1$ ist.

(a) Zeigen Sie, daß es eine stetige, reellwertige, auf $[0, \pi]$ definierte Funktion ψ gibt, für die $\psi(0) = \psi(\pi) = 0$ gilt, und die

$$e^{i\psi(\theta)} = \frac{1 - ce^{-i\theta}}{1 - ce^{i\theta}}$$

erfüllt.

(b) Man setzt $g(\theta) = (n + 1)\theta + \psi(\theta)$ mit $n \in \mathbb{N}$.

$\alpha)$ Es sei $\theta_1 = \pi$. Berechnen Sie $g(\theta_1) - n\pi$ und $g(0) - n\pi$.
Schließen Sie daraus, daß es ein θ_2 gibt, welches die Bedingungen $0 < \theta_2 < \theta_1$ und $g(\theta_2) = n\pi$ erfüllt.

β) Zeigen Sie, daß es auf $[0, \pi]$ eine monoton abnehmende Folge θ_k gibt, so daß
$g(\theta_k) = (n - k + 2)\pi$ für $k = 1, \ldots, n + 2$.

γ) Es sei $\varphi_n(x) = \mathrm{Re}\left(e^{i(n+1)\theta} \dfrac{1 - ce^{-i\theta}}{1 - ce^{i\theta}}\right)$ mit $\theta = \arccos x, x \in [-1, 1]$.
Berechnen Sie $\|\varphi_n\|$. Zeigen Sie, daß φ_n auf $[-1, 1]$ gleichmäßig über $n + 2$
Punkte alterniert.

(c) α) Zeigen Sie, daß auf $[-1, 1]$ die Reihe $-\dfrac{1}{2} + \displaystyle\sum_{k=0}^{+\infty} c^k t_k(x)$ gleichmäßig gegen
eine genauer anzugebende Funktion $f_c(x)$ konvergiert.

β) Es sei $p_n(x) = -\dfrac{1}{2} + \displaystyle\sum_{k=0}^{n-1} c^k t_k(x) + \dfrac{c^n}{1 - c^2}\, t_n(x)$.
Zeigen Sie, daß p_n ein Polynom bester gleichmäßiger Approximation n-ten
Grades an f_c ist. Berechnen Sie $\|f_c - p_n\|$.

(d) α) Zeigen Sie, daß man in der Lage ist, c und λ so zu wählen, daß für jedes
$x \in [0, 1]$ $f_c(2x - 1) = \dfrac{\lambda}{1 + x}$ gilt.

β) Zeigen Sie, daß es eine Polynomfolge q_n von $\mathcal{P}_n$ gibt, für welche die Folge
$\alpha_n = \displaystyle\sup_{x\in[0,1]} \left|\dfrac{1}{1 + x} - q_n(x)\right|$ für jedes $k \in \mathbb{N}$ die Gleichung $\displaystyle\lim_{n\to+\infty} n^k \alpha_n = 0$
erfüllt.

2.6.3

Es sei $f : [a, b] \to \mathbb{R}$ eine auf $]a, b[$ unendlich oft differenzierbare Funktion. Es seien
$x_0, x_1, \ldots, x_n \in [a, b]$. Zu jedem $i \in \{0, 1, \ldots, n\}$ gehöre ein ganzzahliges positives α_i.
Gesucht ist das Polynom $P(x)$ vom Grad $< \beta = \sum(\alpha_i + 1)$, so daß:

$$P^{(j)}(x_i) = f^{(j)}(x_i) \quad \text{für} \quad i = 0, 1, \ldots, n \quad \text{und} \quad j = 0, 1, \ldots, \alpha_i,$$

wobei (j) den Grad der Ableitung bezeichnet.

(a) Beweisen Sie erst die Eindeutigkeit von P und dann seine Existenz anhand einer
Überlegung aus der linearen Algebra.

(b) P sei Lösung der Aufgabe. Es seien $R_i(x)$ und $p_i(x)$ Polynome, welche die folgenden Beziehungen erfüllen

$$\begin{aligned}
R_i(x) &= p_i(x) + (x - x_i)^{\alpha_i+1} R_{i+1}(x), \quad \deg p_i \le \alpha_i, \\
R_0(x) &= P(x), \quad R_{n+1}(x) = 0.
\end{aligned}$$

α) Zeigen Sie, daß $p_i^{(j)}(x_i) = R_i^{(j)}(x_i)$ für $j = 0, 1, \ldots, \alpha_i$.

β) Zeigen Sie, daß man $p_i(x)$ in der Form $p_i(x) = \sum_{k=0}^{\alpha_i} a_{ik}(x - x_i)^k$ schreiben kann. Berechnen Sie die Koeffizienten a_{ik} in Abhängigkeit von $R_i^{(k)}(x_i)$.

γ) Zeigen Sie, daß sich $P(x)$ auch so schreiben läßt:

$$P(x) = p_0(x) + \sum_{i=1}^{n} \left(p_i(x) \prod_{r=0}^{i-1} (x - x_r)^{\alpha_r + 1} \right).$$

δ) Geben Sie ein Rekursionsverfahren an, um zuerst $p_0(x)$, dann $R_1(x)$ und $a_{1k}, \ldots$ schließlich $R_j(x)$ und a_{jk} in Abhängigkeit von f und den Ableitungen $f^{(j)}(x_i)$ zu berechnen. Zeigen Sie, daß man auf diese Weise $P(x)$ in Abhängigkeit von den in der Aufgabe gegebenen Größen berechnen kann.

ε) Was passiert für den Spezialfall $n = 0$?

(c) Angenommen, die α_i seien in aufsteigender Reihenfolge angeordnet. Zeigen Sie, daß es ein $t \in [a, b]$ gibt, so daß:

$$f(x) = P(x) + (x - x_0)^{\alpha_0 + 1}(x - x_1)^{\alpha_1 + 1} \cdots (x - x_n)^{\alpha_n + 1} \frac{f^{(\beta)}(t)}{\beta!}$$

Hinweis: Man kann die Funktion

$$g(x) = f(x) - P(x) - (x - x_0)^{\alpha_0 + 1} \cdots (x - x_n)^{\alpha_n + 1} K$$

betrachten und untersuchen, wie oft $g(x)$, $g'(x) \ldots$, $g^{(\alpha_0)}(x), \ldots, g^{(\alpha_n)}(x), \ldots$, $g^{(\beta)}(x)$ zu Null werden.

3 Numerische Integration

Thema dieses Kapitels ist es, einige klassische Verfahren der numerischen Integration zu beschreiben (Newton-Cotes, Gauß, Romberg), welche es erlauben, den Integralwert von Funktionen zu berechnen, von denen die Funktionswerte für eine endliche Anzahl von Stützstellen bekannt sind. Es wird dabei in jedem einzelnen Fall so ausführlich wie möglich auf die Fehlerrechnung eingegangen.

3.1 Einfache und zusammengesetzte Quadraturverfahren

3.1.1 Grundzüge numerischer Verfahren

Es sei $f : [\alpha, \beta] \to \mathbb{R}$ eine stetige Funktion. Man möchte die Näherungsformeln für das Integral $\int_\alpha^\beta f(x)dx$ angeben. Dazu wird zunächst für das Intervall $[\alpha, \beta]$ folgende Zerlegung $\alpha = \alpha_0 < \alpha_1 < \cdots < \alpha_k = \beta$ gewählt. Das Integral läßt sich in ein Integral über Teilintervalle zerlegen:

$$\int_\alpha^\beta f(x)dx = \sum_{i=0}^{k-1} \int_{\alpha_i}^{\alpha_{i+1}} f(x)dx.$$

Damit reduziert sich das Problem auf die Integralberechnung von f auf einem kleinen Intervall $[\alpha_i, \alpha_{i+1}]$. Diese Berechnung wird mittels Näherungsformeln durchgeführt (welche *a priori* auf jedem Intervall $[\alpha_i, \alpha_{i+1}]$ verschieden sein können) und werden als einfache (nicht zusammengesetzte) Quadraturverfahren bezeichnet. Sie haben folgende Form:

Einfache Quadraturverfahren

$$\int_{\alpha_i}^{\alpha_{i+1}} f(x)dx \simeq (\alpha_{i+1} - \alpha_i) \sum_{j=0}^{l_i} \omega_{i,j} f(\xi_{i,j})$$

mit $\quad \xi_{i,j} \in [\alpha_i, \alpha_{i+1}], 0 \leq j \leq l_i \quad$ und $\quad \sum_{j=0}^{l_i} \omega_{i,j} = 1.$

Die Summation kann als eine Mittelung von f auf $[\alpha, \alpha_{i+1}]$ angesehen werden. Die Aufgabe besteht nun darin, die Punkte $\xi_{i,j}$ und die Koeffizienten $\omega_{i,j}$ so zu wählen, daß ein möglichst geringer Fehler begangen wird. Im allgemeinen geschieht dies durch Berechnung des Integrals $\int_{\alpha_i}^{\alpha_{i+1}} f(x)dx$ mittels einer Interpolation von f in den Punkten $\xi_{i,j}$.

Das entsprechende *zusammengesetzte Quadraturverfahren* sieht folgendermaßen aus:

$$\int_\alpha^\beta f(x)dx \simeq \sum_{i=0}^{k-1}(\alpha_{i+1} - \alpha_i)\sum_{j=0}^{l_i}\omega_{i,j}f(\xi_{i,j}).$$

Definition

Die Konvergenzordnung n, auch als Genauigkeitsgrad bezeichnet, eines Quadraturverfahrens (einfach oder zusammengesetzt) ist N, wenn die Näherungsformel für jedes $f \in \mathcal{P}_N$ exakt ist, aber für wenigstens ein $f \in \mathcal{P}_{N+1}$ nicht exakt ist.

Man stellt fest, daß die Gleichungen für $f(x) = 1$ wegen der Annahme $\sum_j \omega_{i,j} = 1$ immer exakt sind. Wegen der Linearität sind sie also mindestens für $f \in \mathcal{P}_0$ exakt.

3.1.2 Beispiele

(a) **Einfachster Fall:** $l_i = 0$, für beliebige i.

Es wird ein einzelner Punkt $\xi_i \in [\alpha_i, \alpha_{i+1}]$ ausgewählt und f auf $[\alpha_i, \alpha_{i+1}]$ durch ein Polynom nullten Grades ersetzt: $p_0(x) = f(\xi_i)$. Dann ergibt sich

$$\int_{\alpha_i}^{\alpha_{i+1}} f(x)dx \quad \simeq \quad (\alpha_{i+1} - \alpha_i)f(\xi_i),$$

$$\int_\alpha^\beta f(x)dx \quad \simeq \quad \sum_{i=0}^{k-1}(\alpha_{i+1} - \alpha_i)f(\xi_i),$$

das heißt, daß man das Integral durch seine Riemannsumme bezüglich der Zerlegung (α_i) approximiert. Hier die gängigsten Wahlen für das Rechteckverfahren:

- $\xi_i = \alpha_i$: *Untersumme*

$$\int_\alpha^\beta f(x)dx \simeq \sum_{i=0}^{k-1}(\alpha_{i+1} - \alpha_i)f(\alpha_i).$$

- $\xi_i = \alpha_{i+1}$: *Obersumme*

$$\int_\alpha^\beta f(x)dx \simeq \sum_{i=0}^{k-1}(\alpha_{i+1} - \alpha_i)f(\alpha_{i+1}).$$

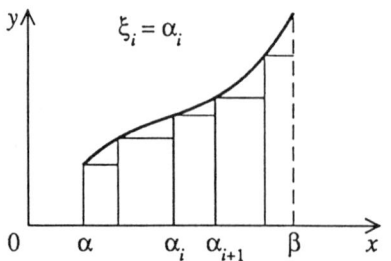 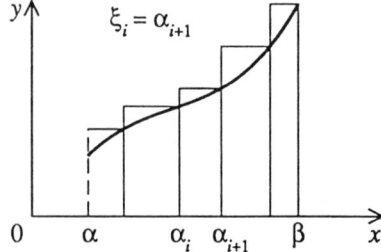

Diese Verfahren besitzen die Konvergenzordnung Null.

- $\xi_i = \dfrac{\alpha_i + \alpha_{i+1}}{2}$: *Mittelpunktsverfahren*

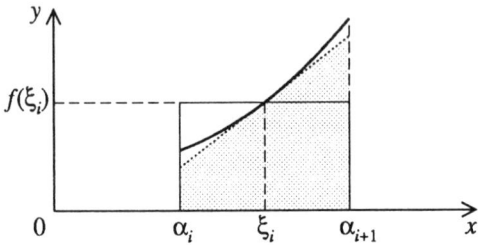

Die Rechteckfläche stimmt mit der grau markierten Trapezfläche überein. Die Näherungsformel ist also dann exakt, wenn f eine lineare Funktion ist, daraus folgt, daß dieses Verfahren erster Ordnung ist.

(b) **Lineare Interpolation:** Man wählt

$$l_i = 1, \quad \forall i, \quad \xi_{i,0} = \alpha_i, \quad \xi_{i,1} = \alpha_{i+1}$$

und ersetzt f auf $[\alpha_i, \alpha_{i+1}]$ durch die lineare Funktion p_1, welche f in α_i, α_{i+1} interpoliert:

$$p_1(x) = \frac{(x - \alpha_i)f(\alpha_{i+1}) - (x - \alpha_{i+1})f(\alpha_i)}{\alpha_{i+1} - \alpha_i}.$$

Es ergeben sich folgende, als *Trapezregel* bezeichnete Gleichungen:

$$\int_{\alpha_i}^{\alpha_{i+1}} f(x)dx \simeq \int_{\alpha_i}^{\alpha_{i+1}} p_1(x)dx = (\alpha_{i+1} - \alpha_i)\left(\frac{1}{2}f(\alpha_i) + \frac{1}{2}f(\alpha_{i+1})\right)$$

$$\int_{\alpha}^{\beta} f(x)dx \simeq \sum_{i=0}^{k-1}(\alpha_{i+1} - \alpha_i)\left(\frac{1}{2}f(\alpha_i) + \frac{1}{2}f(\alpha_{i+1})\right)$$

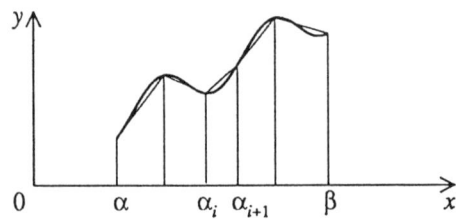

Dieses Verfahren besitzt ebenfalls die Konvergenzordnung Eins.

(c) Newton-Cotes-Verfahren

Beim Verfahren nach Newton-Cotes der ersten Ordnung, in der Folge mit NC_l bezeichnet, um eine Verwechslung mit der Konvergenzordnung zu vermeiden, wird $l_i = l$ für jedes i gesetzt und die Stützstellen $\xi_{i,j}$, $0 \le j \le l$, werden äquidistant gewählt

$$\xi_{i,j} = \alpha_i + j \,\frac{\alpha_{i+1} - \alpha_i}{l},$$

so daß $[\alpha_i, \alpha_{i+1}]$ in l gleiche Teilintervalle aufgeteilt wird. Um die Gleichung des einfachen Quadraturverfahrens zu bestimmen, geht man durch Variablentransformation auf das Intervall $[\alpha_i, \alpha_{i+1}] = [-1, 1]$ über, welches durch die Stützstellen $\tau_j = -1 + j \cdot 2/l$ unterteilt ist. Das Interpolationspolynom einer Funktion $f \in \mathcal{C}([-1,1])$ wird gegeben durch

$$p_l(x) = \sum_{j=0}^{l} f(\tau_j) L_j(x)$$

mit $L_j(x) = \prod_{k \neq j} \dfrac{x - \tau_k}{\tau_j - \tau_k}$. Es ist also

$$\int_{-1}^{1} f(x)dx \simeq \int_{-1}^{1} p_l(x)dx = 2 \sum_{j=0}^{l} \omega_j f(\tau_j)$$

mit $\quad \omega_j = \dfrac{1}{2} \displaystyle\int_{-1}^{1} L_j(x)dx$. Aus Symmetriegründen bezüglich des Nullpunktes gilt für die Stützstellen τ_j

$$\tau_{l-j} = -\tau_j, \quad L_{l-j}(x) = L_j(-x), \quad \omega_{l-j} = \omega_j.$$

Für $l = 2$ ergibt sich zum Beispiel $\tau_0 = -1$, $\tau_1 = 0$, $\tau_2 = 1$, $L_1(x) = 1 - x^2$, $\omega_1 = 1/2 \displaystyle\int_{-1}^{1} (1 - x^2)dx = 2/3$, und daraus ergibt sich $\omega_0 = \omega_2 = 1/2\,(1 - \omega_1) = 1/6$.

Die Koeffizienten ω_j bleiben bei der Koordinatentransformation unverändert (der Leser möge dies als Übungsaufgabe überprüfen), damit erhält man die Gleichungen

$$\int_{\alpha_i}^{\alpha_{i+1}} f(x)dx \simeq (\alpha_{i+1} - \alpha_i) \sum_{j=0}^{l} \omega_j f(\xi_{i,j}),$$

$$\int_{\alpha}^{\beta} f(x)dx \simeq \sum_{i=0}^{k-1} (\alpha_{i+1} - \alpha_i) \sum_{j=0}^{l} \omega_j f(\xi_{i,j}).$$

Wenn $f \in \mathcal{P}_l$, dann ist $p_l = f$, also besitzt das Newton-Cotes-Verfahren l-ter Ordnung eine Konvergenzordnung $\ge l$. Ferner gilt

$$\int_{-1}^{1} f(x)dx = 0 = 2\sum_{j=0}^{l} \omega_j f(\tau_j),$$

wenn $f \in \mathcal{C}[-1,1])$ ein ungerades Polynom ist. Wenn l gerade ist, dann stimmen die Gleichungen auch noch für $f(x) = x^{l+1}$ und aus Linearitätsgründen ganz allgemein für $f \in \mathcal{P}_{l+1}$. Man kann das folgende Ergebnis, welches wir im weiteren benutzen werden, auch tatsächlich beweisen:

Behauptung

Wenn l gerade ist, dann ist die Konvergenzordnung von NC_l gleich $l+1$, wenn l ungerade ist, dann ist die Konvergenzordnung NC_l gleich l.

Aus diesem Grunde wird das Verfahren von Newton-Cotes, außer im Fall $l = 1$, nur für gerade l angewandt:

- $l = 1$: Trapezverfahren (1. Ordnung)

$$\omega_0 = \omega_1 = \frac{1}{2}.$$

- $l = 2$: Simpson-Verfahren (3. Ordnung)

$$\omega_0 = \omega_2 = \frac{1}{6}, \quad \omega_1 = \frac{2}{3}.$$

- $l = 4$: Boole-Villarceau-Verfahren (5. Ordnung)

$$\omega_0 = \omega_4 = \frac{7}{90}, \quad \omega_1 = \omega_3 = \frac{16}{45}, \quad \omega_2 = \frac{2}{15}.$$

- $l = 6$: Weddle-Hardy-Verfahren (7. Ordnung)

$$\omega_0 = \omega_6 = \frac{41}{840}, \quad \omega_1 = \omega_5 = \frac{9}{35}, \quad \omega_2 = \omega_4 = \frac{9}{280}, \quad \omega_3 = \frac{34}{105}.$$

Für $l \geq 8$ ergeben sich Koeffizienten $\omega_j < 0$, und damit werden die Gleichungen sehr viel empfindlicher für Rundungsfehler (siehe Kapitel 1.3). Die NC_l- Verfahren werden in der Praxis nur für die obenstehenden vier Fälle benutzt.

3.1.3   Einfluß von Rundungsfehlern

Angenommen, die Werte von f seien mit einem absoluten Rundungsfehler $\leq \varepsilon$ berechnet. Eine Abschätzung des Fehlers nach oben bei der Anwendung des zusammengesetzten Quadraturverfahrens ergibt

$$\varepsilon \sum_{i=0}^{k-1} (\alpha_{i+1} - \alpha_i) \sum_{j=0}^{l_i} |\omega_{i,j}|.$$

Wenn die Koeffizienten $\omega_{i,j} \geq 0$ sind, so ist

$$\sum_{j=0}^{l_i} |\omega_{i,j}| = \sum_{j=0}^{l_i} \omega_{i,j} = 1.$$

Die obere Schranke für den Fehler ist $\varepsilon(\beta - \alpha)$; dies ist offensichtlich das bestmögliche Ergebnis, da der exakte Wert von $\int_\alpha^\beta f(x)dx$ zu einem Fehler $\varepsilon(\beta - \alpha)$ führen kann, wenn der Fehler von f konstant ist und einen Absolutwert von ε hat.

Wenn dagegen die Koeffizienten $\omega_{i,j}$ nicht alle ≥ 0 sind, dann ist $\sum_j |\omega_{i,j}| > \sum_j \omega_{i,j} = 1$, und damit kann der durch Rundung der $f(\xi_{i,j})$ verursachte Fehler größer als $\varepsilon(\beta - \alpha)$ werden.

3.1.4   Konvergenz, wenn die Anzahl k der Teilintervalle gegen $+\infty$ geht

Das folgende, theoretische Ergebnis über die Konvergenz rechtfertigt teilweise das Interesse an zusammengesetzten Verfahren.

Satz

Man nehme an, daß durch das einfache Quadraturverfahren eine Anzahl von festen Punkten $l_i = l$ ins Spiel kommen, und daß die Koeffizienten $\omega_{i,j} = \omega_j$ nicht von i, k abhängen. Dann sei die durch das zusammengesetzte Verfahren gegebene Approximation

$$T_k(f) = \sum_{i=0}^{k-1}(\alpha_{i+1} - \alpha_i) \sum_{j=0}^{l} \omega_j f(\xi_{i,j});$$

sie konvergiert gegen $\int_\alpha^\beta f(x)dx$, wenn $k \to +\infty$ und die maximale Schrittweite $h_{\max} = \max(\alpha_{i+1} - \alpha_i)$ gegen 0 strebt.

Beweis. Man kann $T_k(f) = \sum_{j=0}^{l} \omega_j S_{j,k}(f)$ schreiben, wobei $S_{j,k}(f) = \sum_{i=0}^{k-1}(\alpha_{i+1} - \alpha_i)f(\xi_{i,j})$ eine Riemannsumme von f bezüglich der Zerlegung (α_i) ist. Für jedes festgehaltene $j = 0, 1, \ldots, l$ konvergiert $S_{j,k}(f)$ gegen $\int_\alpha^\beta f(x)dx$, wenn $h_{\max}$ gegen 0 strebt. Folglich konvergiert auch $T_k(f)$ gegen $\int_\alpha^\beta f(x)dx$, wenn $h_{\max}$ gegen 0 strebt.

■

Übung

Zeigen Sie, daß im allgemeinen Fall

$$\sum_{i=0}^{k-1}(\alpha_{i+1}-\alpha_i)\sum_{j=0}^{l_i}\omega_{i,j}f(\xi_{i,j})$$

für h_{max} gegen 0 immer noch gegen $\int_{\alpha}^{\beta}f(x)dx$ konvergiert, unter der Voraussetzung, daß $\omega_{i,j}\geq 0$ ist. [Hinweis: Man erinnere sich der Definition des Integrals und schließe f durch Stufenfunktionen ein.]

Bemerkung

Im Falle des einfachen NC_l-Verfahrens

$$\int_{-1}^{1}f(x)dx\simeq 2\sum_{j=0}^{l}\omega_j f(\tau_j)$$

kann man Beispiele angeben, die beweisen, daß für $l\rightarrow+\infty$ nicht notwendigerweise Konvergenz vorliegen muß (dies hängt mit dem Rungeschen Phänomen Abschnitt 2.2.3 zusammen). Dies ist einer der Hauptgründe, weswegen man dazu neigt, zusammengesetzte Verfahren mit genügend großem k zu verwenden, anstatt die Zahl l zu erhöhen.

3.2 Restgliedentwicklung

Wir werden zeigen, daß für eine genügend glatte zu integrierende Funktion f der Fehler bei der numerischen Integration auf ziemlich einfache Art in Abhängigkeit einer bestimmten Ableitung von f ausgedrückt werden kann. Wir werden dazu einige Begriffe aus der Analysis benötigen.

3.2.1 Vorbemerkungen aus der Analysis

Taylorscher Satz mit Rest in Integralform

Es sei f auf $[\alpha,\beta]$ eine Funktion der Klasse C^{N+1}. Dann gilt für jedes $x\in[\alpha,\beta]$

$$f(x)=\sum_{k=0}^{N}\frac{1}{k!}f^{(k)}(\alpha)(x-\alpha)^k+\int_{\alpha}^{x}\frac{1}{N!}(x-t)^N f^{(N+1)}(t)dt.$$

Beweis: Durch vollständige Induktion nach N. Für $N=0$ reduziert sich die Gleichung einfach auf

$$f(x) = f(\alpha) + \int_\alpha^x f'(t)dt.$$

Wenn die Gleichung vom Grad $N - 1$ gilt, dann läßt sich das Restglied in Integralform nach partieller Integration darstellen als:

$$\int_\alpha^x \frac{1}{(N-1)!} (x-t)^{N-1} f^{(N)}(t)dt$$

$$= \left[-\frac{1}{N!} (x-t)^N f^{(N)}(t) \right]_\alpha^x - \int_\alpha^x -\frac{1}{N!} (x-t)^N f^{(N+1)}(t)dt$$

$$= \frac{1}{N!} (x\alpha)^N f^{(N)}(\alpha) + \int_\alpha^x \frac{1}{N!} (x-t)^N f^{(N+1)}(t)dt.$$

Die Gleichung N-ten Grades ist also auch richtig.   ■

Wir schreiben $x_+ = \max(x, 0) = x$, wenn $x \geq 0$ ist, $x_+ = 0$, wenn $x \leq 0$ ist. Setzt man $x_+^0 = 1$, wenn $x \geq 0$ ist, $x_+^0 = 0$, wenn $x < 0$ ist, dann ergibt sich folgende Form

$$f(x) = p_N(x) + \int_\alpha^\beta \frac{1}{N!} (x-t)_+^N f^{(N+1)}(t)dt$$

mit p_N als dem Taylor-Polynom N-ten Grades im Punkt α.

Verallgemeinerter Mittelwertsatz der Integralrechnung

Es sei $w \geq 0$ eine auf $]\alpha, \beta[$ integrierbare Funktion, so daß $\int_\alpha^\beta w(x)dx$ konvergiert. Dann gibt es für jedes $f \in \mathcal{C}([\alpha, \beta])$ einen Punkt $\xi \in]\alpha, \beta[$, für den gilt

$$\int_\alpha^\beta f(x)w(x)dx = f(\xi) \int_\alpha^\beta w(x)dx.$$

Beweis. Es seien m, M das Minimum beziehungsweise das Maximum von f auf $[\alpha, \beta]$. Da $w \geq 0$ ist, folgt daraus

$$m \int_\alpha^\beta w(x)dx \leq \int_\alpha^\beta f(x)w(x)dx \leq M \int_\alpha^\beta w(x)dx.$$

Wenn $\int_\alpha^\beta w(x)dx = 0$, dann ist das Ergebnis auch für ein beliebiges ξ richtig. Wir nehmen also $\int_\alpha^\beta w(x)dx > 0$ an. Es sei dann q der Quotient

$$q = \frac{\displaystyle\int_\alpha^\beta f(x)w(x)dx}{\displaystyle\int_\alpha^\beta w(x)dx} \in [m, M].$$

Aus dem Zwischenwertsatz folgt, daß $f(]\alpha, \beta[)$ ein Intervall mit den Schranken m, M ist. Wenn $q \in]m, M[$, dann gibt es ein $\xi \in]\alpha, \beta[$, so daß $q = f(\xi)$ wird. Bleiben noch die Fälle $q = m$ und $q = M$. Wenn $q = m$ und $f(\xi) > m$ für jedes $\xi \in]\alpha, \beta[$, dann ist

$$\int_\alpha^\beta (f(x) - m)w(x)dx > 0,$$

weil $\int_\alpha^\beta w(x)dx > 0$ ist, was zu einem Widerspruch führt. Es gibt also in diesem Fall ein $\xi \in]\alpha, \beta[$, für welches $f(\xi) = m$. Für den Fall $q = M$ gilt eine entsprechende Überlegung. ∎

3.2.2 Peano-Kern

In Anbetracht der Tatsache, daß in Abschnitt 3.3 das Gauß-Verfahren untersucht werden soll, sollen hier noch einige allgemeine Betrachtungen angestellt werden.

Ausgangslage

Man gibt eine Gewichtsfunktion w auf $]\alpha, \beta[$ vor, das heißt eine bekannte Funktion > 0, für die $\int_\alpha^\beta w(x)dx$ konvergiert. Man möchte das Integral $\int_\alpha^\beta f(x)w(x)dx$ durch eine Näherungsformel

$$\int_\alpha^\beta f(x)w(x)dx \simeq \sum_{j=0}^l \lambda_j f(x_j), \quad x_j \in [\alpha, \beta]$$

bestimmen. Man stellt dabei fest, daß die Gleichungen aus Abschnitt 3.1 in diesem Zusammenhang wieder auftauchen (mit $w \equiv 1$); im allgemeinen gilt $\sum \lambda_j \neq 1$. Der Verfahrensfehler ist gegeben durch

$$E(f) = \int_\alpha^\beta f(x)w(x)dx - \sum_{j=0}^l \lambda_j f(x_j).$$

Satz und Definition.

Angenommen, das Verfahren sei von einer Konvergenzordnung $N \geq 0$. Wenn f auf $[\alpha, \beta]$ zur Klasse C^{N+1} gehört, dann ist

$$E(f) = \frac{1}{N!} \int_\alpha^\beta K_N(t)f^{(N+1)}(t)dt$$

mit einer Funktion K_N auf $[\alpha, \beta]$, welche als der dem Verfahren zugehörige Peano-Kern bezeichnet wird, und die definiert ist durch

$$K_N(t) = E\left(x \mapsto (x-t)_+^N\right), \quad t \in [\alpha, \beta].$$

Beweis. Man beachte zunächst, daß $f \mapsto E(f)$ eine lineare Abbildung auf $\mathcal{C}([\alpha, \beta])$ ist. Wenn $g : (x, t) \mapsto g(x, t)$ eine auf $[\alpha, \beta] \times I$ integrierbare Funktion ist, dann bedingt der Satz von Fubini zunächst

$$E\left(x \mapsto \int_{t \in I} g(x, t) dt\right) = \int_{t \in I} E\left(x \mapsto g(x, t)\right) dt.$$

Die Taylorentwicklung mit dem Rest in Integralform ergibt

$$f(x) = p_N(x) + \int_\alpha^\beta \frac{1}{N!} (x-t)_+^N f^{(N+1)}(t) dt.$$

Da $p_N \in \mathcal{P}_N$ ist, nimmt man $E(p_N) = 0$ an, und damit wird

$$\begin{aligned}
E(f) &= E\left(x \mapsto \int_\alpha^\beta \frac{1}{N!} (x-t)_+^N f^{(N+1)}(t) dt\right) \\
&= \int_\alpha^\beta E\left(x \mapsto \frac{1}{N!} (x-t)_+^N f^{(N+1)}(t)\right) dt \\
&= \int_\alpha^\beta \frac{1}{N!} f^{(N+1)}(t) \cdot E\left(x \mapsto (x-t)_+^N\right) dt \\
&= \frac{1}{N!} \int_\alpha^\beta K_N(t) f^{(N+1)}(t) dt.
\end{aligned}$$

∎

Wir stellen fest, daß für $N \geq 1$ die Funktion $(x, t) \mapsto (x-t)_+^N$ auf $[\alpha, \beta] \times [\alpha, \beta]$ stetig ist, also K_N auf $[\alpha, \beta]$ stetig ist. Dies gilt im allgemeinen nicht für $N = 0$.

Korollar 1

Eine obere Schranke ist $\quad E(f) \leq \dfrac{1}{N!} \|f^{(N+1)}\|_\infty \cdot \displaystyle\int_\alpha^\beta |K_N(t)| dt.$

Korollar 2

Man nimmt an, daß K_N konstantes Vorzeichen besitzt. Dann gibt es für jedes $f \in C^{N+1}([\alpha, \beta])$ ein $\xi \in]\alpha, \beta[$, so daß

$$E(f) = \frac{1}{N!} f^{(N+1)}(\xi) \int_\alpha^\beta K_N(t) dt.$$

Ferner gilt $\quad \displaystyle\int_\alpha^\beta K_N(t) dt = \frac{1}{N+1} E(x \mapsto x^{N+1}), \quad$ *also*

$$E(f) = \frac{1}{(N+1)!} f^{(N+1)}(\xi) E(x \mapsto x^{N+1}).$$

Beweis. Die erste Gleichung ergibt sich bei Anwendung des verallgemeinerten Mittelwertsatzes der Integralrechnung auf die Funktion $f^{(N+1)}$ und auf die Gewichte $w = K_N$ (mit $w = -K_N$ für $K_N \leq 0$). Die zweite Gleichung erhält man, wenn man

$$f(x) = x^{N+1} \quad \text{nimmt, was} \quad f^{(N+1)}(x) = (N+1) \quad \text{ergibt!}$$

Die dritte Gleichung folgt schließlich aus den beiden ersten.   ∎

3.2.3 Beispiele

In Abschnitt 3.2.4 werden wir sehen, wie man den Peano-Kern für ein zusammengesetztes Verfahren aus dem des verwendeten einfachen Verfahren ableiten kann. Wir wollen uns deswegen hier damit begnügen, den Fall der einfachen Verfahren auf dem Grundintervall $[-1, 1]$ zu betrachten.

• *Mittelpunktsverfahren:*

$$E(f) = \int_{-1}^{1} f(x)dx - 2f(0).$$

Dieses Verfahren ist von erster Ordnung und der Peano-Kern ist gegeben durch:

$$
\begin{aligned}
K_1(t) &= E\Big(x \mapsto (x - t)_+\Big) \\
&= \int_{-1}^{1} (x - t)_+ dx - 2(-t)_+ \\
&= \int_{t}^{1} (x - t)dx - 2t_- \\
&= \Big[\frac{1}{2}(x - t)^2\Big]_t^1 - 2t_- = \frac{1}{2}(1 - t)^2 - 2t_-.
\end{aligned}
$$

Damit ist also

$$
K_1(t) = \begin{cases}
\dfrac{1}{2}(1 - t)^2 & \text{für } t \geq 0 \\[2mm]
\dfrac{1}{2}(1 - t)^2 + 2t = \dfrac{1}{2}(1 + t)^2 & \text{für } t \leq 0,
\end{cases}
$$

das bedeutet, daß $K_1(t) = \frac{1}{2}(1-|t|)^2 \geq 0$ auf dem Intervall $[-1, 1]$ ist. Da $\int_{-1}^{1} K_1(t) = \int_0^1 (1 - t)^2 dt = \frac{1}{3}$, folgt aus Korollar 2

$$E(f) = \frac{1}{3}f''(\xi), \quad \xi \in \,]-1, 1[.$$

• *Trapezverfahren* (1. Ordnung):

$$E(f) = \int_{-1}^{1} f(x)dx - (f(-1) + f(1)),$$

$$K_1(t) = \int_{-1}^{1} (x-t)_+ dx - ((-1-t)_+ + (1-t)_+)$$

$$= \int_{t}^{1} (x-t)dx - (1-t),$$

$$K_1(t) = -\frac{1}{2}(1-t^2) \leq 0 \quad \text{auf} \quad [-1,1].$$

Da $\int_{-1}^{1} K_1(t)dt = -\frac{2}{3}$, folgert man

$$E(f) = -\frac{2}{3}f''(\xi), \quad \xi \in\,]-1,1[.$$

• *Simpson-Verfahren* (3. Ordnung):

$$E(f) = \int_{-1}^{1} f(x)dx - 2\left(\frac{1}{6}f(-1) + \frac{2}{3}f(0) + \frac{1}{6}f(1)\right),$$

$$K_3(t) = E\left(x \mapsto (x-t)_+^3\right),$$

$$K_3(t) = \int_{-1}^{1} (x-t)_+^3 dx - 2\left(0 + \frac{2}{3}(-t)_+^3 + \frac{1}{6}(1-t)_+^3\right)$$

$$= \int_{t}^{1} (x-t)^3 dx - 2\left(\frac{2}{3}t_-^3 + \frac{1}{6}(1-t)^3\right).$$

Für $t \geq 0$ erhält man also

$$K_3(t) = \frac{1}{4}(1-t)^4 - \frac{1}{3}(1-t)^3$$

$$= \frac{1}{12}(1-t)^3[3(1-t) - 4] = -\frac{1}{12}(1-t)^3(1+3t).$$

Für $t \leq 0$ ist

$$K_3(t) = -\frac{1}{12}(1-t)^3(1+3t) + \frac{4}{3}t^3 = -\frac{1}{12}(1+t)^3(1-3t).$$

Man hätte auch gleich herausfinden können, daß $K_3(-t) = K_3(t)$ ist, wie sich in der folgenden Übungsaufgabe zeigt.

Übung

Zeigen Sie, daß der Peano-Kern K_N eines einfachen Verfahrens

$$\int_{-1}^{1} f(x)dx \simeq 2\sum_{j=0}^{l} \omega_j f(\xi_j)$$

gerade *ist, wenn* $\omega_{l-j} = \omega_j$ *und* $\xi_{l-j} = -\xi_j$ *(Stützstellen und Koeffizienten sind symmetrisch um Null herum verteilt).* [Hinweis: $(x + t)_+^N - (-x - t)_+^N = (x + t)^N$.]

In unserem Falle also

$$K_3(t) = -\frac{1}{12}(1 - |t|)^3(1 + 3|t|) \le 0 \quad \text{auf} \quad [-1, 1],$$

$$\int_{-1}^{1} K_3(t) = 2\int_0^1 \left(\frac{1}{4}(1 - t)^4 - \frac{1}{3}(1 - t)^3\right)dt = 2\left(\frac{1}{20} - \frac{1}{12}\right) = -\frac{1}{15},$$

$$E(f) = -\frac{1}{15 \cdot 3!} f^{(4)}(\xi).$$

Wir erhalten das folgende, allgemeine Ergebnis:

Satz von Steffensen

Der Peano-Kern für die Newton-Cotes-Verfahren ist vorzeichenkonstant.

Der Korollar 2 aus Abschnitt 3.2.2 ist also in diesem Fall immer anwendbar.

3.2.4   Peano-Kern eines zusammengesetzten Verfahrens

Nehmen wir einmal an, wir hätten uns auf ein einfaches Quadraturverfahren festgelegt

$$\int_{-1}^{1} g(x)dx \simeq 2\sum_{j=0}^{l} \omega_j g(\tau_j), \quad \tau_j \in [-1, 1].$$

Der zugehörige Quadraturfehler ist

$$E_{\text{elem}}(g) = \int_{-1}^{1} g(x)dx - 2\sum_{j=0}^{l} \omega_j g(\tau_j).$$

Mit k_n wird der zugehörige Peano-Kern bezeichnet.
Man betrachtet jetzt eine Zerlegung von $[\alpha, \beta]$, so daß $\alpha = \alpha_0 < \alpha_1 < \cdots < \alpha_k = \beta$ ist, mit der Schrittweite $h_i = \alpha_{i+1} - \alpha_i$. Für das dem obigem einfachen Verfahren zugeordnete zusammengesetzte Verfahren, ergibt sich als Fehler

$$E_{\text{zus}}(f) = \int_{\alpha}^{\beta} f(x)dx - \sum_{i=0}^{k-1} h_i \sum_{j=0}^{l} \omega_j f(\xi_{i,j}),$$

wobei sich $\xi_{i,j}$ aus τ_j durch Variablentransformation

$$[-1, 1] \longrightarrow [\alpha_i, \alpha_{i+1}]$$

$$u \longmapsto x = \frac{\alpha_i + \alpha_{i+1}}{2} + u\frac{h_i}{2}$$

ermitteln läßt.

Wir wollen $g_i \in \mathcal{C}([-1,1])$ als $g_i(u) = f\big((\alpha_i + \alpha_{i+1})/2 + u \cdot h_i/2\big)$ voraussetzen.

Da $dx = h_i/2\, du$ ist, folgt

$$E_{zus}(f) = \sum_{i=0}^{k-1} \left(\frac{h_i}{2} \int_{-1}^{1} g_i(u)du - h_i \sum_{j=0}^{l} \omega_j g_i(\tau_j) \right) = \sum_{i=0}^{k-1} \frac{h_i}{2} E_{elem}(g_i).$$

Der Peano-Kern des zusammengesetzten Verfahrens ist also

$$
\begin{aligned}
K_N(t) &= E_{zus}\left(x \mapsto (x-t)_+^N \right) \\
&= \sum_{i=0}^{k-1} \frac{h_i}{2} E_{elem}\left(u \mapsto \left(\frac{\alpha_i + \alpha_{i+2}}{2} + u \frac{h_i}{2} - t \right)_+^N \right) \\
&= \sum_{i=0}^{k-1} \frac{h_i}{2} E_{elem}\left(u \mapsto \left(\frac{h_i}{2} \right)^N \left(u - \frac{2}{h_i}\left(t - \frac{\alpha_i + \alpha_{i+i}}{2} \right) \right)_+^N \right), \\
K_N(t) &= \sum_{i=0}^{k-1} \left(\frac{h_i}{2} \right)^{N+1} E_{elem}\left(u \mapsto \left(u - \frac{2}{h_i}\left(t - \frac{\alpha_i + \alpha_{i+1}}{2} \right) \right)_+^N \right).
\end{aligned}
$$

Angenommen, es sei $t \in [\alpha_j, \alpha_{j+1}]$ und $\theta_i = 2/h_i\ (t - (\alpha_i + \alpha_{i+1})/2)$. Dann ist $\theta_i \in [-1,1]$ nur dann, wenn $i = j$ ist. Wenn $i \neq j$, dann gilt:

- sowohl $\quad \theta_i > 1$, $\quad$ und $(u - \theta_i)_+^N \equiv 0$ $\qquad$ für $u \in [-1,1]$:
- als auch $\quad \theta_i < -1$, $\quad$ und $(u - \theta_i)_+^N \equiv (u - \theta_i)^N$ $\quad$ für $u \in [-1,1]$.

In beiden Fällen ist $u \mapsto (u - \theta_i)_+^N$ ein Polynom auf $[-1,1]$ vom Grad $\leq N$, also $E_{elem}\big(u \mapsto (u - \theta_i)_+^N \big) = 0$. In der Summation erscheint also nur der Term mit $i = j$ und damit:

$$K_N(t) = \left(\frac{h_j}{2} \right)^{N+1} k_N\left(\frac{2}{h_j}\left(t - \frac{\alpha_j + \alpha_{j+1}}{2} \right) \right), \quad t \in [\alpha_j, \alpha_{j+1}].$$

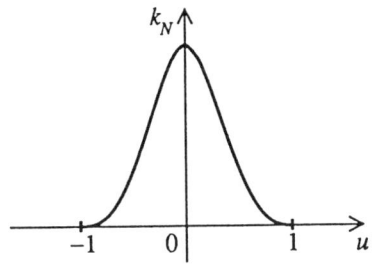
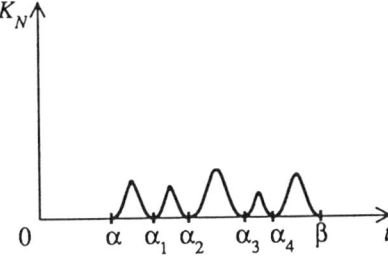

Satz

Unter der Voraussetzung, daß k_N vorzeichenkonstant und die Schrittweite h_i konstant, nämlich $h = \dfrac{\beta - \alpha}{k}$, sei $C_N = \displaystyle\int_{-1}^{1} k_N(t)dt$. Dann gibt es für jedes $f \in C^{N+1}([\alpha, \beta])$ einen Punkt $\xi \in \,]\alpha, \beta[$, so daß

$$E_{\text{zus}}(f) = \frac{C_N}{N!\,2^{N+2}}\, h^{N+1} f^{(N+1)}(\xi)(\beta - \alpha).$$

Man sieht daraus, daß wenn die Schrittweite h gegen 0 strebt, die Größenordnung des Fehlers eines zusammengesetzten Verfahrens N-ter Ordnung ungefähr h^{N+1} wird. Dieses Ergebnis rechtfertigt das Interesse an Verfahren höherer Ordnung, welche also eine größere Genauigkeit ergeben, vorausgesetzt, daß f gutartig genug ist.

Beweis. Da K_N ebenfalls vorzeichenkonstant ist, gibt es nach Korollar 2 aus Abschnitt 3.2.2 ein $\xi \in \,]\alpha, \beta[$, so daß

$$E_{\text{zus}}(f) = \frac{1}{N!} f^{(N+1)}(\xi) \int_{\alpha}^{\beta} K_N(t)dt.$$

Aus dem Ausdruck K_N erhält man

$$\begin{aligned}
\int_{\alpha}^{\beta} K_N(t)dt &= k \int_{\alpha_0}^{\alpha_1} K_N(t)dt \\
&= k \left(\frac{h}{2}\right)^{N+1} \int_{\alpha_0}^{\alpha_1} k_n\left(\frac{2}{h}\left(t - \frac{\alpha_0 + \alpha_1}{2}\right)\right)\, dt.
\end{aligned}$$

Die Variablentransformation $t = \dfrac{\alpha_0 + \alpha_1}{2} + \dfrac{h}{2}\, u$, $dt = \dfrac{h}{2}\, du$ liefert uns

$$\begin{aligned}
\int_{\alpha}^{\beta} K_N(t)dt &= k \left(\frac{h}{2}\right)^{N+2} \int_{-1}^{1} k_n(u)du \\
&= kh\,\frac{h^{N+1}}{2^{N+2}}\, C_N = \frac{C_N}{2^{N+2}}\, h^{N+1}\,(\beta - \alpha),
\end{aligned}$$

was zu beweisen war.   ∎

Die Beispiele aus Abschnitt 3.2.3 ergeben im einzelnen:

- *Mittelpunktsverfahren:* $N = 1, C_1 = \dfrac{1}{3},$ $E_{\text{zus}}(f) = \dfrac{1}{24} h^2 f''(\xi)(\beta - \alpha),$
- *Trapezverfahren:* $N = 1, C_1 = -\dfrac{2}{3},$ $E_{\text{zus}}(f) = -\dfrac{1}{12} h^2 f''(\xi)(\beta - \alpha),$
- *Simpson-Verfahren:* $N = 3, C_3 = -\dfrac{1}{15},$ $E_{\text{zus}}(f) = -\dfrac{1}{2880} h^4 f^{(4)}(\xi)(\beta - \alpha).$

3.3 Gauß-Verfahren

Bei den Gauß-Verfahren handelt es sich um numerische Integralberechnungen, bei denen eine Gewichtsfunktion verwendet wird. Sie stellen eine direkte Anwendung der Theorie orthogonaler Polynome dar.

3.3.1 Beschreibung des Quadraturfehlers

Es sei w eine auf $]\alpha, \beta[$ festgehaltene Gewichtsfunktion. Man untersucht die Quadraturen der Form

$$\int_\alpha^\beta f(x)w(x)dx \simeq \sum_{j=0}^l \lambda_j f(x_j), \quad x_j \in [\alpha, \beta].$$

Satz 1

Es gibt eine eindeutige Wahl der Stützstellen x_j und der Koeffizienten λ_j, so daß das Verfahren $N = (2l + 1)$-ter Ordnung ist. Die Stützstellen x_j liegen auf $]\alpha, \beta[$ und sind die Nullstellen des $(l + 1)$-ten orthogonalen Polynoms für das Gewicht w.

Eindeutigkeit. Angenommen, es gäbe Stützstellen x_j und Koeffizienten λ_j, für welche die Ordnung des Verfahrens $\geq 2l + 1$ ist. Dann setzen wir

$$\pi_{l+1}(x) = \prod_{j=0}^l (x - x_j).$$

Für jedes $p \in \mathcal{P}_l$, $\deg(p\pi_{l+1}) \leq 2l + 1$ ist also

$$\int_\alpha^\beta p(x)\pi_{l+1}(x)w(x)dx = \sum_{j=0}^l \lambda_j p(x_j)\pi_{l+1}(x_j) = 0.$$

Das hat zur Folge, daß π_{l+1} orthogonal zu $\mathcal{P}_l$ ist. Da π_{l+1} ein normiertes Polynom ist, ist es das $(l + 1)$-te orthogonale Polynom zum Gewicht w. Die Stützstellen x_j sind nichts anderes als die Nullstellen dieses Polynoms.

Es sei $L_i \in \mathcal{P}_l$, so daß $\begin{cases} L_i(x_j) = 1 & \text{für } i = j, \\ L_i(x_j) = 0 & \text{für } i \neq j. \end{cases}$

Die Koeffizienten λ_i sind notwendigerweise durch

$$\lambda_i = \sum_{j=0}^l \lambda_j L_i(x_j) = \int_\alpha^\beta L_i(x)w(x)dx$$

bestimmt. Auch diese Koeffizienten sind also eindeutig.

Existenz. Man weiß, daß das orthogonale Polynom $\pi_{l+1} \in \mathcal{P}_{l+1}$ auf $]\alpha, \beta[$ genau $l+1$ unterschiedliche Nullstellen besitzt. Es seien $x_0, \ldots, x_l$ diese Nullstellen, und es sei

$$\lambda_j = \int_\alpha^\beta L_j(x)w(x)dx.$$

Wenn $f \in \mathcal{C}([\alpha, \beta])$, dann ist das Lagrangesche Interpolationspolynom

$$p_l(x) = \sum_{j=0}^{l} f(x_j)L_j(x);$$

und mit der Definition der Koeffizienten λ_j folgt damit

$$\int_\alpha^\beta p_l(x)w(x) = \sum_{j=0}^{l} \lambda_j f(x_j).$$

Wenn $f \in \mathcal{P}_l$, dann ist $p_l = f$, also ist die Ordnung des Verfahrens $\geq l$. Wir zeigen, daß die Ordnung tatsächlich $\geq 2l+1$ ist. In der Tat, wenn $f \in \mathcal{P}_{2l+1}$, ist, dann ergibt eine Kettendivision nach dem Euklidischen Algorithmus von f durch π_{l+1}

$$f(x) = q(x)\pi_{l+1}(x) + r(x), \quad \text{mit} \quad \deg q \leq l, \quad \deg r \leq l.$$

Da $\pi_{l+1} \perp \mathcal{P}_l$ ist, folgt daraus $\int_\alpha^\beta q(x)\pi_{l+1}(x)w(x)dx = 0$ und damit

$$\int_\alpha^\beta f(x)w(x)dx = \int_\alpha^\beta r(x)w(x)dx = \sum_{j=0}^{l} \lambda_j r(x_j).$$

Da $f(x_j) = r(x_j)$, ergibt sich $E(f) = 0$. Bleibt nur noch nachzuprüfen, ob die Ordnung nicht $> 2l+1$ ist, was sich aus dem nachfolgenden Satz ergibt.

Satz 2

Der Peano-Kern K_{2l+1} ist ≥ 0, und für jedes $f \in C^{2l+2}([\alpha, \beta])$ gibt es ein $\xi \in]\alpha, \beta[$, für welches

$$E(f) = \frac{f^{(2l+2)}(\xi)}{(2l+2)!} \int_\alpha^\beta \pi_{l+1}(x)^2 w(x)dx.$$

Man stellt insbesondere fest, daß dies

$$E(x \mapsto x^{2l+2}) = \int_\alpha^\beta \pi_{l+1}(x)^2 w(x)dx > 0$$

nach sich zieht, also ist die Ordnung des Verfahrens nicht $2l+2$.

Beweis *. Wegen Abschnitt 3.2.2 gilt

$$E(f) = \frac{1}{(2l+1)!} \int_\alpha^\beta K_{2l+1}(t) f^{(2l+2)}(t) dt.$$

Umgekehrt erhält man für $\varphi \in C([\alpha, \beta])$

$$\int_\alpha^\beta K_{2l+1}(t)\varphi(t)dt = (2l+1)! E(\Phi),$$

wobei Φ eine Stammfunktion von φ der Ordnung $2l + 2$ ist.

Nehmen wir wider besseren Wissens an, daß es ein $t_0 \in [\alpha, \beta]$ gäbe, so daß $K_{2l+1}(t_0) < 0$ ist. Bezeichnen wir den negativen Teil der Funktion K_{2l+1} mit $K_{2l+1}^- = \max(-K_{2l+1}, 0) \in C([\alpha, \beta])$ und sei φ ein Polynom, welches auf $[\alpha, \beta]$ $K_{2l+1}^- + \varepsilon$ auf ε-genau gleichmäßig approximiert, dann gilt insbesondere

$$0 \leq K_{2l+1}^- < \varphi < K_{2l+1}^- + 2\varepsilon,$$

$$\left| \int_\alpha^\beta K_{2l+1}(t)\varphi(t)dt - \int_\alpha^\beta K_{2l+1}(t) K_{2l+1}^-(t)dt \right| \leq 2\varepsilon \int_\alpha^\beta |K_{2l+1}(t)| dt.$$

Da $\int_\alpha^\beta K_{2l+1}(t) K_{2l+1}^-(t)dt = -\int_\alpha^\beta (K_{2l+1}^-(t))^2 dt < 0$, schließt man daraus für genügend kleines ε :

$$\int_\alpha^\beta K_{2l+1}(t)\varphi(t)dt < 0.$$

Es sei Φ eine Stammfunktion $2l + 2$-ter Ordnung von φ; Φ ist ein Polynom. Wir formulieren die Kettendivision von Φ durch π_{l+1}^2 in folgender Weise:

$$\Phi(x) = \pi_{l+1}^2(x)q(x) + r(x)$$

mit $\deg r \leq \deg(\pi_{l+1}^2) - 1 = 2l + 1$. Es ergibt sich $E(r) = 0$ und damit

$$E(\Phi) = E(\pi_{l+1}^2 q) = \int_\alpha^\beta \pi_{l+1}^2(x)q(x)w(x)dx - 0.$$

Aus dem verallgemeinerten Mittelwertsatz der Integralrechnung folgt, daß es ein $\theta \in]\alpha, \beta[$ gibt, so daß

$$E(\Phi) = q(\theta) \int_\alpha^\beta \pi_{l+1}^2(x)w(x)dx$$

und des weiteren

$$E(\Phi) = \frac{1}{(2l+1)!} \int_\alpha^\beta K_{2l+1}(t)\varphi(t)dt < 0.$$

Es ergibt sich ein Widerspruch, wenn man zeigen kann, daß $q(\theta) > 0$. Betrachten wir das Polynom

$$g(x) = \Phi(x) - r(x) - \pi_{l+1}^2(x)q(\theta) = \pi_{l+1}^2(x)(q(x) - q(\theta)).$$

g besitzt als Nullstellen $x_0, \ldots, x_l$ mit der Vielfachheit 2 und θ mit der Vielfachheit ≥ 1, das heißt wenigstens $2l + 3$ Nullstellen. Es gibt also einen Punkt η zwischen den Punkten x_j und θ, so daß $g^{(2l+2)}(\eta) = 0$ ist. Daraus folgt

$$0 = g^{(2l+2)}(\eta) = \Phi^{(2l+2)}(\eta) - (2l+2)! \, q(\theta) = \varphi(\eta) - (2l+2)! \, q(\theta)$$

und da $\varphi(\eta) > 0$ ist, folgert man daraus leicht $q(\theta) > 0$, der besagte Widerspruch. Folglich ist $K_{2l+1} \geq 0$ und Korollar 2 aus Abschnitt 3.2.2 ergibt

$$E(f) = \frac{1}{(2l+2)!} \, f^{(2l+2)}(\xi) \, E(x \mapsto x^{2l+2}).$$

Da π_{l+1} ein normiertes Polynom ist, ist $x^{2l+2} = \pi_{l+1}(x)^2 + r(x)$ mit $r \in \mathcal{P}_{2l+1}$, also

$$E(x \mapsto x^{2l+2}) = E(\pi_{l+1}^2) = \int_\alpha^\beta \pi_{l+1}(x)^2 w(x) dx, \text{ womit der Satz bewiesen wäre. } \blacksquare$$

3.3.2 Häufig vorkommende Sonderfälle

Die Gauß-Verfahren zeichnen sich dadurch aus, daß für eine gegebene Anzahl $l + 1$ von Stützstellen eine maximale Konvergenzordnung N erreicht werden kann. Trotzdem werden die Gauß-Verfahren, wegen der Schwierigkeiten bei der Berechnung der orthogonalen Polynome, eigentlich nur in folgenden zwei Fällen angewandt.

- $w(x) = 1$ auf $[-1, 1]$: Gauß-Legendre-Verfahren.

  Die ersten dieser orthogonalen Polynome und die zugehörigen Stützstellen x_j sind in der folgenden Tabelle zusammengestellt:

- $w(x) = \dfrac{1}{\sqrt{1 - x^2}}$ auf $]-1, 1[$: Gauß-Tschebyscheff-Verfahren.

  Die Stützstellen x_j sind in diesem Fall die Tschebyscheff-Stützstellen auf dem Intervall $]-1, 1[$:

$$x_j = \cos \frac{2j + 1}{2l + 2} \pi, \quad 0 \leq j \leq l,$$

und man kann beweisen (zum Beispiel im Buch von Crouzeix-Mignot, Übung 2.4), daß $\lambda_j = \pi/(l+1)$. Man erhält also ein Näherungsverfahren $(2l+1)$-ter Ordnung, das sich auf diese Weise darstellen läßt:

$$\int_{-1}^1 f(x) \frac{dx}{\sqrt{1 - x^2}} \simeq \frac{\pi}{l + 1} \sum_{j=0}^l f\left(\cos \frac{2j + 1}{2l + 2} \pi\right).$$

l	$\pi_{l+1}(x)$	$x_0,\dots,x_l$	$\lambda_0,\dots,\lambda_l$	Ordnung N
-1	1			
0	x	0	2	1
1	$x^2-\dfrac{1}{3}$	$\dfrac{1}{\sqrt{3}},\dfrac{1}{\sqrt{3}}$	$1,1$	3
2	$x^3-\dfrac{3}{5}x$	$-\sqrt{\dfrac{3}{5}},0,\sqrt{\dfrac{3}{5}}$	$\dfrac{5}{9},\dfrac{8}{9},\dfrac{5}{9}$	5
3	$x^4-\dfrac{6}{7}x^2+\dfrac{3}{35}$	$\pm\sqrt{\dfrac{3}{7}\pm\dfrac{2}{7}\sqrt{\dfrac{6}{5}}}$	$\dfrac{1}{2}-\dfrac{1}{6}\sqrt{\dfrac{5}{6}},\dfrac{1}{2}+\dfrac{1}{6}\sqrt{\dfrac{5}{6}}$	7
4	$x^5-\dfrac{10}{9}x^3+\dfrac{5}{21}x$	$0,\pm\sqrt{\dfrac{5}{9}\pm\dfrac{2}{9}\sqrt{\dfrac{10}{7}}}$	kompliziert!	9

3.4 Euler-Maclaurinsche Formel und asymptotische Entwicklung

Wir werden im folgenden den roten Faden der vorhergehenden Paragraphen etwas aus den Augen verlieren. Unser Ziel wird es sein, eine theoretische Gleichung für die Reihenentwicklung bei der numerischen Approximation in Abhängigkeit der Feinheit der Zerlegung zu ermitteln. Dies führt für ausreichend glatte Funktionen auf numerische Prozesse, welche im allgemeinen sehr leistungsstark sind.

3.4.1 Bernoullische Polynome und Zahlen

Es sei f auf $[0,1]$ eine Funktion der Klasse C^p mit $p \geq 1$. Partielle Integration ergibt

$$\int_0^1 f(x)dx = \left[\left(x-\frac{1}{2}\right)f(x)\right]_0^1 - \int_0^1 \left(x-\frac{1}{2}\right)f'(x)dx,$$

was sich auch folgendermaßen schreiben läßt

$$\frac{1}{2}f(0) + \frac{1}{2}f(1) = \int_0^1 f(x)dx + \int_0^1 B_1(x)f'(x)dx$$

mit $B_1(x) = x - 1/2$, weil damit $\int_0^1 B_1(x)dx = 0$ wird. Die Idee besteht darin, die partielle Integration zu wiederholen und dabei nacheinander die Stammfunktionen von B_1 einzusetzen, deren Integral über $[0, 1]$ Null ist. Genauer gesagt wählt man B_p derart, daß

$$B_p'(x) = pB_{p-1}(x), \quad \int_0^1 B_p(x)dx = 0.$$

Dabei erlaubt die zweite Bedingung eine eindeutige Festlegung der Integrationskonstanten. Auf diese Weise findet man

$$\int_0^1 B_{p-1}(x)f^{(p-1)}(x)dx = \left[\frac{1}{p}B_p(x)f^{(p-1)}(x)\right]_0^1 - \int_0^1 \frac{1}{p}B_p(x)f^{(p)}(x)dx,$$

$$\int_0^1 \frac{B_{p-1}(x)}{(p-1)!}f^{(p-1)}(x)dx = \frac{b_p}{p!}\left(f^{(p-1)}(1) - f^{(p-1)}(0)\right) - \int_0^1 \frac{B_p(x)}{p!}f^{(p)}(x)dx,$$

wobei ja $b_p = B_p(0) = B_p(1)$ definitionsgemäß vorausgesetzt ist (beachten Sie, daß $B_p(1) - B_p(0) = \int_0^1 pB_{p-1}(x)dx$ für $p \geq 2$ Null ist). Daraus schließt man leicht durch Rekursion auf die Gleichung

$$\frac{1}{2}f(0) + \frac{1}{2}f(1) = \int_0^1 f(x)dx + \sum_{m=2}^b (-1)^m \frac{b_m}{m!}\left(f^{(m-1)}(1) - f^{(m-1)}(0)\right)$$

$$+(-1)^{p+1}\int_0^1 \frac{B_p(x)}{p!}f^{(p)}(x)dx. \tag{$*$}$$

Berechnen wir zum Beispiel B_2. Die Definition liefert

$$\begin{aligned} B_2'(x) &= 2B_1(x) = 2x - 1, \quad \text{und damit} \\ B_2(x) &= x^2 - x + C, \quad x \in [0, 1], \end{aligned}$$

und wegen der Bedingung $\int_0^1 B_2(x)dx = 0$ folgt $C = 1/6$. Durch Rekursion läßt sich leicht erkennen, daß B_p ein normiertes Polynom vom Grad p mit rationalen Koeffizienten ist, so daß $B_p(0) = B_p(1)$ für $p \geq 2$. Es ist möglich B_p auf $\mathbb{R}$ auszudehnen, setzt man

$$B_p(x) = B_p(x - E(x)) \quad \text{für} \quad x \notin [0, 1[.$$

Auf diese Weise erhält man eine periodische Funktion mit der Periode 1, welche ein Polynom ist, wenn man sich auf $[0, 1[$ beschränkt (aber sie ist natürlich *kein* Polynom für ganz $\mathbb{R}$).

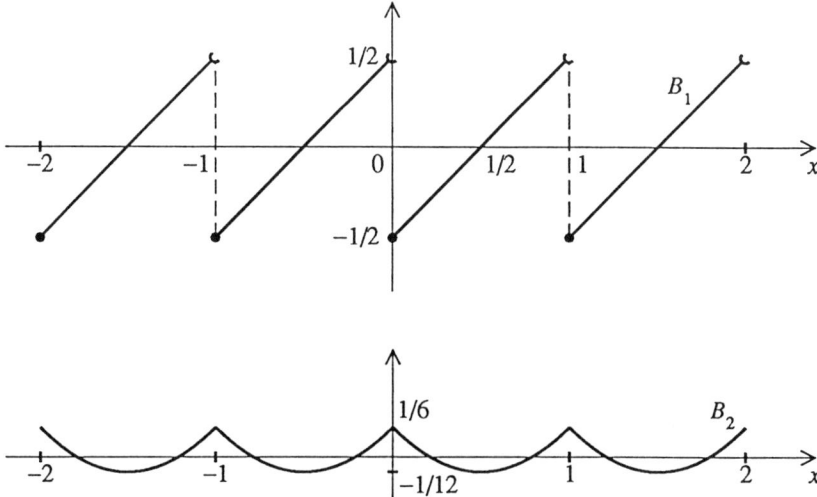

Satz und Definition

Die Polynome B_p werden als *Bernoullische Polynome* bezeichnet. Die *Bernoullische Zahlen* sind die reellen Zahlen b_p, die als

$$b_0 = 1, \quad b_1 = -\frac{1}{2}, \quad b_p = B_p(0) \quad \textit{für} \quad p \geq 2$$

definiert sind. Es ergeben sich folgende Gleichungen:

(1) $\quad B_p(x) = \displaystyle\sum_{m=0}^{p} C_p^m b_m x^{p-m}, \qquad p \geq 1, \quad x \in [0, 1[.$

(2) $\quad b_p = \displaystyle\sum_{m=0}^{p} C_p^m b_m, \qquad p \geq 2.$

(3) $\quad B_p(1 - x) = (-1)^p B_p(x), \qquad p \geq 1.$

(4) $\quad b_m = 0 \quad \textit{für ungerades } m \geq 3.$

Beweis.

(1) Die Gleichung gilt gemäß der Definition von b_0 und b_1 für $p = 1$. Angenommen, die Gleichung stimme für die Ordnung $p - 1$:

$$B_{p-1}(x) = \sum_{m=0}^{p-1} C_{p-1}^m b_m x^{p-1-m}.$$

Dann ist

$$B_p'(x) = pB_{p-1}(x) = \sum_{m=0}^{p-1} pC_{p-1}^m b_m x^{p-1-m},$$

$$B_p(x) = B_p(0) + \sum_{m=0}^{p-1} \frac{p}{p-m} C_{p-1}^m b_m x^{p-m}$$

$$= b_p + \sum_{m=0}^{p-1} C_p^m b_m x^{p-m},$$

also stimmt die Gleichung auch für die p-te Ordnung.

(2) Wegen (1) ist B_p für jedes $p \geq 2$ auf $\mathbb{R}$ stetig und erfüllt $B_p(1) = B_p(0) = b_p$, folglich ist (2) ein Spezialfall von (1).

(3) Durch vollständige Induktion in p erkennt man, daß $(-1)^p B_p(1-x)$ als Ableitung

$$-(-1)^p B_p'(1-x) = p(-1)^{p-1} B_{p-1}(1-x) = p B_{p-1}(x) = B_p'(x)$$

besitzt. Da $(-1)^p B_p(1-x)$ über $[0,1]$ integriert Null ergibt, folgert man, daß $(-1)^p B_p(1-x)$ und $B_p(x)$ übereinstimmen.

(4) Für $p \geq 2$ und $x = 0$ ergibt (3) $b_p = (-1)^p b_p$, also ist $b_p = 0$ für ungerades p. ■

Wendet man die Beziehung (2) auf $p = 2k + 1$ an, dann ergibt sich

$$0 = C_{2k+1}^{2k} b_{2k} + C_{2k+1}^{2k-2} b_{2k-2} + \cdots + C_{2k+1}^2 b_2 + C_{2k+1}^1 b_1 + 1.$$

Dies erlaubt, die aufeinanderfolgenden Bernouillischen Zahlen rekursiv zu berechnen:

$$b_0 = 1, \ b_1 = -\frac{1}{2}, \ b_2 = \frac{1}{6}, \ b_4 = -\frac{1}{30}, \ b_6 = \frac{1}{42}, \ b_8 = -\frac{1}{30}, \ b_{10} = \frac{5}{66}, \ldots$$

Nehmen wir jetzt eine Funktion f der Klasse C^p auf $[\alpha, \beta]$ mit ganzzahligen α, β als gegeben an. Wegen der Periodizität der Funktionen B_p gilt die obenstehende Gleichung $(*)$ auf jedem Intervall $[\alpha, \alpha + 1], \ldots, [\beta - 1, \beta]$. Durch Summation folgt

$$\frac{1}{2} f(\alpha) + f(\alpha + 1) + \cdots + f(\beta - 1) + \frac{1}{2} f(\beta) =$$

$$\int_\alpha^\beta f(x)dx + \sum_{m=2}^p (-1)^m \frac{b_m}{m!} \left(f^{(m-1)}(\beta) - f^{(m-1)}(\alpha) \right) + (-1)^{p+1} \int_\alpha^\beta \frac{B_p(x)}{p!} f^{(p)}(x)dx.$$

Wendet man dies auf $p = 2k$ an und berücksichtigt, daß $b_m = 0$ für ungerades $m \geq 3$ ist, dann erhält man die

Euler-Maclaurinsche Formel

Es sei f auf $[\alpha, \beta]$ eine Funktion der Klasse C^k mit $\alpha, \beta \in \mathbb{Z}$, und es sei $T(f) = 1/2 \, f(\alpha) + f(\alpha + 1) + \cdots + f(\beta - 1) + 1/2 \, f(\beta)$ die zu f gehörende Trapezsumme. Dann ist

$$T(f) = \int_\alpha^\beta f(x)dx + \sum_{m=1}^k \frac{b_{2m}}{(2m)!} \left(f^{(2m-1)}(\beta) - f^{(2m-1)}(\alpha) \right)$$
$$- \int_\alpha^\beta \frac{B_{2k}(x)}{(2k)!} f^{(2k)}(x)dx.$$

Um diese Formel für numerische Zwecke anwenden zu können, ist es wichtig, für die Funktion $B_{2k}(x)$, welche im Integralrest auftaucht, eine obere Schranke angeben zu können.

3.4.2 Zusammenhang mit Fourier-Reihen und Abschätzung von B_p

Da B_p periodisch mit der Periode 1 ist, ist man versucht B_p in eine Fourier-Reihe zu entwickeln. Gleichung $(*)$ aus Abschnitt 3.4.1, angewendet auf $f(x) = e^{-2\pi i n x}$, ergibt

$$1 = \int_0^1 e^{-2\pi i n x}dx + 0 - (2\pi i n)^p \int_0^1 \frac{B_p(x)}{p!} \, e^{-2\pi i n x}dx,$$

und das erste Integral ist für jedes $n \neq 0$ Null. Daraus folgert man, daß der Fourier-Koeffizient von B_p mit dem Index n gegeben ist durch

$$\begin{cases} \widehat{B}_p(n) = -\dfrac{p!}{(2\pi i n)^p} & \text{für } n \neq 0, \\[2mm] \widehat{B}_p(0) = \displaystyle\int_0^1 B_p(x) = 0 & \text{für } n = 0. \end{cases}$$

Für $p \geq 2$ ist die Fourier-Reihe absolut konvergent und da B_p stetig ist, gilt

$$B_p(x) = -p! \sum_{n \in \mathbb{Z}^*} \frac{e^{2\pi i n x}}{(2\pi i n)^p}, \qquad (\forall x \in \mathbb{R}).$$

Für $p = 1$ gehört die Funktion B_1 stückweise zur Klasse C^1, also konvergiert die Reihe in allen Punkten $x \notin \mathbb{Z}$ gegen $B_1(x)$ und für $x \in \mathbb{Z}$ gegen $1/2 \left(B_1(x+0) + B_1(x-0) \right) = 0$. Die obige Gleichung läßt sich umschreiben in:

$$B_{2k}(x) = \frac{(-1)^{k+1}2(2k)!}{(2\pi)^{2k}} \sum_{n=1}^{+\infty} \frac{\cos 2\pi n x}{n^{2k}},$$

$$B_{2k+1}(x) = \frac{(-1)^{k+1}2(2k+1)!}{(2\pi)^{2k+1}} \sum_{n=1}^{+\infty} \frac{\sin 2\pi n x}{n^{2k+1}}.$$

Wenn man die Riemannsche ζ-Funktion $\zeta(s) = \sum\limits_{n=1}^{+\infty} \dfrac{1}{n^s}$ einführt, dann erhält man insbesondere

$$b_{2k} = \frac{(-1)^{k+1}2(2k)!}{(2\pi)^{2k}}\,\zeta(2k).$$

Da $\zeta(s) \leq 1 + \displaystyle\int_1^{+\infty} dx/x^s = 1 + 1/(s-1)$, sieht man, daß $\lim\limits_{s\to+\infty} \zeta(s) = 1$ und es ist

$$b_{2k} \sim \frac{(-1)^{k+1}2(2k)!}{(2\pi)^{2k}} \quad \text{wenn} \quad k \to +\infty.$$

Die Koeffizienten $|b_{2k}|$ streben also ziemlich schnell gegen $+\infty$. Des weiteren ist es offensichtlich, daß $B_{2k}(x)$ seinen Maximalwert für $x = 0$ erreicht; man erhält also

$$|B_{2k}(x)| \leq |b_{2k}|, \quad \forall x \in \mathbb{R}. \tag{$**$}$$

Da für $k \geq 1$ sich $B_{2k+1}(0) = 0$ ergibt, gilt andererseits

$$B_{2k+1}(x) = (2k+1)\int_0^x B_{2k}(t)dt,$$

also $|B_{2k+1}(x)| \leq (2k+1)|x|\,|b_{2k}|$. Daraus folgt die Ungleichung

$$|B_{2k+1}(x)| \leq \left(k + \frac{1}{2}\right)|b_{2k}|$$

zunächst für $x \in [0, 1/2]$, dann wegen der Gleichung (3) aus Abschnitt 3.4.1 für $x \in [1/2, 1]$ und schließlich wegen der Periodizität für jedes $x \in \mathbb{R}$.

3.4.3 Asymptotische Entwicklungen

Es sei f auf $[\alpha, +\infty[$ mit $\alpha \in \mathbb{Z}$ eine Funktion der Klasse C^∞. Für jede ganze Zahl $n \geq \alpha$ sucht man nach einer Reihenentwicklung für jedes Summenglied von

$$S_n(f) = f(\alpha) + f(\alpha + 1) + \cdots + f(n),$$

wenn n gegen $+\infty$ strebt. Eine solche Reihenentwicklung von $S_n(f)$ wird als *asymptotische Entwicklung* bezeichnet; sie erlaubt im allgemeinen die Berechnung von sehr guten Näherungswerten von $S_n(f)$, wenn n sehr groß wird.

Satz

Man nimmt an, es gibt eine ganze Zahl $m_0 \in \mathbb{N}$ und eine reelle Zahl x_0, so daß für $m \geq m_0$ die Ableitungen $f^{(m)}(x)$ auf $[x_0, +\infty[$ gleiches Vorzeichen haben und $\lim\limits_{x \to +\infty} f^{(m)}(x) = 0$. Dann gibt es eine von n und k unabhängige Konstante C, so daß für jedes $n \geq x_0$ und jedes $k > m_0/2$ gilt:

$$S_n(f) = C + \frac{1}{2} f(n) + \int_\alpha^n f(x)dx + \sum_{m=1}^{k-1} \frac{b_{2m}}{(2m)!} f^{(2m-1)}(n) + R_{n,k}$$

mit

$$R_{n,k} = \theta \frac{b_{2k}}{(2k)!} f^{(2k-1)}(n) = \theta \times \text{(erster vernachlässigter Term)}, \qquad \theta \in [0,1].$$

Beweis. Laut Definition ist $S_n(f) = 1/2 \cdot f(\alpha) + 1/2 \cdot f(n) + T(f)$, wobei $T(f)$ die Trapezsumme von f auf $[\alpha, n]$ ist. Die Euler-Maclaurinsche Formel zieht

$$S_n(f) = \frac{1}{2} f(\alpha) + \frac{1}{2} f(n) + \int_\alpha^n f(x)dx + \sum_{m=1}^{k} \frac{b_{2m}}{(2m)!} f^{(2m-1)}(n)$$

$$\sum_{m=1}^{k} \frac{b_{2m}}{(2m)!} f^{(2m-1)}(\alpha) - \int_\alpha^{+\infty} \frac{B_{2k}(x)}{(2k)!} f^{(2k)}(x)dx$$

$$+ \int_n^{+\infty} \frac{B_{2k}(x)}{(2k)!} f^{(2k)}(x)dx$$

nach sich. Man erhält damit die Reihenentwicklung des Satzes mit einer Konstante $C = C_k$, die *a priori* noch von k abhängt und einen Rest $R_{n,k}$. Es sind

$$C_k = \frac{1}{2} f(\alpha) - \sum_{m=1}^{k} \frac{b_{2m}}{(2m)!} f^{(2m-1)}(\alpha) - \int_\alpha^{+\infty} \frac{B_{2k}(x)}{(2k)!} f^{(2k)}(x)dx,$$

$$R_{n,k} = \frac{b_{2k}}{(2k)!} f^{(2k-1)}(n) + \int_n^{+\infty} \frac{B_{2k}(x)}{(2k)!} f^{(2k)}(x)dx$$

unter der Bedingung, daß man zeigen kann, daß die Integrale konvergieren. Da $k > m_0/2$, ist $f^{(2k)}$ auf $[x_0, +\infty[$ vorzeichenkonstant. Aus der Ungleichung $(**)$ in Abschnitt 3.4.2 ergibt sich

$$\left| \int_n^{+\infty} \frac{B_{2k}(x)}{(2k)!} f^{(2k)}(x)dx \right| \leq \frac{|b_{2k}|}{(2k)!} \left| \int_n^{+\infty} f^{(2k)}(x) \right|,$$

$$\int_n^{+\infty} f^{(2k)}(x)dx = \lim_{N \to +\infty} \int_n^N = \lim_{N \to +\infty} \left(f^{(2k-1)}(N) - f^{(2k-1)}(n) \right) = -f^{(2k-1)}(n).$$

Konvergenz liegt also vor und unsere Abschätzungen zeigen weiter, daß der Absolutwert des in $R_{n,k}$ auftretenden Integrals kleiner ist als der erste Term, also

$$R_{n,k} = \theta \, \frac{b_{2k}}{(2k)!} \, f^{(2k-1)}(n), \quad \theta \in [0,2].$$

Bleibt noch zu zeigen, daß $\theta \in [0,1]$ ist und C_k nicht von k abhängt. Wir wenden die Formel auf die $(k+1)$-te Ordnung an und setzen sie mit dem Ergebnis gleich, welches $S_n(f)$ für die k-te Ordnung liefert. Ein Vergleich ergibt

$$C_k + R_{n,k} = C_{k+1} + \frac{b_{2k}}{(2k)!} \, f^{(2k+1)}(n) + R_{n,k+1}.$$

Läßt man n gegen $+\infty$ streben, so ergibt sich $C_k = C_{k+1}$, also ist C_k unabhängig von k und

$$R_{n,k} = \frac{b_{2k}}{(2k)!} \, f^{(2k+1)}(n) + R_{n,k+1}.$$

Aus den vorangegangenen Ausführungen folgt, daß $R_{n,k}$ das gleiche Vorzeichen wie der Term $b_{2k}/(2k)! f^{(2k-1)}(n)$ hat, während $R_{n,k+1}$ das entgegengesetzte Vorzeichen hat: Abschnitt 3.4.2 zeigt, daß signum $(b_{2k}) = (-1)^{k+1}$, während signum $f^{(2k+1)} = -$signum $f^{(2k)} = $ signum $f^{(2k-1)}$. Also ist

$$\frac{R_{n,k}}{\left(\dfrac{b_{2k}}{(2k)!} \, f^{(2k-1)}(n) \right)} \leq 1,$$

was bedeutet, daß $\theta \in [0,1]$ ist.   ■

Beispiel

Stirling-Formel mit Rest.

Man wendet die Formel auf $f(x) = \ln x$ im Intervall $[1, +\infty[$ an:

$$S_n(f) \quad = \quad \ln 1 + \cdots + \ln (n) = \ln (n!),$$

$$\int_1^n \ln x \, dx \quad = \quad n(\ln (n) - 1) + 1,$$

$$f^{(m)}(x) \quad = \quad \frac{(-1)^{m-1}(m-1)!}{x^m}, \quad \text{und damit}$$

$$\ln (n!) \quad = \quad C' + \frac{1}{2} \ln (n) + n(\ln (n) - 1) + \sum_{m=1}^{k-1} \frac{b_{2m}}{2m(2m-1)} \frac{1}{n^{2m-1}} + R_{n,k}$$

$$n! \quad = \quad e^{C'} \sqrt{n} \Big(\frac{n}{e} \Big)^n \exp\Big(\sum_{m=1}^{k-1} \frac{b_{2m}}{2m(2m-1)} \frac{1}{n^{2m-1}} + R_{n,k} \Big).$$

Es läßt sich bestätigen, daß $e^{C'} = \sqrt{2\pi}$ ist (folgende Übung), und damit

$$n! = \sqrt{2\pi n} \Big(\frac{n}{e} \Big)^n \exp \Big(\frac{1}{12n} - \frac{1}{360n^3} + \frac{1}{1260n^5} - \frac{\theta}{1680n^7} \Big).$$

Übung

Man setzt $I_n = \displaystyle\int_0^{\pi/2} \sin^n x \, dx, \, n \in \mathbb{N}.$

a) *Zeigen Sie, daß* $I_n = (n-1)/n \cdot I_{n-2}$ *für* $n \geq 2$.
Berechnen Sie erst I_0, I_1, *dann* I_{2n}, I_{2n+1} *und schließlich* $I_{2n} \cdot I_{2n+1}$.

b) *Zeigen Sie, daß* I_n *monoton fallend ist und* $I_{2n+1} \sim I_{2n}$.

c) *Schließen Sie daraus* $\dfrac{(2n)!}{n!^2} \sim \dfrac{2^{2n}}{\sqrt{\pi n}}$ *und auf den Wert von* $e^{C'}$.

3.5   Romberg-Integration

In diesem Abschnitt soll gezeigt werden, wie ausgehend von der Euler-Maclaurinschen Formel ein Integrationsverfahren konstruiert werden kann, welches auf der Konvergenzbeschleunigung des Trapezverfahrens basiert. Auf diese Weise erhält man einen flexiblen und leistungsfähigen Algorithmus, der bequem zu programmieren ist und in der Praxis oft allen anderen Algorithmen vorgezogen wird.

3.5.1   Richardson-Extrapolation

Gegeben sei eine Funktion f, welche in der Umgebung von Null eine endliche Reihenentwicklung $A(t) = a_0 + a_1 t + \cdots + a_k t^k + R_{k+1}(t)$ mit $|R_{k+1}| \leq C_{k+1}|t|^{k+1}$ besitzt.

Es ergibt sich damit folgende Situation: Es wird angenommen, daß man über einen Algorithmus verfügt, welcher es erlaubt $A(t_m)$ für bestimmte reelle Zahlen $t_m \to 0_+$ zu berechnen, und man versucht diese Werte so zu *extrapolieren,* daß man $A(0) = a_0$ erhält. Zu diesem Zweck konstruiert man ein Konvergenzbeschleunigungsverfahren, das darin besteht, nacheinander die Terme $a_1 t, a_2 t^2, \ldots$ aus der Reihenentwicklung von $A(t)$ zu eliminieren.

Prinzip des Verfahrens

Es sei $r > 1$ eine festgehaltene reelle Zahl. Dann ist

$$A(rt) = a_0 + \cdots + a_n r^n t^n + \cdots + a_k r^k t^k + O(t^{k+1}).$$

Um den Term in t^n zu eliminieren, genügt es den Quotienten

$$\frac{r^n A(t) - A(rt)}{r^n - 1} = a_0 + b_1 t + \cdots + b_{n-1} t^{n-1} + 0 + b_{n+1} t^{n-1} + \cdots$$

zu bilden. Wenn man nacheinander die Größen

$$A_0(t) = A(t)$$

$$A_1(t) = \frac{rA_0(t) - A_0(rt)}{r-1},$$

$$\vdots \qquad \qquad \vdots$$

$$A_n(t) = \frac{r^n A_{n-1}(t) - A_{n-1}(rt)}{r^n - 1}$$

berechnet, so eliminiert man nacheinander $t, t^2, \ldots, t^n$. Allgemein ausgedrückt wird

$$A_n(t) = a_0 + b_{n,n+1}t^{n+1} + \cdots + b_{n,k}t^k + O(t^{k+1}),$$

also ist $A_n(t) = A_0 + O(t^{n+1})$ eine bessere Approximation von a_0 als die Ausgangsfunktion $A(t)$. Nehmen wir insbesondere an, daß die Größen $A_{m,0} = A(r^{-m}t_0)$ berechenbar seien, wobei $t_0 > 0$ festgehalten werden soll (so daß $\lim_{m \to +\infty} A_{m,0} = a_0$). *A priori* kennt man nur $A(t) = a_0 + O(t)$, also $A_{m,0} = a_0 + O(r^{-m})$. Wenn man $A_{m,n} = A_n(r^{-m}t_0)$ setzt, dann folgt

$$A_{m,n} = a_0 + O(r^{-m(n+1)}) \quad \text{für} \quad m \to +\infty,$$

so daß die Konvergenz spürbar, um $(n+1)$-mal, schneller ist als die von $A_{m,0}$. Die Zahlen $A_{m,n}$ lassen sich rekursiv berechnen durch

$$A_{m,n} = \frac{r^n A_{m,n-1} - A_{m-1,n-1}}{r^n - 1}.$$

In der Praxis beginnt man damit, die Werte $A_{m,0}$ in eine Tabelle TAB anzuordnen, um dann die Berechnung der Spalten $A_{m,1}, A_{m,2}, \ldots$ folgendermaßen durchzuführen:

$$
\begin{array}{lllll}
\text{TAB}[0] & A_{0,0} \to & A_{1,1} \to & A_{2,2} \to & A_{3,3} \\
\text{TAB}[1] & A_{1,0} \nearrow & A_{2,1} \nearrow & A_{3,2} \nearrow & \cdots \\
\text{TAB}[2] & A_{2,0} \nearrow & A_{3,1} \nearrow & \cdots & \cdots \\
\text{TAB}[3] & A_{3,0} \nearrow & \cdots & \cdots & \cdots \\
\cdots & \cdots & \cdots & \cdots & \cdots
\end{array}
$$

Jede Spalte ist eine gegen a_0 konvergierende Folge, aber die Spalte mit dem Index n konvergiert $(n+1)$-mal schneller, als die mit dem Index 0.

3.5.2 Romberg-Verfahren

Es sei $f \in C^{\infty}([\alpha, \beta])$. Man betrachtet die Zerlegung von $[\alpha, \beta]$ in l gleiche Teilintervalle, welche durch die Punkte $x_j = \alpha + jh$, $0 \leq j \leq l$ mit $h = (\beta - \alpha)/l$ gegeben sind, und man bezeichnet mit

$$T_f(h) = h\left(\frac{1}{2}f(\alpha) + f(\alpha + h) + \cdots + f(\beta - h) + \frac{1}{2}f(\beta)\right)$$

die Summe der zugehörigen Trapeze. Wir wenden die Euler-Maclaurinsche Formel auf die Funktion

$$\begin{aligned}
g(u) &= f(\alpha + uh), \quad u \in [0, l], \\
g^{(m)}(u) &= h^m f^{(m)}(\alpha + uh)
\end{aligned}$$

an. Daraus folgt

$$T_g(1) = \int_0^l f(\alpha + uh)\,du + \sum_{m=1}^{k} \frac{b_{2m}}{2m!}\, h^{2m-1}\left(f^{(2m-1)}(\beta) - f^{(2m-1)}(\alpha)\right)$$
$$-h^{2k}\int_0^l \frac{B_{2k}(u)}{2k!}\, f^{(2k)}(\alpha + uh)\,du$$

und damit

$$T_f(h) = hT_g(1) = \int_\alpha^\beta f(x)\,dx + \sum_{m=1}^{k} \frac{b_{2m}}{(2m)!}\, h^{2m}\left(f^{(2m-1)}(\beta) - f^{(2m-1)}(\alpha)\right)$$
$$-h^{2k}\int_\alpha^\beta \frac{B_{2k}((x-\alpha)/h)}{2k!}\, f^{(2k)}(x)\,dx.$$

Man schließt daraus, daß $T_f(h)$ sich in eine endliche Reihe

$$T_f(h) = \int_\alpha^\beta f(x)\,dx + \sum_{m=1}^{k-1} a_m h^{2m} + O(h^{2k})$$

mit $\quad a_m = \dfrac{b_{2m}}{(2m)!}\left(f^{(2m-1)}(\beta) - f^{(2m-1)}(\alpha)\right)$ entwickeln läßt.

Es ist also $T_f(h) = A(h^2)$ und damit

$$A(t) = T_f(\sqrt{t}) = a_0 + a_1 t + \cdots + a_{k-1}t^{k-1} + O(t^k),$$

wobei der Koeffizient $a_0 = \int_\alpha^\beta f(x)\,dx$ noch berechnet werden muß.
Zu diesem Zweck wird das Intervall immer wieder halbiert, so daß die Schrittweite $h = (\beta - \alpha)/2^m$ ist. Das führt zur Berechnung von

$$A_{m,0} = T_f\left(\frac{\beta - \alpha}{2^m}\right) = A\left(4^{-m}(\beta - \alpha)^2\right).$$

Wir verwenden die Richardson-Extrapolation mit $r = 4$ und erhalten damit die Rekursionsbeziehung

$$A_{m,n} = \frac{4^n A_{m,n-1} - A_{m-1,n-1}}{4^n - 1}.$$

Damit ergibt sich $A_{m,n} = \int_\alpha^\beta f(x)dx + O(4^{-m(n+1)})$ für $m \to +\infty$. Der beste Näherungswert ist derjenige, der zu den höchsten Indizes m, n gehört, für die $A_{m,n}$ berechnet wurde.

Bemerkung 1

Ein Zeitgewinn bei der Berechnung von $A_{m,0}$ ergibt sich, wenn man $A_{m-1,0}$ zur Bestimmung von $A_{m,0}$ benutzt. Für $h = \dfrac{\beta - \alpha}{2^m}$ ist dann in der Tat:

$$A_{m,0} = h\left(\frac{1}{2}f(\alpha) + f(\alpha + h) + \cdots + f(\beta - h) + \frac{1}{2}f(\beta)\right)$$

$$A_{m-1,0} = 2h\left(\frac{1}{2}f(\alpha) + f(\alpha + 2h) + \cdots + f(\beta - 2h) + \frac{1}{2}f(\beta)\right).$$

Es genügt,

$$A'_{m,0} = h\left(f(\alpha + h) + f(\alpha + 3h) + \cdots + f(\beta - h)\right)$$

zu setzen und man erhält

$$A_{m,0} = \frac{1}{2}A_{m-1,0} + A'_{m,0}.$$

Bemerkung 2

Wenn $f \in C^\infty(\mathbb{R})$ periodisch mit der Periode $\beta - \alpha$ ist, dann ist für jedes m $f^{(m)}(\beta) = f^{(m)}(\alpha)$, und man hat damit eine Entwicklung in eine endliche Reihe

$$T_f(h) = \int_\alpha^\beta f(x)dx + O(h^{2k}),$$

die auf ihren konstanten Term reduziert ist. In diesem Fall ist es unnötig, eine Richardson-Extrapolation zu verwenden: Die zuletzt berechnete Trapezsumme $A_{m,0}$ liefert schon eine sehr gute Approximation des Integrals.

Übung

Bestätigen Sie, daß $A_{m,1}$ (bzw. $A_{m,2}$) das zusammengesetzte Simpson-Verfahren über 2^{m-1} Teilintervalle (bzw. Boole-Villarceau über 2^{m-2} Teilintervalle) ist.

Für $n \geq 3$ bestätigt man, daß $A_{m,n}$ keinem Newton-Cotes-Verfahren mehr entspricht.

3.6 Aufgaben

3.6.1

Es seien x_1 und x_2 zwei Punkte auf $[-1, 1]$ und λ_1 und $\lambda_2 \in \mathbb{R}$. Als $C[-1, 1]$ wird der Vektorraum der auf $[-1, 1]$ stetigen, reellwertigen Funktionen bezeichnet und man definiert

$$T : C[-1, 1] \to \mathbb{R} \quad \text{durch} \quad T(f) = \lambda_1 f(x_1) + \lambda_2 f(x_2).$$

(a) Welche Bedingungen müssen $x_1, x_2, \lambda_1, \lambda_2$ erfüllen, damit T auf dem Intervall $[-1, 1]$ ein Integrationsverfahren ist, welches exakte Ergebnisse liefert für

α) Konstante Funktionen?

β) Lineare Funktionen?

γ) Polynome deren Grad kleiner oder gleich 2 ist?

(b) Unter den exakten Verfahren für die Polynome, deren Grad kleiner oder gleich 2 ist, erfüllt ein einziges die Bedingung $x_1 = -x_2$. Zeigen Sie, daß diese Wahl von x_1 und x_2 (und der entsprechenden λ_1 und λ_2) ein exaktes Verfahren für Polynome, deren Grad kleiner oder gleich 3 ist, liefert, und daß es sich um das einzige Verfahren für Polynome, deren Grad kleiner oder gleich 3 ist und die von dem in dieser Aufgabe besprochenen Typ sind, handelt. Um welches Verfahren handelt es sich?

3.6.2

(a) Zeigen Sie, daß für ein trigonometrisches Polynom n-ten Grades

$$\sum_{p=-n}^{n} c_p e^{ipx}$$

das Trapezverfahren mit konstanter Schrittweite $h = 2\pi/(n+1)$ auf dem Intervall $[0, 2\pi]$ exakt ist.

(b) Zeigen Sie, daß wenn f auf $[a, b]$ durch ein trigonometrisches Polynom n-ten Grades bis auf ε genau genähert werden kann, daß dann das Trapezverfahren für $h = 2\pi/(n+1)$ einen Fehler liefert, der unter $4\pi\varepsilon$ für $\int_0^{2\pi} f(x)dx$ liegt.

(c) Man betrachtet $f(x) = \exp(1/2 \sin x)$. Geben Sie eine obere Fehlerschranke für das Trapezverfahren für $\int_0^{2\pi} f(x)dx$ mit $h = \pi/2$, $h = \pi/4$ an. Was halten Sie von diesem Ergebnis?

3.6.3

Es sei $f : [-1, 1] \to \mathbb{R}$ eine Funktion der Klasse C^n mit beliebig großem n. Man betrachtet das numerische Integrationsverfahren, welches gegeben ist durch

(M) $$\int_{-1}^{1} f(x)dx \simeq f(\omega) + f(-\omega) \quad \text{mit} \quad \omega \in [0, 1].$$

(a) Berechnen Sie den Fehler

$$E(f) = \int_{-1}^{1} f(x) - (f(\omega) + f(-\omega))$$

für $f(x) = 1, x, x^2$. Bestimmen Sie die Konvergenzordnung des Verfahrens (M) in Abhängigkeit von ω.

(b) Es soll jetzt der Fall behandelt werden, für den das Verfahren (M) erster Ordnung ist.

α) Berechnen Sie den Peano-Kern $K_1(t)$ und zeichnen Sie den Kurvenverlauf von K_1 für $\omega = 5/8$ auf. Für welche Werte von ω hat der Kern K_1 konstantes Vorzeichen?

β) Zeigen Sie, daß der Fehler eine obere Schranke

$$|E(f)| \leq C(\omega) \|f''\|_\infty$$

besitzt, wobei $C(\omega)$ eine Konstante ist, deren optimalen Wert es zu bestimmen gilt:
 • wenn K_1 vorzeichenkonstant ist;
 • wenn $\omega = 5/8$ beträgt.

(c) Berechnen Sie den Peano-Kern für den Fall, daß das Verfahren dritter Ordnung ist und bestätigen Sie, daß dieser Kern eine gerade Funktion ist. Schließen Sie daraus, daß es ein $\xi \in\,]-1, 1[$ gibt, so daß

$$E(f) = \frac{1}{135} f^{(4)}(\xi).$$

(d) Zum Verfahren (M) gehört ein entsprechendes zusammengesetztes Verfahren. Schätzen Sie damit, unter Verwendung des Ergebnisses aus (c), den Fehler ab, welcher sich bei der Berechnung eines Integrals

$$\int_{a}^{b} g(x)dx$$

mit einer Zerlegung von $[a, b]$ konstanter Schrittweite $h = (b-a)/k, k \in \mathbb{N}^\star$ ergibt.

3.6.4

Es sei p eine natürliche Zahl und $f(x) = x^p$. Es ist $S_{n,p} = \sum\limits_{m=1}^{n} m^p$.

Man verwendet diese Gleichung für die asymptotische Entwicklung von $S_n(f)$ mit $\alpha = 0$.

(a) Zeigen Sie, daß für genügend großes k der Rest $R_{n,k}$ Null ist. Leiten Sie einen Ausdruck für $S_{n,p}$ ab; berechnen Sie den Wert der Konstanten C und beachten Sie, daß $S_{0,p} = 0$ ist.

(b) Geben Sie für $p = 2, 3, 4, 5$ einen in Faktoren zerlegten Ausdruck von $S_{n,p}$ an.

3.6.5

Es sei β eine reelle Zahl > 1. Man betrachtet die Funktion

$$f(x) = \frac{1}{x^\beta} \quad \text{und man bezeichnet} \quad \zeta(\beta) = \sum_{n=1}^{+\infty} \frac{1}{n^\beta}.$$

Man benützt die Gleichung für die asymptotische Entwicklung von $S_n(f)$ mit $\alpha = 1$.

(a) Drücken Sie $\zeta(\beta)$ in Abhängigkeit von der Konstanten C der Gleichung aus; dazu läßt man n gegen $+\infty$ streben.

(b) Entwickeln Sie $\zeta(\beta) - S_n(f)$ in eine endliche Reihe mit dem Rest $R_{n,k}$. Grenzen Sie $\zeta(3)$ ein, indem Sie $n = 5$ und $k = 5$ nehmen.

3.6.6

Hier soll jetzt die Euler-Maclaurinsche Formel auf die Funktion $f(x) = e^{ax}$, $a \in \mathbb{C}$ angewendet werden.

(a) Zeigen Sie, daß folgende Gleichung gilt

$$\frac{a}{2} \frac{e^a + 1}{e^a - 1} = 1 + \sum_{m=1}^{k} \frac{b_{2m} a^{2m}}{(2m)!} - \frac{a^{2k+1}}{e^a - 1} \int_0^1 \frac{B_{2k}(x)}{(2k)!} e^{ax} dx.$$

(b) Zeigen Sie, daß für jedes $a \in \mathbb{C}$ der folgende Ausdruck eine obere Schranke für den Integralrest ist

$$\frac{|b_{2k}|}{(2k)!} \frac{e^{|\mathrm{Re}\, a|} - 1}{|\mathrm{Re}\, a|} \frac{|a|}{|e^a - 1|} |a|^{2k} \quad \text{für} \quad e^a \neq 1.$$

Schließen Sie daraus, daß $\dfrac{a}{2} \dfrac{e^a + 1}{e^a - 1} = 1 + \sum\limits_{m=1}^{+\infty} \dfrac{b_{2m} a^{2m}}{(2m)!}$ auf der Scheibe $|a| < 2\pi$

gilt, und daß der Konvergenzradius der Reihe 2π ist.

(c) Zeigen Sie, daß für eine reelle Zahl a die obere Schranke für den Integralrest durch $|b_{2k}|a^{2k}/(2k)!$ gegeben ist, ebenso wie durch $2|b_{2k+2}|a^{2k+2}/(2k+2)!$.

Benutzen Sie diese Tatsache, um einen Näherungswert von $(e+1)/(e-1)$ für $k = 4$ zu finden. Bestätigen Sie, daß der dabei begangene Fehler kleiner als 10^{-7} ist.

3.6.7

Man betrachtet die Funktion $f(x) = \dfrac{1}{1+x^2}$, $x \in \mathbb{R}$.

(a) Berechnen Sie die Ableitung $f^{(m)}$ mit Hilfe einer Partialbruchzerlegung und zeigen Sie, daß $|f^{(m)}(x)| \le m!(1+x^2)^{-(m+1)/2}$ ist.

(b) Bestimmen Sie die asymptotische Entwicklung der Folge

$$S_n = \sum_{k=0}^{n} \frac{1}{1+k^2}.$$

(c) Berechnen Sie S_{10} und schließen Sie daraus mit einer Genauigkeit von 10^{-6} auf den Näherungswert der Summe

$$\sum_{n=0}^{+\infty} \frac{1}{1+n^2}.$$

3.6.8

In dieser Aufgabe soll ein den Newton-Cotes-Verfahren analoges numerisches Integrationsverfahren untersucht werden.

(a) Es sei g eine auf $[-1, 2]$ stetige Funktion. Bestimmen Sie das Polynom $p(x) = \sum_{i=-1}^{2} g(i)\ell_i(x)$ dessen Grad ≤ 3 ist und welches g in den Punkten $-1, 0, 1, 2$ interpoliert.

Drücken Sie den Interpolationsfehler mit Hilfe eines Polynoms $\pi(x) = x(x+1)(x-1)(x-2)$ aus.

(b) Berechnen Sie $\displaystyle\int_0^1 p(x)dx$ und $\displaystyle\int_{-1}^0 p(x)dx$ in Abhängigkeit der Werte $g(i)$, $-1 \le i \le 2$.

Leiten Sie daraus $\displaystyle\int_1^2 p(x)dx$ ab.

Überprüfen Sie die Gleichungen für $g(x) = 1$ (bzw. $g(x) = x$).

(c) Berechnen Sie $\int_0^1 |\pi(x)|dx$ und $\int_{-1}^0 |\pi(x)|dx$.

Leiten Sie daraus eine obere Schranke ab (die bestmögliche!) für $\int_i^{i+1} |g(x) - p(x)|dx$, $i = -1, 0, 1$, in Abhängigkeit der Supremumsnorm einer passenden Ableitung von g (g werde als genügend oft differenzierbar angenommen).

(d) Es sei f eine auf einem Intervall $[a, b]$ stetige Funktion mit $a < b$. Man bezeichnet mit

$$a = a_0 < a_1 < \cdots < a_{n-1} < a_n = b, \quad n \geq 8$$

die Zerlegung mit konstanter Schrittweite $h = (b - a)/n$ und man setzt $f_i = f(a_i)$. Man untersucht das numerische Integrationsverfahren

$$\int_a^b f(x)dx = \sum_{i=0}^{n-1} \int_{a_i}^{a_{i+1}} f(x)dx \simeq \sum_{i=0}^{n-1} \int_{a_{i+1}}^{a_i} p_i(x)dx,$$

wobei p_i das Lagrangesche Interpolationspolynom von f in den Punkten a_{i-1}, a_i, a_{i+1}, a_{i+2} für $1 \leq i \leq n - 2$ bezeichnet mit der *Schreibweise* $p_0 = p_1$, $p_{n-1} = p_{n-2}$. Zeigen Sie, daß sich dieses Verfahren auch als

$$\int_a^b f(x)dx \simeq h \sum_{i=0}^n \lambda_i f_i$$

schreiben läßt, mit den näher zu bestimmenden Koeffizienten λ_i. Was läßt sich über die Konvergenzordnung des Verfahrens aussagen?

(e) Geben Sie eine obere Schranke an für die Fehler $\int_{a_i}^{a_{i+1}} |f(x) - p_i(x)|dx$ und

$$E(f) = \int_a^b f(x)dx - h \sum_{i=0}^n \lambda_i f_i$$

in Abhängigkeit von h, $b - a$ und der Supremumsnorm einer passenden Ableitung von f.

3.6.9

$\mathcal{C}$ bezeichnet den Raum der auf dem Intervall $[-1, 1]$ definierten, reellwertigen stetigen Funktionen, welcher eine Supremumsnorm besitzt.

(a) Zeigen Sie, daß für jedes $f \in \mathcal{C}$ das Integral $\int_{-1}^1 \frac{f(x)}{\sqrt{1 - x^2}}\, dx$ konvergent ist.

(b) t_n bezeichnet das Tschebyscheff-Polynom n-ten Grades. Es sei an das Ergebnis

$$\int_{-1}^{1} \frac{t_n(x)t_k(x)}{\sqrt{1-x^2}} \, dx = \frac{\pi}{2} \, \delta_{n,k}$$

erinnert, mit dem Kronecker-Symbol $\delta_{n,k}$. Berechnen Sie $\int_{-1}^{1} \frac{x^n t_m(x)}{\sqrt{1-x^2}} \, dx$ für $n < m$.

(c) Mit x_0, x_1, x_2 werden die Nullstellen von t_3 bezeichnet. Bestimmen Sie die drei reellen Zahlen A_0, A_1, A_2, so daß für jedes Polynom P dessen Grad ≤ 2 ist folgende Gleichung gilt

$$\int_{-1}^{1} \frac{P(x)}{\sqrt{1-x^2}} \, dx = A_0 P(x_0) + A_1 P(x_1) + A_2 P(x_2).$$

Zeigen Sie, daß diese Gleichung richtig ist, solange der Grad ≤ 5 ist.

(d) Zeigen Sie, daß das Integral $\int_{0}^{1} \frac{x^4 dx}{\sqrt{x(1-x)}}$ konvergent ist und berechnen Sie mit Hilfe von (c) seinen Wert.

(e) Für ein festgehaltenes n, das ungleich Null ist, werden die Nullstellen von t_n mit x_k bezeichnet und die reellen Zahlen mit A_k ($0 \leq k \leq n-1$). Für jedes $f \in C$ läßt sich

$$S_n(f) = \sum_{k=0}^{n-1} A_k f(x_k) \quad \text{und} \quad R_n(f) = \int_{-1}^{1} \frac{f(x)}{\sqrt{1-x^2}} \, dx - S_n(f)$$

schreiben.

  α) Zeigen Sie, daß sich die A_k eindeutig bestimmen lassen, so daß für jedes Polynom P dessen Grad $\leq n-1$ ist $R_n(P) = 0$ wird.

  β) Zeigen Sie, daß $\sum_{k=0}^{n-1} T_p(x_k) = 0$ für $1 \leq p \leq n-1$ ist.
  Schließen Sie daraus, daß $A_k = \pi/n$ für jedes k wird.

  γ) Zeigen Sie, daß für jedes Polynom dessen Grad $\leq 2n-1$ ist $R_n(P) = 0$ wird.

(f) Es seien $f \in C$ und P ein Polynom. Es soll angenommen werden, daß $\|f - p\| < \varepsilon$ ist. Geben Sie eine obere Schranke von $|R_n(f)|$ an, wenn $n \to +\infty$.
Schließen Sie daraus $\lim_{n \to +\infty} S_n(f) = \int_{-1}^{1} \frac{f(x)}{\sqrt{1-x^2}} \, dx$.

3.6.10

Ziel dieser Aufgabe ist es, einige Ergebnisse für die Näherungsgleichung $\int_{-1}^{1} f(x)dx \simeq$

$\int_{-1}^{1} P_n(x)dx$ zusammenzustellen, wobei $P_n(x)$ das Interpolationspolynom n-ten Grades

von f für die Tschebyscheff-Stützstellen $x_i = \cos \theta_i$ ist, so daß $\theta_i = \dfrac{(2i + 1)}{2n + 2} \pi$,
$0 \leq i \leq n$.

(a) Zeigen Sie mit der Schreibweise aus Kapitel 2.4.3, daß die Lagrangeschen Interpolationspolynome l_i gegeben sind durch

$$l_i(x) = \frac{(-1)^i \sin \theta_i}{n + 1} \frac{t_{n+1}(x)}{x - x_i}, \quad 0 \leq i \leq n.$$

(b) Für $x \in [-1, 1]$ und $n \in \mathbb{N}$ schreibt man

$$a_n(x) = \int_{-1}^{1} \frac{\cos(n \arccos x) - \cos(n \arccos y)}{x - y} \, dy.$$

Zeigen Sie, daß a_n ein Polynom n-ten Grades ist und daß

$$\int_{-1}^{1} P_n(x)dx = \sum_{i=0}^{n} \omega_i f(x_i) \quad \text{mit} \quad \omega_i = \frac{(-1)^i \sin \theta_i}{n + 1} a_{n+1}(x_i) \quad \text{gilt.}$$

(c) Berechnen Sie $a_{n+1}(x) - a_{n-1}(x)$; folgern Sie daraus den Wert von $a_{n+1}(x) - 2x a_n(x) + a_{n-1}(x)$.

(d) Zeigen Sie die Gültigkeit der Gleichung

$$\sin \theta \, a_n(\cos \theta) = 2 \sin n\theta - 4 \sum_{1 \leq q < \frac{n}{2}} \frac{1}{4q^2 - 1} \sin (n - 2q)\theta.$$

Unterscheiden Sie dabei je nach Parität zwei Fälle.

(e) Leiten Sie daraus den Ausdruck ω_i ab:

$$\omega_i = \frac{\left[2 - 4 \displaystyle\sum_{1 \leq q \leq \frac{n+1}{2}} \frac{1}{4q^2 - 1} \cos 2q\theta_i \right]}{n + 1}.$$

Zeige Sie, daß $\omega_i > 0$ ist.

(f) Es werde $n = 10$ festgehalten. Schreiben Sie ein Pascal-Programm, welches es erlaubt, alle Koeffizienten ω_i zu berechnen.

4 Iterative Verfahren zur Gleichungslösung

Die iterativen Verfahren, besonders das Newton-Verfahren, gehören zu den leistungsfähigsten numerischen Verfahren, die Näherungslösungen von Gleichungen jeglicher Art erlauben. Das Prinzip dieser Verfahren ist es, von einem grob genäherten Lösungswert auszugehen und die Genauigkeit dadurch zu verbessern, daß ein passender Algorithmus immer wieder auf das letzte Ergebnis angewendet wird.

4.1 Prinzip iterativer Verfahren

4.1.1 Fixpunktsatz

Es sei (E, d) ein vollständiger metrischer Raum und $\varphi : E \to E$ eine stetige Abbildung. Man bezeichnet $a \in E$ als *einen Fixpunkt* von φ, wenn $\varphi(a) = a$ ist und φ als *kontrahierende Abbildung*, wenn φ eine Lipschitz-Konstante $k < 1$ besitzt, das heißt, wenn es ein $k < 1$ gibt, so daß $\forall x, y \in E, \quad d(f(x), f(y)) \leq kd(x, y)$.

Satz

Es sei $\varphi : E \to E$ eine kontrahierende Abbildung eines vollständigen metrischen Raumes auf sich selbst. Dann besitzt φ einen eindeutigen Fixpunkt $a \in E$. Ferner konvergiert die durch $x_{p+1} = \varphi(x_p)$ definierte Iterationsfolge (x_p) für jeden Startpunkt $x_0 \in E$ gegen a.

Eindeutigkeit des Fixpunktes. Hätte φ zwei Fixpunkte $a \neq b$, dann wäre $d(\varphi(a), \varphi(b)) = d(a, b)$ und $d(a, b) \neq 0$, also könnte φ keine kontrahierende Abbildung sein.

Existenz des Fixpunktes. Es sei $x_0 \in E$ ein beliebiger Startwert und (x_p) die zugehörige Iterationsfolge. Dann gilt

$$d(x_p, x_{p+1}) = d(\varphi(x_{p-1}), \varphi(x_p)) \leq kd(x_{p-1}, x_p)$$

und daraus durch Rekursion $d(x_p, x_{p+1}) \leq k^p d(x_0, x_1)$. Für jede ganze Zahl $q > p$ folgt deswegen

$$d(x_p, x_q) \leq \sum_{l=p}^{q-1} d(x_l, x_{l+1}) \leq \left(\sum_{l=p}^{q-1} k^l \right) d(x_0, x_1)$$

mit $\displaystyle\sum_{l=p}^{q-1} k^l \leq \sum_{l=p}^{+\infty} k^l = \frac{k^p}{1-k}$. Damit ergibt sich also

$$d(x_p, x_q) \leq \frac{k^p}{1-k} \, d(x_0, x_1), \quad \forall p < q,$$

was beweist, daß (x_p) eine Cauchy-Folge ist. Da (E, d) vollständig ist, konvergiert die Folge (x_p) gegen einen Grenzwert $a \in E$. Aus der Identität $x_{p+1} = \varphi(x_p)$ und der Stetigkeit von φ folgt für den Grenzwert $a = \varphi(a)$.

Abschätzung der Konvergenzgeschwindigkeit

Die Ungleichung $d(x_p, a) = d(\varphi(x_{p-1}), \varphi(a)) \leq k d(x_{p-1}, a)$ führt durch Rekursion auf $d(x_p, a) \leq k^p d(x_0, a)$.
Die Konvergenzgeschwindigkeit nimmt also exponentiell zu. Wenn $E = \mathbb{R}^m$ ist, dann spricht man gelegentlich von *linearer Konvergenz*, in dem Sinne, daß die Zahl der exakten Dezimalstellen von x_p ungefähr proportional zu p ist.

4.1.2 Anwendung auf Gleichungssysteme

Es sei $f = (f_1, \ldots, f_m) \colon \mathbb{R}^m \to \mathbb{R}^m$ eine stetige Abbildung. Man versucht das Gleichungssystem $f(x) = 0$ zu lösen, das gegeben ist durch

$$\begin{cases} f_1(x_1, \ldots, x_m) = 0 \\ \quad \vdots \\ f_m(x_1, \ldots, x_m) = 0. \end{cases}$$

Zu diesem Zweck versucht man, das System $f(x) = 0$ so umzuformen, daß $\varphi(x) = x$ wird, wobei φ eine *kontrahierenden Abbildung* einer abgeschlossenen Teilmenge $E \subset \mathbb{R}^m$ auf sich selbst ist (jede abgeschlossene Teilmenge des $\mathbb{R}^m$ ist vollständig). Es darf nicht vergessen werden, sich zu überzeugen, daß:

- einerseits φ sehr wohl E auf E abbildet;
- andererseits die gesuchte Lösung x auch aus E stammt;
- schließlich und vor allem φ auf E eine kontrahierende Abbildung ist!

4.2 Funktionen einer Variablen

4.2.1 Anziehende und abstoßende Fixpunkte

Es sei I ein abgeschlossenes Intervall auf $\mathbb{R}$ und $\varphi \colon I \to I$ eine Abbildung der Klasse C^1. Ferner sei $a \in I$ ein Fixpunkt von φ. Es lassen sich drei Fälle unterscheiden:

(1) $|\varphi'(a)| < 1$.

Es sei k so gewählt, daß $|\varphi'(a)| < k < 1$ ist. Wegen der Stetigkeit von φ' gibt es ein Intervall $E = [a - h, a + h]$, auf dem $|\varphi'| \leq k$ ist, also ist φ eine k-kontrahierende Abbildung auf E; notwendigerweise ist $\varphi(E) \subset E$ und damit folgt

$$\forall x_0 \in [a - h, a + h], \quad \lim_{p \to +\infty} x_p = a.$$

Man bezeichnet a als einen *anziehenden Fixpunkt*. Für diesen Fall konvergiert die Folge (x_p) mindestens exponentiell : $|x_p - a| \leq k^p |x_0 - a|$.

Sonderfall: $\varphi'(a) = 0$.
Nehmen wir ferner an, daß φ zur Klasse C^2 gehört, und daß $|\varphi''| \leq M$ auf E sei. Die Taylor-Formel ergibt

$$\begin{aligned}
\varphi(x) &= \varphi(a) + (x - a)\varphi'(a) + \frac{(x - a)^2}{2!}\varphi''(c) \\
&= a + \frac{1}{2}\varphi''(c)(x - a)^2, \quad c \in \,]a, x[,
\end{aligned}$$

daraus folgt $|\varphi(x) - a| \leq 1/2\, M |x - a|^2$ und sogar $1/2\, M |\varphi(x) - a| \leq [1/2\, M |x - a|]^2$. Durch Rekursion folgt daraus

$$\begin{aligned}
\frac{1}{2} M |x_p - a| &\leq \left[\frac{1}{2} M |x_0 - a|\right]^{2^p}, \\
|x_p - a| &\leq \frac{2}{M}\left[\frac{1}{2} M |x_0 - a|\right]^{2^p}.
\end{aligned}$$

Insbesondere wenn x_0 so gewählt ist, daß $|x_0 - a| \leq \dfrac{1}{5M}$ ist, erhält man

$$|x_p - a| \leq \frac{2}{M} 10^{-2^p};$$

man erkennt, daß die Anzahl der exakten Dezimalstellen sich bei jedem Iterationsschritt ungefähr verdoppelt; auf diese Weise würden theoretisch 10 Iterationen genügen, um mehr als 1000 richtige Dezimalstellen zu erhalten! Die Konvergenz ist hier also außergewöhnlich schnell.
Dieses Verhalten wird manchmal als *quadratische Konvergenz* bezeichnet, und der Fixpunkt a ist dann ein *stark anziehender (superattraktiver)* Fixpunkt.

(2) $|\varphi'(a)| > 1$. Wegen $\lim\limits_{x \to 0}\left|\dfrac{\varphi(x) - \varphi(a)}{x - a}\right| = |\varphi'(a)| > 1$ gibt es eine Umgebung $[a - h, a + h]$, so daß

$$\forall x \in [a - h, a + h] \setminus \{a\}, \quad |\varphi(x) - a| > |x - a|.$$

Dann bezeichnet man den Fixpunkt a als *abstoßend*. In diesem Fall hat die Ableitung φ' in der Umgebung von a immer das gleiche Vorzeichen, also gibt es ein $h > 0$, so daß die Einschränkung $\varphi|_{[a-h,a+h]}$ eine auf das Intervall $\varphi([a - h, a + h])$ definierte Umkehrabbildung φ^{-1} besitzt. Dieses Intervall enthält $\varphi(a) = a$. Die Gleichung $\varphi(x) = x$ läßt sich in der Umgebung von a auch als $x = \varphi^{-1}(x)$ darstellen, und da $(\varphi^{-1})'(a) = 1/\varphi'(a)$, ist der Punkt a ein anziehender Fixpunkt von φ^{-1}.

(3) $|\varphi'(a)| = 1$.

Hier handelt es sich um einen *unbestimmten Fall*, wie die beiden folgenden Beispiele zeigen, in denen $a = 0$ und $\varphi'(a) = 1$:

Beispiel 1

$\varphi(x) = \sin x$, $x \in [0, \pi/2]$. Hier ist $\sin x < x$ für jedes $x \in]0, \pi/2]$. Für jedes $x_0 \in]0, \pi/2]$ ist die Iterationsfolge (x_p) streng monoton fallend und besitzt eine untere Schranke, ist also konvergent. Der Grenzwert l erfüllt $l = \sin l$, also ist $l = 0$.

Beispiel 2

$\varphi(x) = \sinh x$, $x \in [0, +\infty[$. Da $\sinh x > x$ für jedes $x > 0$ ist, erkennt man, daß der Fixpunkt 0 abstoßend ist, und daß $\forall x_0 > 0$, $\lim\limits_{p \to +\infty} x_p = +\infty$.

4.2.2 Beispiel einer Gleichungslösung

Es sei die Gleichung $f(x) = x^3 - 4x + 1 = 0$, $x \in \mathbb{R}$ zu lösen. Es ist $f'(x) = 3x^2 - 4$ und die Untersuchung von f ergibt:

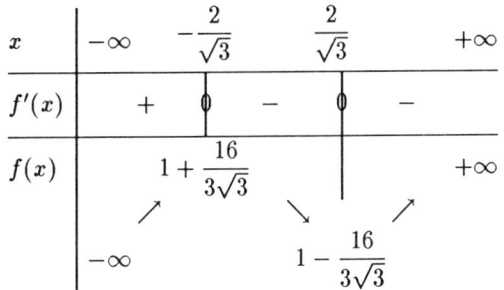
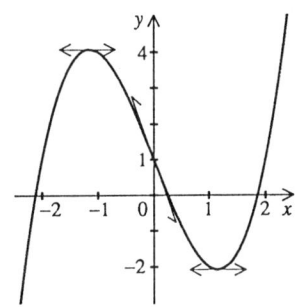

Die Gleichung $f(x) = 0$ besitzt drei reelle Nullstellen $a_1 < a_2 < a_3$. Die Berechnung einiger Funktionswerte von f ergibt

$$-2,5 < a_1 < -2, \quad 0 < a_2 < 0,5, \quad 1,5 < a_3 < 2.$$

Die Gleichung $f(x) = 0$ läßt sich umschreiben in $x = \varphi(x)$ mit $\varphi(x) = 1/4 \, (x^3 + 1)$. Man erhält $\varphi'(x) = 3/4 \, x^2$, woraus folgt:

- auf $[-2,5 \, ; \, -2]$, $\quad \varphi' \geq \varphi'(2) = 3$.
- auf $[0 \, ; \, 0,5]$, $\quad 0 \leq \varphi' \leq 0,1875$.
- auf $[1,5 \, ; \, 2]$, $\quad \varphi' \geq \varphi'(1,5) = 1,6875$.

Nur a_2 ist ein anziehender Fixpunkt von φ. Das Intervall $[0; 0,5]$ ist notwendigerweise stabil bezüglich φ, da es einen Fixpunkt enthält und weil φ eine kontrahierende und monoton wachsende Abbildung ist. Für jedes $x_0 \in [0; 0,5]$ gilt also $a_2 = \lim\limits_{p \to +\infty} x_p$.

Um a_1 und a_3 zu erhalten, kann man die Funktion $\varphi^{-1}(x) = \sqrt[3]{4x-1}$, die in der Umgebung dieser Punkte eine kontrahierende Abbildung ist, iterieren.

Für numerische Anwendungen ist es zweckmäßiger, die Gleichung in die Form $x^2 - 4 + 1/x = 0$ zu bringen, wobei $x = \varphi_+(x)$ oder $x = \varphi_-(x)$ ist, mit

$$\varphi_+(x) = \sqrt{4 - \frac{1}{x}}, \quad \varphi_-(x) = -\sqrt{4 - \frac{1}{x}},$$

je nachdem, ob $x \geq 0$ oder ≤ 0. Dann ergibt sich $\varphi'_\pm = \pm\frac{1}{2x^2}\left(4 - \frac{1}{x}\right)^{-1/2}$, so daß

$$0 \leq \varphi'_+ \leq \varphi'_+(1,5) \simeq 0,122 \quad \text{auf} \quad [1,5\,;\,2],$$
$$\varphi'_-(-2) \simeq -0,059 \leq \varphi' \leq 0 \quad \text{auf} \quad [-2,5\,;\,-2].$$

Das Verfahren konvergiert auf diese Weise ziemlich schnell.

Wir werden anschließend sehen, daß es tatsächlich ein allgemeines Verfahren gibt, welches noch effektiver und systematischer ist.

4.2.3 Newton-Verfahren

Gesucht wird die numerische Berechnung der Nullstelle a einer Gleichung $f(x) = 0$, unter der Annahme, daß man einen ungefähren Wert x_0 dieser Nullstelle kennt.

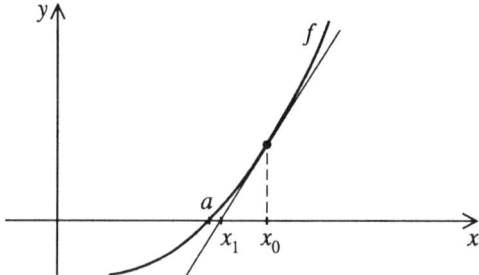

Der Grundgedanke dabei ist, die Kurve f im Punkt x_0 durch ihre Tangente zu ersetzen:

$$y = f'(x_0)(x - x_0) + f(x_0).$$

Der Abszissenwert x_1 des Schnittpunktes dieser Tangente mit der Achse $y = 0$ ist gegeben durch

$$x_1 = x_0 - \frac{f(x_0)}{f'(x_0)};$$

x_1 ist im allgemeinen eine bessere Näherung von a als x_0. Das führt einen dazu, die Funktion

$$\varphi(x) = x - \frac{f(x)}{f'(x)}$$

zu iterieren.

Nehmen wir an, daß f zur Klasse C^2 gehört und $f'(a) \neq 0$ ist. Die Funktion φ gehört dann in der Umgebung von a zur Klasse C^1 und es ist

$$\varphi'(x) = 1 - \frac{f'(x)^2 - f(x)f''(x)}{f'(x)^2} = \frac{f(x)f''(x)}{f'(x)^2},$$

was $\varphi(a) = a$, $\varphi'(a) = 0$ ergibt. Die Nullstelle a von $f(x) = 0$ ist also ein stark anziehender (superattraktiver) Fixpunkt von φ. Das folgende Ergebnis gibt eine Abschätzung der Abweichung $|x_p - a|$ an.

Satz

Man nimmt an, daß f auf dem Intervall $I = [a - r, a + r]$ zur Klasse C^2 gehört, und daß $f' \neq 0$ auf I ist. Es sei $M = \max\limits_{x \in I} \left| \dfrac{f''(x)}{f'(x)} \right|$ und $h = \min\left(r, \dfrac{1}{M}\right)$. Dann ist $x \in [a - h, a + h]$ für jedes $|\varphi(x) - a| \leq M|x - a|^2$, und für jeden Startpunkt $x_0 \in [a - h, a + h]$ gilt

$$|x_p - a| \leq \frac{1}{M} \left(M|x_0 - a|\right)^{2^p}.$$

Beweis. Wir führen die Funktion $u(x) = f(x)/f'(x)$ ein. Die Funktion f ist auf I monoton und Null für a, also hat f dasselbe Vorzeichen wie $f'(a)(x - a)$, was zur Folge hat, daß $u(x)$ dasselbe Vorzeichen hat, wie $x - a$. Weiter gilt

$$u'(x) = 1 - \frac{f(x)f''(x)}{f'(x)^2} = 1 - \frac{f''(x)}{f'(x)} u(x),$$

also $|u'(x)| \leq 1 + M|u(x)|$ auf I. Diese Ungleichung erlaubt es, folgendes Lemma zu erhalten:

Lemma 1

Es ist $|u(x)| \leq \dfrac{1}{M} \left(e^{M|x-a|} - 1\right)$ auf I.

Beweisen wir dies zum Beispiel für $x \geq a$. Wir setzen $v(x) = u(x)e^{-Mx}$. Daraus folgt $u'(x) \leq 1 + Mu(x)$, und daraus

$$v'(x) = (u'(x) - Mu(x))e^{-Mx} \leq e^{-Mx}.$$

Da $v(a) = u(a) = 0$ ist, schließt man durch Integration

$$v(x) \leq \frac{1}{M} \left(e^{-Ma} - e^{-Mx}\right)$$

und damit $u(x) \leq \dfrac{1}{M} \left(e^{M(x-a)} - 1\right)$. Lemma 1 ist damit bewiesen. ∎

Lemma 2

Für $|t| \leq 1$ gilt $e^{|t|} - 1 \leq 2|t|$.

Tatsächlich ist die Exponentialfunktion konvex, also liegt die Kurve im ganzen Intervall unterhalb ihrer Sekante. Auf dem Intervall $[0, 1]$ ergibt sich daraus $e^t \leq 1 + (e - 1)t$, woraus das Lemma 2 folgt, da $e - 1 < 2$. ∎

Jetzt kann man $\varphi'(x) = u(x)\dfrac{f''(x)}{f'(x)}$ schreiben und mit dem Lemma 1 folgt

$$|\varphi'(x)| \leq M|u(x)| \leq e^{M|x-a|} - 1.$$

Dank dem Lemma 2 erhält man $|\varphi'(x)| \leq 2M|x - a|$ für $|x - a| \leq \min\left(r, \dfrac{1}{M}\right)$. Da $\varphi(a) = a$ ist, erkennt man durch Integration, daß für jedes $x \in [a - h, a + h]$

$$|\varphi(x) - a| \leq M|x - a|^2$$

gilt, was auch als $M|\varphi(x) - a| \leq (M|x - a|)^2$ geschrieben werden kann. Die Abschätzung $M|x_p - a| \leq (M|x_0 - a|)^{2p}$ läßt sich daraus sofort durch Rekursion schließen.

Beispiel

Für die Funktion $f(x) = x^3 - 4x + 1$ aus Abschnitt 4.2.2 ergibt sich

$$\varphi(x) = x - \frac{x^3 - 4x + 1}{3x^2 - 4} = \frac{2x^3 - 1}{3x^2 - 4}.$$

Durch Iteration von φ erhält man folgende Werte:

x_0	-2	0	2
x_1	$-2,125$	$0,25$	$1,875$
x_2	$-2,114975450$	$0,254098361$	$1,860978520$
x_3	$-2,114907545$	$0,254101688$	$1,860805877$
x_4	$-2,114907541$	$= x_3$	$1,860805853$
x_5	$= x_4$		$= x_4$

Dies ergibt die Näherungswerte von a_1, a_2, a_3 auf 10^{-9} genau. Die Anzahl der notwendigen Iterationen, um eine Genauigkeit von 10^{-9} mit dem Newton-Verfahren zu erhalten, liegt typischerweise bei 3 oder 4 ($10^{-2^3} = 10^{-8}$, $10^{-2^4} = 10^{-16}\ldots$). Der Leser kann nachprüfen, daß die Anzahl der benötigten Iterationen mit den Funktionen φ aus Abschnitt 4.2.2 deutlich höher liegt (8 bis 20 in diesem Fall).

4.2.4 Sekanten-Verfahren

Unter Umständen ist die Ableitung f' sehr kompliziert oder gar nicht explizit anzugeben (das ist zum Beispiel dann der Fall, wenn die Funktion f das Ergebnis eines komplexen Algorithmus ist). Man kann dann aber so etwas ähnliches wie das Newton-Verfahren benutzen.

Die Idee dafür ist, f' durch die Steigung von f auf einem kleinen Intervall zu ersetzen. Wir nehmen an, daß man zwei Näherungswerte x_0, x_1 der Nullstelle a der Gleichung $f(x) = 0$ kennt (aus einer Intervallschachtelung $x_0 < a < x_1$).

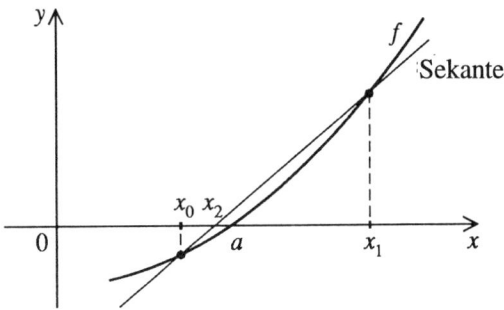

Die Steigung von f auf dem Intervall $[x_0, x_1]$ ist

$$\tau_1 = \frac{f(x_1) - f(x_0)}{x_1 - x_0},$$

und die Gleichung der Sekante, welche den Graph von f für die Abszissenwerte x_0 und x_1 schneidet, lautet $y = \tau_1(x - x_1) + f(x_1)$. Auf diese Weise erhalten wir eine neue Approximation x_2 von a, wenn wir den x-Wert des Schnittpunktes der Sekante mit der Achse Ox berechnen: $x_2 = x_1 - f(x_1)/\tau_1$. Selbstverständlich wird man dieses Vorgehen mit den neuen Näherungswerten x_1 und x_2 fortsetzen, was zu dieser allgemeinen Form führt

$$\tau_p = \frac{f(x_p) - f(x_{p-1})}{x_p - x_{p-1}}, \quad x_{p+1} = x_p - \frac{f(x_p)}{\tau_p}.$$

Das Verfahren ist also genau analog zum Newton-Verfahren, mit dem Unterschied, daß man die Ableitung $f'(x_p)$ durch die Steigung τ_p von f auf dem Intervall $[x_p, x_{p-1}]$ ersetzt. Man wird feststellen, daß der Iterationsalgorithmus nur starten kann, wenn man schon über *zwei* Näherungswerte x_0, x_1 von a verfügt.

Nachteil des Verfahrens

Wenn x_p und x_{p-1} zu nahe beieinander liegen, dann tritt bei der Berechnung von $f(x_p) - f(x_{p-1})$ und $x_p - x_{p-1}$ Auslöschung auf und damit ein Genauigkeitsverlust bei der Berechnung von τ_p. Wir wollen den dabei begangenen Fehler untersuchen. Die Taylor-Entwicklung bis zur zweiten Ordnung ergibt für den Punkt x_p

$$f(x_{p-1}) - f(x_p) = (x_{p-1} - x_p)f'(x_p) + \frac{1}{2}(x_{p-1} - x_p)^2 f''(c),$$

$$\tau_p - f'(x_p) = \frac{1}{2}(x_{p-1} - x_p)f''(c) = O(|x_p - x_{p-1}|).$$

Die zweite Zeile ergibt sich durch Division der oberen Gleichung mit $x_{p-1} - x_p$. Nehmen wir weiter an, daß die Berechnung der $f(x_i)$ mit einem Rundungsfehler der Größenordnung ε behaftet sei. Die Berechnung von τ_p wird dann mit einem absoluten Fehler der Größenordnug $\varepsilon/|x_p - x_{p-1}|$ behaftet sein. Es ist unnötig, die Berechnung von τ_p weiterzuführen, sobald dieser Fehler die Abweichung $|\tau_p - f'(x_p)|$ übertrifft, was eintritt, wenn $\varepsilon/|x_p - x_{p-1}| > |x_p - x_{p-1}|$ wird, das heißt, wenn $|x_p - x_{p-1}| < \sqrt{\varepsilon}$.

In der Praxis beendet man die Berechnung, wenn man zum Beispiel über eine absolute Genauigkeit von $\varepsilon = 10^{-10}$ verfügt, sobald $|x_p - x_{p-1}| < \sqrt{\varepsilon} = 10^{-5}$; danach führt man die Iterationen mit $\tau_p = \tau_{p-1}$ fort, bis $|x_{p+1} - x_p| < \varepsilon$.

Aus theoretischer Sicht wird die Konvergenz der Folge durch untenstehendes Ergebnis, welches gleichzeitig eine genaue Abschätzung für $|x_p - a|$ liefert, gesichert.

Satz

Man nimmt an, daß f zur Klasse C^2 gehört und auf dem Intervall $I = [a - r, a + r]$ die Ableitung $f' \neq 0$ sei. Für $i = 1, 2$ setzt man $M_i = \max_{x \in I}|f^{(i)}(x)|$, $m_i = \min_{x \in I}|f^{(i)}(x)|$, und man führt die Konstanten $K = M_2/2m_1(1 + M_1/m_1)$ und $h = \min(r, 1/K)$ ein. Dann ist für eine beliebige Wahl der verschiedenen Anfangspunkte $x_0, x_1 \in [a-h, a+h]$,

$$|x_p - a| \leq \frac{1}{K}[K \max(|x_0 - a|, |x_1 - a|)]^{s_p},$$

wobei (s_p) die Fibonacci-Folge ist, welche definiert ist durch $s_{p+1} = s_p + s_{p-1}$ mit $s_0 = s_1 = 1$.

Bemerkung

Man bestätigt leicht, daß $s_p \sim \dfrac{1}{\sqrt{5}}\left(\dfrac{1 + \sqrt{5}}{2}\right)^{p+1}$ ist; dies zeigt, daß die Anzahl der

exakten Dezimalstellen ungefähr mit dem Faktor $\dfrac{1 + \sqrt{5}}{2} \simeq 1,618$ bei jeder Iteration wächst. Die Konvergenz ist also ein klein wenig langsamer als in Abschnitt 4.2.3.

Beweis *. Der Leser kann diesen Beweis, ohne Folgen für das Verständnis des übrigen Kapitels, auslassen. Man betrachtet die Steigung $\tau(x,y)$ von f auf $I \times I$, welche definiert wird durch

$$\begin{cases} \tau(x,y) = \dfrac{f(y) - f(x)}{y - x} & \text{wenn } y \neq x \\ \tau(x,y) = f'(x) & \text{wenn } y = x. \end{cases}$$

Für alle $(x,y) \in I \times I$ kann man $\tau(x,y) = \displaystyle\int_0^1 f'(x + t(y-x))dt$ setzen, und wegen der Unabhängigkeit der Reihenfolge von Ableitung und Integration ergibt sich

$$\begin{aligned} \frac{\partial \tau}{\partial x}(x,y) &= \int_0^1 (1-t)f''(x + t(y-x))dt, \\ \frac{\partial \tau}{\partial y}(x,y) &= \int_0^1 tf''(x + t(y-x))dt. \end{aligned}$$

Da f' auf I keinen Vorzeichenwechsel erfährt und $\displaystyle\int_0^1 (1-t)dt = \frac{1}{2}$, schließt man daraus auf folgende Ungleichungen

$$|\tau(x,y)| \geq m_1, \quad \left|\frac{\partial \tau}{\partial x}\right| \leq \frac{1}{2}M_2, \quad \left|\frac{\partial \tau}{\partial y}\right| \leq \frac{1}{2}M_2.$$

Daraus folgt hauptsächlich

$$|\tau(x,y) - f'(x)| = |\tau(x,y) - \tau(x,x)| = \left|\int_x^y \frac{\partial \tau}{\partial y}(x,t)dt\right| \leq \frac{1}{2}M_2|y - x|.$$

Die Folge (x_p) wird durch die Rekursionsgleichung $x_{p+1} = \psi(x_p, x_{p-1})$ definiert, wobei ψ eine Funktion der Klasse C^1 ist, so daß

$$\psi(x,y) = x - \frac{f(x)}{\tau(x,y)}.$$

Setzen wir $h_p = x_p - a$. Dann ist

$$h_{p+1} = \psi(x_p, x_{p-1}) - a = \psi(a + h_p, a + h_{p-1}) - \psi(a,a)$$

und insbesondere $h_2 = \psi(a + h_1, a + h_0) - \psi(a,a)$. Integriert man die Ableitung der Funktion $t \mapsto \psi(a + th_1, a + th_0)$ über $[0,1]$, dann findet man

$$h_2 = \int_0^1 \left[h_1 \frac{\partial \psi}{\partial x}(a + th_1, a + th_0) + h_0 \frac{\partial \psi}{\partial y}(a + th_1, a + th_0)\right]dt.$$

Daraus folgt leicht

$$\begin{aligned} \frac{\partial \psi}{\partial x} &= 1 - \frac{f'(x)\tau(x,y) - f(x)\dfrac{\partial \tau}{\partial x}}{\tau(x,y)^2} = \frac{\tau(x,y) - f'(x)}{\tau(x,y)} + f(x)\frac{\dfrac{\partial \tau}{\partial x}}{\tau(x,y)^2}, \\ \frac{\partial \psi}{\partial y} &= f(x)\frac{\dfrac{\partial \tau}{\partial y}}{\tau(x,y)^2}. \end{aligned}$$

Da $|f(x)| = |f(x) - f(a)| \leq M_1|x - a|$, folgt aus den obenstehenden Ungleichungen

$$\left|\frac{\partial \psi}{\partial x}\right| \leq \frac{M_2|y - x|}{2m_1} + M_1|x - a|\frac{M_2}{2m_1^2},$$

$$\left|\frac{\partial \psi}{\partial y}\right| \leq M_1|x - a|\frac{M_2}{2m_1^2}.$$

Für $(x, y) = (a + th_1, a + th_0)$ ist $|y - x| \leq (|h_0| + |h_1|)t$ und $|x - a| = |h_1|t$ und damit

$$\left|\frac{\partial \psi}{\partial x}\right| \leq \left[\frac{M_2}{2m_1}(|h_0| + |h_1|) + \frac{M_1 M_2}{2m_1^2}|h_1|\right]t,$$

$$\left|\frac{\partial \psi}{\partial y}\right| \leq \frac{M_1 M_2}{2m_1^2}|h_1|t,$$

$$|h_2| \leq \left(\frac{M_2}{2m_1} + \frac{M_1 M_2}{2m_1^2}\right)|h_1|(|h_0| + |h_1|)\int_0^1 t\,dt$$

$$= \frac{K}{2}|h_1|(|h_0| + |h_1|) \leq K|h_1|\max(|h_0|, |h_1|).$$

Da $|h_0|, |h_1| \leq h \leq 1/K$ ist, erkennt man, daß $|h_2| \leq |h_1|$. Ebenso gilt

$$|h_{p+1}| \leq K|h_p|\max(|h_p|, |h_{p-1}|),$$

und daraus folgt durch Rekursion, daß die Folge $(|h_p|)_{p\geq 1}$ fallend ist: $|h_p| \leq |h_{p-1}| \leq \cdots \leq |h_1| \leq 1/K$ bedingt $|h_{p+1}| \leq |h_p|$. Daraus schließt man $|h_{p+1}| \leq K|h_p||h_{p-1}|$ für $p \geq 2$.

Die Ungleichung $|h_p| \leq 1/K\,[K\max(|h_0|, |h_1|)]^{s_p}$ ist für $p = 0$ oder $p = 1$ trivial; sie ergibt sich aus der schon gesehenen Abschätzung für h_2 mit $p = 2$, und sie läßt sich leicht durch vollständige Induktion für $p \geq 3$ verallgemeinern. Der Satz ist damit bewiesen. ∎

4.3 $\mathbf{R}^m$-Funktion im $\mathbf{R}^m$

4.3.1   Vorbemerkungen: Spektralradius eines Endomorphismus

Es sei V ein Vektorraum der Dimension m auf $\mathbb{R}$ und u ein Endomorphismus von V.

Definition

Als Spektrum von u bezeichnet man die Schar $(\lambda_1, \ldots, \lambda_m)$ der reellen und komplexen Eigenwerte, dabei werden die Vielfachheiten mitgezählt (= Nullstellen des charakteristischen Polynoms). Als den zugehörigen Spektralradius $\rho(u)$ bezeichnet man die Größe

$$\rho(u) = \max_{1 \leq i \leq m} |\lambda_i|.$$

Ist eine Norm N auf V gegeben, dann kann man andererseits u seine Norm $||u||_N$ als linearen Operator auf V zuordnen:

$$||u||_N = \sup_{x \in V \setminus \{0\}} \frac{N(u(x))}{N(x)}.$$

Mit $\mathcal{N}$ (bzw. $\mathcal{N}_e$) wird die Menge der auf V definierten Normen (bzw. euklidischer Normen) bezeichnet.

Satz

Es sei u ein beliebiger Endomorphismus von V. Dann gilt

(1) *Für jedes $N \in \mathcal{N}$, $\rho(u) \le ||u||_N$.*

(2) $\rho(u) = \inf_{N \in \mathcal{N}} ||u||_N = \inf_{N \in \mathcal{N}_e} ||u||_N.$

(3) *Für jedes $N \in \mathcal{N}$, $\rho(u) = \lim_{p \to +\infty} ||u^p||_N^{1/p}.$*

Bemerkung

Wir betrachten den Raum $\mathbb{R}^2$, welcher mit seiner kanonischen euklidischen Norm versehen ist und u_a, den Endomorphismus $\begin{pmatrix} 0 & a \\ 0 & 1 \end{pmatrix}$, $a \in \mathbb{R}$. Es ist $\rho(u_a) = 1$, und trotzdem ist für $|a| \to +\infty$ die Norm $||u_a||$ nicht beschränkt. Es gibt also keine Umkehrung von Ungleichung (1). Für $m = \dim E \ge 2$ ist der Spektralradius keine Norm auf $\mathcal{L}(V, V)$; er erfüllt auch nicht die Dreiecksungleichung, wie das folgende Beispiel zeigt:
Wenn u, v die Endomorphismen $\begin{pmatrix} 0 & 1 \\ 0 & 0 \end{pmatrix}$ und $\begin{pmatrix} 0 & 0 \\ 1 & 0 \end{pmatrix}$ sind, dann ist $\rho(u) = \rho(v) = 0$, aber $\rho(u + v) = 1$.

Beweis *. Hält man eine Basis von V fest, dann kann man V mit $\mathbb{R}^m$ und u mit einer quadratischen $m \times m$-Matrix A identifizieren. Wir stellen zunächst fest, daß wenn $(\lambda_1, \ldots, \lambda_m)$ das Spektrum von A ist, daß dann das Spektrum von A^p $(\lambda_1^p, \ldots, \lambda_m^p)$ ist. Es gilt also

$$\rho(A^p) = \rho(A)^p.$$

(1) Es sei λ ein Eigenwert von A. Für $\lambda \in \mathbb{R}$ sei X ein zugehöriger Eigenvektor $X \ne 0$. Aus den Gleichungen $AX = \lambda X$, $N(AX) = |\lambda| N(X)$ folgt $|\lambda| \le ||A||_N$.
Nehmen wir jetzt an, daß $\lambda = \alpha + i\beta$ ein nicht reeller komplexer Eigenwert von A sei. Es sei $Z = X + iY$ ein zum Eigenwert λ gehörender komplexer Spaltenvektor. Die Identität $AZ = \lambda Z = (\alpha + i\beta)(X + iY)$ ergibt für die Real- und Imaginärteile die Gleichungen $AX = \alpha X - \beta Y$, $AY = \beta X + \alpha Y$ und daraus

$$\begin{cases} A(\alpha X + \beta Y) = (\alpha^2 + \beta^2)X \\ A(-\beta X + \alpha Y) = (\alpha^2 + \beta^2)Y. \end{cases}$$

Damit folgt

$$\begin{aligned} (\alpha^2 + \beta^2)N(X) &\leq \|A\|_N N(\alpha X + \beta Y) \leq \|A\|_N(|\alpha|\,N(X) + |\beta|\,N(Y)), \\ (\alpha^2 + \beta^2)N(Y) &\leq \|A\|_N N(-\beta X + \alpha Y) \leq \|A\|_N(|\alpha|\,N(Y) + |\beta|\,N(X)). \end{aligned}$$

Nach Addition und Vereinfachung durch $N(X) + N(Y)$ erhält man

$$|\lambda|^2 = \alpha^2 + \beta^2 \leq \|A\|_N(|\alpha| + |\beta|) \leq 2|\lambda|\,\|A\|_N$$

und damit $|\lambda| \leq 2\|A\|_N$. Folglicherweise wird $\rho(A) \leq 2\|A\|_N$. Aufgrund der Eingangsbemerkung und dem vorstehenden, auf A^p angewendeten Ergebnis, folgt

$$\rho(A)^p = \rho(A^p) \leq 2\|A^p\|_N \leq 2\|A\|_N^p,$$

also $\rho(A) \leq 2^{1/p}\|A\|_N$. Läßt man p gegen $+\infty$ streben, so ergibt sich daraus die erwartete Schlußfolgerung $\rho(A) \leq \|A\|_N$.

(2) Wegen (1) und weil $\mathcal{N}_e \subset \mathcal{N}$ ist, erhält man

$$\rho(A) \leq \inf_{N \in \mathcal{N}} \|A\|_N \leq \inf_{N \in \mathcal{N}_e} \|A\|_N.$$

Es genügt also zu zeigen, daß $\inf_{N \in \mathcal{N}_e} \|A\|_N \leq \rho(A)$.

Dazu betrachten wir A als Endomorphismus von $\mathbb{C}^m$, definiert als Matrix mit reellwertigen Koeffizienten. Es gibt eine Basis $(e_1, \ldots, e_m)$ von $\mathbb{C}^m$, in welcher A eine obere Dreiecksmatrix wird:

$$A' = \begin{pmatrix} a_{11} & \cdots & \cdots & a_{1m} \\ & \ddots & a_{ij} & \vdots \\ & & \ddots & \vdots \\ 0 & & & a_{mm} \end{pmatrix}, \quad j \geq i, \quad a_{ii} = \lambda_i.$$

Wenn man die Basis $(e_1, \ldots, e_m)$ durch die Basis $(\tilde{e}_j) = (e_1, \varepsilon e_2, \varepsilon^2 e_3, \ldots, \varepsilon^{m-1} e_m)$ ersetzt, wobei $\varepsilon > 0$ klein sein soll, dann erkennt man, daß der Koeffizient a_{ij} von A durch $\varepsilon^{j-i} a_{ij}$ ersetzt wird. Für die Koeffizienten oberhalb der Diagonalen gilt $j > i$, also ist ε^{j-i} klein. In einer passenden Basis $(\tilde{e}_1, \tilde{e}_2, \ldots, \tilde{e}_m)$ von $\mathbb{C}^m$ läßt sich die Matrix A also in eine Matrix

$$\tilde{A} = D + T$$

transformieren, wobei D eine Diagonalmatrix mit den Eigenwerten $\lambda_1, \ldots, \lambda_m$ und T eine reine obere Dreiecksmatrix mit beliebig kleinen Koeffizienten $O(\varepsilon)$ ist. Es sei N_h die hermitesche Norm auf $\mathbb{C}^m$ mit $(\tilde{e}_1, \ldots, \tilde{e}_m)$ als orthonormierter Basis und N_e die auf $\mathbb{R}^m$ eingeführte euklidische Norm (Einschränkung von N_h auf $\mathbb{R}^m$). Dann ist

$$\|A\|_{N_e} \leq \|\tilde{A}\|_{N_h} \leq \|D\|_{N_h} + \|T\|_{N_h}.$$

Da $||D||_{N_h} = \rho(A)$ ist und $||T||_{N_h} = O(\varepsilon)$ beliebig klein gemacht werden kann, folgt

$$\inf_{N \in \mathcal{N}_e} ||A||_{N_e} \leq \rho(A).$$

(3) Auf der einen Seite gilt $\rho(A) = \rho(A^p)^{1/p} \leq ||A^p||_N^{1/p}$.
Andererseits kann man, wenn $\varepsilon > 0$ gegeben ist, wegen (2) eine euklidische Norm $N_\varepsilon \in \mathcal{N}_e$ wählen, so daß $||A||_{N_\varepsilon} \leq \rho(A) + \varepsilon$ wird. Da alle Normen auf dem endlichdimensionalen Raum quadratischer $m \times m$-Matrizen äquivalent sind, gibt es eine Konstante $C_\varepsilon \geq 1$, so daß $||B||_N \leq C_\varepsilon ||B||_{N_\varepsilon}$ für jede Matrix B gilt. Für $B = A^p$ folgert man daraus

$$\begin{aligned}||A^p||_N &\leq C_\varepsilon ||A^p||_{N_\varepsilon} \leq C_\varepsilon ||A||_{N_\varepsilon}^p \leq C_\varepsilon (\rho(A) + \varepsilon)^p,\\ ||A^p||_N^{1/p} &\leq C_\varepsilon^{1/p}(\rho(A) + \varepsilon).\end{aligned}$$

Da $\lim\limits_{p \to +\infty} C_\varepsilon^{1/p} = 1$ ist, gibt es ein $p_\varepsilon \in \mathbb{N}$, so daß

$$p \geq p_\varepsilon \Rightarrow ||A^p||_N^{1/p} \leq \rho(A) + 2\varepsilon$$

und damit ist der Satz bewiesen. ∎

4.3.2 Über die Anziehung von Fixpunkten

Es sei Ω ein Gebiet von $\mathbb{R}^m$ und $\varphi : \Omega \to \mathbb{R}^m$ eine Funktion der Klasse C^1. Es sei $N = || \ ||$ eine auf $\mathbb{R}^m$ festgelegte Norm. Mit $\varphi'(x) \in \mathcal{L}(\mathbb{R}^m, \mathbb{R}^m)$ bezeichnet man die Steigung im Punkt $x \in \Omega$, so daß

$$\varphi(x + h) - \varphi(x) = \varphi'(x) \cdot h + ||h||\varepsilon(h), \quad \lim_{h \to 0} \varepsilon(h) = 0.$$

Lemma

(1) Wenn φ auf Ω eine Lipschitz-Konstante k bezüglich der Norm N besitzt, dann ist $||\varphi'(x)||_N \leq k$ für jedes $x \in \Omega$.

(2) Wenn für jedes $x \in \Omega$, Ω konvex und $||\varphi'(x)||_N \leq k$ ist, dann besitzt φ eine Lipschitz-Konstante k auf Ω bezüglich N.

Beweis.
(1) Für jedes $\delta > 0$ gibt es ein $r > 0$, so daß $||h|| \leq r \Rightarrow ||\varepsilon(h)|| \leq \delta$ ist. Wegen der Linearität von $\varphi'(x)$ gilt

$$||\varphi'(x)||_N = \sup_{||h|| = r} \frac{||\varphi'(x) \cdot h||}{||h||};$$

und wegen $\varphi'(x) \cdot h = \varphi(x + h) - \varphi(x) - \|h\|\varepsilon(h)$

$$\begin{aligned} \|\varphi'(x) \cdot h\| &\leq& \|\varphi(x + h) - \varphi(x)\| + \|h\| \, \|\varepsilon(h)\| \\ &\leq& k\|h\| + \|h\| \, \|\varepsilon(h)\| \leq (k + \delta)\|h\|. \end{aligned}$$

Daraus folgt also $\|\varphi'(x)\|_N \leq k + \delta$ und zwar für beliebiges $\delta > 0$.

(2) Umgekehrt kann man für konvexes Ω folgendes schreiben

$$\varphi(y) - \varphi(x) = \psi(1) - \psi(0) \quad = \quad \int_0^1 \psi'(t)dt \qquad \text{mit}$$

$$\psi(t) = \varphi(x + t(y - x)), \quad \psi'(t) \quad = \quad \varphi'(x + t(y - x)) \cdot (y - x).$$

Daraus folgert man weiter

$$\varphi(y) - \varphi(x) \quad = \quad \int_0^1 \varphi'(x + t(y - x)) \cdot (y - x)dt,$$

$$\|\varphi(y) - \varphi(x)\| \quad \leq \quad \int_0^1 \|\varphi'(x + t(y - x))\|_N \|y - x\|dt \leq k\|y - x\|.$$

∎

Satz

Es sei $a \in \Omega$ ein Fixpunkt von φ. Dann sind folgende beiden Eigenschaften äquivalent:

(i) *Es gibt eine abgeschlossene Umgebung U von a, so daß $\varphi(U) \subset V$ ist und eine Norm N auf $\mathbb{R}^n$, so daß $\varphi|_U$ für N eine kontrahierende Abbildung ist.*

(ii) $\rho(\varphi'(a)) < 1$.

Man sagt dann, daß der Fixpunkt a anziehend ist.

Beweis. Wenn $\varphi|_U$ für $k < 1$ eine kontrahierende Abbildung ist, dann ist nach Teil (1) des Lemmas

$$\rho(\varphi'(a)) \leq \|\varphi'(a)\|_N \leq k < 1.$$

Umgekehrt gilt, wenn $\rho(\varphi'(a)) < 1$ ist, dann gibt es eine euklidische Norm N, so daß $\|\varphi'(a)\|_N < 1$. Wegen der Stetigkeit von φ' gibt es eine abgeschlossene Kugel $U = \overline{B}(a, r)$, $r > 0$, für welche $\sup_U \|\varphi'\|_N = k < 1$ ist. Da U konvex ist, ist φ eine k-kontrahierende Abbildung bezüglich U; insbesondere ist $\varphi(U) \subset \overline{B}(a, kr) \subset U$.

Bemerkung

Wenn φ zur Klasse C^2 gehört, und wenn $\varphi'(a) = 0$ ist, dann folgt aus einer Taylor-Entwicklung, daß es eine Konstante $M \geq 0$ gibt, so daß

$$\|\varphi(x) - a\| \leq M\|x - a\|^2, \quad x \in \overline{B}(a, r).$$

Auch hier ergibt sich quadratische Konvergenz.

4.3.3 Newton-Raphson-Verfahren

Es sei eine Gleichung $f(x) = 0$ zu lösen, wobei $f : \Omega \to \mathbb{R}^m$ eine auf einem Gebiet $\Omega \subset \mathbb{R}^m$ definierte Abbildung der Klasse C^2 ist.

Ausgehend von einem groben Näherungswert x_0 von a versucht man, eine numerische Lösung a des Systems $f(x) = 0$ zu finden.

Grundgedanke ist, wie beim üblichen Newton-Verfahren, f durch seine Steigung im Punkt x_0 anzunähern:

$$f(x) = f(x_0) + f'(x_0) \cdot (x - x_0) + 0(\|x - x_0\|).$$

Dann löst man die Gleichung $f(x_0) + f'(x_0) \cdot (x - x_0) = 0$. Wenn $f'(x_0) \in \mathcal{L}(\mathbb{R}^n, \mathbb{R}^m)$ umkehrbar ist, so erhält man eine eindeutige Lösung x_1, so daß $x_1 - x_0 = -f'(x_0)^{-1} \cdot f(x_0)$ ist, also

$$x_1 = x_0 - f'(x_0)^{-1} \cdot f(x_0).$$

In diesem Falle iteriert man die zur Klasse C^1 gehörende Abbildung

$$\varphi(x) = x - f'(x)^{-1} \cdot f(x).$$

Satz

Man nimmt an, daß f zur Klasse C^2 gehört, daß $f(a) = 0$ ist und die Abbildung des linearen Steigungsanteils $f'(a) \in \mathcal{L}(\mathbb{R}^m, \mathbb{R}^m)$ eine Umkehrfunktion besitzt. Dann ist a ein stark anziehender (superattraktiver) Fixpunkt von φ.

Beweis. Wir führen eine Reihenentwicklung von $\varphi(a+h)$ bis zur zweiten Ordnung durch und lassen h gegen 0 streben. Es ist

$$
\begin{aligned}
f(a + h) &= f'(a) \cdot h + \frac{1}{2} f''(a) \cdot (h)^2 + o(\|h\|^2) \\
&= f'(a) \cdot \left[h + \frac{1}{2} f'(a)^{-1} \cdot (f''(a) \cdot (h)^2) + o(\|h\|^2) \right]. \\
f'(a + h) &= f'(a) + f''(a) \cdot h + o(\|h\|) \\
&= f'(a) \circ \left[Id + f'(a)^{-1} \circ (f''(a) \cdot h) + o(\|h\|) \right], \\
f'(a + h)^{-1} &= [\ \ ]^{-1} \circ f'(a)^{-1} \\
&= \left[Id - f'(a)^{-1} \circ (f''(a) \cdot h) + o(\|h\|) \right] \circ f'(a)^{-1},
\end{aligned}
$$

$$
\begin{aligned}
&f'(a + h)^{-1} \cdot f(a + h) \\
&= \left[Id - f'(a)^{-1} \circ (f''(a) \cdot h) + o(\|h\|) \right] \cdot \left[h + \frac{1}{2} f'(a)^{-1} \cdot (f''(a) \cdot (h)^2) + o(\|h\|) \right] \\
&= h - \frac{1}{2} f'(a)^{-1} \cdot (f''(a) \cdot (h)^2) + o(\|h\|)^2.
\end{aligned}
$$

Daraus folgt schließlich

$$\varphi(a + h) \;=\; a + h - f'(a + h)^{-1} \cdot f(a + h)$$

$$=\; a + \frac{1}{2} f'(a)^{-1} \cdot (f''(a) \cdot (h)^2) + o(\|h\|^2).$$

Weiter folgert man $\varphi'(a) = 0$ und $\varphi''(a) = f'(a)^{-1} \circ f''(a)$. Insbesondere ist

$$\|\varphi(a + h) - a\| \leq \frac{1}{2}(M + \varepsilon(h))\|h\|^2,$$

wobei $M = \|\varphi''(a)\|$ ist. Damit ist der Satz bewiesen.   ■

Beispiel

Es sei das folgende Gleichungssystem zu lösen

$$\begin{cases} x^2 + xy - 2y^2 = 4 \\ xe^x + ye^y = 0. \end{cases}$$

Zunächst zeichnet man die Kurven $C_1 : x^2 + xy - 2y^2 = 4$ und $C_2 : xe^x + ye^y = 0$ so auf, daß man auf graphische Art eine grobe Näherung der Lösungen erhält.
C_1 ist eine Hyperbel mit den Asymptoten $x^2 + xy - 2y^2 = (x - y)(x + 2y) = 0$; diese Hyperbel geht durch die Punkte $\begin{pmatrix} 2 \\ 0 \end{pmatrix}$ und $\begin{pmatrix} -2 \\ 0 \end{pmatrix}$.
Die Kurve C_2 ist symmetrisch zur Geraden $y = x$; ferner haben x und y gezwungenermaßen entgegengesetztes Vorzeichen. Nehmen wir zum Beispiel $x \leq 0$, $y \geq 0$ an. Da die Funktion $y \mapsto ye^y$ auf $[0, +\infty[$ von 0 bis $+\infty$ streng monoton anwächst, entspricht jedem Punkt $x \leq 0$ eindeutig ein Punkt $y \geq 0$. Dieser Punkt y ist die Lösung von $xe^x + ye^y = 0$ und ergibt sich zum Beispiel durch Iteration der Funktion

$$\varphi(x) = y - \frac{xe^x + ye^y}{(1 + y)e^y} = \frac{y^2 - xe^{x-y}}{1 + y},$$

welche durch Anwendung des Newton-Verfahrens auf die Variable y erzeugt wird. Für $x = 0$ ist $y = 0$. Die Kurve C_2 erhält man, indem man x in $0, 1$-er Schritten verringert. Dabei geht man vom Startwert y_0 aus, für den man die Lösung y einsetzt, welche sich für den vorhergehenden x-Wert ergeben hat.

Man erkennt, daß das obige System eine eindeutige Lösung $S\begin{pmatrix} a \\ b \end{pmatrix}$ besitzt mit der groben Abschätzung $\begin{pmatrix} a \\ b \end{pmatrix} \simeq \begin{pmatrix} -2 \\ 0,2 \end{pmatrix}$. Um einen genaueren Näherungswert zu erhalten, versucht man die Gleichung $f\begin{pmatrix} x \\ y \end{pmatrix} = \begin{pmatrix} 0 \\ 0 \end{pmatrix}$ mit $f\begin{pmatrix} x \\ y \end{pmatrix} = \begin{pmatrix} x^2 + xy - 2y^2 - 4 \\ xe^x + ye^y \end{pmatrix}$ zu lösen. Die Steigung von f wird gegeben durch

$$f'\begin{pmatrix} x \\ y \end{pmatrix} = \begin{pmatrix} \dfrac{\partial f_1}{\partial x} & \dfrac{\partial f_1}{\partial y} \\[2mm] \dfrac{\partial f_2}{\partial x} & \dfrac{\partial f_2}{\partial y} \end{pmatrix} = \begin{pmatrix} 2x + y & x - 4y \\ (x + 1)e^x & (y + 1)e^y \end{pmatrix}.$$

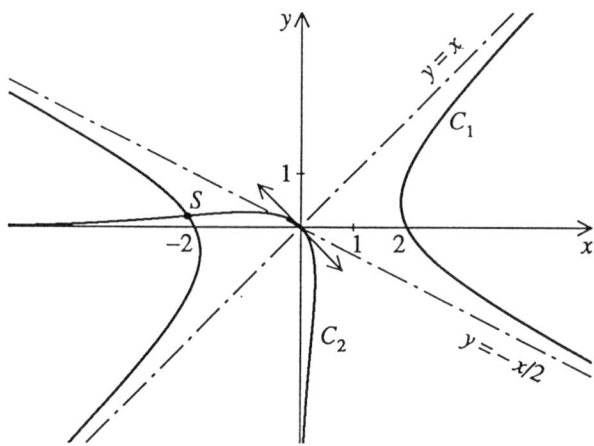

Daß die Bedingung $f'(S)$ umkehrbar ist, bedeutet, daß die Tangenten

$$\frac{\partial f_i}{\partial x}(S)(x-a) + \frac{\partial f_i}{\partial y}(S)(y-b) = 0, \quad i = 1,2$$

an die Kurven C_1, C_2 im Punkt S nicht zusammenfallen. Diese Bedingung ist in unserem Fall erfüllt. Man erhält

$$\left[f'\begin{pmatrix} x \\ y \end{pmatrix}\right]^{-1} = \frac{1}{\Delta(x,y)} \begin{pmatrix} (x+1)e^y & -x+4y \\ -(x+1)e^x & 2x+y \end{pmatrix}$$

mit $\Delta(x,y) = (2x+y)(y+1)e^y - (x-4y)(x+1)e^x$. Dies führt zur Iteration $\begin{pmatrix} x_{p+1} \\ y_{p+1} \end{pmatrix} = \varphi\begin{pmatrix} x_p \\ y_p \end{pmatrix}$ mit

$$\varphi\begin{pmatrix} x \\ y \end{pmatrix} = \begin{pmatrix} x \\ y \end{pmatrix} - \frac{1}{\Delta(x,y)} \begin{pmatrix} (y+1)e^y & -x+4y \\ -(x+1)e^x & 2x+y \end{pmatrix} \begin{pmatrix} x^2 + xy - 2y^2 - 4 \\ xe^x + ye^y \end{pmatrix}.$$

Ausgehend von Startwert $\begin{pmatrix} x_0 \\ y_0 \end{pmatrix} = \begin{pmatrix} -2 \\ 0,2 \end{pmatrix}$ findet man

p	x_p	y_p
0	-2	$0,2$
1	$-2,130690999$	$0,205937784$
2	$-2,126935837$	$0,206277868$
3	$-2,126932304$	$0,206278156$
4	$-2,126932304$	$0,206278156$

und damit $\quad S = \begin{pmatrix} a \\ b \end{pmatrix} \simeq \begin{pmatrix} -2,126932304 \\ 0,206278156 \end{pmatrix}.$

4.4 Aufgaben

4.4.1

Man betrachtet die Funktion f

$$f(x) = x \ln(x), \quad x \in [1, +\infty[.$$

Es sollen Iterationsalgorithmen untersucht werden, welche es erlauben die Umkehrabbildung $f^{-1}(a)$ für eine beliebige, festgehaltene reelle Zahl $a \in [0, +\infty[$ zu berechnen.

(a) Zeigen Sie, daß f eine Bijektion von $[1, +\infty[$ auf $[0, +\infty[$ ist.

(b) Man setzt $\varphi(x) = a/\ln(x)$. Berechnen Sie für $a = e$ explizit $f^{-1}(a)$.

Für welche Werte von $a \neq e$ konvergiert der Iterationsprozeß $x_{p+1} = \varphi(x_p)$, wenn der Startwert x_0 genügend nah bei $f^{-1}(a)$ gewählt wird?

(c) Es sei $x_{p+1} = \psi(x_p)$ der Iterationsalgorithmus, welchen das Newton-Verfahren für die Lösung der Gleichung $x \ln(x) - a = 0$ liefert.

$\alpha)$ Führen Sie eine Kurvendiskussion durch und skizzieren Sie den groben Kurvenverlauf der Funktion ψ.

$\beta)$ Untersuchen Sie die Konvergenz der Folge (x_p) für beliebige $a \in [0, +\infty[$ und $x_0 \in [1, +\infty[$.

$\gamma)$ Berechnen Sie $f^{-1}(2)$ anhand dieses Verfahrens mit einem Taschenrechner. Geben Sie die aufeinanderfolgenden Approximationen, die man dabei erhält, an.

4.4.2

Man betrachtet die Funktion

$$f(x) = \exp(\exp(-\cos(\sin(x + e^x)))) + x^3.$$

Gegeben seien $f(0,1) \simeq 1,737$; $f(0,2) \simeq 1,789$ auf 10^{-3} genau.
Schreiben Sie ein Pascal-Programm, welches erlaubt, mit Hilfe eines entsprechenden
Iterationsverfahrens, die Gleichung $f(x) = 7/4$ mit einer Genauigkeit von $\varepsilon = 10^{-10}$
zu lösen. Die Bestätigung der Konvergenz wird nicht verlangt.

4.4.3

Für den kritischen Fall, daß die Ableitung in einem Fixpunktes gerade Eins ist, soll das
Iterationsverhalten einer Funktion in der Umgebung dieses Punktes untersucht werden.
Es sei $\varphi : \mathbb{R}_+ \to \mathbb{R}_+$ eine Funktion der Klasse C^1.
Man nimmt an, daß $\varphi(0) = 0$, $\varphi'(0) = 1$ ist, und daß φ eine endliche Reihenentwicklung
besitzt

$$\varphi(x) = x - ax^k + x^k \varepsilon(x)$$

$$\text{mit} \qquad a > 0, \quad k > 1, \quad \lim_{x \to 0_+} \varepsilon(x) = 0.$$

(a) Zeigen Sie, daß es ein $h > 0$ gibt, so daß für jedes $x_0 \in \,]0, h]$ die Iterationsfolge
$x_{p+1} = \varphi(x_p)$ gegen 0 konvergiert.

(b) Man setzt $u_p = x_p^m$ mit $m \in \mathbb{R}$. Bestimmen Sie einen gleichwertigen Ausdruck für
$u_{p+1} - u_p$ in Abhängigkeit von x_p.

(c) Zeigen Sie, daß es einen Wert für m gibt, für den $u_{p+1} - u_p$ einen endlichen,
von Null verschiedenen Grenzwert besitzt. Leiten Sie daraus einen gleichwertigen
Ausdruck für x_p ab.

(d) Schätzen Sie die Anzahl der Iterationen ab, die nötig sind, um $x_p < 10^{-5}$ zu
erreichen, wenn $\varphi(x) = \sin x$ und $x_0 = 1$ sind.

4.4.4

In der folgenden Aufgabe bezieht man sich die ganze Zeit auf das gleiche Intervall $[a, b]$.

(a) Es sei $g : [a, b] \to \mathbb{R}$ eine Funktion der Klasse C^2, für die $g(a) = g(b) = 0$ ist und
$g''(x) > 0$ ist für jedes x auf $]a, b[$. Beweisen Sie,

• daß $g(x)$ für kein x auf $]a, b[$ Null wird,

• und daß ferner $g(x) < 0$ ist für jedes x auf $]a, b[$.

[Nehmen Sie das Gegenteil an und zeigen Sie, daß sich dadurch ein Widerspruch
ergibt. Benutzen Sie den Satz von Rolle.]

(b) Es sei $f : [a, b] \to \mathbb{R}$ eine Funktion der Klasse C^2, so daß für jedes x auf $]a, b[$, $f(a) < 0$, $f(b) > 0$, $f'(x) > 0$ und $f''(x) > 0$ ist.
Beweisen Sie,

   α) daß es ein (eindeutiges) c auf $]a, b[$ gibt, so daß $f(c) = 0$;

   β) daß es m_1 und m_2 gibt, so daß

$$0 < m_1 \leq f'(x), \quad 0 < f''(x) \leq m_2 \quad \text{für jedes } x \text{ auf } [a, b[.$$

(c) Man behält die Annahmen der Frage (b) bis auf weiteres bei und möchte c »berechnen«. Es sei p das Polynom ersten Grades, für welches $p(a) = f(a)$, $p(b) = f(b)$, und es sei c_1 auf $]a, b[$ so gewählt, daß $p(c_1) = 0$ wird.

   α) Beweisen Sie, daß $a < c_1 < c$ ist. [*Hinweis*: Wenden Sie die Frage (a) auf $g(x) = f(x) - p(x)$ an.]

   β) Leiten Sie die folgende Beziehung für eine obere Schranke her

$$|f(c_1)| \leq \frac{1}{2} m_2 |(c_1 - a)(c_1 - b)|.$$

(d) Es sei (c_n), $n \geq 0$ eine rekursive Folge, welche folgendermaßen definiert ist:

   • man setzt $c_0 = a$;

   • für jedes $n \geq 0$ (und dabei sei c_n schon definiert) bezeichnet man p_n als das eindeutige Polynom ersten Grades, für welches $p_n(c_n) = f(c_n)$, $p_n(b) = f(b)$ sei; und man definiert c_{n+1} durch $p_n(c_{n+1}) = 0$.

   α) Bringen Sie diese Rekursion auf die Form $c_{n+1} = \varphi(c_n)$.

   β) Beweisen Sie, daß (c_n) eine streng monoton wachsende, auf das Intervall $[a, c]$ beschränkte Folge ist.

   γ) Beweisen Sie, daß die Folge (c_n) gegen c konvergiert, und daß für jedes $n \geq 0$ gilt:

$$|c_n - c| \leq \frac{f(c_n)}{m_1}.$$

(e) *Programmierung eines Beispiels.* Man setzt $f(x) = x^4 + x - 1$.
Beweisen Sie, daß die Gleichung $f(x) = 0$ nur eine einzige Nullstelle c auf dem ganzen Intervall $[0, 1]$ besitzt. Schreiben Sie ein Pascal-Programm, mit welchem es möglich ist c auf 10^{-8} genau zu berechnen.

4.4.5

Man betrachtet die Abbildung $\varphi : \mathbb{R}^2 \to \mathbb{R}^2$, welche definiert wird durch

$$\varphi \begin{pmatrix} x \\ y \end{pmatrix} = \begin{pmatrix} X \\ Y \end{pmatrix}, \quad \begin{cases} X = -x + \dfrac{3}{2}y + \dfrac{5}{4} \\ Y = -\dfrac{1}{2}x + y^2 + \dfrac{3}{4} \end{cases}.$$

(a) Bestimmen Sie die Fixpunkte von φ.

(b) Handelt es sich um anziehende Fixpunkte?

(c) Es sei B kein anziehender Fixpunkt von φ. Zeigen Sie, daß φ eine Umkehrabbildung $\psi : V \to W$ der Klasse C^∞ besitzt, wobei V, W Umgebungen von B sind. Ist der Punkt B für ψ ein anziehender Fixpunkt?

4.4.6

Es soll das Gleichungssystem

$$\text{(S)} \quad \begin{cases} y \ln y - x \ln x = 3 \\ x^4 + xy + y^3 = a \end{cases}$$

numerisch gelöst werden. Dabei sollen $x, y > 0$ sein und a ein reeller Parameter.

(a) Diskutieren Sie kurz den Verlauf der Funktion $x \mapsto x \ln x$ und zeigen Sie, daß für $a \geq 31$ das System (S) keine Lösung (x, y) hat, für die $x < 1$ ist. Zeigen Sie, daß für $x \geq 1$ die Lösung y der ersten Gleichung eine mit x anwachsende Funktion ist und leiten Sie daraus ab, daß das System (S) eine eindeutige Lösung (x, y) für $a \geq 31$ besitzt.

(b) Zeigen Sie, daß die Lösung (x, y) folgende Form annimmt

$$y = x + \frac{3}{1 + \ln c} \quad \text{mit} \quad c \in\;]x, y[.$$

Leiten Sie daraus einen gleichwertigen Ausdruck für x und y in Abhängigkeit von a ab, wenn a gegen $+\infty$ strebt. Sind Sie in der Lage, diesen Ausdruck noch zu verbessern und eine genauere Entwicklung anzugeben?

(c) Entwerfen Sie einen Algorithmus, welcher es erlaubt, das System (S) mit Hilfe des Newton-Verfahrens zu lösen. Verwenden Sie $a = 10^4$.

4.4.7

Es sei $\mathcal{A}$ eine unitäre, normierte Algebra endlicher Dimension auf $\mathbb{R}$, zum Beispiel die Algebra der quadratischen $m \times m$-Matrizen. Es sei $u \in \mathcal{A}$ ein invertierbares Element.

(a) Zeigen Sie, daß es reelle Zahlen α, β gibt, so daß die Abbildung $\varphi(x) = \alpha x + \beta x u x$ als stark anziehenden (superattraktiven) Fixpunkt $x = u^{-1}$ besitzt.

(b) Zeigen Sie, daß für die in (a) gefundenen Werte α, β die Ungleichung $\|\varphi'(x)\| \leq 2\|u\| \|x - u^{-1}\|$ gilt. Schließen Sie daraus, daß die Iterationsfolge $x_{p+1} = \varphi(x_p)$ gegen u^{-1} konvergiert, sobald $x_0 \in \overline{B}(u^{-1}, r)$ mit $r < 1/2\|u\|$ wird.

(c) Es soll angenommen werden, daß $u = e - v$ ist, wobei e das Einheitselement von $\mathcal{A}$ ist und $\lambda = \|v\| < 1$. Zeigen Sie, daß u eine Umkehrfunktion besitzt und
$$u^{-1} = \sum_{k=0}^{+\infty} v^k$$
ist. Bestimmen Sie eine ganze Zahl $n \in \mathbb{N}$, für die der Algorithmus aus (b) für $x_0 = e + v + \cdots + v^n$ konvergiert.

(d) Es soll jetzt $\mathcal{A}$ als *kommutativ* angenommen werden. (Beispiel: $\mathcal{A} = \mathbb{R}$ oder $\mathcal{A} = \mathbb{C}$). Suchen Sie einen Algorithmus, welcher es erlaubt die Quadratwurzel von u (wenn es sie gibt) zu berechnen. Dabei sollen nur Additionen und Multiplikationen verwendet werden. [*Hinweis:* Betrachten Sie $\psi(x) = \alpha x + \beta u x^3$.]

Wenn $\mathcal{A} = \mathbb{R}$ ist, wie kann man dann x_0 wählen, um sicherzugehen, daß das Verfahren konvergiert?

5 Differentialgleichungen. Grundlegende Ergebnisse

Ziel dieses Kapitels ist es die wesentlichen Existenz- und Eindeutigkeitssätze für Lösungen von gewöhnlichen Differentialgleichungen zu beweisen. Es handelt sich um das zentrale Theoriekapitel und ist deswegen gezwungenermaßen ziemlich abstrakt. Seine umfassende Kenntnis ist unverzichtbar für das Verständnis der folgenden Kapitel.

5.1 Definitionen. Maximal fortgesetzte und globale Lösungen

5.1.1 Gewöhnliche Differentialgleichung erster Ordnung

Es sei U ein Gebiet auf $\mathbb{R} \times \mathbb{R}^m$ und $f : U \to \mathbb{R}^m$ eine *stetige* Abbildung. Man betrachtet die Differentialgleichung

$$(D) \qquad\qquad y' = f(t,y), \quad (t,y) \in U, \quad t \in \mathbb{R}, \quad y \in \mathbb{R}^m.$$

Definition

Eine Lösung von (D) auf dem Intervall $I \subset \mathbb{R}$ ist eine differenzierbare Funktion $y : I \to \mathbb{R}^m$, für die gilt:

    (i) $(\forall t \in I) \quad (t, y(t)) \in U$
    (ii) $(\forall t \in I) \quad y'(t) = f(t, y(t)).$

Die »Unbekannte« der Gleichung (D) ist also tatsächlich eine *Funktion*. Die Bezeichnung »gewöhnlich« für die Differentialgleichung (D) bedeutet, daß die unbekannte Funktion y nur von nur *einer* Variablen t abhängt (bei mehreren Variablen t_i und mehreren Ableitungen $\partial y / \partial t_i$ spricht man von partiellen Differentialgleichungen).

Koordinatenschreibweise

Wir stellen die Funktionswerte des $\mathbb{R}^m$ komponentenweise dar, das heißt

$$y = (y_1, \ldots, y_m), \quad f = (f_1, \ldots, f_m).$$

Die Gleichung (D) stellt sich dann als ein *Differentialgleichungssystem* erster Ordnung mit m unbekannten Funktionen $y_1, \ldots, y_m$ dar:

$$(D) \quad \begin{cases} y_1'(t) = f_1(t, y_1(t), \ldots, y_m(t)) \\ \vdots \\ y_m'(t) = f_m(t, y_1(t), \ldots, y_m(t)). \end{cases}$$

Anfangswertproblem

Für einen gegebenen Punkt $(t_0, y_0) \in U$ besteht das auch als Cauchy-Anfangswertproblem bezeichnete Problem darin, eine Lösung $y : I \to \mathbb{R}^m$ von (D) zu finden, so daß $t_0 \in \overset{\cdot}{I}$ und $y(t_0) = y_0$.

Physikalische Deutung

In zahlreichen konkreten Anwendungen stellt die Variable t die Zeit dar, und $y = (y_1, \ldots, y_m)$ ist ein Parametersatz, welcher den Zustand eines gegebenen physikalischen Systemes beschreibt. Die Gleichung (D) ist die Umsetzung des Entwicklungsgesetzes des betrachteten Systemes in eine Funktion, die von der Zeit und den Parameterwerten abhängt. Die Lösung des Anfangswertproblems ist gleichbedeutend mit der Vorhersage der zeitlichen Entwicklung des Systemes unter Kenntnis der Parameter $y_0 = (y_{0,1}, \ldots, y_{0,m})$, die das System zum Zeitpunkt $t = t_0$ beschreiben. Man bezeichnet (t_0, y_0) als die *Anfangswerte* des Anfangswertproblems.

5.1.2   Eindimensionaler Fall (m=1)

Wenn man $x = t$ setzt, dann läßt sich Gleichung (D) auch schreiben als

$$(D) \qquad y' = f(x, y), \quad (x, y) \in U \subset \mathbb{R} \times \mathbb{R}.$$

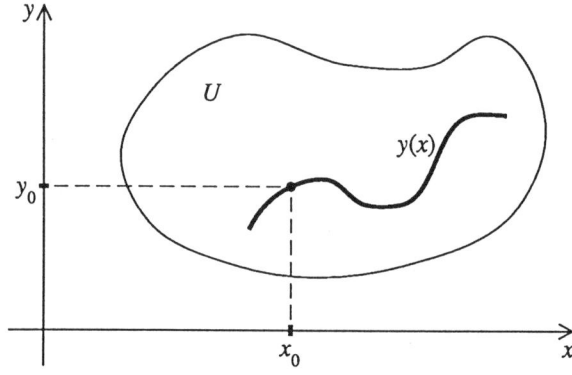

Das Anfangswertproblem zu lösen, besteht im Grunde darin, eine »*Integralkurve*« von
(D) zu finden, welche durch einen gegebenen Punkt $(x_0, y_0) \in U$ geht.

Richtungsfeld

Jedem Punkt $M = (x_0, y_0)$ ordnet man die Gerade D_M zu, welche durch M geht und
die Steigung $f(x_0, y_0)$ hat:

$$D_M : y - y_0 = f(x_0, y_0)(x - x_0).$$

Die Abbildung $M \to D_M$ wird das zur Gleichung (D) gehörende *Richtungsfeld* genannt.
Eine Integralkurve von (D) ist eine differenzierbare Kurve C, die als Tangente an jeden
Punkt $M \in C$ die Gerade D_M des Richtungsfeldes hat. Das folgende Beispiel gehört
zur Gleichung $y' = f(x, y) = x - y^2$.

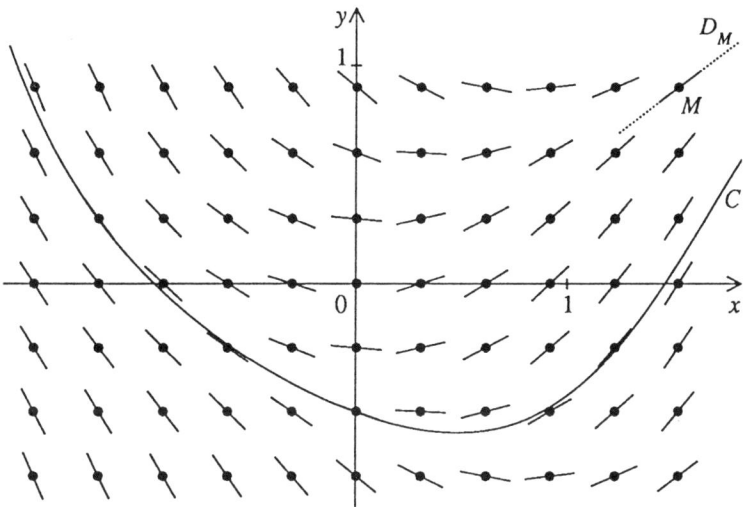

Isoklinen von (D)

Definitionsgemäß sind das die Kurven $\Gamma_p : f(x, y) = p$, die zur Punktmenge M gehören,
für welche die Gerade D_M eine gegebene Steigung p besitzt.
Die Kurve Γ_0 spielt eine interessante Rolle. In der Tat teilt sie U in verschiedene Gebiete
auf:

$$\begin{aligned}
U &= U_+ \cup U_- \cup \Gamma_0 \quad \text{und damit} \\
U_+ &= \{M \in U; f(M) > 0\}, \quad U_- = \{M \in U; f(M) < 0\}.
\end{aligned}$$

Die Integralkurven steigen in U_+ an und fallen in U_- ab. Auf Γ_0 sind sie stationär (oft extremal).

Beispiel

Die Isoklinen der Gleichung $y' = f(x, y) = x - y^2$ sind die Parabeln $x = y^2 + p$.

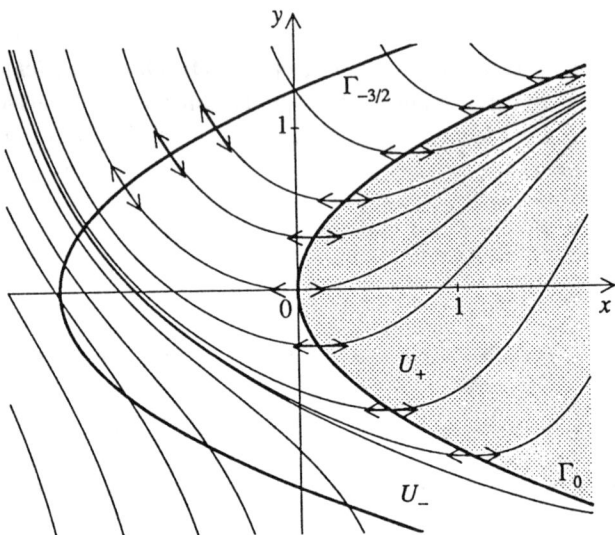

5.1.3 Maximal fortgesetzte Lösungen

Definition 1

Es seien $y : I \to \mathbb{R}^m$, $\widetilde{y} : \widetilde{I} \to \mathbb{R}^m$ Lösungen von (D). Man nennt $\widetilde{y}$ eine Fortsetzung von y, wenn $\widetilde{I} \supset I$ und $\widetilde{y}|_I = y$.

Definition 2

Man bezeichnet $y : I \to \mathbb{R}^m$ als eine maximal fortgesetzte *Lösung, wenn y keine Fortsetzung $\widetilde{y} : \widetilde{I} \to \mathbb{R}^m$ mit $\widetilde{I} \underset{\neq}{\supseteq} I$ besitzt.*

Satz

Jede Lösung y läßt sich in eine maximal fortgesetzte (nicht notwendigerweise eindeutige) Lösung $\widetilde{y}$ fortsetzen.

Beweis*. Angenommen, y sei auf einem Intervall $I = |a, b|$ definiert (diese Schreibweise bezeichnet ein Intervall, dessen Schranken a und b in I nicht unbedingt enthalten sein müßen). Es genügt zu zeigen, daß sich y nach rechts in eine maximal fortgesetzte Lösung $\widetilde{y} : |a, \widetilde{b}| \to \mathbb{R}^m$ $(\widetilde{b} \geq b)$ fortsetzen läßt, das heißt, daß man $\widetilde{y}$ nicht über $\widetilde{b}$ hinaus fortsetzen kann. Die gleiche Überlegung kann man auch auf die linke Seite anwenden.

Zu diesem Zweck konstruiert man durch Rekursion aufeinanderfolgende Fortsetzungen $y_{(1)}, y_{(2)} \ldots$ von y mit $y_{(k)} : |a, b_k[\to \mathbb{R}^m$. Man setzt $y_{(1)} = y$, $b_1 = b$. Angenommen, $y_{(k-1)}$ sei schon für einen Index $k \geq 1$ konstruiert, dann setzt man

$$c_k = \sup\{c \,; \; y_{(k-1)} \text{ fortgesetzt auf } |a, c[\,\}.$$

Es ist $c_k \geq b_{k-1}$. Nach der Definition der oberen Schranke gibt es ein b_k, so daß $b_{k-1} \leq b_k \leq c_k$ ist, und es gibt eine Fortsetzung $y_{(k)} : |a, b_k[\to \mathbb{R}^m$ von $y_{(k-1)}$ mit b_k beliebig nahe bei c_k; insbesondere kann man folgende Wahl treffen

$$c_k - b_k < \frac{1}{k} \qquad \text{für} \quad c_k < +\infty,$$
$$b_k > k \qquad \text{für} \quad c_k = +\infty.$$

Die Folge (c_k) ist monoton fallend, da die Menge der Fortsetzungen von $y_{(k-1)}$ die Menge der Fortsetzungen von $y_{(k)}$ enthält. Im Bereich der oberen Schranken gilt $c_k \geq c_{k+1}$. Für $c_k < +\infty$ stoßen die Folgen

$$b_1 \leq b_2 \leq \cdots \leq b_k \leq \cdots \leq c_k \leq c_{k-1} \leq \cdots \leq c_1$$

ab einem gewissen k aneinander. Für $c_k = +\infty$ ergibt sich unabhängig von k, daß $b_k > k$ ist. In beiden Fällen sieht man, daß

$$\widetilde{b} = \lim_{k \to +\infty} b_k = \lim_{k \to +\infty} c_k.$$

Es sei $\widetilde{y} : |a, \widetilde{b}| \to \mathbb{R}^m$ die gemeinsame Fortsetzung der Lösungen $y_{(k)}$, wenn möglich sogar bis in den Punkt $\widetilde{b}$ fortgesetzt. Ferner sei $z : |a, c| \to \mathbb{R}^m$ eine Fortsetzung von $\widetilde{y}$. Dann ist z eine Fortsetzung von $y_{(k-1)}$ und aus der Definition von c_k folgt $c \leq c_k$. Im Grenzfall ergibt sich $c \leq \widetilde{c}$, womit bewiesen ist, daß $\widetilde{y}$ eine maximal nach rechts fortgesetzte Lösung ist. ■

5.1.4 Globale Lösungen

Im folgenden werde angenommen, daß das Gebiet U die Form $U = J \times U'$ hat, wobei J ein Intervall auf $\mathbb{R}$ ist und U' ein Gebiet auf $\mathbb{R}^m$.

Definition

Eine globale Lösung ist eine auf dem ganzen Intervall J definierte Lösung.

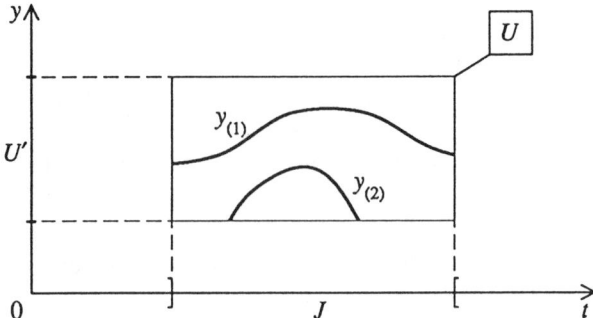

Achtung

Jede globale Lösung ist auch eine maximal fortgesetzte Lösung, aber nicht umgekehrt.

In der obigen Abbildung ist zum Beispiel $y_{(1)}$ eine globale Lösung, während $y_{(2)}$ eine maximal fortgesetzte Lösung, aber keine globale Lösung ist.
Wir stellen ein ausführliches Beispiel für diesen Fall vor.

Beispiel

(D) $y' = y^2$ auf $U = \mathbb{R} \times \mathbb{R}$. Wir suchen die Lösungen $t \to y(t)$ von (D).

- Einerseits hat man die Lösung $y(t) = 0$.

- Wenn y nicht Null wird, so läßt sich (D) als $y'/y^2 = 1$ schreiben, und daraus ergibt sich durch Integration

$$-\frac{1}{y(t)} = t + C, \quad y(t) = -\frac{1}{t+C}.$$

In der Tat sind durch diese Gleichung zwei Lösungen bestimmt. Die eine ist auf $]-\infty, -C[$, die andere ist auf $]-C, +\infty[$ definiert; diese Lösungen sind maximal fortgesetzte Lösungen, aber keine globalen Lösungen.
In diesem Beispiel ist $y(t) = 0$ die einzige globale Lösung von (D).

5.1.5 Reguläre Lösungen

Wir erinnern uns, daß eine Funktion mehrerer Variablen zur Klasse C^k gehört, wenn sie stetige partielle Ableitungen bis zur k-ten Ordnung besitzt.

Satz

Wenn $f : \mathbb{R} \times \mathbb{R}^m \supset U \to \mathbb{R}^m$ *zur Klasse* C^k *gehört, dann gehört jede Lösung* $y' = f(t, y)$ *von* (D) *zur Klasse* C^{k+1}.

Beweis. Vollständige Induktion in k.

- $k = 0$: f ist stetig.
  Man nimmt an, $y : I \to \mathbb{R}^m$ sei differenzierbar, also stetig.
  Daraus folgt, daß $y'(t) = f(t, y(t))$ stetig ist, also gehört y zur Klasse C^1.

- Wenn das Ergebnis für die Ordnung $k - 1$ gilt, dann gehört y zumindest zur Klasse C^k. Da f zur Klasse C^k gehört, folgt daraus für die Ableitung y' als Funktion von Funktionen der Klasse C^k, daß sie ebenfalls zur Klasse C^k gehört. Damit gehört y zur Klasse C^{k+1}. ■

Berechnung höherer Ableitungen einer Lösung y

Zur Vereinfachung wird $m = 1$ gesetzt. Differenziert man die Beziehung $y'(x) = f(x, y(x))$, so ergibt sich

$$y''(x) = f'_x(x, y(x)) + f'_y(x, y(x))y'(x),$$
$$y'' = f'_x(x, y) + f'(x, y)f(x, y) = f^{[1]}(x, y)$$

mit $f^{[1]} = f'_x + f'_y f$. Wir schreiben ganz allgemein die k-te Ableitung $y^{(k)}$ in Abhängigkeit von x, y in der Form

$$y^{(k)} = f^{[k-1]}(x, y);$$

mit vorhergesagtem wird $f^{[0]} = f$, $f^{[1]} = f'_x + f'_y f$. Und nach einer weiteren Ableitung ergibt sich

$$y^{(k+1)} = \left(f^{[k-1]}\right)'_x(x, y) + \left(f^{[k-1]}\right)'_y(x, y)y'$$
$$= \left(f^{[k-1]}\right)'_x(x, y) + \left(f^{[k-1]}\right)'_y(x, y)f(x, y).$$

Daraus erhält man folgende Rekursionsbeziehungen

$$y^{(k+1)} = f^{[k]}(x, y)$$
$$f^{[k]} = \left(f^{[k-1]}\right)'_x + \left(f^{[k-1]}\right)'_y f, \quad \text{mit} \quad f^{[0]} = f.$$

Man stellt fest, daß die Kurve $f^{[1]}(x, y) = 0$ die Lage der Wendepunkte der Integralkurve beinhaltet.

5.2 Existenzsatz für Lösungen

Im ganzen folgenden Abschnitt betrachten wir die Differentialgleichung

(D) $$y' = f(t, y)$$

mit der stetigen Abbildung $f : U \to \mathbb{R}^m$ und dem Gebiet U auf $\mathbb{R} \times \mathbb{R}^m$. Das folgende, sehr einfache Lemma zeigt, daß das Lösen von (D) gleichbedeutend ist mit dem Lösen einer Integralgleichung:

Lemma

Eine Funktion $y : I \to \mathbb{R}^m$ ist dann und nur dann eine Lösung des Anfangswertproblems (t_0, y_0), wenn

(i) *y stetig ist und $(\forall t \in I)\ (t, y(t)) \in U$,*

(ii) *$(\forall t \in I)\quad y(t) = y_0 + \displaystyle\int_{t_0}^{t} f(u, y(u))du.$*

In der Tat, wenn y die Bedingungen (i) und (ii) erfüllt, dann ist y differenzierbar und es ist $y(t_0) = y_0$, $y'(t) = f(t, y(t))$. Sind umgekehrt diese beiden Beziehungen erfüllt, dann folgt (ii) durch Integration. ∎

Um (D) zu lösen, wird man also versuchen, Lösungen der Integralgleichung zu konstruieren und dazu soll zuerst gezeigt werden, daß eine durch einen Punkt $(t_0, y_0) \in U$ gehende Lösung sich nicht »zu schnell« von y_0 entfernen kann.

Mit $\|\ \|$ bezeichnet man eine beliebige Norm auf $\mathbb{R}^m$, und mit $B(x, r)$ (bzw. $\overline{B}(x, r)$) die offene (bzw. abgeschlossene) Kugel in $\mathbb{R}^m$ mit dem Mittelpunkt x und dem Radius r. Da U als offen angenommen wird, gibt es einen *Zylinder* $C_0 = [t_0 - T_0, t_0 + T_0] \times \overline{B}(y_0, r_0)$ mit der Länge $2T_0$ und dem Radius r_0, der ausreichend klein gewählt wurde, so daß $C_0 \subset U$. Die Menge C_0 ist in $\mathbb{R}^{m+1}$ beschränkt und abgeschlossen, also kompakt. Das bedeutet, daß f auf C_0 beschränkt ist, das heißt

$$M = \sup_{(t,y) \in C_0} \|f(t, y)\| < +\infty.$$

5.2.1 Sicherheitszylinder

Es sei $C = [t_0 - T, t_0 + T] \times \overline{B}(y_0, r_0) \subset C_0$ ein Zylinder mit demselben Durchmesser wie C_0 und der halben Länge $T \leq T_0$.

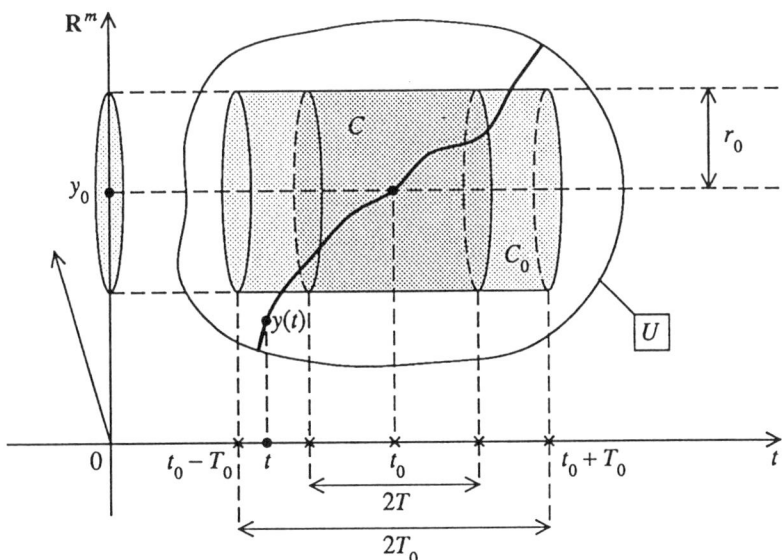

Definition

Man nennt C einen Sicherheitszylinder für die Gleichung (D), *wenn jede Lösung y :
$I \to \mathbb{R}^m$ des Anfangswertproblems $y(t_0) = y_0$ mit $I \subset [t_0 - T, t_0 + T]$ in $\overline{B}(y_0, r_0)$
eingeschlossen bleibt.*

In der obenstehenden Abbildung ist C ein Sicherheitszylinder, nicht jedoch C_0 (die
Lösung y »entweicht« aus C_0 vor der Zeit $t_0 + T_0$).

Angenommen, die Lösung y entweicht im Intervall $[t_0, t_0 + T]$ aus C. Es sei τ der
erste Augenblick, für den dies stattfindet:

$$\tau = \inf \{t \in [t_0, t_0 + T]; \|y(t) - y_0\| > r_0\}.$$

Nach der Definition von τ gilt $\|y(t) - y_0\| \leq r$ für $t \in [t_0, \tau[$, also erhält man $\|y(\tau) -
y_0\| = r_0$ wegen der Stetigkeit von y. Da $(t, y(t)) \in C \subset C_0$ für $t \in [t_0, \tau]$, folgt
$\|y'(t)\| = \|f(t, y(t))\| \leq M$ und

$$r_0 = \|y(\tau) - y_0\| = \left\| \int_{t_0}^{\tau} y'(u) du \right\| \leq M(\tau - t_0),$$

also $\tau - t_0 \geq r_0 / M$. Folglich kann für $T \leq r_0 / M$ keine Lösung auf $[t_0 - T, t_0 + T]$
aus C entweichen.

Korollar

Damit C ein Sicherheitszylinder ist, genügt es $T \leq \min(T_0, r_0/M)$ zu wählen.

Zum Beispiel kann man die Wahl $T = \min(T_0, r_0/M)$ treffen.

Bemerkung

Wenn $C \subset C_0$ ein Sicherheitszylinder ist, dann erfüllt jede Lösung $y : [t_0 - T, t_0 + T] \rightarrow \mathbb{R}^m$ des Anfangswertproblems $\|y'(t)\| \leq M$, also besitzt y eine Lipschitz-Konstante M.

5.2.2 Näherungslösungen. Euler-Cauchy-Verfahren

Man versucht eine Näherungslösung von (D) auf dem Intervall $[t_0, t_0 + T]$ zu konstruieren. Zu diesem Zweck führt man folgende Zerlegung durch:

$$t_0 < t_1 < t_2 \cdots < t_{N-1} < t_N = t_0 + T.$$

Die aufeinanderfolgenden Schritte werden folgendermaßen bezeichnet:

$$h_n = t_{n+1} - t_n, \quad 0 \leq n \leq N - 1,$$

und man setzt

$$h_{\max} = \max(h_0, \ldots, h_{N-1}).$$

Das Euler-Cauchy-Verfahren (auch Tangentenverfahren oder Polygonzugverfahren genannt) besteht darin, eine jeweils stückweise lineare Näherungslösung y zu konstruieren. Es sei $y_n = y(t_n)$. Im Intervall $[t_n, t_{n+1}]$ wird die Integralkurve durch ihre Tangente im Punkt (t_n, y_n) ersetzt:

$$y(t) = y_n + (t - t_n)f(t_n, y_n), \quad t \in [t_n, t_{n+1}].$$

Ausgehend vom Anfangswert y_0 berechnet man rekursiv y_n. Dazu setzt man

$$\begin{cases} y_{n+1} = y_n + h_n f(t, y_n) \\ t_{n+1} = t_n + h_n, \quad 0 \leq n \leq N - 1. \end{cases}$$

Graphisch ergibt sich die Näherungslösung y, indem man für jedes n die Teilstücke, welche die Punkte (t_n, y_n), (t_{n+1}, y_{n+1}) miteinander verbinden, zeichnet.
Auf dieselbe Art konstruiert man, mit einer Schrittweite von $h_n < 0$, eine Näherungslösung auf $[t_0 - T, t_0]$.

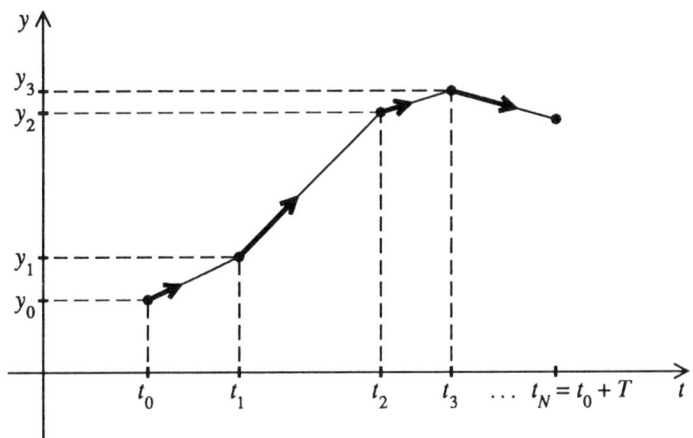

Behauptung 1

Wenn $C = [t_0 - T, t_0 + T] \times \overline{B}(y_0, r_0)$ *ein Sicherheitszylinder ist, so daß* $T \leq \min(T_0, r_0/M)$*, dann ist jede mit dem Euler-Cauchy-Verfahren erhaltene Näherungslösung in der Kugel* $\overline{B}(y_0, r_0)$ *enthalten.*

Beweis. Man bestätigt durch vollständige Induktion in n, daß

$$\begin{cases} y([t_0, t_n]) \subset \overline{B}(y_0, r_0) \\ \|y(t) - y_0\| \leq M(t - t_0) \quad \text{für} \quad t \in [t_0, t_n]. \end{cases}$$

Für $n = 0$ ist das trivial. Wenn dies für n gilt, so ergibt sich insbesondere $(t_n, y_n) \in C$, also $\|f(t_n, y_n)\| \leq M$, und deswegen

$$\|y(t) - y_n\| = (t - t_n)\|f(t_n, y_n)\| \leq M(t - t_n)$$

für $t \in [t_n, t_{n+1}]$. Wegen der Induktionsannahme ist

$$\|y_n - y_0\| = \|y(t_n) - y_0\| \leq M(t_n - t_0).$$

Die Dreiecksungleichung zieht dann $\forall t \in [t_n, t_{n+1}]$ nach sich:

$$\|y(t) - y_0\| \leq M(t - t_n) + M(t_n - t_0) \leq M(t - t_0).$$

Insbesondere $\|y(t) - y_0\| \leq MT \leq r_0$, und damit $y([t_0, t_{n+1}]) \subset \overline{B}(y_0, r_0)$. ∎

Definition

Es sei $y : [a, b] \to \mathbb{R}^m$ eine stückweise zur Klasse C^1 gehörende Funktion. (Das bedeutet, daß es eine Zerlegung $a = a_0 < a_1 < \cdots < a_N = b$ von $[a, b]$ gibt, so daß für alle n die Einschränkung $y_{[a_n, a_{n+1}]}$ zur Klasse C^1 gehört; es wird also nur die Stetigkeit und die Existenz einer rechtsseitigen und linksseitigen Ableitung von y in den Punkten a_n angenommen.) Man sagt, daß es sich bei y um eine ε-genäherte Lösung von (D) handelt, wenn

(i) $(\forall t \in [a, b])$ $(t, y(t)) \in U$;

(ii) $(\forall n), (\forall t \in \,]a_n, a_{n+1}[)$ $\|y'(t) - f(t, y(t))\| \leq \varepsilon.$

Anders ausgedrückt ist y dann eine ε-genäherte Lösung, wenn y die Differentialgleichung (D) mit einem Fehler $\leq \varepsilon$ erfüllt.

Obere Fehlerschranke für Näherungslösungen nach dem Euler-Cauchy-Verfahren

Es sei ω_f der Stetigkeitsmodul von f auf C, definiert durch

$$\omega_f(u) = \max\{\|f(t_1, y_1) - f(t_2, y_2)\|; \; |t_1 - t_2| + \|y_1 - y_2\| \leq u\}$$

mit $u \in [0, +\infty[$ und den Punkten $(t_1, y_1), (t_2, y_2)$, welche C durchlaufen. Da C kompakt ist, ist die Funktion auf C gleichmäßig stetig. Daraus folgt

$$\lim_{u \to 0+} \omega_f(u) = 0.$$

Im folgenden nimmt man an, daß $C = [t_0 - T, t_0 + T] \times \overline{B}(y_0, r_0)$ ein Sicherheitszylinder ist, für den $T \leq \min(T_0, r_0/M)$.

Behauptung 2

Es sei $y : [t_0 - T, t_0 + T] \to \mathbb{R}^m$ eine nach dem Euler-Cauchy-Verfahren konstruierte Näherungslösung mit einer maximalen Schrittweite h_{max}. Damit gilt für den Fehler $\varepsilon \leq \omega_f((M + 1)h_{max})$.

Insbesondere strebt ε gegen 0, wenn h_{max} gegen 0 strebt.

Beweis. Wir nehmen zum Beispiel $\|y'(t) - f(t, y(t))\|$ als obere Schranke für $t \in [t_0, t_0 + T]$, wobei y die zur Zerlegung $t_0 < t_1 < \cdots < t_N = t_0 + T$ zugehörige Näherungslösung ist. Für $t \in \,]t_n, t_{n+1}[$ erhält man $y'(t) = f(t_n, y_n)$ und

$$\begin{aligned}
\|y(t) - y_n\| &= (t - t_n)\|f(t_n, y_n)\| \leq M h_n, \\
|t - t_n| &\leq h_n.
\end{aligned}$$

Aus der Definition von ω_f folgt

$$\|f(t_n, y_n) - f(t, y(t))\| \leq \omega_f(Mh_n + h_n),$$
$$\|y'(t) - f(t, y(t))\| \leq \omega_f((M+1)h_{\max}).$$

∎

Schließlich wollen wir noch ein Ergebnis zur Konvergenz von Näherungslösungen zeigen.

Behauptung 3

Es sei $y_{(p)} : [t_0 - T, t_0 + T] \to \mathbb{R}^m$ eine Folge von ε_p-genäherten Lösungen, welche in einem Sicherheitszylinder C enthalten sind, so daß $y_{(p)}(t_0) = y_0$ und $\lim_{p \to +\infty} \varepsilon_p = 0$. Es wird angenommen, daß $y_{(p)}$ auf $[t_0 - T, t_0 + T]$ gleichförmig gegen eine Funktion y konvergiert. Dann ist y eine exakte Lösung des Anfangswertproblems für die Gleichung (D).

Beweis. Da $\|y'_{(p)}(t) - f(t, y_{(p)}(t))\| \leq \varepsilon_p$ ist, folgt nach Integration

$$\|y_{(p)}(t) - y_0 - \int_{t_0}^{t} f(u, y_{(p)}(u))du\| \leq \varepsilon_p |t - t_0|.$$

Wenn $\delta_p = \max_{[t_0 - T, t_0 + T]} \|y - y_{(p)}\|$ ist, dann sieht man, daß

$$\|f(u, y_{(p)}(u)) - f(u, y(u))\| \leq \omega_f(\delta_p)$$

gegen 0 strebt, und damit ist dank der gleichmäßigen Konvergenz:

$$y(t) - y_0 - \int_{t_0}^{t} f(u, y(u))du = 0, \quad \forall t \in [t_0 - T, t_0 + T].$$

∎

Da die Grenzfunktion y gleichmäßig stetig ist, zieht das Lemma vom Anfang des Abschnittes 5.2 nach sich, daß y eine exakte Lösung von (D) ist.

5.2.3 Satz von Ascoli

Es handelt sich um ein vorläufiges Ergebnis topologischer Natur, welches wir im allgemeinen Rahmen der metrischen Räume herleiten werden. Es sei daran erinnert, daß wenn (E, δ) und (F, δ') metrische Räume sind, daß dann gemäß ihrer Definition eine Folge von Abbildungen $\varphi_{(p)} : E \to F$ gleichmäßig gegen $\varphi : E \to F$ konvergiert, wenn die Metrik

$$d(\varphi_{(p)}, \varphi) = \sup_{x \in E} \delta'(\varphi_{(p)}(x), \varphi(x))$$

für p gegen $+\infty$ gegen 0 strebt.

Satz von Ascoli

Man nimmt an, daß E, F kompakte metrische Räume sind. Es sei $\varphi_{(p)} : E \to F$ eine Folge von Abbildungen mit einer gegebenen Lipschitz-Konstanten $k \geq 0$. Dann besitzt $\varphi_{(p)}$ eine gleichmäßig konvergierende Unterfolge $\varphi_{(p_n)}$.

Es sei $\mathrm{Lip}_k(E, F)$ die Menge der Abbildungen $E \to F$ mit der Lipschitz-Konstanten k. Eine Art den Satz von Ascoli auszudrücken ist die folgende.

Korollar

Wenn E, F kompakt sind, dann ist $(\mathrm{Lip}_k(E, F), d)$ ein kompakter metrischer Raum.

Beweis. Man konstruiert rekursiv die unendlichen Teilmengen $S_n \subset S_{n-1} \subset \cdots \subset S_0 = \mathbb{N}$, so daß die Unterfolge $(\varphi_{(p)})_{p \in S_n}$ immer schwächere Schwingungen aufweist.

Angenommen, die Teilfolge S_{n-1} mit $n \geq 1$ sei bereits gebildet. Da E, F kompakt sind, gibt es endliche Überdeckungen von E (bzw. von F) durch die offenen Kugeln $(B_i)_{i \in I}$, bzw. $(B'_j)_{j \in J}$ mit dem Radius $1/n$. Wir bezeichnen $I = \{1, 2, \ldots, N\}$ und x_i als das Zentrum von B_i. Es sei p ein festgehaltener Index. Für alle $i = 1, \ldots, N$ gibt es einen Index $j = j(p, i)$, so daß $\varphi_{(p)}(x_i) \in B'_{j(p,i)}$.
Man betrachtet die Abbildung

$$
\begin{aligned}
S_{n-1} &\to J^N \\
p &\mapsto (j(p, 1), \ldots, j(p, N)).
\end{aligned}
$$

Da S_{n-1} unendlich und J^N endlich ist, besitzt eines der Elemente $(l_1, \ldots, l_N) \in J^N$ als Bildelement eine unendliche Teilmenge von S_{n-1}: Man bezeichnet diese Teilmenge mit S_n. Dies bedeutet, daß $(j(p, 1), \ldots, j(p, N)) = (l_1, \ldots, l_N)$ für $p \in S_n$ gilt und damit $\varphi_{(p)}(x_i) \in B'_{l_i}$. Insbesondere

$$(\forall p, q \in S_n) \quad \delta'(\varphi_{(p)}(x_i), \varphi_{(q)}(x_i)) \leq \text{Durchmesser } B'_{l_i} \leq \frac{2}{n}.$$

Es sei $x \in E$ ein beliebiger Punkt. Es gibt ein $i \in I$, so daß $x \in B_i$ und damit $\delta(x, x_i) < 1/n$. Die Annahme, daß die $\varphi_{(p)}$ eine Lipschitz-Konstante k besitzen, zieht

$$\delta'(\varphi_{(p)}(x), \varphi_{(p)}(x_i)) < \frac{k}{n}, \quad \delta'(\varphi_{(q)}(x), \varphi_{(q)}(x_i)) < \frac{k}{n}$$

nach sich. Aus der Dreiecksungleichung folgt dann $(\forall p, q \in S_n)$

$$\delta'(\varphi_{(p)}(x), \varphi_{(q)}(x)) \leq \frac{2}{n} + 2\frac{k}{n} = \frac{2k + 2}{n}.$$

Wir bezeichnen mit p_n das n-te Element von S_n. Für $N \geq n$ ist $p_N \in S_N \subset S_n$, also

$$\delta'(\varphi_{(p_n)}(x), \varphi_{(p_N)}(x)) \leq \frac{2k + 2}{n}. \tag{$*$}$$

Dies hat zu Folge, daß $\varphi_{(p_n)}(x)$ für alle $x \in E$ in F eine Cauchy-Folge ist. Da F kompakt ist, ist F auch vollständig und deswegen konvergiert $\varphi_{(p_n)}(x)$ gegen einen Grenzwert $\varphi(x)$. Für $N \to +\infty$ bedingt $(*)$ im Grenzfall $d(\varphi_{(p_n)}, \varphi) \leq (2k + 2)/n$. Man erkennt also, daß $\varphi_{(p_n)}$ gleichmäßig gegen φ konvergiert. Ebenso sieht man leicht, daß $\varphi \in \mathrm{Lip}_k(E, F)$. ■

Übung

Man setzt $E = [0, \pi]$, $F = [-1, 1]$, $\varphi_p(x) = \cos px$. *Berechnen Sie* $\displaystyle\int_0^\pi (\varphi_p(x) - \varphi_q(x))^2 dx$ *und folgern Sie daraus, daß* $d(\varphi_p, \varphi_q) \geq 1$, *wenn* $p \neq q$. *Ist der Raum* $\mathrm{Lip}(E, F) = \displaystyle\bigcup_{k \geq 0} \mathrm{Lip}_k(E, F)$ *kompakt?*

5.2.4 Existenzsatz (Cauchy-Peano-Arzela)

Der Grundgedanke ist, daß der Satz von Ascoli dazu benutzt wird, die Existenz einer gleichmäßig konvergierenden Unterfolge von Näherungslösungen zu beweisen. Auf diese Weise erhält man:

Satz

Es sei $C = [t_0 - T, t_0 + T] \times \overline{B}(y_0, r_0)$ *mit* $T \leq \min(T_0, r_0/M)$ *ein Sicherheitszylinder für die Gleichung* (D): $y' = f(t, y)$. *Dann gibt es eine Lösung* $y : [t_0 - T, t_0 + T] \to \overline{B}(y_0, r_0)$ *von* (D) *mit der Anfangsbedingung* $y'(t_0) = y_0$.

Beweis. Es sei $y_{(p)}$ die mit dem Euler-Cauchy-Verfahren erhaltene Näherungslösung. Dabei sollen die Intervalle $[t_0, t_0 + T]$ und $[t_0 - T, t_0]$ mit konstanter Schrittweite $h = T/p$ unterteilt werden. Diese Lösung ist ε_p-genähert, mit einem gegen 0 strebenden Fehler $\varepsilon_p \leq \omega_f((M + 1) T/p)$. Jede Abbildung $y_{(p)} : [t_0 - T, t_0 + T] \to \overline{B}(y_0, r_0)$ hat eine Lipschitz-Konstante M, das bedeutet nach dem Satz von Ascoli, daß $(y_{(p)})$ eine gleichmäßig gegen eine Grenzfunktion y konvergierende Unterfolge $(y_{(p_n)})$ besitzt. Nach Behauptung 3 des Abschnittes 5.2.2 ist y eine exakte Lösung der Gleichung (D).

Korollar

Durch jeden Punkt $(t_0, y_0) \in U$ *geht mindestens eine maximal fortgesetzte (im allgemeinen nicht eindeutige) Lösung* $y : I \to \mathbb{R}^m$ *von* (D). *Außerdem ist der Definitionsbereich* I *für jede maximal fortgesetzte Lösung ein offenes Intervall.*

Wie man soeben gesehen hat, existiert eine auf dem Intervall $[t_0 - T, t_0 + T]$ definierte lokale Lösung z. Nach dem Satz aus Abschnitt 5.1.3, läßt sich z in eine maximal fortgesetzte Lösung $y = \tilde{z} : \,]a, b| \to \mathbb{R}^m$ fortsetzen. Wenn y im Punkt b definiert wäre, würde es eine Lösung $y_{(1)} : [b - \varepsilon, b + \varepsilon] \to \mathbb{R}^m$ des Anfangswertproblems mit den Anfangswerten $(b, y(b)) \in U$ geben. Die Funktion $\tilde{y} : \,]a, b + \varepsilon] \to \mathbb{R}^m$ würde mit y auf $]a, b]$ und mit $y_{(1)}$ auf $[b, b + \varepsilon]$ zusammen fallen, wäre also eine echte Fortsetzung von y, was unsinnig ist.

Beispiel

Für die Gleichung $y' = 3|y|^{2/3}$, mit $y(0) = 0$ als Anfangsbedingung, besitzt das Anfangswertproblem zwei maximal fortgesetzte Lösungen:

$$y_{(1)}(t) = 0, \quad y_{(2)}(t) = t^3, \quad t \in \mathbb{R}.$$

5.3 Existenz- und Eindeutigkeitssatz von Cauchy-Lipschitz

Kehren wir noch einmal zu den Überlegungen aus Abschnitt 5.2 zurück. Wir wollen jetzt zusätzlich annehmen, daß f bezüglich y *lokal lipschitz-stetig* ist: Das bedeutet, daß es für jeden Punkt $(t_0, y_0) \in U$ einen Zylinder $C_0 = [t_0 - T_0, t_0 + T_0] \times \overline{B}(y_0, r_0) \subset U$ und eine Konstante $k = k(t_0, y_0) \geq 0$ gibt, so daß f eine Lipschitz-Konstante k bezüglich y auf C_0 besitzt:

$$\bigl(\forall (t, y_1), (t, y_2) \in C_0 \bigr) \quad \|f(t, y_1) - f(t, y_2)\| \leq k\|y_1 - y_2\|.$$

Bemerkung

Damit f auf U lokal lipschitz-stetig bezüglich y ist, genügt es, daß f partielle Ableitungen $\dfrac{\partial f_i}{\partial y_j}$, $1 \leq i, j \leq m$ besitzt, die auf U stetig sind. Das bedeutet

$$k = \max_{1 \leq i,j \leq m} \, \sup_{(t,y) \in C_0} \left| \frac{\partial f_i}{\partial y_j}(t, y) \right|.$$

Die Zahl k ist endlich, weil C_0 kompakt ist. Der Mittelwertsatz der Differentialrechnung angewendet auf f_i in C_0 ergibt

$$f_i(t, y_1) - f_i(t, y_2) = \sum_j \frac{\partial f_i}{\partial y_j}(t, \xi)(y_{1,j} - y_{2,j})$$

mit $\xi \in \,]y_1, y_2[$. Also erhält man schließlich

$$\max_i |f_i(t, y_1) - f(t, y_2)| \leq mk \cdot \max_j |y_{1,j} - y_{2,j}|.$$

Unter diesen Annahmen für f werden wir beweisen, daß die Lösung des Anfangswert-problems notwendigerweise eindeutig ist, und außerdem jede Folge von ε-genäherten Lösungen, mit ε gegen 0 strebend, notwendigerweise gegen die exakte Lösung strebt. Angesichts der Wichtigkeit dieser Ergebnisse soll im folgenden ein zweiter, völlig unterschiedlicher Beweis erbracht werden, welcher auf dem Fixpunktsatz beruht (Kapitel 4.1.1).

5.3.1 Lemma von Gronwall. Konvergenz und lokale Eindeutigkeit

Es sei $C_0 = [t_0 - T_0, t_0 + T_0] \times \overline{B}(y_0, r_0) \subset U$ ein Zylinder auf dem f lipschitz-stetig bezüglich y ist, und es sei $M = \sup_{C_0} \|f\|$. Man gibt ein $\varepsilon > 0$ vor und betrachtet die ε_1 bzw. ε_2-genäherten Lösungen $y_{(1)}$ und $y_{(2)}$ des Anfangswertproblems (t_0, y_0), mit $\varepsilon_1, \varepsilon_2 \leq \varepsilon$.

Damit ergibt sich $\|y'_{(i)}(t)\| \leq M + \varepsilon$ und eine zu Abschnitt 5.2.1 analoge Überlegung zeigt, daß die Graphen von $y_{(1)}, y_{(2)}$ innerhalb des Zylinders

$$C = [t_0 - T, t_0 + T] \times \overline{B}(y, r_0) \subset C_0$$

bleiben, sobald $T \leq \min\left(T_0, \dfrac{r_0}{M + \varepsilon}\right)$, was im folgenden angenommen werden soll.

Lemma von Gronwall

Unter den vorhergehenden Annahmen erhält man

$$\|y_{(2)}(t) - y_{(1)}(t)\| \leq (\varepsilon_1 + \varepsilon_2) \, \frac{e^{k|t - t_0|} - 1}{k}, \quad \forall t \in [t_0 - T, t_0 + T].$$

Beweis. Verschiebt man den Ursprung auf der Zeitachse, so kann man $t_0 = 0$ annehmen und zum Beispiel $t \in [0, T]$. Setzen wir also

$$v(t) = \int_0^t \|y_{(2)}(u) - y_{(1)}(u)\| du.$$

Da $y_{(i)}$ die Differentialgleichung bis auf ε_i genau erfüllt, erhält man unter Ausnutzung der Annahme, daß f lipschitz-stetig bezüglich y ist, durch Subtraktion

$$\begin{aligned} \|y'_{(2)}(t) - y'_{(1)}(t)\| &\leq \|f(t, y_{(2)}(t) - f(t, y_{(1)}(t)\| + \varepsilon_1 + \varepsilon_2 \\ &\leq k\|y_{(2)}(t) - y_{(1)}(t)\| + \varepsilon_1 + \varepsilon_2. \end{aligned}$$

Des weiteren ist $y_{(2)}(t) - y_{(1)}(t) = \int_0^t (y'_{(2)}(u) - y'_{(1)}(u)) du$, da $y_{(2)}(0) = y_{(1)}(0) = y_0$ ist. Daraus schließt man

$$\|y_{(2)}(t) - y_{(1)}(t)\| \leq k \int_0^t \|y_{(2)}(u) - y_{(1)}(u)\| du + (\varepsilon_1 + \varepsilon_2)t \qquad (*)$$

das bedeutet

$$v'(t) \leq kv(t) + (\varepsilon_1 + \varepsilon_2)t.$$

Nach der Subtraktion von $kv(t)$ und der Multiplikation mit e^{-kt} ergibt sich

$$(v'(t) - kv(t))e^{-kt} = \frac{d}{dt}\left(v(t)e^{-kt}\right) \leq (\varepsilon_1 + \varepsilon_2)te^{-kt}.$$

Integriert man nocheinmal (beachten Sie, daß $v(0) = 0$ ist), so erhält man

$$v(t)e^{-kt} \leq \int_0^t (\varepsilon_1 + \varepsilon_2)ue^{-ku}du = (\varepsilon_1 + \varepsilon_2)\frac{1 - (1 + kt)e^{-kt}}{k^2},$$

$$v(t) \leq (\varepsilon_1 + \varepsilon_2)\frac{e^{kt} - (1 + kt)}{k^2},$$

während die Integration der ersten Ungleichung $(*)$ ergibt:

$$\|y_{(2)}(t) - y_{(1)}(t)\| \leq kv(t) + (\varepsilon_1 + \varepsilon_2)t \leq (\varepsilon_1 + \varepsilon_2)\frac{e^{kt} - 1}{k}.$$

Den Fall für $t \in [-T, 0]$ erhält man durch eine Variablentransformation $t \mapsto -t$. ■

Satz (Cauchy-Lipschitz)

Wenn $f : U \to \mathbb{R}^m$ lokal lipschitz-stetig bezüglich y ist, dann besitzt das Anfangswertproblem (t_0, y_0) eine eindeutige, exakte Lösung $y : [t_0 - T, t_0 + T] \to U$ für den ganzen, oben beschriebenen Sicherheitszylinder $C = [t_0 - T, t_0 + T] \times \overline{B}(y_0, r_0)$. Außerdem konvergiert auf $[t_0 - T, t_0 + T]$ jede Folge $y_{(p)}$ von ε_p-genäherten Lösungen gleichmäßig gegen die exakte Lösung y, wenn ε_p gegen 0 strebt.

Existenz. Es sei $y_{(p)}$ eine beliebige Folge von ε_p-genäherten Lösungen mit $\lim \varepsilon_p = 0$; das können zum Beispiel mit dem Euler-Verfahren ermittelte Lösungen sein. Das Lemma von Gronwall zeigt, daß

$$d(y_{(p)}, y_{(q)}) \leq (\varepsilon_p + \varepsilon_q)\frac{e^{kT} - 1}{k} \quad \text{auf} \quad [t_0 - T, t_0 + T]$$

und folglicherweise $y_{(p)}$ eine gleichmäßig konvergierende Cauchy-Folge ist. Da die Funktionswerte von $y_{(p)}$ alle in $\overline{B}(y_0, r_0)$, einem vollständigen Raum, enthalten sind, konvergieren die $y_{(p)}$ gegen eine Grenzfunktion y. Diese Grenzfunktion y ist nach der Behauptung 3 des Abschnittes 5.2.2 eine exakte Lösung der Gleichung (D).

Eindeutigkeit. Wenn $y_{(1)}, y_{(2)}$ zwei exakte Lösungen sind, dann ergibt sich aus dem Lemma von Gronwall mit $\varepsilon_1 = \varepsilon_2 = 0$, daß $y_{(1)} = y_{(2)}$ ist. ■

5.3.2 * Weiterer Beweis (mit dem Fixpunktsatz)

Es sei $C = [t_0 - T, t_0 + T] \times \overline{B}(y_0, r_0) \subset C_0$ mit $T \le \min(T_0, r_0/M)$ ein Sicherheitszylinder für (D).

Wir bezeichnen $\mathcal{F} = \mathcal{C}([t_0 - T, t_0 + T], \overline{B}(y_0, r_0))$ als Menge der stetigen Abbildungen von $[t_0 - T, t_0 + T]$ in $\overline{B}(y_0, r_0)$ mit der Metrik d der gleichmäßigen Konvergenz. Jeder Funktion $y \in \mathcal{F}$ ordnen wir die Funktion $\phi(y)$ zu, die wie folgt definiert ist

$$\phi(y)(t) = y_0 + \int_{t_0}^t f(u, y(u))du, \quad t \in [t_0 - T, t_0 + T].$$

Nach dem Lemma vom Beginn des Abschnittes 5.2 ist y dann und nur dann eine Lösung von (D), wenn y ein Fixpunkt von ϕ ist. Man wird also versucht sein, den Fixpunktsatz anzuwenden. Beachten wir, daß

$$\|\phi(y)(t) - y_0\| = \left\| \int_{t_0}^t f(u, y(u))du \right\| \le M|t - t_0| \le MT \le r_0$$

und damit $\phi(y) \in \mathcal{F}$. Der Operator ϕ bildet also $\mathcal{F}$ auf $\mathcal{F}$ ab. Es seien jetzt $y, z \in F$ und $y_{(p)} = \phi^p(y)$, $z_{(p)} = \phi^p(z)$. Es ist

$$\begin{aligned} \|y_{(1)}(t) - z_{(1)}(t)\| &= \left\| \int_{t_0}^t (f(u, y(u)) - f(u, z(u)))du \right\| \\ &\le \left| \int_{t_0}^t k\|y(u) - z(u)\|du \right| \le k|t - t_0| \, d(y, z). \end{aligned}$$

Ebenso

$$\begin{aligned} \|y_{(2)}(t) - z_{(2)}(t)\| &\le \left| \int_0^t k\|y_1(u) - z_1(u)\|du \right| \\ &\le \left| \int_{t_0}^t k \cdot k|u - t_0|d(y, z)du \right| = k^2 \frac{|t - t_0|^2}{2} \, d(y, z). \end{aligned}$$

Durch vollständige Induktion in p bestätigt man sofort

$$\|y_{(p)}(t) - z_{(p)}(t)\| \le k^p \frac{|t - t_0|^p}{p!} \, d(y, z)$$

und insbesondere

$$d(\phi^p(y), \phi^p(z)) = d(y_{(p)}, z_{(p)}) \le \frac{k^p T^p}{p!} \, d(y, z). \tag{$*$}$$

Es gibt ein p, so daß $k^p T^p/p! < 1$ ist; für einen solche Wert p ist ϕ^p eine kontrahierende Abbildung von $\mathcal{F}$ auf $\mathcal{F}$. Da $\mathcal{F}$ vollständig ist, besitzt diese Abbildung einen einzigen Fixpunkt, das bedeutet, daß es ein eindeutiges $y \in \mathcal{F} = \mathcal{C}([t_0 - T, t_0 + T], \overline{B}(y_0, r_0))$ gibt, so daß $\phi^p(y) = y$ ist. Damit ist

$$\phi^p(\phi(y)) = \phi(\phi^p(y)) = \phi(y)$$

und die Eindeutigkeit des Fixpunktes von ϕ^p zieht $\phi(y) = y$ nach sich. Die Abbildung ϕ besitzt also einen Fixpunkt und zwar nur einen einzigen (die Eindeutigkeit folgt aus der Tatsache, daß jeder Fixpunkt von ϕ auch ein Fixpunkt von ϕ^p ist). Wir haben also noch einmal die Aussage des Satzes von Cauchy-Lipschitz über die Existenz- und Eindeutigkeitseigenschaften von Lösungen bewiesen. ■

Bemerkung

Aus $(*)$ ist ersichtlich, daß für alle $z \in \mathcal{F}$ die Iterationsfolge $\varphi^p(z)$ gleichmäßig gegen die exakte Lösung y des Anfangswertproblems konvergiert.

5.3.3 Globale Eindeutigkeit

Satz

Es seien $y_{(1)}, y_{(2)} : I \to \mathbb{R}^m$ zwei Lösungen von (D) mit f, lokal lipschitz-stetig bezüglich y. Wenn $y_{(1)}$ und $y_{(2)}$ in einem Punkt von I zusammenfallen, dann ist $y_{(1)} = y_{(2)}$ auf ganz I.

Beweis. Angenommen, in einem Punkt $t_0 \in I$ sei $y_{(1)}(t_0) = y_{(2)}(t_0)$. Zeigen wir zum Beispiel, daß $y_{(1)}(t) = y_{(2)}(t)$ für $t \geq t_0$ gilt. Wenn dem nicht so ist, dann betrachten wir den ersten Augenblick $\tilde{t}_0$, in dem $y_{(1)}$ und $y_{(2)}$ sich aufspalten:

$$\tilde{t}_0 = \inf\{t \in I;\ t \geq t_0 \quad \text{und} \quad y_{(1)}(t) \neq y_{(2)}(t)\}.$$

Definitionsgemäß gilt $y_{(1)}(t) = y_{(2)}(t)$ für $t \in [t_0, \tilde{t}_0[$, und aus der Stetigkeit folgt $y_{(1)}(\tilde{t}_0) = y_{(2)}(\tilde{t}_0)$. Es sei $\tilde{y}_0$ dieser Punkt und $\tilde{C} = [\tilde{t}_0 - \tilde{T}, \tilde{t}_0 + \tilde{T}] \times \overline{B}(\tilde{y}_0, \tilde{r}_0)$ ein Sicherheitszylinder um $(\tilde{t}_0, \tilde{y}_0)$ herum. Aus dem lokalen Eindeutigkeitsatz folgt, daß $y_{(1)} = y_{(2)}$ auf $[\tilde{t}_0 - \tilde{T}, \tilde{t}_0 + \tilde{T}]$ ist, was der Definition von $\tilde{t}_0$ widerspricht. Damit ist die Eindeutigkeit bewiesen. ■

Korollar

Wenn f auf U lokal lipschitz-stetig bezüglich y ist, dann geht durch jeden Punkt $(t_0, y_0) \in U$ nur eine einzige maximal fortgesetzte Lösung $y : I \to \mathbb{R}^m$.

Geometrische Deutung

Der Eindeutigkeitssatz bedeutet geometrisch gesehen, daß die verschiedenen Integralkurven sich nicht schneiden können.

Beispiel

$y' = 3|y|^{2/3}$ auf $U = \mathbb{R} \times \mathbb{R}$.

Wir wollen die Menge der maximal fortgesetzten Lösungen bestimmen. Es ist $f(t, y) = 3|y|^{2/3}$, $\partial f / \partial y = \text{signum}\,(y) \times 2|y|^{-1/3}$ für $y \neq 0$. Die Ableitung $\partial f / \partial y$ ist in den Halbebenen $y > 0$ und $y < 0$ stetig, aber unstetig für $y = 0$. Die Funktion f ist auf $\{y > 0\}$ und $\{y < 0\}$ lokal lipschitz-stetig bezüglich y, aber wie man leicht sieht, gilt das nicht in der Umgebung jedes Punktes $(t_0, 0) \in \mathbb{R} \times \{0\}$ (wie wir schon gesehen haben, gibt es keine lokale Eindeutigkeit in diesen Punkten). Auf $\{y > 0\}$ (beziehungsweise auf $\{y < 0\}$) kann man die Gleichung auch in folgender Form schreiben

$$\frac{1}{3}\, y' y^{-\frac{2}{3}} = 1 \quad \text{(bzw.} \quad -\frac{1}{3}\, y'(-y)^{-\frac{2}{3}} = -1),$$

woraus $y^{\frac{1}{3}} = t + C_1$ (bzw. $(-y)^{-\frac{1}{3}} = -(t + C_2)$) also $y(t) = (t + C_i)^3$ folgt. Wenn y eine maximal fortgesetzte Lösung auf $U = \mathbb{R} \times \mathbb{R}$ ist, also $y' \geq 0$, dann ist y monoton wachsend. Wir bezeichnen

$$a = \inf\{t, y(t) = 0\}, \quad b = \sup\{t; y(t) = 0\}.$$

Wenn $a \neq -\infty$, dann ist $y(a) = 0$ und $y(t) < 0$ für $t < a$, also $y(t) = (t - a)^3$. Ebenso ist $y(t) = (t - b)^3$ für $t > b$, wenn $b \neq +\infty$.

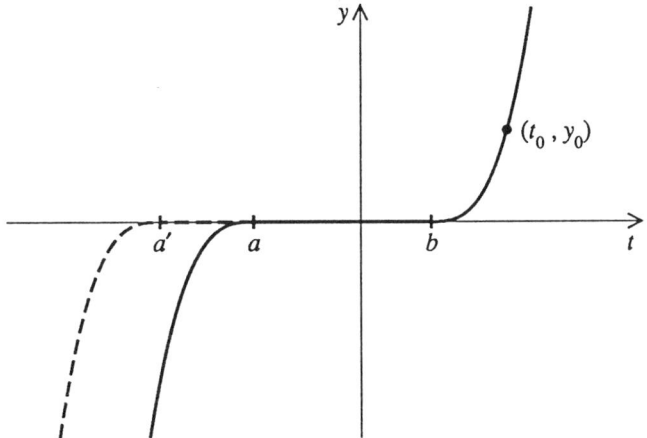

Man sieht, daß durch jeden Punkt (t_0, y_0) eine unendliche Anzahl von maximal fortgesetzten Lösungen hindurch gehen. Wenn $y_0 > 0$ ist, dann ergibt sich gezwungenermaßen $b = t_0 - y_0^{1/3}$, aber die Wahl $a \in [-\infty, b]$ ist willkürlich. Es ist zu beachten, daß dieser Effekt auftritt, obwohl im Punkt t (t_0, y_0) eine lokale Eindeutigkeit vorliegt!

5.3.4   Hinreichende Bedingung für die Existenz von globalen Lösungen

Satz

Es sei $f : U \to \mathbb{R}^m$ eine stetige Abbildung auf einem Gebiet $U = J \times \mathbb{R}^m$, wobei $J \subset \mathbb{R}$ ein offenes Intervall ist. Angenommen, es gibt eine stetige Funktion $k : J \to \mathbb{R}_+$, so daß für jedes festgehaltene $t \in J$ die Abbildung $y \mapsto f(t, y)$ auf $\mathbb{R}^m$ eine Lipschitz-Konstante $k(t)$ besitzt.
Dann ist jede maximal fortgesetzte Lösung der Gleichung $y' = f(t, y)$ global (das heißt auf ganz J definiert).

Beweis. Es sei $(t_0, y_0) \in J \times \mathbb{R}^m$ und $[t_0 - T, t_0 + T']$ ein in J enthaltenes kompaktes Intervall. Wir nehmen die Beweisführung für den Satz von Cauchy-Lipschitz noch einmal auf.

Da $U = J \times \mathbb{R}^m$ ist, kann man einen Sicherheitszylinder mit dem Radius $r_0 = +\infty$ wählen. Die in Abschnitt 5.3.2 definierte Abbildung ϕ wirkt also im gesamten Raum

$$\mathcal{F} = \mathcal{C}([t_0 - T, t_0 + T'], \mathbb{R}^m).$$

Es sei $K = \max\limits_{t \in [t_0 - T, t_0 + T']} k(t)$. Für die Abbildung f wird angenommen, daß sie eine Lipschitz-Konstante K bezüglich y auf $[t_0 - T, t_0 + T'] \times \mathbb{R}^m$ besitzt. Nach der Überlegung aus Abschnitt 5.3.2 hat die Abbildung ϕ^p auf $\mathcal{F}$ eine Lipschitz-Konstante $K^p/p!(\max(T, T'))^p$, ist also für genügend großes p eine kontrahierende Abbildung. Das bedingt, daß die (eindeutige) Lösung des Anfangswertproblems auf dem ganzen Intervall $[t_0 - T, t_0 + T'] \subset J$ definiert ist.

Übungen

(a) *Zeigen Sie, daß jede maximal fortgesetzte Lösung der Differentialgleichung $y' = t\sqrt{t^2 + y^2}$, $(t, y) \in \mathbb{R} \times \mathbb{R}$ global ist.*

(b) *Man definiert $f : \mathbb{R} \to \mathbb{R}$ als $f(y) = e$ für $y \le e$ und als $f(y) = y \ln y$ für $y \ge e$. Ist die Funktion f in $\mathbb{R}$ lipschitz-stetig? Bestimmen sie die maximal fortgesetzten Lösungen der Gleichung $y' = f(y)$. Ist die hinreichende Bedingung des Satzes auch notwendig?*

5.4   Differentialgleichungen höherer Ordnung

5.4.1   Definitionen

Ein Differentialgleichungssystem der Ordnung p in $\mathbb{R}^m$ läßt sich als Gleichung der Form

(D) $$y^{(p)} = f(t, y, y', \dots, y^{(p-1)})$$

darstellen, wobei $f : U \to \mathbb{R}^m$ eine stetige Abbildung ist, welche auf einer offenen Teilmenge $U \subset \mathbb{R} \times (\mathbb{R}^m)^p$ definiert ist.

Eine *Lösung* von (D) ist eine Abbildung $y : I \to \mathbb{R}^m$, welche auf einem Intervall $I \subset \mathbb{R}$ p-mal differenzierbar ist, so daß

(i) $(\forall t \in I)$ $\quad (t, y(t), y'(t), \ldots, y^{(p-1)}(t)) \in U,$

(ii) $(\forall t \in I)$ $\quad y^{(p)}(t) = f(t, y(t), y(t'), \ldots, y^{(p-1)}(t)).$

Reguläre Lösungen

Wie man leicht durch vollständige Induktion zeigen kann, gehören die Lösungen y zur Klasse C^{k+p}, wenn f zur Klasse C^k gehört.

5.4.2 Zugehöriges Differentialgleichungssystem erster Ordnung

Es ist offenkundig, daß das System (D) einem Differentialsgleichungssystem erster Ordnung

$$(D_1) \quad \begin{cases} \dfrac{dY_0}{dt} = Y_1 \\[2mm] \dfrac{dY_1}{dt} = Y_2 \\[2mm] \vdots \\[2mm] \dfrac{dY_{p-2}}{dt} = Y_{p-1} \\[2mm] \dfrac{dY_{p-1}}{dt} = f(t, Y_0, Y_1, \ldots, Y_{p-1}) \end{cases}$$

äquivalent ist, wenn man $Y_0 = y$, $Y_1 = y'$, ... setzt. Das System (D_1) kann man auch so schreiben

$$(D_1) \qquad\qquad Y' = F(T, Y)$$

mit

$$\begin{aligned} Y &= (Y_0, Y_1, \ldots, Y_{p-1}) \in (\mathbb{R}^m)^p \\ F &= (F_0, F_1, \ldots, F_{p-1}) : U \to (\mathbb{R}^m)^p \\ F_0(t, Y) &= Y_1, \ldots, F_{p-2}(t, Y) = Y_{p-1}, \\ F_{p-1}(t, Y) &= f(t, Y). \end{aligned}$$

Jedes Differentialgleichungssystem (D) p-ter Ordnung in $\mathbb{R}^m$ entspricht also einem Differentialgleichungssystem (D_1) erster Ordnung in $(\mathbb{R}^m)^p$. Daraus folgt, daß die Existenz- und Eindeutigkeitssätze, welche für Systeme erster Ordnung bewiesen wurden, auch für die Systeme der Ordnung p gelten. Es seien hier noch einmal die wichtigsten genannt.

5.4.3 Existenzsatz

Für jeden Punkt $(t_0, y_0, y_1, \ldots, y_{p-1}) \in U$ besitzt das Anfangswertproblem

$$y(t_0) = y_0, \ y'(t_0) = y_1, \ldots, y^{(p-1)}(t_0) = y_{p-1}$$

mindestens eine maximal fortgesetzte Lösung $y : I \to \mathbb{R}^m$, die auf einem offenen Intervall definiert ist.

Sehr wichtige Bemerkung

Man sieht, daß für ein System der Ordnung p als Anfangwert nicht mehr nur y_0 von y zum Zeitpunkt t_0 genügt, sondern außerdem die Kenntnis der $(p-1)$ ersten Ableitungen benötigt werden.

5.4.4 Existenz- und Eindeutigkeitssatz

Wenn außerdem f auf U lokal lipschitzstetig bezüglich $(y_0, \ldots, y_{p-1})$ ist, das heißt wenn $\forall (t_0, y_0, \ldots, y_{p-1}) \in U$ ist, dann gibt es eine in U enthaltene Umgebung $[t_0 - T_0, t_0 + T_0] \times \overline{B}(y_0, r_0) \times \cdots \times \overline{B}(y_{p-1}, r_{p-1})$, auf der

$$\|f(t, z_0, \ldots, z_{p-1}) - f(t, w_0, \ldots, w_{p-1})\| \le k(\|z_0 - w_0\| + \cdots + \|z_{p-1} - w_{p-1}\|)$$

gilt, und damit besitzt das Anfangswertproblem aus Abschnitt 5.4.3 eine einzige maximal fortgesetzte Lösung.

5.4.5 Globale Lösungen

Wenn $U = J \times (\mathbb{R}^m)^p$ ist, und wenn es eine stetige Funktion $k : J \to \mathbb{R}_+$ gibt, so daß $(\forall t \in J)$

$$\|f(t, z_0, \ldots, z_{p-1}) - f(t, w_0, \ldots, w_{p-1})\| \le k(t)(\|z_0 - w_0\| + \cdots + \|z_{p-1} - w_{p-1}\|),$$

dann sind die maximal fortgesetzten Lösungen auf ganz J definiert.

5.5 Aufgaben

5.5.1

Man betrachtet die Differentialgleichung $y' = y^2 - x$.

(a) Wie lautet die Gleichung der Isoklinen?

Man bezeichnet die Isokline mit der Steigung Null als I_0.

Es sei $\mathcal{P}^-$ die Menge der Ebenenpunkte, für welche die Steigung monoton fallend ist. Beschreiben Sie $\mathcal{P}^-$. Zeigen Sie, daß wenn eine Lösung in $\mathcal{P}^-$ hineinkommt, daß sie dann dort bleibt (das heißt: Besitzt eine Lösung $y(x)$ einen Punkt $(x_0, y(x_0))$ in $\mathcal{P}^-$, dann gilt für $x_1 > x_0$, daß $(x_1, y(x_1)) \in \mathcal{P}^-$).

(b) Die Menge der Wendepunkte der Lösungen der Differentialgleichung bilden die Kurve $\mathcal{I}$. Untersuchen und zeichnen Sie diese Kurve. Wo liegen die Ebenenabschnitte, in denen $y'' > 0$, beziehungsweise $y'' < 0$ ist?

Man bezeichnet das außerhalb von $\mathcal{P}^-$ liegende Gebiet von $\mathcal{I}$ als $\mathcal{I}_1$ und als $\mathcal{I}_2$ das innerhalb von $\mathcal{P}^-$ liegenden Gebiet von $\mathcal{I}$.

(c) Es sei $\mathcal{C}$ eine Lösungskurve, welche in einem Punkt (x, y) auf $\mathcal{I}_1$ stößt.

  α) Zeigen Sie, daß in diesem Punkt die Steigung von $\mathcal{I}_1$ immer kleiner ist als die Steigung von $\mathcal{C}$.

  β) Schließen Sie daraus, daß $\mathcal{C}$ nur in diesem Punkt $\mathcal{I}_1$ schneidet, daß $\mathcal{C}$ nicht auf $\mathcal{P}^-$ trifft, und daß $\mathcal{C}$ nur einen Wendepunkt hat.

  γ) Zeigen Sie, daß $\mathcal{C}$ zwei ins unendliche reichende Äste mit senkrechter Asymptote hat.

  δ) Es sei (x_0, y_0) ein Punkt auf $\mathcal{C}$. Vergleichen Sie für diesen Punkt die Steigung von $\mathcal{C}$ mit der Steigung der Differentialgleichung $y' = y^2/2$. Schließen Sie daraus, daß die ins unendliche reichenden Äste von $\mathcal{C}$ senkrechten Asymptoten entsprechen.

(d) Es sei $\mathcal{D}$ eine auf I_0 treffende Lösungskurve.

  α) Zeigen Sie, daß $\mathcal{D}$ eine senkrechte Asymptote besitzt.

  β) Zeigen Sie, daß $\mathcal{D}$ nur einen einzigen Wendepunkt hat.

  γ) Zeigen Sie, daß wenn $x \to \infty$ geht, daß dann I_0 eine Asymptote für $\mathcal{D}$ ist.

(e) Es sei A (bzw. B) die Menge der Achsenpunkte von Oy, durch die eine auf $\mathcal{I}_1$ (bzw. $\mathcal{I}_0$) treffende Lösungskurve geht.

  α) Zeigen Sie, daß es ein a gibt, so daß $A = \{0\} \times]a, +\infty[$.

  β) Zeigen Sie, daß es ein b gibt, so daß $B = \{0\} \times] -\infty; b[$.

  γ) Zeigen Sie, daß $a = b$ ist. Wie sieht die Lösung aus, die durch den Punkt mit den Koordinaten $(0, a)$ geht?

5.5.2

Man betrachtet die Differentialgleichung $y' = f(t, y)$ wobei f und $\partial f/\partial y$ stetig sind. Es sei α eine reelle Funktion, welche auf dem Intervall $[t_0, t_1[$ definiert ist, wobei t_1 unter Umständen unendlich sein kann; man nimmt α als stetig und stückweise differenzierbar an.

Man bezeichnet α dann als eine untere Schranke [beziehungsweise: obere Schranke] für die Differentialgleichung, wenn für jedes t, für das $\alpha'(t)$ existiert, $\alpha'(t) < f(t, \alpha(t))$ [bzw: $\alpha'(t) > f(t, \alpha(t))$] gilt; für die Punkte, in denen α nicht differenzierbar ist, müssen die linksseitige und die rechtsseitige Ableitung diese Bedingung erfüllen.

(a) Zeigen Sie, daß wenn α eine untere Schranke für $t_0 \leq t \leq t_1$ ist, und wenn u eine Lösung der Differentialgleichung ist, für die $\alpha(t_0) \leq u(t_0)$ erfüllt ist, daß dann $\alpha(t) < u(t)$ für jedes $t \in {]t_0, t_1[}$ gilt. Leiten Sie das analoge Ergebnis für eine obere Schranke her.

(b) Man nimmt an, daß α auf $[t_0, t_1[$ eine untere und β auf $[t_0, t_1[$ eine obere Schranke ist, und daß für alle $t \in [t_0, t_1[$ außerdem $\alpha(t) < \beta(t)$ gilt. Die Punktmenge (t, x), für die $t_0 \leq t \leq t_1$ und $\alpha(t) \leq x \leq \beta(t)$ gilt, wird als Trichter bezeichnet.

  α) Zeigen Sie, daß für eine Lösung u der Differentialgleichung folgendes gilt: Wenn $(s, u(s))$ für $s \in [t_0, t_1[$ ist, dann nennt man die Menge $(t, u(t))$ für jedes $t \in [s, t_1[$ im Trichter enthalten.

  β) Wenn α eine untere Schranke und β eine obere Schranke ist, und wenn $\alpha(t) > \beta(t)$ für $t \in [t_0, t_1[$ ist, dann nennt man die Menge (t, x), für die $t_0 \leq t \leq t_1$ und $\alpha(t) \geq x \geq \beta(t)$ gilt, einen Anti-Trichter.
  Zeigen Sie, daß es eine Lösung $u(t)$ der Differentialgleichung gibt, so daß $\beta(t) \leq u(t) \leq \alpha(t)$ für jedes $t \in [t_0, t_1[$ gilt.

(c) Für den weiteren Verlauf der Aufgabe sei $f(t, y) = \sin(ty)$. Man beschränkt sich auf Lösungen mit $y > 0$.

  α) Bestimmen Sie die zu den Steigungen $-1, 0, 1$ gehörenden Isoklinen.

  β) Für welche Werte von t sind diese Isoklinen untere Schranken bzw. obere Schranken? Welches sind die durch diese Isoklinen gebildeten Trichter?

  γ) Es sei u eine Lösung der Differentialgleichung; γ sei eine stetige, stückweise differenzierbare Funktion, welche für $t \geq 0$ durch $\gamma(0) = u(0) > 0$ definiert ist; γ ist von $t = 0$ bis an die Stelle, an der ihr Graph die erste Isokline der Steigung 0 schneidet, eine Steigung von 1 zugeordnet; danach ist γ die Steigung 0 zugeordnet, bis zur folgenden Isokline der Steigung 0; danach ist γ wieder die Steigung 1 zugeordnet, bis zur nächsten Isokline der Steigung 0 und so weiter. Zeigen Sie, daß der Graph von γ die Gerade $y = t$ schneidet.

  δ) Zeigen Sie, daß γ eine obere Schranke ist.

ε) Schließen Sie daraus, daß jede Lösung der Differentialgleichung die Gerade $y = t$ schneidet und dann innerhalb des Trichters bleibt.

ζ) Zeichnen Sie den Verlauf der Lösungen der Differentialgleichung $y' = \sin(ty)$.

5.5.3

Man betrachte die Gleichung (Van der Pol'sche Differentialgleichung genannt):

(D) $$\begin{cases} x'(t) = y(t) - x^3(t) + x(t), \\ y'(t) = -x(t), \end{cases} \quad t \in \mathbb{R}.$$

(a) Zeigen Sie, daß das zugehörige Anfangswertproblem eine eindeutige globale Lösung besitzt. (Man kann dazu das Ergebnis der Aufgabe 5.5.9 benutzen.)

(b) Als einer Lösung von (D) zugeordnete Trajektorie bezeichnet man die Punktmenge, der in der Euklidschen Ebene von $(x(t), y(t))$ durchlaufenen Punkte, wenn t selbst $\mathbb{R}$ durchläuft. Zeigen Sie, daß die zwei verschiedenen Lösungen zugeordneten Trajektorien entweder zusammenfallen oder keinen gemeinsamen Punkt besitzen; zeigen Sie, daß durch jeden Ebenenpunkt nur eine einzige Trajektorie verläuft; zeigen Sie, daß wenn eine Trajektorie einen doppelten Punkt (das heißt zu zwei verschiedenen Werten von t gehörend) besitzt, daß dann die zugehörigen Lösungen von (D) periodisch sind (und daß dann alle Punkte doppelte sind). Welche Trajektorien bestehen nur noch aus einen Punkt?

(c) Zeigen Sie, daß die an $(0,0)$ gespiegelte Trajektorie auch eine Trajektorie ist.

(d) Man betrachtet jetzt die folgenden Untermengen der Ebene

$$\begin{aligned} D^+ &= \{(0,y); y > 0); \quad D^- = \{(0,y); y < 0\}; \\ E_1 &= \{(x,y); x > 0 \quad et \quad y > x^3 - x)\}; \quad \Gamma_+ = \{(x, x^3 - x); x > 0)\}; \\ E_2 &= \{(x,y); x > 0 \quad et \quad y < x^3 - x\}; \\ E_3 &= \{(x,y); x < 0 \quad et \quad y < x^3 - x\}; \quad \Gamma_- = \{(x, x^3 - x); x < 0\}; \\ E_4 &= \{(x,y); x < 0 \quad et \quad y > x^3 - x\}. \end{aligned}$$

Es sei $(x(t), y(t))$ eine Lösung von (D); zeigen Sie, daß es für $(x(t_0), y(t_0)) \in D^+$ eine Wahl $t_4 > t_3 > t_2 > t_1 > t_0$ gibt, so daß $(x(t), y(t)) \in E_i$ für $t \in {]t_{i-1}, t_i[}$, $i = 1, 2, 3, 4$ und $(x(t_1), y(t_1)) \in \Gamma^+$, $(x(t_2), y(t_2)) \in D^-$, $(x(t_3), y(t_3)) \in \Gamma^-$; $(x(t_4), y(t_4)) \in D^+$.

(e) Es sei $y_0 > 0$ und $t_0 \in \mathbb{R}$; es gibt eine Lösung von (D), für die $(x(t_0), y(t_0)) = (0, y_0)$; man setzt $\sigma(y_0) = y(t_2)$; zeigen Sie, daß $\sigma(y_0)$ nur von y_0 abhängt (und nicht von t_0), und daß σ eine monotone, stetige Abbildung von $\mathbb{R}^+$ auf $\mathbb{R}^-$ ist.

(f) Zeigen Sie unter Benutzung des Ergebnisses von (c), daß $(0, y_0)$ dann und nur dann zur Trajektorie einer periodischen Lösung gehört, wenn $\sigma(y_0) = -y_0$ ist.

(g) Es sei $\beta > 0$, so daß für die Lösung von (D), die $(x(t_0), y(t_0)) = (0, \beta)$ erfüllt, $(x(t_1), y(t_1)) = (1, 0)$ gilt. Zeigen Sie, daß man für $y_0 < \beta$ die Ungleichung $\sigma(y_0)^2 - y_0^2 > 0$ erhält (Betrachten Sie dazu $\int_{t_0}^{t_2} \frac{d}{dt} [x(t)^2 + y(t)^2] dt$).

(h) Für die folgenden Überlegungen soll y_0 als groß angenommen werden. C sei eine Kurve, welche von den folgenden Teilstücken gebildet wird:

- dem Geradenstück $(0, y_0)$, $(1, y_0)$;
- dem durch $(1, y_0)$ gehenden Kreisbogen mit dem Mittelpunkt O, der $(y = x^3 - x)$ in (x_1, y_1) mit $x_1 > 1$ schneidet.
- dem Geradenstück (x_1, y_1), $(x_1, 0)$.
- dem durch $(x_1, 0)$ gehenden Kreisbogen mit dem Mittelpunkt O, der $(x = 1)$ in (x_1', y_1') schneidet.
- der Tangente durch (x_1', y_1') an diesen Kreisbogen, die dann wieder Oy in $(0, y_2)$ schneidet.

Zeigen Sie, daß die Lösung von (D), welche durch $(0, y_0)$ hindurchgeht im Inneren von C liegt. Schließen Sie daraus, daß $\sigma(y_0)^2 - y_0^2 < 0$ ist.

(i) Leiten Sie daraus weiter ab, daß es nur eine einzige Trajektorie gibt, welche den periodischen Lösungen von (D) entspricht. Zeigen Sie, daß die nicht auf $(0, 0)$ reduzierten Trajektorien asymptotisch gegen diese Trajektorie konvergieren, wenn t gegen $+\infty$ strebt.

5.5.4

Es sei t eine reelle Variable ≥ 0. Man betrachtet das Anfangswertproblem

$$y' = ty, \quad y(0) = 1.$$

(a) Beweisen Sie, daß dieses Problem für jedes $T > 0$ nur eine einzige Lösung auf $[0, T]$ besitzt, und zeigen Sie einen Weg auf, um mit dem Euler-Verfahren eine Approximation dafür zu finden.

(b) Leiten Sie aus (a) diese Gleichung ab

$$y(t) = \lim_{N \to +\infty} P_N(t) \quad \text{mit} \quad P_N(t) = \prod_{n=0}^{N-1} \left(1 + \frac{nt^2}{N^2}\right).$$

(c) Untersuchen Sie die Ableitungen der Funktion $f(x) = x \ln(1 + \alpha/x)$ auf $]0, +\infty[$ für $\alpha > 0$. Zeigen Sie, daß $f''(x) < 0$ ist.
Folgern Sie daraus die Eingrenzung

$$\left(1 + \frac{t^2}{N}\right)^{\frac{n}{N}} \leq 1 + \frac{nt^2}{N^2} \leq \left(1 + \frac{t^2}{N^2}\right)^n \quad \text{für} \quad 0 \leq n \leq N - 1.$$

(d) Berechnen Sie den Grenzwert von (b), und leiten Sie daraus $y(t)$ ab.

5.5.5

Man betrachtet die Differentialgleichung

$$y' = |y|^{-3/4} y + t \sin\left(\frac{\pi}{t}\right) = f(t, y),$$

in welcher der zweite Term auf $\mathbb{R}^2$ mittels stetiger Fortsetzungen definiert ist. Mit $Y(t)$ bezeichnet man die auf $\mathbb{R}$ definerte Näherungslösung, welche mit dem Euler-Verfahren bei einer Schrittweite $h = (n + 1/2)^{-1}$ mit $n \in \mathbb{N}^*$ ermittelt wurde, und die $Y(0) = 0$ erfüllt. Zunächst wird n als gerade angenommen.

(a) Berechnen sie $Y(h)$, $Y(2h)$ und $Y(3h)$.

Beweisen Sie die Ungleichung $Y(3h) > \dfrac{h^{3/2}}{2} > \dfrac{(3h)^{3/2}}{16}$.

(b) Bestimmen Sie $c > 0$, so daß man $1/2\, t^{3/8} - t > 1/10\, t^{3/8}$ für $0 < t < c$ erhält. Bestätigen Sie

$$\frac{(t + h)^{3/2} - t^{3/2}}{h} < \frac{8}{5}\, t^{3/8},$$

unter der zusätzlichen Annahme, daß $h \leq t$ und c genügend klein ist. (Es kann die Taylor-Formel benutzt werden.)

(c) Man nimmt an, daß $mh < c$ und $Y(m, h) > \dfrac{(mh)^{3/2}}{16}$ für $m \in \mathbb{N}^*$ ist.

Beweisen Sie die folgenden Ungleichungen

$$f(mh, Y(mh)) > Y(mh)^{1/4} - mh > \frac{1}{2}\,(mh)^{3/8} - mh > \frac{1}{10}\,(mh)^{3/8}.$$

Folgern Sie daraus $Y((m + 1)h) > \dfrac{((m + 1)h)^{3/2}}{16}$.

Zeigen Sie, daß wenn $0 < ph \leq c$ für ganzzahliges p erfüllt ist, daß dann $Y(ph) > \dfrac{(ph)^{3/2}}{16}$ ist.

(d) Es werde jetzt n als ungerade angenommen. Berechnen Sie $Y(h)$, $Y(2h)$ und $Y(3h)$. Zeigen Sie, daß die Ungleichung $Y(3h) < -\dfrac{(3h)^{3/2}}{16}$ gilt.

Angenommen, für $mh < c$ sei $Y(mh) < -\dfrac{(mh)^{3/2}}{16}$; zeigen Sie weiter, daß $Y((m + 1)h) < -\dfrac{((m + 1)h)^{3/2}}{16}$, da $Y(ph) < -\dfrac{(ph)^{3/2}}{16}$ für jedes ganzzahlige p mit $0 < ph \leq c$ ist.

(e) Zeigen Sie für $0 < t < c$, daß die Näherungslösungen $Y(t)$ gegen keinen Grenzwert streben, wenn n gegen $+\infty$ strebt.

5.5.6

Es sei folgendes Differentialgleichungssystem im $\mathbb{R}^2$ gegeben

$$(S) \quad \begin{cases} \dfrac{dx}{dt} = 2(x - ty) \\ \dfrac{dy}{dt} = 2y. \end{cases}$$

(a) Bestimmen Sie die Integralkurve, welche zum Zeitpunkt $t = 0$ durch den Punkt (x_0, y_0) hindurch geht.

(b) Verwenden Sie das Euler-Verfahren mit konstanter Schrittweite h und starten Sie zum Zeitpunkt $t_0 = 0$. Zur Zeit $t_n = nh$ ($n \in \mathbb{N}$) sei der Punkt (x_n, y_n) erreicht.

α) Formulieren Sie die Beziehung durch die (x_{n+1}, y_{n+1}) und (x_n, y_n) miteinander verbunden sind.

β) Berechnen Sie (x_n, y_n) explizit in Abhängigkeit von n, h, x_0, y_0.

γ) Bestätigen Sie, daß die Näherungslösung, welche die Punkte (x_n, y_n) linear interpoliert, auf $\mathbb{R}_+$ gegen die exakte Lösung von (S) konvergiert. Benutzen Sie dazu nicht die allgemeinen Sätze aus diesem Buch.

5.5.7

Es sei $f : [a, b] \times \mathbb{R} \to \mathbb{R}$ eine stetige Funktion mit der Lipschitz-Konstanten k bezüglich ihrer zweiten Variable. Man definiert die Funktionenfolge $y_n : [a, b] \to \mathbb{R}$, indem man $y_0(t) = \lambda$ und

$$y_{n+1}(t) = \lambda + \int_a^t f(u, y_n(u))du, \quad n \in \mathbb{N}$$

setzt. Aus Abschnitt 5.3.2 weiß man, daß y_n gleichmäßig gegen die exakte Lösung der Gleichung $y' = f(t, y)$ konvergiert, so daß $y(a) = \lambda$ ist. Es soll jetzt ein Sonderfall dieser Gleichung untersucht werden

$$\frac{dy}{dt} = -2y + t, \quad t \in [0, +\infty[.$$

(a) Zeigen Sie, daß y_n sich in die Form $y_n(t) = \lambda P_n(t) + Q_n(t)$ bringen läßt, mit den näher zu bestimmenden Polynomen P_n, Q_n.

(b) Berechnen Sie $\lim\limits_{n \to +\infty} P_n$ und $\lim\limits_{n \to +\infty} Q_n$. Bestätigen Sie dieses Ergebnis, indem sie die Gleichung direkt lösen.

5.5.8

Es sei T eine positive reelle Zahl und $f : [0,T] \times \mathbb{R} \to \mathbb{R}$ eine stetige Abbildung mit einer Lipschitz-Konstanten k bezüglich ihrer zweiten Variable. Man betrachtet die Differentialgleichung

(D) $$y' = f(t,y).$$

Es sei $h \in {]0,T[}$ eine reelle Zahl. Man bezeichnet z als eine um h retardierte Lösung, wenn z auf $[0,T]$ eine stetige Funktion ist, auf $]h,T]$ differenzierbar und wenn gilt

$$z'(t) = f(t, z(t-h)), \quad \forall t \in {]h,T]}.$$

(a) Es sei y_0 eine festgehaltene reelle Zahl. Zeigen Sie, daß (D) nur eine einzige um h retardierte Lösung z_h zuläßt, für die $z_h(t) = y_0$ für jedes $t \in [0,h]$ ist.

(b) Es sei z eine um h retardierte Lösung. Man setzt

$$A = \max_{t \in [0,T]} |f(t,0)|, \qquad m(t) = \max_{u \in [0,t]} |z(u)|.$$

α) Zeigen Sie, daß $m(t) \le m(h) + \int_h^t (A + km(u))du$ für jedes $t \in [h,T]$ gilt.

β) Folgern Sie daraus weiter

$$m(t) \le \left(\frac{A}{k} + m(h)\right)e^{k(t-h)} - \frac{A}{k}, \quad \forall t \in [h,T].$$

[*Hinweis*: Untersuchen Sie die Ableitung der Funktion

$$M(t) = e^{-kt} \int_h^t (A + km(u))du.]$$

γ) Zeigen Sie, daß es eine von h unabhängige, noch näher zu bestimmende Konstante B gibt, so daß $\|z_h\|_\infty \le B$ für jedes $h > 0$ ist, wenn mit z_h die retardierte Lösung von (a) bezeichnet wird.

(c) Es soll jetzt die Konvergenz von z_h für h gegen 0 untersucht werden.

α) Zeigen Sie, daß die Funktionen z_h eine von h unabhängige Lipschitz-Konstante C besitzen.

β) Es sei y die exakte (nicht retardierte) Lösung von (D), für die $y(0) = y_0$ ist. Man setzt

$$\delta(t) = \max_{u \in [0,t]} |z_h(u) - y(u)|.$$

Zeigen Sie, daß δ die folgende Ungleichung erfüllt

$$\delta(t) \le \delta(h) + \int_h^t (kCh + k\delta(u))du.$$

Dabei ist C die Konstante aus Frage (c) α).

γ) Leiten Sie daraus eine obere Schranke für $\|\delta\|_\infty$ ab. Was schließen Sie daraus?

(d) Man konstruiert jetzt ein Verfahren zur Näherungslösung von (D) unter Benutzung der retardierten Lösungen z_h. Für alle ganzen Zahlen $n \in \mathbb{N}$, $n \le T/h$ setzt man $t_n = nh$ und $z_n = z_h(t_n)$.
In der Gleichung

$$z_{n+1} = z_n + \int_{t_n}^{t_{n+1}} f(t, z_h(t-h)) dt$$

ersetzt man den exakten Integralwert durch seinen, mit der Trapezregel berechneten, Näherungswert.

α) Formulieren Sie die Rekursionsbeziehung, welche die Folge (z_n) definiert.

β) Drücken Sie den Konsistenzfehler gegenüber einer exakten Lösung y aus; berechnen Sie daraus eine, auf zwei Ordnungen beschränkte, Entwicklung in Abhängigkeit von h und den partiellen Ableitungen von f im Punkt (t, y). Von welcher Konsistenzordnung ist das Verfahren? (Definitionen im Kapitel 8).

5.5.9

Es sei J ein offenes Intervall auf $\mathbb{R}$ und $f : J \times \mathbb{R}^m \to \mathbb{R}^m$ eine stetige Abbildung. Es soll gezeigt werden, daß jede maximal fortgesetzte Lösung der Differentialgleichung $y' = f(t, y)$ global ist, wenn f folgende Annahme (A) erfüllt:

(A) Es gibt stetige Funktionen $a, b : I \to \mathbb{R}_+$, für die

$$\langle f(t, y), y \rangle \le a(t) \|y\|^2 + b(t), \quad \forall (t, y) \in J \times \mathbb{R}^m$$

gilt, dabei bezeichnet $\langle\,,\,\rangle$ das Skalarprodukt und $\|\ \|$ die euklidische Norm auf $\mathbb{R}^m$.

(a) Es sei $y : [t_0, t_1[\to \mathbb{R}^m$ eine maximal nach rechts fortgesetzte Lösung, welche durch einen Punkt (t_0, y_0) geht und es sei $r(t) = \|y(t)\|^2$. Zeigen Sie, daß $r'(t) \le 2a(t)r(t) + 2b(t)$ ist.
Folgern Sie daraus, daß $\|y(t)\|^2 \le \rho(t)$ ist, mit $\rho : J \to \mathbb{R}$ der (immer globalen) Lösung der linearen Differentialgleichung $\rho' = 2a(t)\rho + 2b(t)$, für die $\rho(t_0) = \|y_0\|^2$ ist.
[*Hinweis:* Es sei $A(t)$ eine Stammfunktion von $a(t)$; untersuchen Sie das Vorzeichen der Ableitung von $(r(t) - \rho(t))e^{-2A(t)}$.]

(b) Geben Sie für konstantes a und b explizit eine obere Schranke für $\|y(t)\|$ an.

(c) Angenommen, es sei $t_1 < \sup J$. Zeigen Sie, daß $y(t), y'(t)$ auf $[t_0, t_1[$ beschränkt sind, und daß diese Funktionen sich in t_1 stetig fortsetzen lassen. Zeigen Sie, daß dies zu einem Widerspruch führt. Was folgern Sie daraus.

6 Explizite Lösungsverfahren für Differentialgleichungen

Ziel dieses Kapitels ist die Untersuchung einiger klassischer Differentialgleichungen erster und zweiter Ordnung, bei denen man in der Lage ist, die Lösung durch Berechnung einer Stammfunktion zu erhalten. Bei dieser Gelegenheit sollen auch die allgemeinen Ergebnisse aus Kapitel 5 mit Beispielen illustriert werden.

6.1 Differentialgleichungen erster Ordnung

6.1.1 Allgemeine Bemerkungen

Man betrachtet die Differentialgleichung

(D)
$$\frac{dy}{dx} = f(x, y),$$

wobei $f : U \to \mathbb{R}$ eine auf einem Gebiet $U \subset \mathbb{R}^2$ stetige Funktion ist, die einer lokalen Lipschitz-Bedingung bezüglich y genügt.

Die verschiedenen Lösungen der Gleichung (D) lassen sich im allgemeinen in der Form $y = \varphi(x, \lambda)$ darstellen, wobei λ ein reeller Parameter ist: Man sagt manchmal auch, daß die »allgemeine« Lösung von einem einzigen Parameter abhängt. Um dies zu verstehen, genügt es den Satz von Lipschitz anzuwenden: Sucht man in der Umgebung eines Punktes x_0 definierte Lösungen, weiß man, daß es eine einzige Lösung y gibt, für welche $y(x_0) = y_0$ ist; man kann also $\lambda = y_0$ wählen, um die Lösung zu parametrisieren. In der Praxis tritt dieser Parameter λ oft als *Integrationskonstante* auf.

Gelegentlich gibt es außer der allgemeinen Lösung noch spezielle Lösungen $y = \psi_0(x)$, $y = \psi_1(x)$, ..., welche sich für keinen Parameter λ erhalten lassen: Man bezeichnet diese Lösungen als *singuläre Lösungen* (oder *singuläre Integralkurven*) von (D).

Ausgehend von der obigen Differentialgleichung sollen jetzt einige allgemeine Betrachtungen angestellt werden.

Autonomes Differentialgleichungssystem in einem Gebiet $U \subset \mathbb{R}^2$

Gegeben sei ein Vektorfeld in U, das heißt eine stetige Abbildung

$$M \begin{pmatrix} x \\ y \end{pmatrix} \mapsto \overrightarrow{V}(M) \begin{pmatrix} a(x, y) \\ b(x, y) \end{pmatrix}, \quad M \in U.$$

Als das dem Vektorfeld $\overrightarrow{V}(M)$ zugeordnete autonome System bezeichnet man das Differentialgleichungssystem

$$\text{(S)} \qquad \frac{d\overrightarrow{M}}{dt} = \overrightarrow{V}(M) \Leftrightarrow \begin{cases} \dfrac{dx}{dt} = a(x,y) \\ \dfrac{dy}{dt} = b(x,y) \end{cases}.$$

Wenn $\overrightarrow{V}(M)$ ein Geschwindigkeitsvektorfeld darstellt (zum Beispiel das der Strömung einer Flüssigkeitsschicht auf einer ebenen Fläche), dann besteht das Lösungsverfahren für (S) darin, die Trajektorie und das Bewegungsgesetz der Flüssigkeitsteilchen in Abhängigkeit von der Zeit zu suchen. Der Begriff »autonom« bedeutet, daß das Vektorfeld nicht von der Zeit t abhängt (Fall einer stationären Strömung).

Wenn $t \mapsto M(t)$ eine Lösung ist, dann ist jede Funktion $t \mapsto M(t+T)$, welche sich durch eine Zeitverschiebung erhalten läßt, auch eine Lösung. Im Gebiet

$$U' = \left\{ M\begin{pmatrix} x \\ y \end{pmatrix} ; a(x,y) \neq 0 \right\} \text{ gilt}$$

$$\text{(S)} \Rightarrow \text{(D)} \qquad \frac{dy}{dx} = \frac{b(x,y)}{a(x,y)} = f(x,y).$$

Durch Lösen von (D) erhält man die Trajektorien der Teilchen (aber nicht das Bewegungsgesetz in Abhängigkeit von der Zeit).

6.1.2 Differentialgleichungen mit getrennten Variablen

Dies sind Gleichungen, bei denen man x, dx einerseits und y, dy andererseits zusammenfassen kann.

a) *Gleichungen $y' = f(x)$ mit stetigem $f : I \to \mathbb{R}$.*
Die Lösungen sind gegeben durch

$$y(x) = F(x) + \lambda, \quad \lambda \in \mathbb{R},$$

wobei F eine Stammfunktion von f auf I ist. Die Integralkurven gehen durch Verschiebung in Richtung Oy auseinander hervor.

b) *Gleichungen $y' = g(y)$ mit stetigem $g : J \to \mathbb{R}$.*
Die Gleichung läßt sich auch als $\dfrac{dy}{dx} = g(y)$ schreiben oder unter der Bedingung, daß $g(y) \neq 0$ ist, auch als $\dfrac{dy}{g(y)} = dx$.

- Wir bezeichnen die Nullstellen von $g(y) = 0$ im Intervall J mit y_j. Dann ist $y(x) = y_j$ ganz offensichtlich eine (singuläre) Lösung der Gleichung.

• Im Gebiet $U = \{(x, y) \in \mathbb{R} \times J;\ g(y) \neq 0\}$ gilt

$$(D) \Leftrightarrow \frac{dy}{g(y)} = dx.$$

Die Lösungen sind gegeben durch

$$G(y) = x + \lambda, \quad \lambda \in \mathbb{R},$$

wobei G eine beliebige Stammfunktion von $1/g$, auf jedem durch die Nullstellen von g begrenzten halboffenen Intervall $[y_j, y_{j+1}[$, ist. In jedem Streifen $\mathbb{R} \times]y_j, y_{j+1}[$ gehen die Integralkurven durch Verschiebung in Richtung Ox auseinander hervor; das hängt damit zusammen, daß die Isoklinen die Geraden $y = m = $ konstant sind.

Da $G' = 1/g$ und g auf $]y_j, y_{j+1}[$ vorzeichenkonstant sind, ist G eine streng monotone, bijektive Abbildung

$$G :]y_j, y_{j+1}[\rightarrow]a_j, b_j[$$

mit $a_j \in [-\infty, +\infty[$, $b_j \in]-\infty, +\infty]$. Man kann also (zumindest theoretisch) y in Abhängigkeit von x ausdrücken:

$$y = G^{-1}(x + \lambda), \quad \lambda \in \mathbb{R}.$$

Angenommen, es sei $g > 0$ und G wachse auf $]y_j, y_{j+1}[$ monoton.

• Wenn $\displaystyle\int_{y_j}^{y_j + \varepsilon} \frac{dy}{g(y)}$ divergiert, dann ist $a_j = -\infty$, daraus folgt $x = G(y) - \lambda \rightarrow -\infty$
für $y \rightarrow y_j + 0$. In diesem Fall nähert sich die Kurve asymptotisch der Geraden $y = y_j$.

• Wenn $\displaystyle\int_{y_j}^{y_j + \varepsilon} \frac{dy}{g(y)}$ konvergiert, dann ist $a_j \in \mathbb{R}$ und $x \rightarrow a_j - \lambda$ für $y \rightarrow y_j + 0$,
und zusätzlich gilt $y' = g(y) \rightarrow 0$; die Kurve trifft im Punkt $(a_j - \lambda, y_j)$ auf die Gerade $y = y_j$ und besitzt als Tangente an diesen Punkt eben diese Gerade $y = y_j$.

Der letzte Fall zeigt, daß es *keine Eindeutigkeit* des Anfangswertproblems im Fall der Konvergenz des Integrals gibt.

Übung

Bestätigen Sie, daß $\displaystyle\int \frac{dy}{g(y)}$ im Punkt y_j immer divergiert, wenn g lokal lipschitz-stetig ist.

Die Integralkurven haben folgende Gestalt (es werde angenommen, daß für $y_2 - 0$ Konvergenz vorliegt und für $y_1 \pm 0$ und $y_2 + 0$ Divergenz):

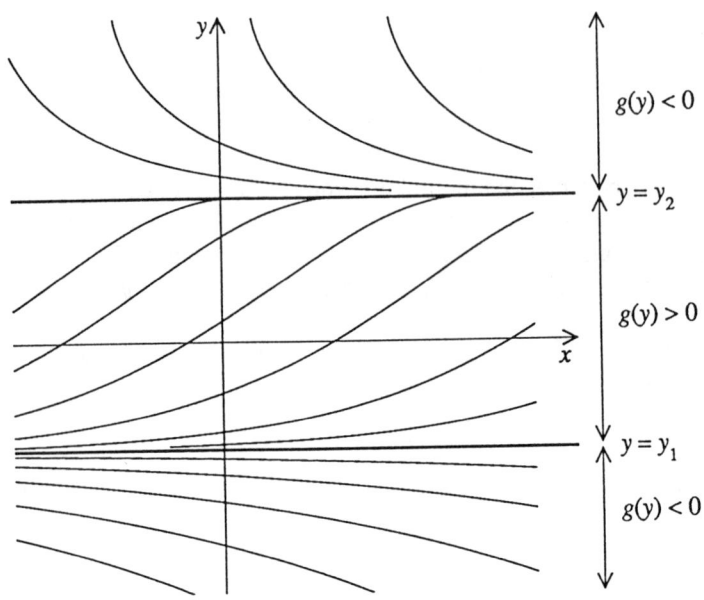

c) *Allgemeiner Fall von Gleichungen mit getrennten Variablen:*

(D) $y' = f(x)g(y)$, wobei f und g stetig sind.

- Wenn $g(y_j) = 0$ ist, dann ist die konstante Funktion $y(x) = y_j$ eine singuläre Lösung.

- Auf dem Gebiet $U = \{(x, y); g(y) \neq 0\}$ gilt

$$(D) \Leftrightarrow \frac{dy}{g(y)} = f(x)dx,$$

damit ergibt sich $G(y) = F(x) + \lambda$ mit $\lambda \in \mathbb{R}$. Dabei ist F eine Stammfunktion von f und G eine Stammfunktion von $1/g$. Da G auf jedem Intervall $[y_j, y_{j+1}[$ streng monoton und stetig ist, besitzt die Abbildung G eine Umkehrabbildung G^{-1} und man erhält

$$y = G^{-1}(F(x) + \lambda).$$

Beispiel

Gegeben sei die Gleichung $y' = \sqrt{\dfrac{1 - y^2}{1 - x^2}}$. Der Definitionsbereich ist

$$\{|x| < 1 \text{ und } |y| \leq 1\} \cup \{|x| > 1 \text{ und } |y| \geq 1\}.$$

Man wählt folgendes Gebiet

$$U = \{|x| < 1 \text{ und } |y| < 1\} \cup \{|x| > 1 \text{ und } |y| > 1\}.$$

• Für $\{|x| < 1 \text{ und } |y| < 1\}$ läßt sich die Gleichung als

$$\frac{dy}{\sqrt{1-y^2}} = \frac{dx}{\sqrt{1-x^2}}$$

schreiben, und daraus ergibt sich $\arcsin y = \arcsin x + \lambda$, $\lambda \in \mathbb{R}$. Da der Arkussinus eine Bijektion von $]-1,1[$ auf $]-\pi/2, \pi/2[$ ist, gilt notwendigerweise $\lambda \in]-\pi, \pi[$. Weiter muß gelten

$$\arcsin x \in \left]-\frac{\pi}{2}, \frac{\pi}{2}\right[\cap \left]-\frac{\pi}{2} - \lambda, \frac{\pi}{2} - \lambda\right[= \begin{cases} \left]-\frac{\pi}{2}, \frac{\pi}{2} - \lambda\right[& \text{für } \lambda \geq 0, \\ \left]-\frac{\pi}{2} - \lambda, \frac{\pi}{2}\right[& \text{für } \lambda \leq 0. \end{cases}$$

Ebenso liegt $\arcsin y$ in $]-\pi/2 + \lambda, \pi/2[$, wenn $\lambda \geq 0$ ist und in $]-\pi/2, \pi/2 + \lambda[$ für $\lambda \leq 0$.

Die Integralkurven besitzen die Gleichung

$$y = \sin(\arcsin x + \lambda) = x \cos \lambda + \sqrt{1-x^2} \sin \lambda$$

mit

$$x \in]-1, \cos \lambda[, \quad y \in]-\cos \lambda, 1[\qquad \text{für} \qquad \lambda \geq 0,$$
$$x \in]-\cos \lambda, 1[, \quad y \in]-1, \cos \lambda[\qquad \text{für} \qquad \lambda \leq 0.$$

Die Gleichung $(y - x \cos \lambda)^2 + x^2 \sin^2 \lambda = \sin^2 \lambda$ beschreibt einen Ellipsenbogen.

• Das Gebiet $\{|x| > 1 \text{ und } |y| > 1\}$ wird von vier zusammenhängenden Teilgebieten gebildet. Setzen wir uns zum Beispiel in das Gebiet $\{x > 1 \text{ und } y > 1\}$. Dann gilt

$$(D) \Leftrightarrow \frac{dy}{\sqrt{y^2 - 1}} = \frac{dx}{\sqrt{x^2 - 1}},$$

woraus sich $\operatorname{arcosh} y = \operatorname{arcosh} x + \lambda$, $\lambda \in \mathbb{R}$ ergibt. arcosh ist eine Bijektion von $]1, +\infty[$ auf $]0, +\infty[$; aus der gleichen Überlegung wie oben folgt

$$y = x \cosh \lambda + \sqrt{x^2 - 1} \sinh \lambda$$

mit

$$x \in]1, +\infty[, \quad y \in]\cosh \lambda, +\infty[\qquad \text{für} \qquad \lambda \geq 0,$$
$$x \in]\cosh \lambda, +\infty[, \quad y \in]1, +\infty[\qquad \text{für} \qquad \lambda \leq 0.$$

Da $\sqrt{x^2-1} = |x|\sqrt{1 - \dfrac{1}{x^2}} = |x| - \dfrac{1}{2|x|} + O\left(\dfrac{1}{x^3}\right)$ ist, erkennt man, daß es sich um einen Kegelschnitt handelt, und zwar um einen Hyperbelzweig mit der Asymptote $y = (\cosh \lambda \pm \sinh \lambda)x = e^{\pm\lambda}x$ (für den uns interessierenden Zweig $x > 1$ also $y = e^{\lambda}x$).

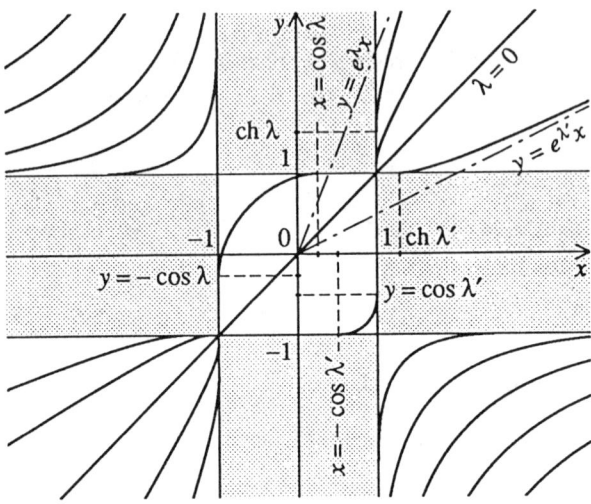

Dargestellt sind hier die Kurven für $\lambda > 0$ und $\lambda' < 0$.

6.1.3 Exakte Differentialgleichung

Nehmen wir an, es soll eine Differentialgleichung

(D) $$y' = f(x,y)$$

oder ein Differentialgleichungssystem

$$\begin{cases} \dfrac{dx}{dt} = a(x,y) \\ \dfrac{dy}{dt} = b(x,y) \end{cases}$$

auf einem Gebiet $U \subset \mathbb{R}^2$ gelöst werden. Eine andere Darstellungsmöglichkeit ist

$$\begin{aligned}
(D) &\quad\Leftrightarrow\quad f(x,y)dx - dy = 0, \\
(S) &\quad\Rightarrow\quad b(x,y)dx - a(x,y)dy = 0.
\end{aligned}$$

Definition

Man bezeichnet eine Funktion $V : U \to \mathbb{R}$ der Klasse C^1 als ein erstes Integral, wenn
(D) *(beziehungsweise (S))*

$$dV = V_x'(x,y)dx + V_y'(x,y)dy = 0$$

nach sich zieht. Eine Differentialgleichung dieser Form bezeichnet man als exakte Differentialgleichung.

In diesem Fall erfüllen die Integralkurven $y = \varphi(x)$

$$V_x'(x,\varphi(x)) + V_y'(x,\varphi(x))\varphi'(x) = \frac{d}{dx}\,[V(x,\varphi(x)] = 0.$$

Die Integralkurven sind also gerade die Höhenlinien $V(x,y) = \lambda$ mit der Konstanten $\lambda \in \mathbb{R}$.

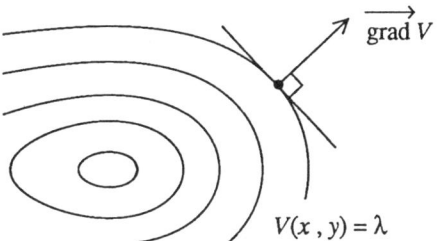

In jedem Punkt, für den $\overrightarrow{\text{grad}}\,V \neq \overrightarrow{0}$ ist, besitzt die entsprechende Höhenlinie eine zu $\overrightarrow{\text{grad}}\,V$ senkrechte Tangente. Das Richtungsfeld wird durch den Vektor

$$\vec{k}\begin{pmatrix} 1 \\ f(x,y) \end{pmatrix}, \quad \text{bzw.} \quad \vec{k}\begin{pmatrix} a(x,y) \\ b(x,y) \end{pmatrix} \quad \text{im Falle von (D) (bzw. (S)) bestimmt.}$$

Die Orthogonalitätsbedingung $\overrightarrow{\text{grad}}\,V \perp \vec{k}$ spiegelt die Beziehung der Gleichung $V_x'dx + V_y'dy = 0$ zur Differentialgleichung (D) (oder (S)) wider. Man kann also feststellen:

Charakteristische Eigenschaft

V ist ein erstes Integral, wenn und nur wenn $\overrightarrow{\text{grad}}\,V$ orthogonal zum Richtungsfeld der betrachteten Differentialgleichung steht.

Beispiel

Es sei $y' = \dfrac{y}{x+y^2}$ auf $U = \{x + y^2 \neq 0\}$. Die Gleichung läßt sich umschreiben in

(D) $y\,dx - (x + y^2)dy = 0.$

Dieses Differential ist kein vollständiges Differential $dV = Pdx + Qdy$ (dazu müßte $\dfrac{\partial P}{\partial y} = \dfrac{\partial Q}{\partial x}$ sein, was nicht der Fall ist). Man stellt jedoch fest, daß

$$d\left(\frac{x}{y}\right) = \frac{y\,dx - x\,dy}{y^2}.$$

Multiplizieren wir die Gleichung (D) mit $1/y^2$ (unter der Annahme, daß $y \neq 0$ ist):

$$(D) \Leftrightarrow \frac{y\,dx - x\,dy}{y^2} - dy = 0 \Leftrightarrow d\left(\frac{x}{y} - y\right) = 0.$$

Die Integralkurven sind dann gegeben durch

$$\frac{x}{y} - y = \lambda \quad \Leftrightarrow \quad x = y^2 + \lambda y.$$

Dies sind Parabelbögen mit der Achse $y = -\dfrac{\lambda}{2}$ und dem Scheitel $\begin{pmatrix} -\lambda^2/4 \\ -\lambda/2 \end{pmatrix}$, begrenzt durch die nicht dazugehörigen Punkte, für die $x + y^2 = 2y^2 + \lambda y = 0$ gilt, also $\begin{pmatrix} 0 \\ 0 \end{pmatrix}$ und den Scheitel. Desweiteren ist $y = 0$ eine singuläre Lösung, welche zwei maximal fortgesetzte Lösungen für $x \in\,]-\infty, 0[$ beziehungsweise $x \in\,]0, +\infty[$ liefert.

Bemerkung

Man bezeichnet $1/y^2$ als »integrierenden Faktor« der Differentialform $y\,dx - (x + y^2)dy = 0.$

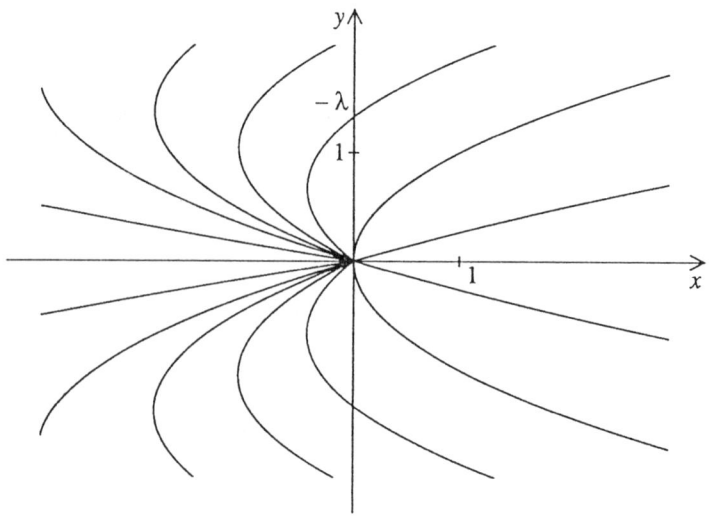

6.1.4 Lineare Differentialgleichungen erster Ordnung

Dies sind Gleichungen der Form

(D) $$y' = a(x)y + b(x)$$

mit den stetigen Funktionen $a, b : I \to \mathbb{R}$ (oder $\mathbb{C}$).

Wir nehmen an, daß eine spezielle Lösung $y_{(1)}$ der Gleichung (D) bekannt sei. Dann erhält man durch Subtraktion $y' - y'_{(1)} = a(x)(y - y_{(1)})$, was bedeutet, daß $z = y - y_{(1)}$ die homogene lineare Differentialgleichung

(D$_0$) $$z' = a(x)z$$

erfüllt. Umgekehrt gilt: Wenn z eine Lösung von (D$_0$) ist, dann ist $y = y_{(1)} + z$ eine Lösung von (D).

Satz 1

Die allgemeine Lösung von (D) lautet

$$y = y_{(1)} + z,$$

wobei $y_{(1)}$ eine spezielle Lösung von (D) ist und z die allgemeine Lösung von (D$_0$).

a) *Lösungen von (D$_0$)*

Da $f(x, z) = a(x)z$ stetig ist und die partielle Ableitung $\dfrac{\partial f}{\partial z}(x, z) = a(x)$ stetig ist, weiß man, daß das Anfangswertproblem eine eindeutige Lösung für jeden Punkt $(x_0, z_0) \in I \times \mathbb{R}$ besitzt. Nun ist $z(x) \equiv 0$ offensichtlich eine Lösung von (D$_0$). Wegen der Eindeutigkeit kann keine andere Lösung an einem beliebigen Punkt $x_0 \in I$ zu Null werden. Wenn $z \neq 0$ ist, kann man also

$$\frac{z'}{z} = a(x),$$
$$\ln|z| = A(x) + C, \quad C \in \mathbb{R}$$

schreiben mit der Stammfunktion A von a auf I. Daraus schließt man auf

$$|z(x)| = e^C e^{A(x)},$$
$$z(x) = \varepsilon(x) e^C e^{A(x)} \quad \text{mit} \quad \varepsilon(x) = \pm 1.$$

Da z stetig ist und keine Nullstelle hat, erfährt z keinen Vorzeichenwechsel, und damit gilt

$$z(x) = \lambda e^{A(x)}$$

mit $\lambda = \pm e^C$. Umgekehrt ist offensichtlich jede Funktion

$$z(x) = \lambda e^{A(x)}, \quad \lambda \in \mathbb{R}$$

eine Lösung von (D$_0$). Man kann also feststellen:

Satz 2

Die maximal fortgesetzten Lösungen $z' = a(x)z$ von (D_0) bilden einen eindimensionalen Vektorraum mit der Basis $x \mapsto e^{A(x)}$.

b) *Suche nach einer speziellen Lösung $y_{(1)}$ von* (D).

Wenn keine offensichtliche Lösung ins Auge sticht, kann man das als *Variation der Konstanten* bezeichnete Verfahren benutzen, das heißt, man sucht ein $y_{(1)}$ der Form

$$y_{(1)}(x) = \lambda(x)e^{A(x)},$$

wobei λ differenzierbar ist. Damit ergibt sich

$$\begin{aligned} y'_{(1)}(x) &= \lambda(x)a(x)e^{A(x)} + \lambda'(x)e^{A(x)} \\ &= a(x)y_{(1)}(x) + \lambda'(x)e^{A(x)}. \end{aligned}$$

$y_{(1)}$ ist also eine Lösung von (D), wenn man

$$\begin{aligned} \lambda'(x)e^{A(x)} &= b(x), \\ \lambda'(x) &= b(x)e^{-A(x)}, \\ \lambda(x) &= \int_{x_0}^{x} b(t)e^{-A(t)}, \quad x_0 \in I \end{aligned}$$

benutzt. Auf diese Weise erhält man die spezielle Lösung

$$y_{(1)}(x) = e^{A(x)} \int_{x_0}^{x} b(t)e^{-A(t)} dt$$

für die $y_{(1)}(x_0) = 0$ ist. Die allgemeine Lösung ergibt sich aus Satz 1 als

$$y(x) = e^{A(x)} \left(\lambda + \int_{x_0}^{x} b(t)e^{-A(t)} dt \right).$$

Die Lösung des Anfangswertproblems $y(x_0) = y_0$ erhält man für $\lambda = e^{-A(x_0)}y_0$.

Übung

Geometrische Eigenschaften, die mit linearen Differentialgleichungen zusammenhängen (siehe nachfolgende Abbildung).

(a) *Zeigen Sie, daß wenn $y_{(1)}$, $y_{(2)}$, $y_{(3)}$ drei Lösungen einer linearen Gleichung sind, daß dann die Funktion $y_{(3)} - y_{(2)}$ proportional zu $y_{(2)} - y_{(1)}$ ist.*

(b) *Zeigen Sie, daß ein Gleichung $y' = f(x, y)$ dann und nur dann linear ist, wenn das Richtungsfeld folgende Eigenschaft besitzt: für jedes feste x_0 bilden die Tangenten an verschiedene Punkte (x_0, y) ein Geradenbüschel, oder sie sind alle parallel zueinander.*

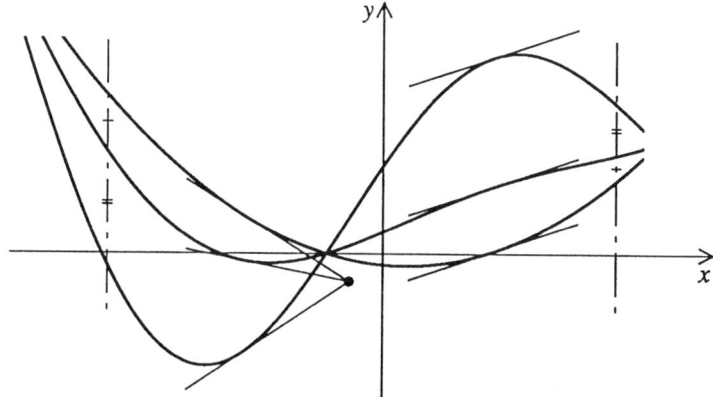

6.1.5 Auf lineare Differentialgleichungen zurückführbare Differentialgleichungen

a) *Bernoullische Differentialgleichungen*

Dies sind Differentialgleichungen der Form

(D)
$$\frac{dy}{dx} = p(x)y + q(x)y^{\alpha}, \quad \alpha \in \mathbb{R} \setminus \{1\}$$

mit den stetigen Funktionen $p, q : I \to \mathbb{R}$ (für $\alpha = 1$ ist (D) linear).
Man betrachtet die obere Halbebene $U = \mathbb{R} \times]0, +\infty[= \{(x, y); y > 0\}$. Multipliziert
man mit $y^{-\alpha}$, so erhält man

$$\text{(D)} \quad \Leftrightarrow \quad y^{-\alpha}\frac{dy}{dx} = p(x)y^{1-\alpha} + q(x).$$

Wir setzen $z = y^{1-\alpha}$; dann ergibt sich $\dfrac{dz}{dx} = (1-\alpha)y^{-\alpha}\dfrac{dy}{dx}$ und daraus

$$\text{(D)} \quad \Leftrightarrow \quad \frac{1}{1-\alpha}\frac{dz}{dx} = p(x)z + q(x).$$

Damit haben wir das Problem auf eine lineare Differentialgleichung bezüglich z zurückgeführt.

b) *Riccatische Differentialgleichung*

Dies sind Differentialgleichungen der Form

(D)
$$y' = a(x)y^2 + b(x)y + c(x)$$

mit den stetigen Funktionen $a, b, c : I \to \mathbb{R}$, das heißt, daß $f(x, y)$ ein Polynom ist,
dessen Grad in $y \leq 2$ ist. Wir zeigen, daß man in der Lage ist (D) zu lösen, sobald man
eine spezielle Lösung $y_{(1)}$ kennt. Wir setzen $y = y_{(1)} + z$. Dann folgt

$$\begin{aligned}
y'_{(1)} + z' &= a(x)(y_{(1)}^2 + 2y_{(1)}z + z^2) + b(x)(y_{(1)} + z) + c(x) \\
&= a(x)y_{(1)}^2 + b(x)y_{(1)} + c(x) + (2a(x)y_{(1)} + b(x))z + a(x)z^2.
\end{aligned}$$

Da $y'_{(1)}$ sich vereinfachen läßt, schließt man

$$z' = (2a(x)y_{(1)}(x) + b(x)) + a(x)z^2.$$

Dies ist eine lineare Bernoullische Differentialgleichung mit $\alpha = 2$. Diese führt man auf eine lineare Differentialgleichung zurück, indem man $w = z^{1-\alpha} = 1/z$ setzt.

Beispiel

Es sei $(1 - x^3)y' + x^2y + y^2 - 2x = 0$.

Man stellt leicht fest, daß $y_{(1)}(x) = x^2$ eine spezielle Lösung ist. Setzt man $y = x^2 + z$, dann führt dies auf

$$(1 - x^3)z' + 3x^2z + z^2 = 0$$

und dann, nach Division durch z^2, auf

$$-(1 - x^3)w' + 3x^2w + 1 = 0 \quad \text{mit} \quad w = \frac{1}{z},$$

also

$$w' = \frac{3x^2}{1 - x^3}\,w + \frac{1}{1 - x^3} \quad \text{für} \quad x \neq 1.$$

Die homogene lineare Differentialgleichung $\dfrac{w'}{w} = \dfrac{3x^2}{1 - x^3}$ ergibt

$$\ln|w| = -\ln|1 - x^3| + C, \quad \text{und daraus} \quad w = \frac{\lambda}{1 - x^3}.$$

Variation der Konstanten führt auf

$$\frac{\lambda'}{1 - x^3} = \frac{1}{1 - x^3} \quad \text{also} \quad \lambda' = 1, \quad \lambda(x) = x.$$

Die allgemeine Lösung der vollständigen linearen Differentialgleichung ist also

$$w(x) = \frac{x + \lambda}{1 - x^3}$$

und damit $\quad y = x^2 + z = x^2 + \dfrac{1}{w} = x^2 + \dfrac{1 - x^3}{x + \lambda}$, woraus sich schließlich ergibt

$$y(x) = \frac{\lambda x^2 + 1}{x + \lambda} = \lambda x - \lambda^2 + \frac{1 + \lambda^3}{x + \lambda}.$$

Für $\lambda = -1$ erhält man die Gerade $y = -x - 1$. Für $\lambda \neq -1$ ergibt sich eine Hyperbel $(y - \lambda x + \lambda^2)(x + \lambda) = 1 + \lambda^3$ mit den Geraden $x = -\lambda$ und $y = \lambda x - \lambda^2$ als Asymptoten. Die singuläre Lösung $y_{(1)}(x) = x^2$ ist die Grenzfunktion für $|\lambda|$ gegen $+\infty$.

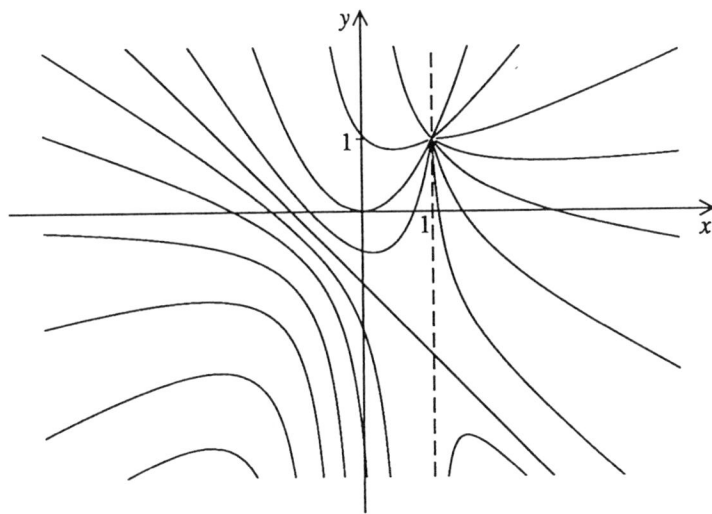

6.1.6 Homogene Differentialgleichungen

Eine homogene Differentialgleichung läßt sich folgendermaßen darstellen:

(D) $\qquad y' = f\left(\dfrac{y}{x}\right)$ mit der stetigen Funktion $f : I \to \mathbb{R}$.

Das ist zum Beispiel der Fall für die Differentialgleichungen $y' = \dfrac{P(x,y)}{Q(x,y)}$ mit den homogenen Polynomen P, Q, beide d-ten Grades: eine Division durch x^d im Zähler und Nenner führt uns auf $y' = \dfrac{P(1, y/x)}{Q(1, y/x)}$.

Verfahren

Man setzt $z = y/x$, das heißt $y = xz$. Daraus folgt

$$y' = z + xz' = f(z),$$

also erfüllt z die Differentialgleichung mit getrennten Variablen

$$z' = \frac{f(z) - z}{x}.$$

- Einerseits hat man die singulären Lösungen

$$z(x) = z_j, \qquad y(x) = z_j x \qquad \text{(Geraden durch 0)},$$

wobei $\{z_j\}$ die Menge der Nullstellen von $f(z) = z$ ist.

- Andererseits kann man für $f(z) \neq z$

$$\frac{dz}{f(z) - z} = \frac{dx}{x},$$
$$F(z) = \ln|x| + C = \ln(\lambda x), \qquad \lambda \in \mathbb{R}^*$$

schreiben, wobei F eine Stammfunktion von $z \mapsto 1/(f(z) - z)$ auf $]z_j, z_{j+1}[$ ist. Daraus schließt man, daß $z = F^{-1}(\ln(\lambda x))$ ist, und damit ist

$$K_\lambda : y = x F^{-1}(\ln(\lambda x))$$

die Schar der Integralkurven, welche auf dem Sektor $z_j < y/x < z_{j+1}$, $\lambda x > 0$ definiert sind.

Divergiert F in den Punkten z_j, z_{j+1}, dann ist $F^{-1} :]-\infty, +\infty[\rightarrow]z_j, z_{j+1}[$ monoton und bijektiv; und es gilt $y/x \rightarrow z_j$ für $x \rightarrow 0$ beziehungsweise $y/x \rightarrow z_{j+1}$ für $x \rightarrow \infty$. Man hat also einerseits einen ins Unendliche reichenden Zweig in Richtung der Asymptote $y = z_{j+1}x$ (bzw. $y = z_j x$), andererseits eine Tangente $y = z_j x$ (bzw. $y = z_{j+1}x$) an den Nullpunkt, wenn F monoton wächst (bzw. fällt). Beachten Sie, daß die Gerade $y = z_j x$ nicht unbedingt Asymptote sein muß, wie das nachfolgende Beispiel zeigt.

Wir beobachten schließlich noch, daß die Isoklinen die Geraden $y = mx$ sind. Die entsprechenden Steigungen sind $f(m)$. Das Richtungsfeld ist gegenüber einer Homothetie, das heißt einer zentrischen Streckung mit dem Faktor $\alpha \neq 0$, bezüglich O invariant. Daraus erkennen wir, daß *die Homothetie einer Integralkurve eine Integralkurve bleibt.*

Übung

Bestätigen Sie, daß $K_\lambda = h_{1/\lambda}(K_1)$ ist mit $h_\lambda(x, y) = (\lambda x, \lambda y)$.

Beispiel

Die Gleichung $xy'(2y - x) = y^2$ läßt sich umschreiben in

$$y' = \frac{y^2}{x(2y - x)} \quad \text{für} \quad x \neq 0, \quad y \neq \frac{x}{2}.$$

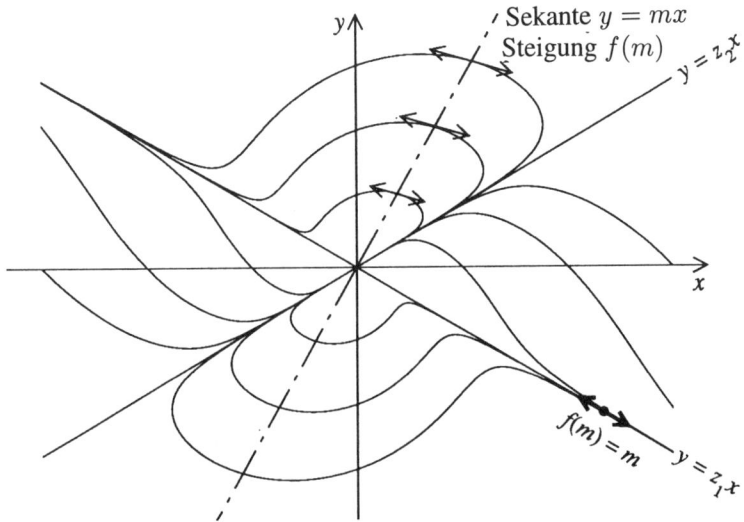

y' ist also eine rationale Funktion in x und y, deren Nenner und Zähler homogene Polynome zweiten Grades sind. Wenn man den Zähler und Nenner durch x^2 dividiert, so erhält man

$$y' = \frac{(y/x)^2}{2y/x - 1}.$$

Wir setzen $z = \frac{y}{x}$, also $y = xz$. Damit folgt

$$y' = xz' + z = \frac{z^2}{2z - 1},$$

$$xz' = \frac{z^2}{2z - 1} - z = \frac{z - z^2}{2z - 1} = \frac{z(1 - z)}{2z - 1}.$$

- Singuläre Lösungen:

$$z = 0, \qquad z = 1,$$
$$y = 0, \qquad y = x.$$

- Für $z \neq 0$, $z \neq 1$ läßt sich die Gleichung in folgende Form bringen:

$$\frac{2z - 1}{z(1 - z)} \, dz = \frac{dx}{x}.$$

Die Funktion

$$\frac{2z - 1}{z(1 - z)} = \frac{z - (1 - z)}{z(1 - z)} = \frac{1}{1 - z} - \frac{1}{z}$$

besitzt als Stammfunktion

$$-\ln|1-z| - \ln|z| = -\ln|z(1-z)|,$$

damit ergibt sich bei der Berechnung der Integralkurven:

$$\ln|z(1-z)| = -\ln|x| + C,$$
$$z(1-z) = \frac{\lambda}{x}, \quad \frac{y}{x}\left(1 - \frac{y}{x}\right) = \frac{\lambda}{x},$$
$$y(x-y) = \lambda x.$$

Die Integralkurven sind also Kegelschnitte. Diese Gleichung läßt sich umformen in

$$(y - \lambda)(x - y - \lambda) = \lambda^2.$$

Das heißt $XY = \lambda$ mit $X = x - y - \lambda$ und $Y = y - \lambda$. Es handelt sich um eine Hyperbel mit den Asymptoten $y = \lambda$, $y = x - \lambda$ (parallel zu den Asymptotenrichtungen $y = 0$, $y = x$, welche durch die singulären Lösungsgeraden gegeben sind).

Übung

Zeigen Sie, daß jede Hyperbel durch $(0,0)$ geht und dort die Tangente $x = 0$ besitzt.

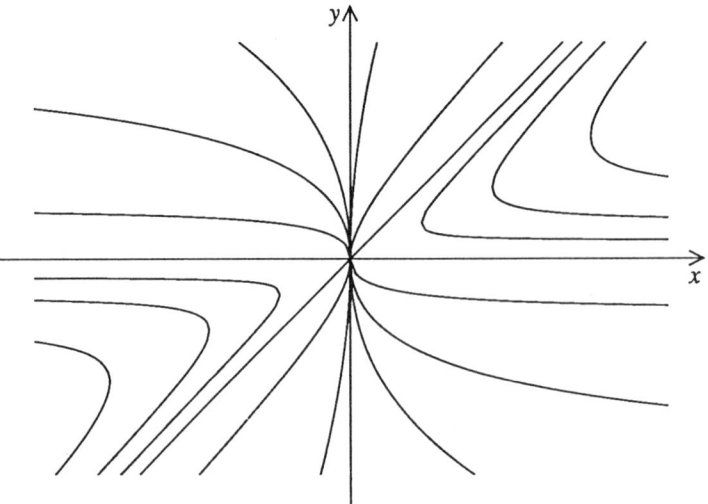

Anderer Lösungsweg

Unter Benutzung von Polarkoordinaten.
Für $r > 0$ und $\theta \in \mathbb{R}$ setzt man

$$\begin{cases} x = r\cos\theta \\ y = r\sin\theta \end{cases}.$$

Daraus folgt

$$\frac{dy}{dx} = \frac{dr\,\sin\theta + r\,\cos\theta\,d\theta}{dr\,\cos\theta - r\,\sin\theta\,d\theta} = \frac{dr\,\tan\theta + r\,d\theta}{dr - r\,\tan\theta\,d\theta}.$$

Die Differentialgleichung (D) $y' = f\left(\frac{y}{x}\right)$ nimmt dann folgende Form an:

$$
\begin{aligned}
dr\,\tan\theta + r\,d\theta &= (dr - r\,\tan\theta\,d\theta)f(\tan\theta), \\
dr(f(\tan\theta) - \tan\theta) &= r\,d\theta(1 + \tan\theta\,f(\tan\theta)), \\
\frac{dr}{r} &= \frac{1 + \tan\theta\,f(\tan\theta)}{f(\tan\theta) - \tan\theta}\,d\theta.
\end{aligned}
$$

Man gelangt damit zu einer Differentialgleichung mit getrennten Variablen r, θ. Die singulären Lösungen entsprechen den Geraden $\theta = \theta_j$, für die $f(\tan\theta_j) = \tan\theta_j$ ist.

Übung

Lösen Sie $y' = \dfrac{x+y}{x-y}$ mit beiden vorgestellten Verfahren. Welcher Art sind die Integralkurven?

6.2 Implizite Differentialgleichungen erster Ordnung

6.2.1 Definitionen und erste Eigenschaften

Als implizite Differentialgleichung erster Ordnung bezeichnet man eine Differentialgleichung der Form

(D) $$f(x, y, y') = 0,$$

wobei die Funktion $(x, y, p) \mapsto f(x, y, p)$ auf einem Gebiet $U \subset \mathbb{R}^3$ zur Klasse C^1 gehört.

Setzen wir uns in die Umgebung eines Punktes (x_0, y_0). Man nimmt an, daß die Gleichung $f(x_0, y_0, p) = 0$ die Nullstellen $p_1, p_2, \ldots, p_N$ besitzt und diese Nullstellen einfach sind, das heißt

$$\frac{\partial f}{\partial p}(x_0, y_0, p_j) \neq 0.$$

Nach dem Satz über implizite Funktionen weiß man, daß es eine Umgebung V von (x_0, y_0) gibt sowie eine reelle Zahl $h > 0$ und eine Funktion $g_j : V \to \,]p_j - h, p_j + h[$ der Klasse C^1, $1 \leq j \leq N$, so daß für jedes $(x, y, p) \in V \times \,]p_j - h, p_j + h[$ gilt

$$f(x, y, p) = 0 \quad \Leftrightarrow \quad p = g_j(x, y).$$

Die Differentialgleichung $f(x, y, y') = 0$ führt uns also auf das Problem, auf V die N Differentialgleichungen

(D_j) $$y' = g_j(x, y)$$

zu lösen. Da g_j zur Klasse C^1 gehört, sieht man, daß durch jeden Punkt $(x, y) \in V$ genau N Integralkurven gehen, deren Steigungen die Nullstellen p von $f(x, y, p) = 0$ sind.

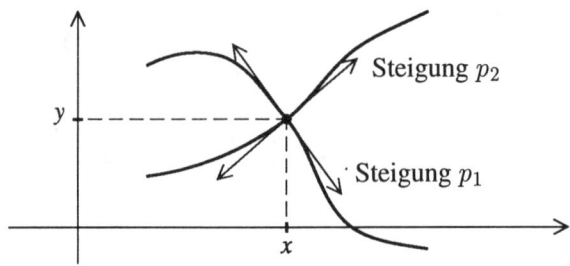

Bemerkung

In diesem Fall geschieht es häufig, daß man eine Schar von Integralkurven K_λ erhält, welche eine *Einhüllende* Γ besitzen, das heißt eine Kurve Γ, die in jedem Kurvenpunkt Tangente an eine der Kurven K_λ ist.

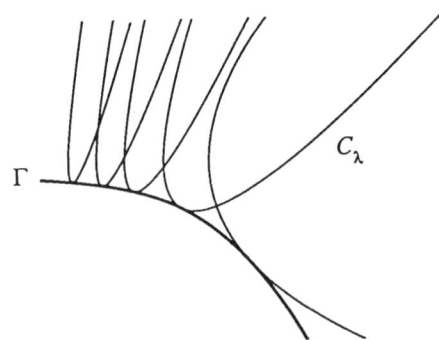

Die Kurve Γ ist selbst also auch eine Integralkurve, da in jedem Punkt ihre Tangente zum Richtungsfeld der Differentialgleichung (D) gehört (sie fällt mit der Tangente einer der Kurven K_λ zusammen). Γ ist also eine singuläre Lösung. Man wird feststellen, daß eine solche Kurve Γ gleichzeitig die beiden Gleichungen $f(x, y, y') = 0$ und

$\partial f/\partial p(x, y, y') = 0$ erfüllen muß: Tatsächlich ist jeder Punkt $(x, y) \in \Gamma$ der Grenzwert einer Folge von Punkten, in denen gerade zwei Tangenten des Richtungsfeldes zusammenfallen, so daß $p = y'$ eine doppelte Nullstelle von $f(x, y, p) = 0$ ist. Insbesondere sind die oben gemachten Annahmen, um den Satz über die impliziten Funktionen anwenden zu können, nicht erfüllt, wenn $(x_0, y_0) \in \Gamma$ ist.

Lösungsverfahren

Um die nicht nach y' aufgelösten impliziten Differentialgleichungen zu lösen, gilt es hauptsächlich, eine von t abhängende Parametrisierung für x, y, y' zu suchen. Auf diese Weise wird t zur neuen Variablen.

6.2.2 Unvollständige implizite Differentialgleichungen

a) (D): $f(x, y') = 0$.
Wir nehmen an, daß die Gleichung $f(x, p) = 0$ eine Parametrisierung der Klasse C^1 besitzt:

$$\begin{cases} x = \varphi(t) \\ p = \psi(t). \end{cases}$$

Dann ergibt sich

$$\begin{aligned} dx &= \varphi'(t)\,dt \\ dy &= y'\,dx = \psi(t)\,dx = \psi(t)\varphi'(t)\,dt. \end{aligned}$$

Daraus schließt man

$$y = \int_{t_0}^{t} \psi(u)\varphi'(u)du + \lambda = \rho(t) + \lambda,$$

was zu folgender Parametrisierung der Integralkurven führt:

$$\begin{cases} x = \varphi(t) \\ y = \rho(t) + \lambda. \end{cases}$$

b) (D): $f(y, y') = 0$
läßt sich folgendermaßen parametrisieren

$$\begin{cases} y = \varphi(t) \\ y' = \psi(t). \end{cases}$$

Man erhält daraus $dy = \varphi'(t)dt = \psi(t)dx$ und damit $dx = \dfrac{\varphi'(t)}{\psi(t)}\,dt$. Die Integralkurven sind dann durch

$$\begin{cases} x = \rho(t) + \lambda \\ y = \varphi(t) \end{cases}$$

parametrisiert, mit $\quad \rho(t) = \int_{t_0}^{t} \dfrac{\varphi'(u)}{\psi(u)} \, du.$

6.2.3   Homogene implizite Differentialgleichungen

Dies sind Differentialgleichungen, welche auf folgende Form gebracht werden können

(D) $$\qquad\qquad f\left(\frac{y}{x}, y'\right) = 0.$$

Angenommen, es sei eine Parametrisierung

$$\begin{cases} \dfrac{y}{x} = \varphi(t) \\ y' = \psi(t). \end{cases}$$

bekannt, dann ist

$$\begin{aligned} y &= x\varphi(t), \\ \begin{cases} dy = \varphi(t)dx + x\varphi'(t)dt \\ dy = \psi(t)\, dx \end{cases} \end{aligned}$$

und damit $(\psi(t) - \varphi(t))\, dx = x\varphi'(t)\, dt.$

- Einerseits erhält man die den Nullstellen t_j von $\psi(t) = \varphi(t)$ entsprechenden, singulären Lösungen. Sie ergeben die Geraden

$$y = x\varphi(t_j).$$

- Andererseits erhält man für $t \neq t_j$

$$\frac{dx}{x} = \frac{\varphi'(t)}{\psi(t) - \varphi(t)} \, dt,$$

was nach der Integration von $\varphi'/(\psi - \varphi)$ zu

$$\begin{aligned} \ln|x| &= \rho(t) + C, \\ \begin{cases} x = \lambda e^{\rho(t)} \\ y = x\varphi(t) = \lambda\varphi(t)e^{\rho(t)} \end{cases} &\quad , \qquad \lambda \in \mathbb{R}. \end{aligned}$$

führt. Aus den letzten Gleichungen wird klar, daß die Integralkurven untereinander durch eine Homothetie am Ursprung O auseinander hervorgehen.

Beispiel

Gegeben sei $x^2(y + 3xy') = (y + xy')^3$.
Indem man durch x^3 dividiert ergibt sich

$$\frac{y}{x} + 3y' = \left(\frac{y}{x} + y'\right)^3,$$

also eine homogene implizite Differentialgleichung. Eine Parametrisierung erhält man, wenn man

$$\begin{cases} \dfrac{y}{x} + y' = t \\ \dfrac{y}{x} + 3y' = t^3 \end{cases}$$

und damit

$$\begin{cases} \dfrac{y}{x} = \dfrac{1}{2}(3t - t^3) \\ y' = \dfrac{1}{2}(t^3 - t) \end{cases} \qquad (*)$$

setzt. Differenziert man $y = \dfrac{1}{2}(3t - t^3)x$, so erhält man

$$\begin{aligned} dy &= \frac{1}{2}(3 - 3t^2)dt \cdot x + \frac{1}{2}(3t - t^3)\,dx \\ &= y'\,dx = \frac{1}{2}(t^3 - t)\,dx \end{aligned}$$

und daraus die Gleichung

$$\begin{aligned} (t^3 - 2t)dx &= \frac{1}{2}(3 - 3t^2)dt \cdot x, \\ \frac{dx}{x} &= \frac{3(1 - t^2)}{2t(t^2 - 2)}\,dt. \end{aligned}$$

- Singuläre Lösungen: $t(t^2 - 2) = 0 \Leftrightarrow t = 0, \sqrt{2}, -\sqrt{2}$. Rückeinsetzen in $(*)$ ergibt die Geraden

$$y = 0, \qquad y = \frac{\sqrt{2}}{2}\,x, \qquad y = -\frac{\sqrt{2}}{2}\,x.$$

- Allgemeine Lösung:

$$\begin{aligned} \frac{1 - t^2}{t(t^2 - 2)} &= \frac{1 - \dfrac{t^2}{2} - \dfrac{t^2}{2}}{t(t^2 - 2)} = -\frac{1}{2t} - \frac{t}{2(t^2 - 2)}, \\ \frac{3(1 - t^2)}{2t(t^2 - 2)}\,dt &= -\frac{3}{4}\frac{dt}{t} - \frac{3}{4}\frac{t\,dt}{t^2 - 2}. \end{aligned}$$

Daraus schließt man

$$\ln |x| = -\frac{3}{4} \ln |t| - \frac{3}{8} \ln |t^2 - 2| + C,$$

$$\begin{cases} x = \lambda |t|^{-3/4} |t^2 - 2|^{-3/8} \\ y = \frac{y}{x} \cdot x = \frac{\lambda}{2} (3t - t^3)|t|^{-3/4}|t^2 - 2|^{-3/8}. \end{cases}$$

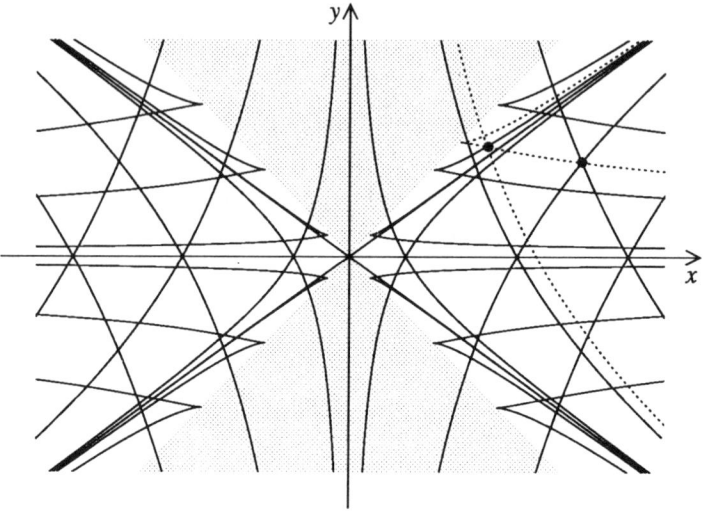

Übung

Zeigen Sie, daß durch jeden Punkt (x, y), für den $|y| < |x|$ gilt, genau drei Integralkurven gehen, während für $|y| > |x|$ nur eine Integralkurve durch ihn hindurchgeht. Wie sieht dies für $|y| = |x|$ aus? [Hinweis: *Untersuchen Sie die Anzahl der Werte von t und y', welche einem gegebenen Wert y/x zugeordnet sind.*]

6.2.4 Lagrangesche Differentialgleichung (Differentialgleichung mit Isoklinen in Geradenform)

Wir versuchen die Differentialgleichungen zu bestimmen, deren Isoklinen Geraden sind. Die Isokline $y' = p$ ergibt eine Gerade $y = a(p)x + b(p)$ (zur Vereinfachung schließt man den Fall von Geraden parallel zu $y'Oy$ aus). Die entsprechende Differentialgleichung lautet dann

(D) $$y = a(y')x + b(y').$$

Man nimmt an, daß a, b mindestens zur Klasse C^1 gehören.

Lösungsverfahren

Man wählt $p = y'$ als neue Variable, mit welcher sich jede Integralkurve parametrisieren läßt; dies ist unter der Voraussetzung, daß y' auf keinem Kurvenabschnitt der betrachteten Integralkurve konstant ist, zulässig. Im gegenteiligen Fall, für $y' = p_0 = $ konstant, ist die Integralkurve in der Geraden $y = a(p_0)x + b(p_0)$ enthalten, was wegen der Bedingung $y' = p_0$ nur für $a(p_0) = p_0$ zulässig ist.

- Damit ergeben sich die singulären Lösungen $y = p_j x + b(p_j)$ mit p_j als den Nullstellen von $a(p) = p$.

- Allgemeine Lösung:

$$y = a(p)x + b(p),$$

$$\begin{cases} dy = a(p)dx + (a'(p)x + b'(p))dp \\ dy = y'\, dx = p\, dx. \end{cases}$$

Daraus folgt

$$(p - a(p))dx = (a'(p)x + b'(p))dp,$$

und für $p \neq a(p)$ gelangt man schließlich zu

$$\frac{dx}{dp} = \frac{1}{p - a(p)}\, (a'(p)x + b'(p)),$$

einer linearen Gleichung in Abhängigkeit von $x(p)$. Die allgemeine Lösung hat damit die Form

$$\begin{cases} x(p) = x_{(1)}(p) + \lambda z(p), \quad \lambda \in \mathbb{R}, \\ y(p) = a(p)(x_{(1)}(p) + \lambda z(p)) + b(p). \end{cases}$$

Übung

Lösen Sie die Gleichung $2y - x(y' + y'^3) + y'^2 = 0$.

6.2.5 Clairautsche Differentialgleichungen

Dies ist der Spezialfall einer Lagrangeschen Differentialgleichung, bei der $a(p) = p$ für jeden Wert von p ist, also

(D) $$y = y'x + b(y').$$

Die Geraden

$$G_p : y = px + b(p),$$

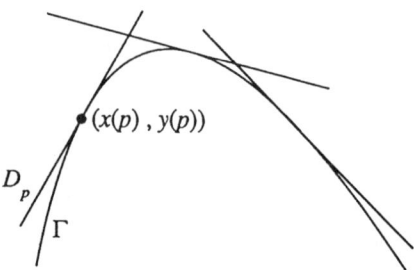

die vorher singuläre Lösungen waren, bilden jetzt eine allgemeine Lösungsschar.

Wir zeigen, daß die Geraden G_p immer eine Einhüllende Γ besitzen. Eine solche Kurve Γ besitzt definitionsgemäß eine Parametrisierung $(x(p), y(p))$, so daß im Punkt $(x(p), y(p))$ Γ Tangente an G_p ist .

Der Tangentenvektor $(x'(p), y'(p))$ an Γ muß dieselbe Steigung p wie G_p besitzen, woraus $y'(p) = px'(p)$ folgt. Weiter ist $(x(p), y(p)) \in G_p$, also

$$y(p) = px(p) + b(p).$$

Differenziert man, so folgt daraus

$$y'(p) = px'(p) + x(p) + b'(p).$$

Dies zieht $x(p) + b'(p) = 0$ nach sich, woraus die gesuchte Parametrisierung der Einhüllenden folgt:

$$\Gamma \begin{cases} x(p) = -b'(p) \\ y(p) = -pb'(p) + b(p). \end{cases}$$

Wenn b zur Klasse C^2 gehört, dann ist $y'(p) = -pb''(p) = px'(p)$, während Γ die Einhüllende der Geraden G_p ist. Die Kurve Γ ist eine singuläre Lösung von (D).

Übung

Lösen Sie die Gleichung $(xy' - y)(1 + y'^2) + 1 = 0$.

6.3 Geometrische Problemstellungen, welche zu Differentialgleichungen erster Ordnung führen

6.3.1 Kurvenschar und zugeordnete Differentialgleichung

Man betrachtet folgendes Problem:

Problem

Gegeben sei eine Kurvenschar $K_\lambda : h(x, y, \lambda) = 0, \quad \lambda \in \mathbb{R}$. Gibt es unter dieser Voraussetzung eine Differentialgleichung erster Ordnung, deren Kurven K_λ Integralkurven sind?

- *Sonderfall:* Angenommen, die Kurven K_λ sind Höhenlinien einer Funktion V der Klasse C^1:

$$K_\lambda : V(x, y) = \lambda, \qquad \lambda \in \mathbb{R}.$$

  Dann sind die Kurven K_λ Lösung der Differentialgleichung

  (D) $\qquad\qquad\qquad V_x'(x, y)dx + V_y'(x, y)dy = 0.$

- *Allgemeiner Fall:* Wenn die Gleichung $h(x, y, \lambda) = 0$ sich in die Form $\lambda = V(x, y)$ bringen läßt, ist man wieder bei vorhergehendem Fall gelandet. Wenn nicht, dann formt man so um, daß auf jeder Kurve K_λ

$$\begin{cases} h(x, y, \lambda) = 0 \\ h_x'(x, y, \lambda)dx + h_y'(x, y, \lambda)dy = 0 \end{cases}$$

  gilt, und man versucht λ aus den beiden Gleichungen zu eliminieren, um eine Differentialgleichung zu erhalten, in der nur x, y, dx, dy auftauchen.

Beispiel

Es sei K_λ die Schar der gleichseitigen Hyperbeln mit dem Mittelpunkt O, die durch den Punkt $A(1, 0)$ gehen.

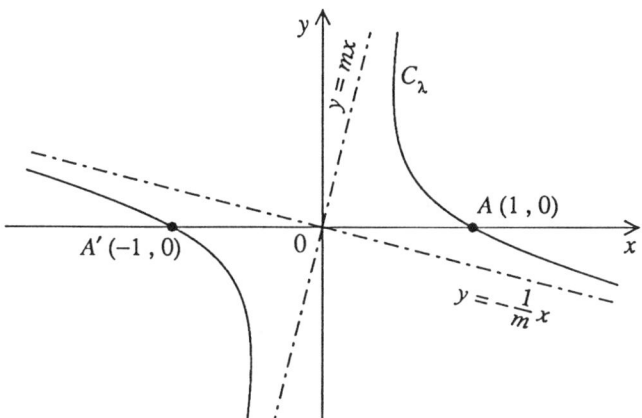

Die Asymptoten von K_λ sind dann zueinander senkrechte Geraden durch O

$$y = mx, \qquad y = -\frac{1}{m}\,x, \qquad m \in \mathbb{R}^*.$$

Wir setzen $X = y - mx, Y = y + \dfrac{1}{m}\,x$. Die Gleichung der gesuchten Hyperbel lautet dann

$$XY \;=\; C \quad \text{(Konstante)},$$
$$(y - mx)\Big(y + \frac{1}{m}\,x\Big) \;=\; C,$$
$$y^2 - x^2 + \Big(\frac{1}{m} - m\Big)xy \;=\; C.$$

Für $x = 1, y = 0$ findet man $C = -1$. Daraus folgt die Gleichung

$$K_\lambda : y^2 - x^2 + \lambda xy + 1 = 0, \qquad \lambda \in \mathbb{R}$$

mit $\lambda = 1/m - m$. (Beachten Sie, daß $m \mapsto 1/m - m$ die Menge $\mathbb{R}^*$ surjektiv auf $\mathbb{R}$ abbildet.) Auf K_λ gilt:

$$\lambda \;=\; \frac{x^2 - y^2 - 1}{xy},$$
$$d\lambda \;=\; 0 = \frac{(2x\,dx - 2y\,dy)xy - (x^2 - y^2 - 1)(x\,dy + y\,dx)}{x^2 y^2}.$$

Die Differentialgleichung der Kurven K_λ ist also

(D) : $\qquad (2x^2 y - x^2 y + y^3 + y)dx + (-2xy^2 - x^3 + xy^2 + x)dy = 0,$

(D) : $\qquad (x^2 + y^2 + 1)y\,dx - (x^2 + y^2 - 1)x\,dy = 0.$

6.3.2 Orthogonaltrajektorien einer Kurvenschar

Es seien (K_λ), (Γ_μ) zwei Kurvenscharen.

Definition

Man bezeichnet K_λ und Γ_λ als zueinander orthogonal, wenn die Tangenten an K_λ und Γ_μ in jedem Punkt von $K_\lambda \cap \Gamma_\mu$ für beliebiges λ und μ zueinander orthogonal sind.

Aufgabe

Es sei eine Kurvenschar K_λ gegeben. Finden Sie die Schar (Γ_μ) der zu K_λ orthogonalen Kurven.

Zu diesem Zweck nimmt man an, daß eine Differentialgleichung (D) bekannt ist, die von den Kurven K_λ erfüllt wird. Gesucht wird nun eine Differentialgleichung (D$^\perp$) der orthogonalen Kurven Γ_μ. Wir unterscheiden folgende Fälle:

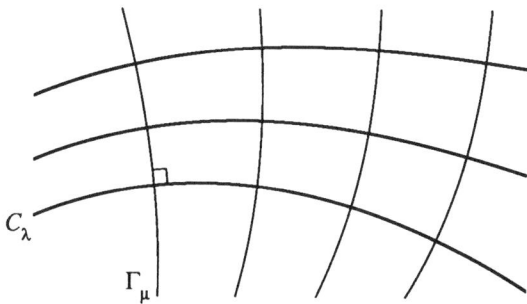

- (K_λ) erfüllt (D): $y' = f(x,y)$.

  In einem gegebenen Punkt (x,y) ist die Tangente an C_λ $y' = f(x,y)$. Die Tangentensteigung an Γ_μ ist also $-1/f(x,y)$. Die Kurven (Γ_μ) sind Lösungen von

  $$(D^\perp) : y' = -\frac{1}{f(x,y)}.$$

- (K_λ) erfüllt (D): $\dfrac{d\overrightarrow{M}}{dt} = \overrightarrow{V}(M) \Leftrightarrow \begin{cases} \dfrac{dx}{dt} = a(x,y) \\ \dfrac{dy}{dt} = b(x,y) \end{cases}$.

  Die Tangente an K_λ gehört zu $\overrightarrow{V}(M)$ und die Tangente von (Γ_μ) wird dann von dem dazu senkrechten Vektor $\overrightarrow{V}(M)^\perp \begin{pmatrix} -b(x,y) \\ a(x,y) \end{pmatrix}$ bestimmt. Folglicherweise ist (Γ_μ) eine Lösung von

  $$(D^\perp) \quad \begin{cases} \dfrac{dx}{dt} = -b(x,y) \\ \dfrac{dy}{dt} = a(x,y) \end{cases}.$$

- (K_λ) erfüllt (D): $\alpha(x,y)dx + \beta(x,y)dy = 0$.

  Dann wird $(D^\perp)$ von (Γ_μ) erfüllt: $-\beta(x,y)dx + \alpha(x,y)dy = 0$.

Sonderfall: Angenommen die Kurven K_λ seien Höhenlinien $V(x,y) = \lambda$ der Funktion V. Dann erfüllen sie

(D) $$V_x'(x,y)dx + V_y'(x,y)dy = 0.$$

Ihre Orthogonaltrajektorien (Γ_μ) sind Linien des Gradientenfeldes $\overrightarrow{\text{grad}}\,V$:

$$(D^\perp) \quad \begin{cases} \dfrac{dx}{dt} = V_x'(x,y) \\ \dfrac{dy}{dt} = V_y'(x,y) \end{cases}.$$

Beispiel

Es sei $K_\lambda : y^2 - x^2 + \lambda xy + 1 = 0$ (siehe Abschnitt 6.3.1).
Wir haben gesehen, daß K_λ die Differentialgleichung (D) erfüllt

$$(D): \quad (x^2 + y^2 + 1)y\, dx - (x^2 + y^2 - 1)x\, dy = 0.$$

Also erfüllt Γ_μ

$$(D^\perp): \quad (x^2 + y^2 - 1)x\, dx + (x^2 + y^2 + 1)y\, dy = 0$$
$$\Leftrightarrow \quad (x^2 + y^2)(x\, dx + y\, dy) - x\, dx + y\, dy = 0.$$

Sofort ergibt sich ein erstes Integral:

$$d\left[\frac{1}{4}(x^2 + y^2)^2 - \frac{x^2}{2} + \frac{y^2}{2}\right] = 0.$$

Die Kurven Γ_μ sind also die Höhenlinien

$$(x^2 + y^2)^2 - 2x^2 + 2y^2 = \mu, \qquad \mu \in \mathbb{R}$$

oder anders ausgedrückt:

$$\begin{aligned}
(x^2 + y^2 + 1)^2 - 4x^2 &= \mu + 1, \\
(x^2 - 2x + 1 + y^2)(x^2 + 2x + 1 + y^2) &= \mu + 1, \\
((x-1)^2 + y^2)((x+1)^2 + y^2) &= \mu + 1, \\
MA \cdot MA' = C &= \sqrt{\mu + 1},
\end{aligned}$$

mit

$$M\begin{pmatrix} x \\ y \end{pmatrix}, \qquad A\begin{pmatrix} A \\ 0 \end{pmatrix}, \qquad A'\begin{pmatrix} -1 \\ 0 \end{pmatrix}.$$

Die Kurven $MA \cdot MA' = C$ werden Cassinische Kurven genannt. Sie haben folgende
Gestalt:

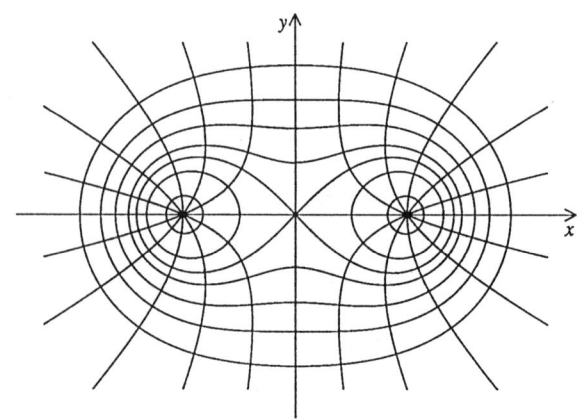

6.4 Differentialgleichungen zweiter Ordnung

6.4.1 Allgemeine Bemerkungen

Man betrachtet eine Differentialgleichung

(D) $$y'' = f(x, y, y')$$

mit $f : U \to \mathbb{R}$, $U \subset \mathbb{R}^3$, einer stetigen Abbildung, die einer lokalen Lipschitz-Bedingung bezüglich ihrer zweiten und dritten Variablen genügt.

Die allgemeine, in der Umgebung eines Punktes x_0 definierte Lösung y hängt von zwei Parametern $\lambda, \mu \in \mathbb{R}$ ab, die meistens als Integrationskonstanten auftauchen:

$$y(x) = \varphi(x, \lambda, \mu).$$

Der Satz von Lipschitz besagt, daß man $y_0 = y(x_0)$, $y_1 = y'(x_0)$ als Parameter wählen kann.

Es gibt nur wenige Fälle, in denen man eine Differentialgleichung zweiter Ordnung explizit lösen kann: selbst die homogenen linearen Differentialgleichungen zweiter Ordnung lassen sich im allgemeinen nicht explizit lösen.

6.4.2 Unvollständige Differentialgleichungen zweiter Ordnung

a) (D): $y'' = f(x, y')$

Führt man die neue unbekannte Funktion $v = y'$ ein, dann läßt sich (D) auf eine Differentialgleichung erster Ordnung zurückführen

$$v' = f(x, v).$$

Deren allgemeine Lösung hat die Form $v(x, \lambda)$, $\lambda \in \mathbb{R}$, und man erhält also

$$y(x) = \int_{x_0}^{x} v(t, \lambda)dt + \mu, \quad \mu \in \mathbb{R}.$$

b) (D): $y'' = f(y, y')$.

Hier besteht das Verfahren darin, y als neue Variable und $v = y'$ als unbekannte, veränderliche Funktion (bezüglich der Variablen y) zu nehmen.

- Es können dabei konstante Lösungen $y(x) = y_0$ auftreten. In diesen Fällen kann y nicht variabel gewählt werden. Man erhält also singuläre Lösungen

$$y(x) = y_j, \quad \text{mit} \quad f(y_j, 0) = 0.$$

• Allgemeiner Fall

$$y'' = \frac{dy'}{dx} = \frac{dy}{dx} \cdot \frac{dy'}{dy} = v\frac{dv}{dy}.$$

Diese Gleichung läßt sich auf eine Differentialgleichung erster Ordnung zurückführen

$$v\frac{dv}{dy} = f(y, v).$$

Deren Lösung ergibt eine allgemeine Lösung $v(y, \lambda)$, $\lambda \in \mathbb{R}$. Anschließend muß man

$$y' = v(y, \lambda) \Leftrightarrow \frac{dy}{v(y, \lambda)} = dx$$

lösen, woraus die allgemeine Lösung folgt:

$$\int \frac{dy}{v(y, \lambda)} = x + \mu, \qquad \mu \in \mathbb{R}.$$

c)　(D): $y'' = f(y)$.

Dies ist eine Sonderfall von Fall b), aber man kann hier sehr schön das Lösungsverfahren genauer ausführen. In der Tat ist

$$y'y'' = f(y)y',$$

und durch Integration ergibt sich $1/2\, y'^2 = \phi(y) + \lambda$, $\lambda \in \mathbb{R}$, wobei ϕ eine Stammfunktion von f ist. Man erhält also

$$y' = \pm\sqrt{2(\phi(y) + \lambda)},$$

$$\pm\frac{dy}{\sqrt{2(\phi(y) + \lambda)}} = dx,$$

$$\pm\int_{y_0}^{y} \frac{du}{\sqrt{2(\phi(u) + \lambda)}} = x + \mu, \qquad \mu \in \mathbb{R}.$$

Physikalische Interpretation

Man untersucht die Bewegungsgleichung eines Massepunktes M mit der Punktmasse m, der sich längs einer Kurve (K) bewegen soll. Man nimmt an, daß die Tangentialkomponente $\overrightarrow{F}_T$ der auf M wirkenden Kraft $\overrightarrow{F}$ nur von der Lage abhängt, die durch die Bogenlänge y auf K beschrieben wird.
Es wird $F_T = f(y)$ angenommen. Das Grundgesetz der Dynamik lautet

$$F_T = m\gamma_T = m\frac{d^2y}{dt^2}, \qquad \text{und damit}$$

(D)

$$my'' = f(y).$$

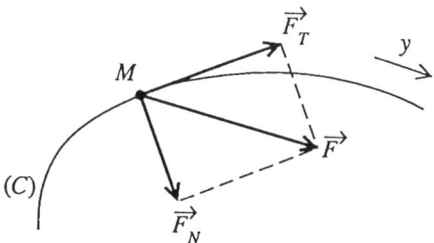

Daraus folgert man $my'y'' - f(y)y' = 0$, also $1/2\, my'^2 - \phi(y) = \lambda$ mit ϕ als Stamm-funktion von f. Die Größe $1/2\, my'^2 = E_k$ ist die kinetische Energie des Teilchens, während

$$-\phi(y) = -\int f(y)dy = -\int \vec{F}_T(M) \cdot d\vec{M} = -\int \vec{F}(M) \cdot d\vec{M}$$

die potentielle Energie E_p ist. Die Gesamtenergie

$$U(y,y') = E_k + E_p = \frac{1}{2}\, my'^2 - \phi(y)$$

bleibt konstant und ist unabhängig von der Bewegung des Punktes M. Man bezeichnet U als ein erstes Integral von (D).

Beispiel

Bewegung eines einfachen Pendels mit der Masse m und der Fadenlänge l.

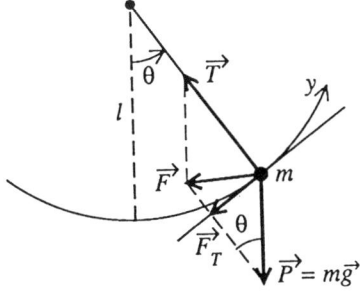

Hier ist $y = l\theta$ und $F_T = P \sin\theta = -mg \sin\theta$ und damit

$$ml\theta'' = -mg \sin\theta,$$
$$\theta'' = -\frac{g}{l} \sin\theta.$$

Die Gesamtenergie ist

$$E_k + E_p = \frac{1}{2}my'^2 - mgl\,\cos\theta = \frac{1}{2}ml^2\theta'^2 - mgl\,\cos\theta.$$

Die Lösungen erfüllen für $t \mapsto \theta(t)$

$$\theta'^2 - \frac{2g}{l}\cos\theta = \lambda, \qquad \lambda \in \mathbb{R},$$

$$\int_0^\theta \frac{d\varphi}{\sqrt{\lambda + \dfrac{2g}{l}\cos\varphi}} = t - t_0, \qquad t_0 \in \mathbb{R}.$$

Dieses Integral läßt sich, außer für $\lambda = 2g/l$, nicht explizit berechnen (Übung: Führen Sie die Berechnung für diesen Fall durch, und zeigen Sie, daß das Pendel dann erst nach unendlicher Zeit die Senkrechte $\theta = \pi$ erreicht). In der Physik interessiert man sich im allgemeinen für Schwingungen mit kleiner Amplitude. Dies erlaubt die übliche Näherung $\sin\theta \simeq \theta$, und man erhält dann die klassischen Näherungslösungen $\theta = \theta_m \cos\omega(t-t_0)$ mit $\omega = \sqrt{g/l}$. Wir werden auf diese Frage im Kapitel 9.2.4. noch einmal zurück kommen, um den dabei begangenen Fehler genauer abzuschätzen.

6.4.3   Homogene lineare Differentialgleichungen zweiter Ordnung

Die allgemeine Theorie der linearen Differentialgleichungen und Differentialgleichungs-systeme soll im nächsten Kapitel dargestellt werden. Wir wollen aber hier schon einen Fall behandeln, in dem sich die Lösung auf die Berechnung von Stammfunktionen zurückführen läßt.
Es sei

(D) $a(x)y'' + b(x)y' + c(x)y = 0.$

Nehmen wir an, man kennt eine spezielle Lösung $y_{(1)}$ von (D). Dann kann man die allgemeine Lösung durch Variation der Konstanten suchen:

$$y(x) = \lambda(x)y_{(1)}(x).$$

Daraus folgt

$$a(x)\Big(\lambda''y_{(1)} + 2\lambda'y'_{(1)} + \lambda y''_{(1)}\Big) + b(x)\Big(\lambda'y_{(1)} + \lambda y'_{(1)}\Big) + c(x)\lambda y_{(1)} = 0,$$

$$\lambda\Big(a(x)y''_{(1)} + b(x)y'_{(1)} + c(x)y_{(1)}\Big) + \lambda'\Big(2a(x)y'_{(1)} + b(x)y_{(1)}\Big) + \lambda''a(x)y_{(1)} = 0,$$

$$\lambda'\Big(2a(x)y'_{(1)} + b(x)y_{(1)}\Big) + \lambda''a(x)y_{(1)} = 0.$$

Die Funktion $\mu = \lambda'$ ist also Lösung einer Differentialgleichung erster Ordnung, welche sich auch als

$$\frac{\mu'}{\mu} = \frac{\lambda''}{\lambda'} = -2\frac{y'_{(1)}}{y_{(1)}} - \frac{b(x)}{a(x)}$$

schreiben läßt. Die allgemeine Lösung wird durch $\mu = \alpha\mu_{(1)}$, $\alpha \in \mathbb{R}$ gegeben, und damit ist $\lambda = \alpha\lambda_{(1)} + \beta$, $\beta \in \mathbb{R}$ mit $\lambda_{(1)}$ als Stammfunktion von $\mu_{(1)}$. Die allgemeine Lösung von (D) ist also:

$$y(x) = \alpha\lambda_{(1)}(x)y_{(1)}(x) + \beta y_{(1)}(x), \quad (\alpha, \beta) \in \mathbb{R}^2.$$

Die Lösungen bilden einen zweidimensionalen Vektorraum.

Übung

Lösen Sie $x^2(1 - x^2)y'' + x^3y' - 2y = 0$ und beachten Sie dabei, daß $y_{(1)}(x) = x^2$ eine Lösung ist.

6.4.4 * Differentialgleichungen, die sich aus Variationsproblemen ergeben

Aufgaben aus der Variationsrechnung führen sehr oft auf Differentialgleichungen zweiter Ordnung. Bevor wir ein Beispiel dafür anführen, wollen wir ein allgemeines Variationsproblem für einen einfachen Fall lösen. Man betrachtet dabei ein Funktional (das heißt einen Operator, dessen Variable eine Funktion ist)

$$\phi : C^2([a, b]) \rightarrow \mathbb{R}$$
$$u \mapsto \phi(u) = \int_a^b F(x, u(x), u'(x))dx$$

mit der Abbildung $F : [a, b] \times \mathbb{R} \times \mathbb{R} \rightarrow \mathbb{R}$, $(x, y, z) \mapsto F(x, y, z)$ der Klasse C^2. Das typische Problem der Variationsrechnung ist die Suche von Extrema von $\phi(u)$, wenn u die Funktion aus $C^2([a, b])$ durchläuft mit der Einschränkung durch festgehaltene Randwerte $u(a) = u_1$, $u(b) = u_2$.

Es sei $h \in C^2([a, b])$ mit $h(a) = h(b) = 0$. Für jedes $t \in \mathbb{R}$ erfüllt die Funktion $u + th$ dieselben Randbedingungen wie die Funktion u selbst. Wenn u ein Extremum von ϕ ist, dann ist $t = 0$ ein Extremum der Funktion einer reellen Variablen

$$\psi_h(t) = \phi(u + th) = \int_a^b F(x, u(x) + th(x), u'(x) + th'(x))dx.$$

Es muß also $\psi'(0) = 0$ erfüllt sein und zwar für jede beliebige Funktion $h \in C^2([a, b])$, die $h(a) = h(b) = 0$ erfüllt. Aus dem Satz über die Vertauschung von Integration und Differentation folgt

$$\psi_h'(0) = \int_a^b (h(x)F_y'(x, u, u') + h'(x)F_z'(x, u, u'))dx.$$

Durch partielle Integration von $h'(x)$ erhält man

$$\psi_h'(0) = \int_a^b h(x)\Big(F_y'(x, u, u') - \frac{d}{dx}F_z'(x, u, u')\Big)dx.$$

Weil die Menge der betrachteten Funktionen h im Raum $L^1([a, b])$ der auf $[a, b]$ integrablen Funktionen dicht ist, ergibt sich also $\psi'_h(0) = 0$ für jedes h, wenn und nur wenn u die Differentialgleichung

(D)
$$F'_y(x, u, u') - \frac{d}{dx}\left(F'_z(x, u, u')\right) = 0$$

erfüllt. Anders ausgedrückt:

$$F'_y(x, u, u') - F''_{xz}(x, u, u') - u'F''_{yz}(x, u, u') - u''F''_{zz}(x, u, u') = 0.$$

Diese Differentialgleichung zweiter Ordnung in u wird als die, dem durch den Operator ϕ definierten Variationsproblem zugeordnete *Euler-Lagrangesche Differentialgleichung* bezeichnet.

Anwendung

Es soll versucht werden, die Kurve zu bestimmen, welche die Gleichgewichtslage eines biegsamen, nicht dehnbaren Fadens mit konstanter Massenbelegung $\mu = dm/ds$ beschreibt, wenn der Faden an seinen beiden Enden in gleicher Höhe aufgehängt wird (Diese Kurve wird als »Kettenlinie« bezeichnet). Man nimmt aus physikalisch einleuchtenden Gründen an, daß die Kurve symmetrisch ist und in der Ebene der Randpunkte liegt. Es sei Oxy ein kartesisches Koordinatensystem in dieser Ebene, so daß Oy senkrecht nach oben zeigt und durch den tiefsten Punkt der Kurve geht; die Randpunkte besitzen dann die Koordinaten $(\pm a, 0)$. Schließlich sei $s \in [-l/2, l/2]$ die dem Faden entlang gemessene Bogenlänge mit dem tiefsten Kurvenpunkt als Ursprung (l bezeichnet die Fadenlänge). Die Gleichgewichtslage entspricht der tiefstmöglichen Lage des Schwerpunktes G. Aus Symmetriegründen gilt (wenn x als Variable gewählt wird):

$$y_G = \frac{1}{m/2}\int_0^a y\, dm = \frac{1}{\mu l/2}\int_0^a y\mu\, ds = \frac{2}{l}\int_0^a y\, ds$$

mit $m = \mu l$ der Masse des Fadens. Eine partielle Integration ergibt

$$\begin{aligned}
y_G &= \frac{2}{l}[ys]_0^a - \frac{2}{l}\int_0^a s\, dy \\
&= -\frac{2}{l}\int_0^a s\, dy = -\frac{2}{l}\int_0^a s\sqrt{s'^2 - 1}\, dx
\end{aligned}$$

mit $s' = ds/dx = \sqrt{dx^2 + dy^2}/dx$. Das Problem läuft darauf hinaus, die Funktionen $s = s(x)$ so zu bestimmen, daß der Operator

$$\phi(s) = \int_0^a s\sqrt{s'^2 - 1}\, dx,$$

mit den Randbedingungen $s(0) = 0$, $s(a) = l/2$ einen Maximalwert annimmt. Wendet man die Euler-Lagrangesche Differentialgleichung auf $F(x, s, t) = s\sqrt{t^2 - 1}$ an, so ergibt sich

$$\sqrt{s'^2 - 1} - \frac{d}{dx}\left(\frac{ss'}{\sqrt{s'^2 - 1}}\right) = \sqrt{s'^2 - 1} - \frac{s'^2 + ss''}{\sqrt{s'^2 - 1}} + \frac{ss'^2 s''}{(s'^2 - 1)^{3/2}} = 0.$$

Nach Multiplikation mit $(s'^2 - 1)^{3/2}$ erhält man folgende Gleichung

(D) $\qquad (s'^2 - 1)^2 - (s'^2 - 1)(s'^2 + ss'') + ss'^2 s'' = 1 - s'^2 + ss'' = 0.$

Diese löst man mit Hilfe des in Abschnitt 6.4.2 b) beschriebenen Verfahrens, welches darin besteht, s als neue Variable und $v = s'$ als neue unbekannte Funktion zu wählen. Nacheinander ergibt sich dann

$$s'' = \frac{ds'}{dx} = \frac{ds}{dx}\cdot\frac{ds'}{ds} = v\frac{dv}{ds},$$

$$(D) \Rightarrow 1 - v^2 + sv\frac{dv}{ds} = 0,$$

$$\frac{ds}{s} = \frac{v\,dv}{v^2 - 1} \Rightarrow \ln s = \frac{1}{2}\ln(v^2 - 1) + C,$$

$$s = \lambda\sqrt{v^2 - 1} = \lambda\sqrt{s'^2 - 1},$$

$$s' = \frac{ds}{dx} = \sqrt{1 + \frac{s^2}{\lambda^2}} \Rightarrow dx = \frac{ds}{\sqrt{1 + s^2/\lambda^2}},$$

$$x = \lambda\,\mathrm{arsinh}\,\frac{s}{\lambda} \Rightarrow s = \lambda\sinh\frac{x}{\lambda},$$

$$\frac{ds}{dx} = \sqrt{1 + \left(\frac{dy}{dx}\right)^2} = \cosh\frac{x}{\lambda} \Rightarrow \frac{dy}{dx} = \sinh\frac{x}{\lambda}.$$

Unter Berücksichtigung von $y(a) = 0$ leitet man daraus die Gleichung der Kettenlinie ab:

$$y = \lambda\left(\cosh\frac{x}{\lambda} - \cosh\frac{a}{\lambda}\right).$$

Der Parameter λ läßt sich aus der Beziehung $\lambda\sinh a/\lambda = l/2$ berechnen, welche sich für $s(a) = l/2$ ergibt.

Bemerkung

Nach der Maßgabe, daß $F(x, s, t) = s\sqrt{t^2 - 1}$ nur für $|s'| \geq 1$ auf $\mathbb{R}\times\mathbb{R}\times\{|t| > 1\}$ zur Klasse C^2 gehört, ist unsere Überlegung nicht völlig streng, da für $x = 0$ sich der Wert Eins ergibt. (Man beachte, daß $ds/dx = 1/\cos\theta$ ist, wobei θ der Tangentenwinkel an die Kurve bezüglich der Achse Ox ist.) Angenommen, es sei $s'(x) > 1$ für $x > 0$, wie das bei der physikalisch relevanten Lösung der Fall ist. Die zu Beginn unter allgemeinen Gesichtspunkten angestellten Überlegungen über die Vertauschbarkeit von Differentation und Integration sowie über die partielle Integration gelten auch noch für kleine $|t|$, wenn man $h(x) = 0$ in einer Umgebung von 0 annimmt (und natürlich auch $h(a) = 0$).

Da diese Funktionen h auch auf $L^1([0, a])$ dicht sind, muß s tatsächlich die Differentialgleichung (D) auf $]0, a]$ erfüllen.

6.5 Aufgaben

6.5.1

Man betrachtet die Differentialgleichung mit getrennten Variablen

$$(F_\alpha) \qquad \frac{dy}{dt} = y^\alpha + 1, \qquad \alpha > 0.$$

(a) Drücken Sie die allgemeine Lösung von (F_α) aus, indem Sie eine Hilfsfunktion

$$G(y) = \int_0^y \frac{dx}{x^\alpha + 1}$$

einführen.

(b) Genauer:

- Bestimmen Sie das Verhalten von $G(y)$ auf $[0, +\infty[$. Unterscheiden Sie dabei die beiden Fälle $0 < \alpha \le 1$ und $\alpha > 1$.

- Folgern Sie daraus für beide Fälle die Gestalt der maximal fortgesetzten Lösungen von (F_α).

- Behandeln Sie vollständig und explizit die beiden Fälle $\alpha = 1$ und $\alpha = 2$.

6.5.2

Man betrachtet die Differentialgleichung

$$xy' - y^2 + (2x + 1)y = x^2 + 2x.$$

(a) Besitzt sie eine spezielle Lösung in Polynomform? Geben Sie die allgemeine Lösung an.

(b) Wie lautet die Gleichung für die Isoklinen mit der Steigung 0 im neuen, von den Vektoren der Basis $((1,1),(0,1))$ aufgespannten Koordinatensystem? Zeichnen Sie diese Isokline, und geben Sie die Tangenten an die Punkte an, die im alten Koordinatensystem den Abszissenwert 0 besaßen.

(c) Skizzieren Sie die allgemeine Gestalt der Lösungen.

(d) Es sei (x_0, y_0) ein Punkt in $\mathbb{R}^2$. Wie viele maximal fortgesetzte Lösungen der Klasse C^1 gehen durch den Punkt (x_0, y_0)? Geben Sie den Definitionsbereich dieser Lösungen an und gegebenenfalls auch die globalen Lösungen.

6.5.3

Man betrachtet die Differentialgleichung

$$\frac{dy}{dt} = y^2 - (2x - 1)y + x^2 - x + 1.$$

(a) Bestimmen Sie explizit die Lösungen dieser Differentialgleichung; suchen Sie zunächst nach einfachen Polynomen als Lösungen.

(b) Zeigen Sie, daß die maximal fortgesetzten Integralkurven Lösungen entsprechen, welche keine Polynome sind und zwei Kurvenscharen bilden, die durch Translation auseinander hervorgehen. Zeichnen Sie diejenigen Kurven, welche die Achse $y'Oy$ als Asymptote besitzen.

6.5.4

Man betrachtet die Differentialgleichung (1) $y'^2 = yy' + x$, wobei y eine reellwertige Funktion von x ist, welche stückweise zur Klasse C^1 gehört.

(a) Durch welche Punkte (x, y) im $\mathbb{R}^2$ geht eine Lösung von (1)? Machen Sie eine Skizze.

(b) Zeigen Sie, indem Sie (1) mit $dy = t\,dx$ parametrisieren, daß y Lösung einer Differentialgleichung (2) $f\left(y, t, \dfrac{dy}{dt}\right) = 0$ ist.

(c) Integrieren Sie erst (2) und dann (1); man kann dazu $t = \tan\varphi$ mit $\varphi \in\,]-\pi/2, \pi/2\,[$ setzen. Es ergibt sich eine vom Parameter λ abhängende Kurvenschar K_λ.

(d) Geben Sie zunächst für $\lambda = 0$ die Grenzwerte von $x, y, y/x$ für $\varphi \to \pi/2 - 0$ an, und bestimmen Sie dann $dx/d\varphi$ und $dy/d\varphi$. Wie lautet die Euklidische Norm des Vektors $(dx/d\varphi, dy/d\varphi)$? Man erinnere sich daran, daß $dy/dx = \tan\varphi$ ist.

(e) Man setzt $z(\varphi) = \sqrt{(dx/d\varphi)^2 + (dy/d\varphi)^2}$ für $0 \le \varphi \le \pi/2$. Machen Sie eine Kurvendiskussion von $z(\varphi)$ und zeichnen Sie dann den Kurvenverlauf K_0 auf.

6.5.5

Man betrachtet die Parabelschar (P_λ) der Gleichung

$$P_\lambda : x = y^2 + \lambda y.$$

(a) Zeigen Sie, daß diese Kurven Lösungen einer näher zu bestimmenden Differentialgleichung erster Ordnung sind.

(b) Bestimmen Sie die zu den Kurven (P_λ) orthogonalen Kurven.

6.5.6

Man betrachtet die Kurvenschar (K_λ) im $\mathbb{R}^2$, die durch folgende Gleichung definiert ist

$$x^2 - y^2 + \lambda y^3 = 0,$$

wobei λ ein reeller Parameter ist.

(a) Zeichnen Sie die Kurven (K_0), (K_1) in ein kartesisches Koordinatensystem Oxy (pro Einheit 4 cm). Welche Beziehung besteht zwischen (K_1) und (K_λ)?

(b) Zeigen Sie, daß die Kurven (K_λ) Lösungen einer Differentialgleichung erster Ordnung sind.

(c) Bestimmen Sie die Gleichung der Orthogonaltrajektorien zu den Kurven (K_λ). Welcher Art sind diese Kurven? Stellen Sie die Orthogonaltrajektorie durch den Punkt $(1,0)$ in der selben Skizze wie (K_0) und (K_1) dar.

6.5.7

Man betrachtet in der Euklidischen Ebene $\mathbb{R}^2$ die Kurvenschar

$$(K_\lambda) \qquad x^4 = y^4 + \lambda x.$$

(a) Bestimmen Sie die Differentialgleichung, welche von der Schar (K_λ) erfüllt wird.

(b) Stellen Sie die Differentialgleichung der Orthogonaltrajektorien zu diesen Kurven (K_λ) auf.
Weil diese Gleichung zu einem klassischen Typ gehört, können Sie leicht die Gleichung der Orthogonaltrajektorien bestimmen.

6.5.8

Man untersucht das Anfangswertproblem

(P) $\qquad\qquad\qquad y' = t^2 + y^2 + 1; \qquad y(0) = 0.$

(a) Es seien T und R zwei reelle Zahlen > 0, und es sei $\Omega(T, R)$ das durch folgende Ungleichungen definierte Rechteck

$$0 \leq t \leq T; \quad -R \leq y \leq R.$$

$\alpha)$ Zeigen Sie, daß wenn die Bedingung

$$T^2 + R^2 + 1 \leq R/T$$

erfüllt ist, daß dann $\Omega(T, R)$ ein Sicherheitsrechteck für (P) darstellt.

β) Zeigen Sie, daß für genügend kleines $T > 0$, zum Beispiel für $T < T_0 = \sqrt{\dfrac{\sqrt{2}-1}{2}}$, es ein $R > 0$ gibt, für welches $\Omega(T, R)$ ein Sicherheitsrechteck für (C) ist.

γ) Zeigen Sie, daß $\Omega(1/3, 2)$ ein Sicherheitsrechteck für (P) ist, und folgern Sie daraus, daß (P) nur eine einzige Lösung y auf dem Intervall $[0, 1/3]$ besitzt.

(b) Man kann zeigen, daß die in (a) γ) hergeleitete Lösung y von (P) sich auf $[0, +\infty[$ nicht fortsetzen läßt. Zu diesem Zweck führt man das Hilfs-Anfangswertproblem

$$(\text{P}_1) \qquad\qquad z' = z^2 + 1, \qquad z(0) = 0,$$

ein, wobei mit z eine neue unbekannte Funktion von t bezeichnet wird.

α) Bestimmen Sie explizit die eindeutige Lösung z von (P_1) und geben Sie ihren maximalen Definitionsbereich an.

β) Es sei $[0, T]$ ein Intervall auf welchem y und z gleichzeitig definiert sind. Zeigen Sie, daß $u = y - z$ eine Lösung eines Anfangswertproblems

$$(\text{P}_2) \qquad\qquad u' = a(t)u + b(t); \qquad u(0) = 0;$$

ist, für welches die Bedingung $b(t) \geq 0$ für jedes t auf $[0, T]$ erfüllt ist. Schließen Sie daraus, daß für jedes t auf $[0, T]$ $y(t) \geq z(t)$ ist.

γ) Folgern Sie aus vorhergehendem, daß wenn $T \geq \pi/2$ ist, daß sich dann y gewiß nicht bis $t = T$ fortsetzen läßt.

δ) Zeichnen Sie mit größtmöglicher Genauigkeit den Graphen von y in seinem maximalen Definitionsbereich $[0, T_1[$ (Gestalt des Graphen in der Umgebung von 0, Richtungsänderung, Krümmungsverhalten, Asymptote, etc...).

7   Lineare Differentialgleichungssysteme

Lineare Differentialgleichungssyteme besitzen eine große praktische Bedeutung, da zahlreiche Erscheinungen in der Natur sich, zumindest in erster Näherung, durch solche Systeme modellieren lassen. Außerdem ist man in der Lage die Systeme mit konstanten Koeffizienten vollständig zu lösen, da sich ihre Berechnung auf Rechenverfahren der linearen Algebra zurückführen lassen (Diagonalisierung und Transformation auf Dreiecksgestalt von Matrizen). Im folgenden bezeichnet $\mathbb{K}$ einen Körper $\mathbb{R}$ oder $\mathbb{C}$.

7.1   Allgemeines

7.1.1   Definition

Ein lineares Differentialgleichungssystem erster Ordnung in $\mathbb{K}^m$ hat die Form

(D)
$$\frac{dY}{dt} = A(t)Y + B(t)$$

mit der gesuchten Funktion $Y(t) = \begin{pmatrix} y_1(t) \\ \vdots \\ y_m(t) \end{pmatrix} \in \mathbb{K}^m$ und

$$A(t) = (a_{ij}(t))_{1 \leq i,j \leq m} \in M_m(\mathbb{K}), \quad B(t) = \begin{pmatrix} b_1(t) \\ \vdots \\ b_m(t) \end{pmatrix} \in \mathbb{K}^m$$

gegebenen, *stetigen* Funktionen:

$$A \ : \ I \to M_m(\mathbb{K}) = \{\text{quadratische } m \times m\text{–Matrizen über } \mathbb{K}\},$$
$$B \ : \ I \to \mathbb{K}^m,$$

welche auf einem Intervall $I \subset \mathbb{R}$ definiert sind.

Man stellt fest, daß die Funktion $f(t, Y) = A(t)Y + B(t)$ auf $I \times \mathbb{K}^m$ stetig ist und eine Lipschitz-Konstante $k(t) = \|A(t)\|$ bezüglich Y besitzt.

Nach dem Kriterium aus Kapitel 5.3.4 über die Existenz globaler Lösungen kann man feststellen:

Satz

Durch jeden Punkt $(t_0, V_0) \in I \times \mathbb{K}^m$ geht eine eindeutige, maximal fortgesetzte Lösung, die auf ganz I definiert ist.

7.1.2 Homogenes lineares Differentialgleichungssystem

Darunter versteht man ein lineares Differentialgleichungssystem mit $B = 0$:

$$(D_0) \qquad \frac{dY}{dt} = A(t)Y.$$

Es sei $\mathcal{S}$ die Menge der maximal fortgesetzten Lösungen. Dann gilt für alle $Y_{(1)}, Y_{(2)} \in \mathcal{S}$ und alle Skalare $\lambda_1, \lambda_2 \in \mathbb{K}$, daß $\lambda_1 Y_{(1)} + \lambda_2 Y_{(2)} \in \mathcal{S}$ ist, also ist $\mathcal{S}$ ein *Vektorraum* über $\mathbb{K}$. Wir wollen folgende Abbildung zum Zeitpunkt t_0 betrachten:

$$\begin{aligned} \phi_{t_0} : \mathcal{S} &\rightarrow \mathbb{K}^m \\ Y &\mapsto Y(t_0). \end{aligned}$$

ϕ_{t_0} ist ein Isomorphismus, dessen Surjektivität sich aus dem Existenzsatz und dessen Injektivität sich aus dem Eindeutigkeitssatz bezüglich des Anfangswertproblems ergeben.

Schlußfolgerung

Die Menge $\mathcal{S}$ der maximal fortgesetzten Lösungen ist ein m-dimensionaler Vektorraum über $\mathbb{K}$.

7.1.3 Allgemeiner Fall

Wir kommen noch einmal auf das allgemeinste lineare System zurück

$$(D) \qquad \frac{dY}{dt} = A(t)Y + B(t).$$

Es ist bekannt, daß es zumindest eine globale Lösung $Y_{(1)}$ gibt. Die Menge der maximal fortgesetzten Lösungen ist dann

$$Y_{(1)} + \mathcal{S} = \{Y_{(1)} + Z; Z \in \mathcal{S}\},$$

wobei $\mathcal{S}$ die Menge der maximal fortgesetzten Lösungen der zugehörigen homogenen Differentialgleichung ist. $Y_{(1)} + \mathcal{S}$ ist ein m-dimensionaler affiner Raum über $\mathbb{K}$.

7.2 Lineare Differentialgleichungssysteme mit konstanten Koeffizienten

Dabei handelt es um Systeme der Form

$$(D) \qquad \frac{dY}{dt} = AY + B(t),$$

wobei die Matrix $A = (a_{ij}) \in M_n(\mathbb{K})$ von t unabhängig ist.

7.2.1 Elementare exponentielle Lösungen von $\dfrac{dY}{dt} = AY$

Gesucht wird eine Lösung der Form $Y(t) = e^{\lambda t}V$ mit den Konstanten $l \in \mathbb{K}$, $V \in \mathbb{K}^m$. Diese Funktion ist dann und nur dann eine Lösung, wenn $\lambda e^{\lambda t}V = e^{\lambda t}AV$ ist. Das bedeutet

$$AV = \lambda V.$$

Damit ist das Problem auf die Ermittlung von Eigenwerten und Eigenvektoren von A reduziert.

Einfacher Fall: A kann diagonalisiert werden.

In diesem Fall gibt es eine durch die Eigenvektoren von A aufgespannte Basis $(V_1, \ldots, V_m)$ von $\mathbb{K}^m$ mit den entsprechenden Eigenwerten $\lambda_1, \ldots, \lambda_m$. Es ergeben sich m linear unabhängige Lösungen

$$t \mapsto e^{\lambda_j t}V_j, \quad 1 \leq j \leq m.$$

Die allgemeine Lösung stellt sich folgendermaßen dar:

$$Y(t) = \alpha_1 e^{\lambda_1 t}V_1 + \cdots + \alpha_m e^{\lambda_m t}V_m, \quad \alpha_j \in \mathbb{K}.$$

Wenn sich A *nicht in Diagonalform bringen läßt*, benötigt man im allgemeinen die Matrixexponentialfunktion. Die (2×2)-Systeme mit konstanten Koeffizienten sind jedoch ausreichend einfach, um sie noch »von Hand« zu berechnen. Für ein vertieftes Studium sei der Leser auf Kapitel 10.2.2 verwiesen.

7.2.2 Matrixexponentialfunktion

Definition

Für $A \in M(\mathbb{K})$ setzt man $e^A = \displaystyle\sum_{n=0}^{+\infty} \dfrac{1}{n!} A^n$.

$M_n(\mathbb{K})$ sei mit der Norm $\| \ \|$ der über $\mathbb{K}^m$ linearen Operatoren versehen. Diese Norm entspricht der Euklidischen Norm im $\mathbb{R}^m$ (bzw. Hermiteschen Norm des $\mathbb{C}^m$). Dann ergibt sich

$$\|\frac{1}{n!} A^n\| \leq \frac{1}{n!} \|A\|^n,$$

so daß die Reihe $\sum \dfrac{1}{n!} A^n$ absolut konvergent ist. Weiter sieht man, daß gilt

$$\|e^A\| \leq e^{\|A\|}.$$

Grundlegende Eigenschaft

Wenn $A, B \in M_m(\mathbb{K})$ vertauschen, das heißt wenn $(AB = BA)$, dann gilt

$$e^{A+B} = e^B \cdot e^B.$$

Bestätigung. Man betrachtet das Reihenprodukt $\sum \frac{1}{p!} A^p \cdot \sum \frac{1}{q!} B^q$, dessen Hauptterm wegen der binomischen Gleichung

$$C_n = \sum_{p+q=n} \frac{1}{p!q!} A^p B^q = \frac{1}{n!} \sum_{p=0}^{n} \frac{n!}{p!(n-p)!} A^p B^{n-p} = \frac{1}{n!} (A+B)^n$$

lautet. (Beachten Sie, daß diese Gleichung nur gilt, wenn A und B vertauschen.) Da die Reihen von e^A und e^B absolut konvergent sind, schließt man daraus

$$e^A \cdot e^B = \sum_{n=0}^{+\infty} C_n = e^{A+B}. \qquad \blacksquare$$

Insbesondere erkennt man, daß e^A eine *invertierbare Matrix* ist, deren Inverse e^{-A} ist.

Bemerkung

Berechnen Sie $e^A \cdot e^B$ und e^{A+B} für
$A = \begin{pmatrix} 0 & 0 \\ \theta & 0 \end{pmatrix}$ und $B = \begin{pmatrix} 0 & -\theta \\ 0 & 0 \end{pmatrix}$, $\theta \in \mathbb{R}$. Was stellt man dabei fest?

Allgemeines Rechenverfahren im $M_n(\mathbb{C})$.

Jede Matrix $A \in M_n(\mathbb{C})$ läßt sich in Form von Blockdreiecksmatrizen bringen, die den verschiedenen invarianten Unterräumen von A entsprechen. Bei einer Blockdreiecksmatrix handelt es sich um eine Blockdiagonalform, wobei jede Blockmatrix selbst wieder eine Dreiecksmatrix ist. Es gibt also eine Transformationsmatrix P, in deren Spalten die Vektoren stehen, welche die charakteristischen Unterräume aufspannen, so daß

$$T = P^{-1}AP$$

eine Dreiecksmatrix der Form

$$T = \begin{pmatrix} \boxed{T_1} & & & 0 \\ & \boxed{T_2} & & \\ & & \ddots & \\ 0 & & & \boxed{T_s} \end{pmatrix}, \qquad T_j = \begin{pmatrix} \lambda_j & * & \cdots & * \\ 0 & \lambda_j & \ddots & \vdots \\ \vdots & & \ddots & * \\ 0 & \cdots & 0 & \lambda_j \end{pmatrix}$$

ist, mit den voneinander verschiedenen Eigenwerten $\lambda_1, \ldots, \lambda_s$ von A. Wie man leicht sieht ergibt sich damit

$$T^n = \begin{pmatrix} T_1^n & & & 0 \\ & T_2^n & & \\ & & \ddots & \\ 0 & & & T_s^n \end{pmatrix}, \qquad e^T = \begin{pmatrix} e^{T_1} & & & 0 \\ & e^{T_2} & & \\ & & \ddots & \\ 0 & & & e^{T_s} \end{pmatrix}.$$

Da $A = PTP^{-1}$ ist, folgt daraus $A^n = PT^nP^{-1}$ und weiter

$$e^A = Pe^TP^{-1} = P \begin{pmatrix} e^{T_1} & & & 0 \\ & e^{T_2} & & \\ & & \ddots & \\ 0 & & & e^{T_s} \end{pmatrix} P^{-1}.$$

Damit hat man das Problem auf die Berechnung der Exponentialfunktion e^B zurückgeführt, wenn B eine Blockdreiecksmatrix

$$B = \begin{pmatrix} \lambda & * & \cdots & * \\ 0 & \lambda & \ddots & \vdots \\ \vdots & \ddots & \ddots & * \\ 0 & \cdots & 0 & \lambda \end{pmatrix} = \lambda I + N \in M_p(\mathbb{K})$$

ist, dabei sind I die Einheitsmatrix und N eine nilpotente obere Halbmatrix $N = \begin{pmatrix} 0 & & * \\ \vdots & \ddots & \\ 0 & \cdots & 0 \end{pmatrix}$. Die n-te Potenz N^n enthält einschließlich der Hauptdiagonalen n Diagonalen mit Nullen, insbesondere ist $N^n = 0$ für $n \geq p$. Man erhält also

$$e^N = I + \frac{1}{1!}N + \cdots + \frac{1}{(p-1)!}N^{p-1} = \begin{pmatrix} 1 & * & \cdots & * \\ 0 & 1 & \ddots & \vdots \\ \vdots & \ddots & \ddots & * \\ 0 & \cdots & 0 & 1 \end{pmatrix}.$$

Da I und N vertauschen, ergibt sich schließlich

$$e^B = e^{\lambda I}e^N = e^\lambda e^N \qquad (\text{da } e^{\lambda I} = e^\lambda I).$$

Gleichung

$$\det(e^A) = \exp(\mathrm{Sp}(A)).$$

Bestätigung. Im Fall einer Blockdreiecksmatrix $B \in M_p(\mathbb{K})$ ergibt sich

$$\det(e^B) = (e^\lambda)^p \det(e^N) = e^{p\lambda} = \exp(\mathrm{Sp}(B)). \qquad \blacksquare$$

Daraus schließt man

$$\det(e^T) = \det(e^{T_1}) \cdots \det(e^{T_s}) = \exp(\mathrm{Sp}(T_1) + \cdots + \mathrm{Sp}(T_s)) = \exp(\mathrm{Sp}(T))$$

Da $A = PTP^{-1}$ und $e^A = Pe^TP^{-1}$ ist, ergibt sich schließlich

$$\det(e^A) = \det(e^T), \quad \mathrm{Sp}(A) = \mathrm{Sp}(T) = \sum \text{ der Eigenwerte.}$$

7.2.3 Allgemeine Lösung eines homogenen Differentialgleichungssystems
$$\frac{dY}{dt} = AY$$

Satz

Die Lösung Y, für die $Y(t_0) = V_0$ gilt, ist gegeben durch

$$Y(t) = e^{(t-t_0)A} \cdot V_0.$$

Beweis. Es ist $Y(t_0) = e^0 \cdot V_0 = IV_0 = V_0$.

Andererseits besitzt die Potenzreihe

$$e^{tA} = \sum_{n=0}^{+\infty} \frac{1}{n!} t^n A^n$$

einen Konvergenzradius von $+\infty$. Aus diesem Grund kann man für jedes $t \in \mathbb{R}$ termweise differenzieren:

$$\frac{d}{dt}(e^{tA}) = \sum_{n=1}^{+\infty} \frac{1}{(n-1)!} t^{n-1} A^n = \sum_{p=0}^{+\infty} \frac{1}{p!} t^p A^{p+1},$$

$$\frac{d}{dt}(e^{tA}) = A \cdot e^{tA} = e^{tA} \cdot A.$$

Folglicherweise erhält man dann

$$\frac{dY}{dt} = \frac{d}{dt}\left(e^{(t-t_0)A} \cdot V_0\right) = Ae^{(t-t_0)A} \cdot V_0 = AY(t). \qquad \blacksquare$$

Nimmt man $t_0 = 0$ an, so erkennt man, daß die allgemeine Lösung durch $Y(t) = e^{tA} \cdot V$ mit $V \in \mathbb{K}^m$ gegeben ist.

Die Berechnung von e^{tA} führt auf eine Blockdreiecksmatrix $B = \lambda I + N \in M_p(\mathbb{C})$. In diesem Fall gilt $e^{tB} = e^{\lambda tI} e^{tN} = e^{\lambda t} e^{tN}$ mit

$$e^{tN} = \sum_{n=0}^{p-1} \frac{t^n}{n!} N^n = \begin{pmatrix} 1 & Q_{12}(t) & \cdots & & Q_{1p}(t) \\ & 1 & Q_{23}(t) & & \vdots \\ & & \ddots & \ddots & \\ 0 & & & 1 & Q_{p-1\,p}(t) \\ & & & & 1 \end{pmatrix},$$

wobei $Q_{ij}(t)$ ein Polynom vom Grad $\leq j - i$ ist mit $Q_{ij}(0) = 0$. $Y(t)$ setzt sich also immer aus exponentiellen Polynomfunktionen $\sum\limits_{1 \leq j \leq s} P_j(t)e^{\lambda_j t}$ zusammen, wobei $\lambda_1, \ldots, \lambda_s$ die *komplexen* Eigenwerte von A sind (selbst für $\mathbb{K} = \mathbb{R}$).

7.2.4   Allgemeine Lösung von $\dfrac{dY}{dt} = AY + B(t)$

Wenn einem auf Anhieb keine Lösung ins Auge sticht, kann man durch *Variation der Konstanten* versuchen eine spezielle Lösung der Form

$$Y(t) = e^{tA} \cdot V(t)$$

zu finden, wobei V als differenzierbar angenommen wird. Es ergibt sich

$$
\begin{aligned}
Y'(t) &= Ae^{tA} \cdot V(t) + e^{tA} \cdot V'(t) \\
&= AY(t) + e^{tA} \cdot V'(t).
\end{aligned}
$$

Es genügt also V so zu wählen, daß $e^{tA} \cdot V'(t) = B(t)$ wird, zum Beispiel

$$V(t) = \int_{t_0}^{t} e^{-uA} B(u)\,du, \quad t_0 \in I.$$

Auf diese Weise erhält man die spezielle Lösung

$$Y(t) = e^{tA} \int_{t_0}^{t} e^{-uA} B(u)\,du = \int_{t_0}^{t} e^{(t-u)A} B(u)\,du,$$

welche eine Lösung für $Y(t_0) = 0$ darstellt. Die allgemeine Lösung des Anfangswertproblems $Y(t_0) = V_0$ ist dann

$$Y(t) = e^{(t-t_0)A} \cdot V_0 + \int_{t_0}^{t} e^{(t-u)A} B(u)\,du.$$

Beispiel

Ein Teilchen der Masse m und mit der elektrischen Ladung q bewegt sich unter Einfluß eines Magnetfeldes $\overrightarrow{B}$ und eines elektrischen Feldes $\overrightarrow{E}$ im $\mathbb{R}^3$. Beide Felder sind homogen und zeitunabhängig. Welche Bahn beschreibt das Teilchen?

Wenn mit $\overrightarrow{V}$ die Geschwindigkeit und mit $\overrightarrow{\gamma}$ die Beschleunigung bezeichnet wird, dann folgt aus dem Grundgesetz der Mechanik und der Lorentzkraft

$$\overrightarrow{F} = m\overrightarrow{\gamma} = q\overrightarrow{V} \times \overrightarrow{B} + q\overrightarrow{E}$$

und damit

$$\overrightarrow{\gamma} = \frac{d\overrightarrow{V}}{dt} = \frac{q}{m}\,\overrightarrow{V} \times \overrightarrow{B} + \frac{q}{m}\,\overrightarrow{E}.$$

Dies stellt ein lineares Gleichungssystem (mit konstanten Koeffizienten) dar, wobei die Matrix A die Matrix der linearen Abbildung $\overrightarrow{V} \mapsto \frac{q}{m}\overrightarrow{V} \times \overrightarrow{B}$ ist. Im folgenden soll für diese lineare Abbildung immer A gesetzt werden. Eine einfache Rechnung zeigt die Identität

$$A^2(\overrightarrow{V}) = \left(\frac{q}{m}\right)^2 (\overrightarrow{V} \times \overrightarrow{B}) \times \overrightarrow{B} = -\left(\frac{q}{m}\right)^2 B^2 P_B(\overrightarrow{V})$$

mit $B = \|\overrightarrow{B}\|$ und P_B, der senkrechten Projektion in die Ebene des Normalenvektors $\overrightarrow{B}$. Es ergibt sich folgendes Schema:

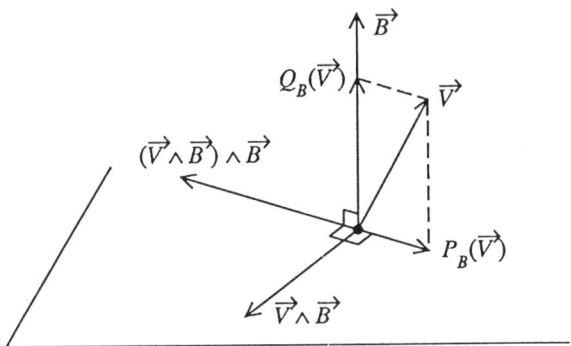

Für die Berechnung gilt zu beachten, daß $\overrightarrow{V} \times \overrightarrow{B} = P_B(\overrightarrow{V}) \times \overrightarrow{B}$ ist. Daraus schließt man leicht auf

$$A^{2p}(\overrightarrow{V}) = (-1)^p \left(\frac{q}{m}\right)^{2p} B^{2p} P_B(\overrightarrow{V}), \quad p \geq 1$$

$$A^{2p+1}(\overrightarrow{V}) = (-1)^p \left(\frac{q}{m}\right)^{2p+1} B^{2p} \overrightarrow{V} \times \overrightarrow{B},$$

wobei die letzte Beziehung auch noch für $p = 0$ gültig ist. Mit $\omega = \frac{q}{m}\,B$ ergibt sich

$$e^{tA}(\overrightarrow{V}) = \overrightarrow{V} + \sum_{p=1}^{+\infty} (-1)^p \frac{\omega^{2p} t^{2p}}{(2p)!}\, P_B(\overrightarrow{V}) + \sum_{p=0}^{+\infty} (-1)^p \frac{\omega^{2p+1} t^{2p+1}}{(2p+1)!}\, \frac{1}{B}\, \overrightarrow{V} \times \overrightarrow{B}$$

$$= \overrightarrow{V} - P_B(\overrightarrow{V}) + \cos \omega t\, P_B(\overrightarrow{V}) + \sin \omega t\, \frac{1}{B}\, \overrightarrow{V} \times \overrightarrow{B}.$$

Ohne elektrisches Feld lauten die Bewegungsgleichungen

$$\vec{V} = Q_B(\vec{V_0}) + \cos \omega t\, P_B(\vec{V}_0) + \sin \omega t\, \frac{1}{B}\, \vec{V}_0 \times \vec{B}$$

$$\overrightarrow{M_0 M} = t Q_B(\vec{V_0}) + \frac{1}{w}\, \sin \omega t\, P_B(\vec{V_0}) + \frac{1 - \cos \omega t}{\omega B}\, \vec{V}_0 \times \vec{B}$$

wobei M_0, $\vec{V_0}$ den Ort und die Geschwindigkeit für $t = 0$ bezeichnen, und Q_B die senkrechte Projektion auf die Gerade $\mathbb{R} \cdot \vec{B}$ ist. Wie man leicht sieht handelt es um eine gleichförmige Schraubenbewegung mit der Kreisfrequenz ω auf einem Zylinder, dessen Achse parallel zu $\vec{B}$ liegt und dessen Radius $R = \|P_B(\vec{V_0})\|/\omega$ beträgt.

Liegt ein elektrisches Feld $\vec{E}$ an, dann ist die Rechnung dann einfach, wenn $\vec{E}$ parallel zu $\vec{B}$ ist. In diesem Fall ist ganz offenkundig $\vec{V} = t\,\frac{q}{m}\,\vec{E}$ eine spezielle Lösung, womit die allgemeinen Gesetze für Geschwindigkeit und Bewegung folgendermaßen aussehen:

$$\vec{V} = Q_B(\vec{V_0}) + t\,\frac{q}{m}\,\vec{E} + \cos \omega t\, P_B(\vec{V_0}) + \sin \omega t\, \frac{1}{B}\, \vec{V}_0 \times \vec{B},$$

$$\overrightarrow{M_0 M} = \left(t Q_B(\vec{V_0}) + t^2\,\frac{q}{2m}\,\vec{E}\right) + \frac{1}{\omega}\, \sin \omega t\, P_B(\vec{V_0}) + \frac{1 - \cos \omega t}{\omega B}\, \vec{V}_0 \times \vec{B}.$$

Die Bewegung verläuft immer noch mit konstanter Kreisfrequenz spiralförmig auf einem Kreiszylinder, aber die Bewegung ist in Axialrichtung beschleunigt.

Im allgemeinen Fall zerlegt man $\vec{E} = \vec{E}_{/\!/} + \vec{E}_\perp$ in seine Komponenten parallel und senkrecht zu $\vec{B}$, und man stellt fest, daß es einen Vektor $\vec{U}$ gibt, der senkrecht zu $\vec{B}$ und $\vec{E}_\perp$ ist, so daß $\vec{U} \times \vec{B} = \vec{E}_\perp$. Als Differentialgleichung ergibt sich

$$\frac{d\vec{V}}{dt} = \frac{q}{m}\,(\vec{V} + \vec{U}) \times \vec{B} + \frac{q}{m}\,\vec{E}_{/\!/},$$

so daß $\vec{V} + \vec{U}$ die Differentialgleichung für zueinander parallele Felder $\vec{B}$ und $\vec{E}$ erfüllt. Ersetzt man in den vorhergehenden Gleichungen $\vec{V}$ durch $\vec{V} + \vec{U}$ und $\vec{V_0}$ durch $\vec{V_0} + \vec{U}$, dann erhält man

$$\vec{V} + \vec{U} = Q_B(\vec{V_0}) + t\,\frac{q}{m}\,\vec{E}_{/\!/} + \cos \omega t\, (P_B(\vec{V_0}) + \vec{U})$$

$$+ \sin \omega t\, \frac{1}{B}\, (\vec{V_0} \times \vec{B} + \vec{E}_\perp),$$

$$\overrightarrow{M_0 M} = t(Q_B(\vec{V_0}) - \vec{U}) + t^2\,\frac{q}{2m}\,\vec{E}_{/\!/} + \frac{\sin \omega t}{\omega}\, (P_B(\vec{V_0}) + \vec{U})$$

$$+ \frac{1 - \cos \omega t}{\omega B}\, (\vec{V_0} \times \vec{B} + \vec{E}_\perp).$$

Es handelt sich auch hier noch um eine beschleunigte Spiralbewegung, aber jetzt verläuft die Bewegung nicht mehr auf einem Zylindermantel.

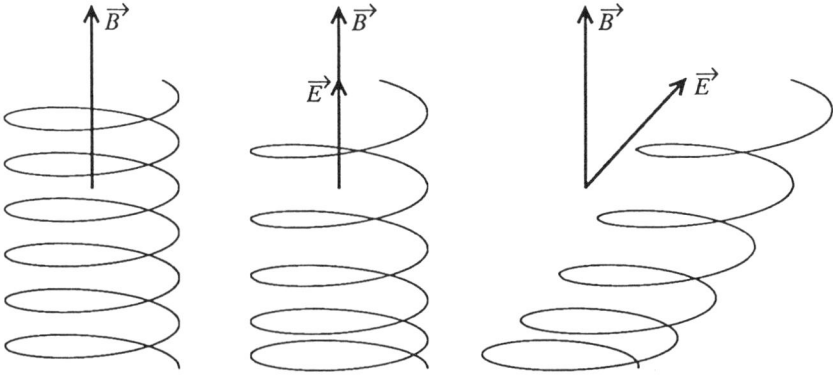

7.3 Lineare Differentialgleichungen p-ter Ordnung mit konstanten Koeffizienten

Wir betrachten jetzt eine homogene Differentialgleichung

(D) $$a_p y^{(p)} + \cdots + a_1 y' + a_0 y = 0,$$

wobei $y : \mathbb{R} \to \mathbb{K}$, $t \mapsto y(t)$ die gesuchte Funktion ist und $a_j \in \mathbb{K}$ die Konstanten $a_p \neq 0$.

Aus Kapitel 5.4.2 ist bekannt, daß die Differentialgleichung (D) einem homogenen Differentialgleichungssystem (S) erster Ordnung $Y' = AY$ in $\mathbb{K}^p$ äquivalent ist mit

$$A = \begin{pmatrix} 0 & 1 & 0 & \cdots & 0 \\ 0 & 0 & 1 & \cdots & 0 \\ \vdots & \vdots & \vdots & & \vdots \\ 0 & 0 & 0 & \cdots & 1 \\ c_0 & c_1 & c_2 & \cdots & c_{p-1} \end{pmatrix}, \quad c_j = -\frac{a_j}{a_p}.$$

Wegen Abschnitt 7.1.1 kann man also feststellen:

Satz

Die Menge $\mathcal{S}$ der globalen Lösungen von (D) *ist ein p-dimensionaler Vektorraum über* $\mathbb{K}$.

Begeben wir uns nun auf den Körper $\mathbb{C}$. (Für $\mathbb{K} = \mathbb{R}$ erhält man die reellen Lösungen einfach aus dem Realteil und dem Imaginärteil der komplexen Lösungen.) Wir suchen die exponentiellen Lösungen der Form

$$y(t) = e^{\lambda t}, \quad \lambda \in \mathbb{C}.$$

Da $y^{(j)}(t) = \lambda^j e^{\lambda t}$ ist, erkennt man, daß y nur dann eine Lösung von (D) ist, wenn λ eine Nullstelle des *charakteristischen Polynoms* ist

$$P(\lambda) = a_p \lambda^p + \cdots + a_1 \lambda + a_0.$$

7.3.1 Polynom mit lauter einfachen Nullstellen

Wenn P p voneinander verschiedene Nullstellen $\lambda_1, \ldots, \lambda_p$ besitzt, dann erhält man p unterschiedliche Lösungen

$$t \mapsto e^{\lambda_j t}, \quad 1 \leq j \leq p.$$

Des weiteren sieht man, daß diese Lösungen auf $\mathbb{C}$ linear unabhängig sind. Die Menge der Lösungen bildet also den p-dimensionalen Vektorraum der Funktionen

$$y(t) = \alpha_1 e^{\lambda_1 t} + \cdots + \alpha_p e^{\lambda_p t}, \quad \alpha_j \in \mathbb{C}.$$

7.3.2 Polynom mit mehrfachen Nullstellen

In diesem Fall kann man

$$P(\lambda) = a_p \prod_{j=1}^{s} (\lambda - \lambda_j)^{m_j}$$

schreiben mit m_j der Vielfachheit der Nullstelle λ_j, wobei $m_1 + \cdots + m_s = p$. Betrachten wir den Differentialoperator

$$P\left(\frac{d}{dt}\right) = \sum_{i=0}^{p} a_i \frac{d^i}{dt^i}.$$

Damit läßt sich die untersuchte Differentialgleichung auch folgendermaßen ausdrücken:

(D) $$P\left(\frac{d}{dt}\right)y = 0.$$

Andererseits gilt folgende Gleichung

$$P\left(\frac{d}{dt}\right)e^{\lambda t} = P(\lambda)e^{\lambda t}, \quad \forall \lambda \in \mathbb{C}.$$

Da die partiellen Ableitungen $\frac{d}{dt}$ und $\frac{d}{d\lambda}$ nach dem Schwarzschen Satz vertauschen, erhält man

$$P\left(\frac{d}{dt}\right)(t^q e^{\lambda t}) = P\left(\frac{d}{dt}\right)\left(\frac{d^q}{d\lambda^q}e^{\lambda t}\right) = \frac{d^q}{d\lambda^q}\left(P\left(\frac{d}{dt}\right)e^{\lambda t}\right) = \frac{d^q}{d\lambda^q}\left(P(\lambda)e^{\lambda t}\right)$$

und daraus mit der Leibnizschen Produktregel:

$$P\left(\frac{d}{dt}\right)(t^q e^{\lambda t}) = \sum_{i=0}^{q} C_q^i P^{(i)}(\lambda)e^{\lambda t}.$$

Da λ_j eine m_j-fache Nullstelle ist, gilt $P^{(i)}(\lambda_j) = 0$ für $0 \leq i \leq m_j - 1$ und $P^{(m_j)}(\lambda_j) \neq 0$. Daraus schließt man

$$P\left(\frac{d}{dt}\right)\left(t^q e^{\lambda_j t}\right) = 0, \quad 0 \leq q \leq m_j - 1.$$

Die Differentialgleichung (D) besitzt also die Lösungen

$$y(t) = t^q e^{\lambda_j t}, \quad 0 \leq q \leq m_{j-1}, \quad 1 \leq j \leq s$$

insgesamt also $m_1 + \cdots + m_s = p$ Lösungen.

Lemma

Wenn $\lambda_1, \ldots, \lambda_s \in \mathbb{C}$ paarweise verschiedene komplexe Zahlen sind, dann sind die Funktionen

$$y_{j,q}(t) = t^q e^{\lambda_j t}, \quad 1 \leq j \leq s, \quad q \in \mathbb{N}$$

linear unabhängig.

Beweis. Wir betrachten eine endliche Linearkombination

$$\sum \alpha_{j,q} y_{j,q} = 0, \quad \alpha_{j,q} \in \mathbb{C}.$$

Wenn die Koeffizienten nicht alle von Null verschieden sind, dann ist N das Maximum der ganzen Zahlen q, so daß es ein j gibt, für das $\alpha_{j,q} \neq 0$ ist. Angenommen, es sei zum Beispiel $\alpha_{1,N} \neq 0$. Dann setzt man

$$Q(\lambda) = (\lambda - \lambda_1)^N (\lambda - \lambda_2)^{N+1} \cdots (\lambda - \lambda_s)^{N+1}.$$

Damit ergibt sich $Q^{(i)}(\lambda_j) = 0$ für $j \geq 2$ und $0 \leq i \leq N$, während $Q^{(i)}(\lambda_1) = 0$ für $0 \leq i < N$ und $Q^{(N)}(\lambda_1) \neq 0$ wird. Daraus schließt man

$$Q\left(\frac{d}{dt}\right)(t^q e^{\lambda_j t}) = \sum_{i=0}^{q} C_q^i Q^{(i)}(\lambda_j) t^{q-i} e^{\lambda_j t}$$

$$= 0 \quad \text{für} \quad 0 \leq q \leq N, \quad 1 \leq j \leq s$$

außer für $q = N$, $j = 1$; für diesen Fall ist

$$Q\left(\frac{d}{dt}\right)(t^N e^{\lambda_1 t}) = Q^{(N)}(\lambda_1) e^{\lambda_1 t}.$$

Wendet man den Operator $Q\left(\frac{d}{dt}\right)$ auf die Relation $\sum \alpha_{j,q} t^q e^{\lambda_j t} = 0$ an, dann erhält man $\alpha_{1,N} Q^{(N)}(\lambda_1) e^{\lambda_1 t} = 0$, was wegen $\alpha_{1,N} \neq 0$ und $Q^{(N)}(\lambda_1) \neq 0$ keinen Sinn macht. Damit ist das Lemma bewiesen. Man stellt also fest: ∎

Satz

Wenn das charakteristische Polynom $P(\lambda)$ $m_1, \ldots, m_s$-fache komplexe Nullstellen $\lambda_1, \ldots, \lambda_s$ besitzt, dann ist die Lösungsmenge $\mathcal{S}$ ein p-dimensionaler Vektorraum über $\mathbb{C}$, der von den Funktionen

$$t \mapsto t^q e^{\lambda_j t}, \quad 1 \leq j \leq s, \quad 0 \leq q \leq m_j - 1$$

aufgespannt wird.

7.3.3 Lineare inhomogene Differentialgleichungen p-ter Ordnung

Es sei folgende Differentialgleichung zu lösen

(D) $$a_p y^{(p)} + \cdots + a_1 y' + a_0 y = b(t)$$

mit einer gegebenen stetigen Funktion $b : I \to \mathbb{C}$. Zunächst löst man die homogene Differentialgleichung

(D$_0$) $$a_p y^{(p)} + \cdots + a_1 y' + a_0 y = 0.$$

Die Eigenvektoren $(v_1, \ldots, v_p)$ seien eine Basis der Lösungen von (D$_0$). Dann sucht man eine spezielle Lösung von (D).

In einigen Fällen kann man schnell eine einfache Lösung finden. Zum Beispiel wenn b ein Polynom d-ten Grades und $a_0 \neq 0$ ist, dann besitzt die Differentialgleichung (D) eine Lösung y in Form eines Polynoms d-ten Grades, welches man durch Koeffizientenvergleich erhält. Wenn $b(t) = \alpha e^{\lambda t}$ und λ keine Nullstelle des charakteristischen Polynoms ist, dann besitzt die Differentialgleichung $(\alpha/P(\lambda))e^{\lambda t}$ als Lösung. Wenn b ein Polynom in Exponentialfunktionen ist, dann besitzt (D) eine Lösung vom gleichen Typ. (Beachten Sie, daß sich die trigonometrischen Funktionen auch auf diesen Fall zurückführen lassen.)

Im allgemeinen besteht das Prinzip darin, die *Variation der Konstanten auf das* (D) *entsprechende Differentialgleichungssystem* (S) *erster Ordnung anzuwenden*.

Wenn man $y = y_0$, $y' = y_1, \ldots, y^{(p-1)} = y_{p-1}$ setzt, dann entspricht die Differentialgleichung (D) dem System

(S) $$\begin{cases} y_0' = y_1 \\ \vdots \\ y_{p-2}' = y_{p-1} \\ y_{p-1}' = -\dfrac{1}{a_p}\left(a_0 y_0 + a_1 y_1 + \cdots + a_{p-1} y_{p-1}\right) + \dfrac{1}{a_p} b(t). \end{cases}$$

Dieses lineare System läßt sich auch als

(S) $$Y' = AY + B(t)$$

schreiben, mit $$Y = \begin{pmatrix} y_0 \\ \vdots \\ y_{p-1} \end{pmatrix} \quad \text{und} \quad B(t) = \begin{pmatrix} 0 \\ \vdots \\ 0 \\ \dfrac{1}{a_p} b(t) \end{pmatrix}.$$

Das homogene System (S$_0$) $Y' = AY$ besitzt als Basis für die Lösungen die Funktionen

$$V_1 = \begin{pmatrix} v_1 \\ v_1' \\ \vdots \\ v_1^{(p-1)} \end{pmatrix} \quad V_2 = \begin{pmatrix} v_2 \\ v_2' \\ \vdots \\ v_2^{(p-1)} \end{pmatrix} \quad \ldots \quad V_p = \begin{pmatrix} v_p \\ v_p' \\ \vdots \\ v_p^{(p-1)} \end{pmatrix}.$$

Jetzt suchen wir nach einer speziellen Lösung (S) der Form

$$Y(t) = \alpha_1(t)V_1(t) + \cdots + \alpha_p(t)V_p(t).$$

Da $V_j' = AV_j$ ist, folgt

$$\begin{aligned} Y'(t) &= \sum \alpha_j(t)V_j'(t) + \sum \alpha_j'(t)V_j(t) \\ &= AY(t) + \sum \alpha_j'(t)V_j(t). \end{aligned}$$

Es genügt also, die α_j so zu wählen, daß $\sum \alpha_j'(t)V_j(t) = B(t)$ wird, das bedeutet

$$\begin{cases} \alpha_1'(t)v_1(t) + \cdots + \alpha_p'(t)v_p(t) = 0 \\ \vdots \\ \alpha_1'(t)v_1^{(p-2)}(t) + \cdots + \alpha_p'(t)v_p^{(p-2)}(t) = 0 \\ \alpha_1'(t)v_1^{(p-1)}(t) + \cdots + \alpha_p'(t)v_p^{(p-1)}(t) = \dfrac{1}{a_p}\,b(t). \end{cases}$$

Auf diese Weise erhält man ein lineares Gleichungssystem mit p Gleichungen für p Unbekannte $\alpha_1'(t), \ldots, \alpha_p'(t)$. Die Determinante für dieses System ist für jedes $t \in \mathbb{R}$ von Null verschieden. (Die Vektoren $V_1(t), \ldots, V_p(t)$ sind linear unabhängig, weil wenn eine Linearkombination $Y = \beta_1 V_1 + \cdots + \beta_p V_p$ so gewählt wird, daß $Y(t) = 0$ ist, dann ist nach dem Eindeutigkeitssatz $Y \equiv 0$, also auch $\beta_1 = \cdots = \beta_p = 0$.)

Die Auflösung dieses Systems erlaubt $\alpha_1', \ldots, \alpha_p'$ zu berechnen, dann erhält man durch Integration $\alpha_1, \ldots, \alpha_p$ und damit schließlich die gesuchte spezielle Lösung:

$$y(t) = \alpha_1(t)v_1(t) + \cdots + \alpha_p(t)v_p(t).$$

Beispiel

(D) $y'' + 4y = \tan t$, mit $t \in \left] -\dfrac{\pi}{2}, \dfrac{\pi}{2} \right[$.

- Zunächst löst man die homogene Differentialgleichung

$$(\mathrm{D_0}) \qquad\qquad y'' + 4y = 0.$$

Das charakteristische Polynom $P(\lambda) = \lambda^2 + 4$ hat zwei einfache Nullstellen, $2i$ und $-2i$. Die Differentialgleichung $(\mathrm{D_0})$ besitzt als Basis für die Lösungen die Funktionen $t \mapsto e^{2it}$, $t \mapsto e^{-2it}$ oder anders ausgedrückt:

$$t \mapsto \cos 2t, \quad t \mapsto \sin 2t.$$

• Anschließend sucht man eine spezielle Lösung von (D), indem man

$$y(t) = \alpha_1(t)\cos 2t + \alpha_2(t)\sin 2t$$

ansetzt. Dies führt dazu, daß man das System

$$\begin{cases} \alpha_1'(t)\cos 2t + \alpha_2'(t)\sin 2t = 0 \\ \alpha_1'(t)\cdot(-2\sin 2t) + \alpha_2'(t)\cdot(2\cos 2t) = \tan t \end{cases}$$

lösen muß. Man erhält

$$\begin{cases} \alpha_1'(t) = -\dfrac{1}{2}\,\tan t\sin 2t = -\sin^2 t = -\dfrac{1}{2}\,(1-\cos 2t) \\ \alpha_2'(t) = \dfrac{1}{2}\,\tan t\cos 2t = \dfrac{1}{2}\,\tan t(2\cos^2 t - 1) \\ \qquad = \sin t\cos t - \dfrac{1}{2}\,\tan t = \dfrac{1}{2}\,\sin 2t - \dfrac{1}{2}\,\tan t, \\ \alpha_1(t) = -\dfrac{t}{2} + \dfrac{1}{4}\,\sin 2t \\ \alpha_2(t) = -\dfrac{1}{4}\,\cos 2t + \dfrac{1}{2}\,\ln(\cos t), \\ \quad y(t) = -\dfrac{t}{2}\,\cos 2t + \dfrac{1}{2}\,\sin 2t\,\ln(\cos t). \end{cases}$$

Die allgemeine Lösung lautet also

$$y(t) = -\frac{t}{2}\,\cos 2t + \frac{1}{2}\,\sin 2t\,\ln(\cos t) + \alpha_1\cos 2t + \alpha_2\sin 2t.$$

7.4 Lineare Differentialgleichungen mit veränderlichen Koeffizienten

Das Ziel dieses (in erster Linie theoretischen) Abschnittes ist es, die Ergebnisse aus Abschnitt 7.2 für lineare Gleichungssysteme mit veränderlichen Koeffizienten zu verallgemeinern.

7.4.1 Resolvente eines linearen Systems

Wir betrachten eine lineare homogene Differentialgleichung

$$(\text{D}_0) \qquad\qquad\qquad Y' = A(t)Y,$$

wobei $A : \mathbb{R} \supset I \to M_m(\mathbb{K})$ eine $m \times m$-Matrix über $\mathbb{K}$ mit stetigen Koeffizienten ist.

Es sei S die Menge der maximal fortgesetzten Lösungen von (D_0). Es ist bekannt, daß für jedes $t_0 \in I$

$$\Phi_{t_0} : S \quad \to \quad \mathbb{K}^m$$
$$Y \quad \mapsto \quad Y(t_0)$$

ein $\mathbb{K}$-linearer Isomorphismus ist. Für jedes Paar $(t, t_0) \in I^2$ definiert man

$$R(t, t_0) = \Phi_t \circ \Phi_{t_0}^{-1} : \mathbb{K}^m \xrightarrow{\Phi_{t_0}^{-1}} S \xrightarrow{\Phi_t} \mathbb{K}^m$$
$$V \quad \longmapsto \quad Y \longmapsto Y(t).$$

Es ist also $R(t, t_0) \cdot V = Y(t)$, wobei Y die Lösung ist, mit der $Y(t_0) = V$ gilt. Da $R(t, t_0)$ ein Automorphismus von $\mathbb{K}^m$ ist, läßt dieser sich mit der invertierbaren Matrix M_m aus $(\mathbb{K})$ identifizieren, die ihm kanonisch zugeordnet ist.

Definition

$R(t, t_0)$ *wird Resolvente des linearen Systems* (D_0) *genannt.*

Für jeden Vektor $V \in \mathbb{K}^m$ gilt mit den oben genannten Bezeichnungen

$$\left(\frac{d}{dt} R(t, t_0) \right) \cdot V \quad = \quad \frac{d}{dt} \left(R(t, t_0) \cdot V \right)$$
$$= \quad \frac{dY}{dt} = A(t)Y(t) = A(t)R(t, t_0) \cdot V.$$

Daraus folgert man also $\dfrac{d}{dt} R(t, t_0) = A(t)R(t, t_0).$

Eigenschaften der Resolvente

(i) $\forall t \in I, \qquad R(t, t) = I_m \qquad (m \times m\text{-Einheitsmatrix}).$

(ii) $\forall (t_0, t_1, t_2) \in I^3, \qquad R(t_2, t_1)R(t_1, t_0) = R(t_2, t_0).$

(iii) $R(t, t_0)$ ist die Lösung eines Differentialgleichungssystems im $M_m(\mathbb{K})$

$$\frac{dM}{dt} = A(t)M(t),$$

wobei $M(t) \in M_m(\mathbb{K})$ die Anfangsbedingung $M(t_0) = I_m$ erfüllt.

(i) und (ii) folgen unmittelbar aus der Definition von $R(t, t_0)$, und (iii) ergibt sich aus vorhergehendem. Merken wir uns schließlich, daß die Lösung des Anfangswertproblems

$$Y' = A(t)Y \quad \text{mit} \quad Y(t_0) = V_0$$

durch

$$Y(t) = R(t, t_0) \cdot V_0$$

gegeben ist.

Bemerkung

Das System $dM/dt = A(t)M(t)$ kann zunächst schwieriger aussehen als das ursprüng-
liche Problem, da man statt vorher m Gleichungen jetzt m^2 skalare Gleichungen zu lösen
hat. (Man geht von $\mathbb{K}^m$ nach $M_m(\mathbb{K})$ über.) Trotzdem ist es oft nützlich, dieses System
an Stelle der Ausgangsgleichung heranzuziehen, weil alle Objekte in $M_m(\mathbb{K})$ liegen und
man die Struktur der Algebra von $M_m(\mathbb{K})$ ausnützen kann.

Beispiel

Angenommen es sei

$$A(t)A(u) = A(u)A(t) \quad \text{für alle } t, u \in I. \tag{$*$}$$

Dann ist

$$R(t, t_0) = \exp\left(\int_{t_0}^{t} A(u)du\right).$$

Um dies zu erkennen, genügt es zu zeigen, daß $M(t) = \exp\left(\int_{t_0}^{t} A(u)du\right)$ die Bedingung (iii) erfüllt. Es ist offensichtlich, daß $M(t_0) = I_m$ ist. Die Annahme über die Ver-
tauschbarkeit $(*)$ zieht nach sich, daß $\int_{a}^{b} A(u)du$ und $\int_{c}^{d} A(u)du$ für alle $a, b, c, d \in I$
vertauschen. Dabei ist das Produkt wegen des Satzes von Fubini in beiden Fällen

$$\iint_{[a,b]\times[c,d]} A(u)A(v)du\, dv.$$

Schließlich ergibt sich

$$\begin{aligned}
M(t + h) &= \exp\left(\int_{t_0}^{t} A(u)du + \int_{t}^{t+h} A(u)du\right) \\
&= \exp\left(\int_{t}^{t+h} A(u)du\right) M(t).
\end{aligned}$$

Wegen $\int_{t}^{t+h} A(u)du = hA(t) + o(h)$, kann man eine Exponentialreihenentwicklung
machen und findet

$$\begin{aligned}
M(t + h) &= (I_m + hA(t) + o(h))M(t) \\
&= M(t) + hA(t)M(t) + o(h),
\end{aligned}$$

und daraus folgt, daß $dM/dt = A(t)M(t)$ ist.

Insbesondere, wenn U und V konstante, miteinander vertauschende Matrizen sind,
und wenn für die Skalarfunktionen f, g gilt, daß $A(t) = f(t)U + g(t)V$ ist, dann ist die
Annahme $(*)$ erfüllt. Damit ergibt sich

$$R(t, t_0) = \exp\left(\int_{t_0}^{t} f(u)du \cdot U + \int_{t_0}^{t} g(u)du \cdot V\right)$$

$$= \exp\left(\int_{t_0}^{t} f(u)du \cdot U\right) \exp\left(\int_{t_0}^{t} g(u)du \cdot V\right).$$

Übung 1

Benutzen Sie die letzte Bemerkung des Beispiels, um die folgenden Matrizen zugeordnete Resolvente zu berechnen

$$A(t) = \begin{pmatrix} a(t) & -b(t) \\ b(t) & a(t) \end{pmatrix}, \quad \text{bzw.} \quad A(t) = \begin{pmatrix} 1 & 0 & \cos^2 t \\ 0 & 1 & \cos^2 t \\ 0 & 0 & \sin^2 t \end{pmatrix}.$$

Übung 2

Lösen Sie das lineare Differentialgleichungssystem

$$\begin{cases} \dfrac{dx}{dt} = \dfrac{1}{t}x + ty \\ \dfrac{dy}{dt} = y \end{cases} \quad \text{also} \quad A(t) = \begin{pmatrix} 1/t & t \\ 0 & 1 \end{pmatrix},$$

und leiten Sie daraus die Gleichung ab, aus welcher sich die Resolvente $R(t, t_0)$ ergibt. Zeigen Sie, daß in diesem Fall gilt

$$R(t, t_0) \neq \exp\left(\int_{t_0}^{t} A(u)du\right).$$

Die Übung 2 zeigt, daß sich die Resolvente meistens aus der Lösung des Systems bestimmen läßt und nicht umgekehrt, wie der Ausdruck Resolvente vermuten läßt.

7.4.2 Wronski-Determinante eines Lösungssystems

In diesem Kapitel soll gezeigt werden, daß man immer in der Lage ist, die Determinante eines Systems von Lösungen zu berechnen oder die Determinante der Resolvente, was auf dasselbe herauskommt, auch wenn diese selbst nicht bekannt ist.

Definition

Als Wronski-Determinante eines Systems von m Lösungen $Y_1, Y_2, \ldots, Y_m$ von (D_0) *wird*

$$W(t) = \det\left(Y_1(t), \ldots, Y_m(t)\right)$$

bezeichnet.

Wir setzen $V_j = Y_j(t_0)$. Dann ist $Y_j(t) = R(t, t_0) \cdot V_j$, woraus

$$W(t) = \det\left(R(t, t_0)\right) \cdot \det\left(V_1, \ldots, V_m\right)$$

folgt. Man hat damit das Problem auf die Berechnung der Größe

$$\Delta(t) = \det\left(R(t, t_0)\right)$$

zurückgeführt, und deswegen wollen wir zeigen, daß $\Delta(t)$ einer einfachen Differential-gleichung genügt. Es ist

$$\begin{aligned}
\Delta(t + h) &= \det\left(R(t + h, t_0)\right) = \det\left(R(t + h, t)R(t, t_0)\right) \\
&= \det\left(R(t + h, t)\right)\Delta(t).
\end{aligned}$$

Da $R(t, t) = I_m$ und $\dfrac{d}{du} R(u, t)|_{u=t} = A(t)R(t, t) = A(t)$ ist, ergibt eine Taylorent-wicklung

$$\begin{aligned}
R(t + h, t) &= I_m + hA(t) + o(h), \\
\det\left(R(t + h, t)\right) &= \det\left(I_m + hA(t)\right) + o(h).
\end{aligned}$$

Lemma

Wenn $A = (a_{ij}) \in M_m(\mathbb{K})$, dann ist

$$\det\left(I_m + hA\right) = 1 + \alpha_1 h + \cdots + \alpha_m h^m$$

mit $\alpha_1 = \mathrm{Sp}A = \displaystyle\sum_{1 \le i \le m} a_{ii}.$

Tatsächlich ist der Diagonalterm in $\det\left(I_m + hA\right)$

$$(1 + ha_{11}) \cdots (1 + ha_{mm}) = 1 + h\sum a_{ii} + h^2 \ldots ,$$

und die Nichtdiagonalterme werden mit h^2 multipliziert.

Das Lemma zieht also

$$\begin{aligned}
\det\left(R(t + h, t)\right) &= 1 + h\,\mathrm{Sp}\left(A(t)\right) + o(h), \\
\Delta(t + h) &= \Delta(t) + h\,\mathrm{Sp}\left(A(t)\right)\Delta(t) + o(h)
\end{aligned}$$

nach sich. Daraus folgert man

$$\Delta'(t) = \mathrm{Sp}\left(A(t)\right)\Delta(t),$$

und da $\Delta(t_0) = \det\left(R(t_0, t_0)\right) = \det I_m = 1$ ist, ergibt sich weiter:

$$\begin{aligned}
\det R(t, t_0) &= \Delta(t) = \exp\left(\int_{t_0}^{t} \mathrm{Sp}\, A(u)du\right), \\
W(t) &= \exp\left(\int_{t_0}^{t} \mathrm{Sp}\, A(u)du\right) \det\left(V_1, \ldots, V_m\right).
\end{aligned}$$

7.4.3 Variation der Konstanten

Es sei das folgende Differentialgleichungssystem

(D) $$Y' = A(t)Y + B(t)$$

zu lösen, und es sei die $R(t, t_0)$ die Resolvente des linearen homogenen Gleichungssystems

(D$_0$) $$Y' = A(t)Y.$$

Es soll jetzt eine spezielle Lösung von (D) der Gestalt

$$Y(t) = R(t, t_0) \cdot V(t)$$

gesucht werden, wobei V als differenzierbar angenommen wird. Dann ergibt sich

$$\begin{aligned}
\frac{dY}{dt} &= \left(\frac{d}{dt} R(t, t_0)\right) \cdot V(t) + R(t, t_0) \cdot V'(t) \\
&= A(t)R(t, t_0) \cdot V(t) + R(t, t_0) \cdot V'(t) \\
&= A(t)Y(t) + R(t, t_0) \cdot V'(t).
\end{aligned}$$

Es genügt nun, $R(t, t_0) \cdot V'(t) = B(t)$ zu bilden, das bedeutet

$$\begin{aligned}
V'(t) &= R(t_0, t) \cdot B(t), \\
V(t) &= \int_{t_0}^{t} R(t_0, u) \cdot B(u)\,du, \\
Y(t) &= R(t, t_0) \cdot V(t) = \int_{t_0}^{t} R(t, t_0)R(t_0, u) \cdot B(u)\,du, \\
Y(t) &= \int_{t_0}^{t} R(t, u)B(u)\,du.
\end{aligned}$$

Auf diese Weise erhält man die spezielle Lösung, für die $Y(t_0) = 0$ ist. Die Lösung, für welche $Y(t_0) = V_0$ ist, ergibt sich dann als

$$Y(t) = R(t, t_0) \cdot V_0 + \int_{t_0}^{t} R(t, u)B(u)\,du.$$

Für den Fall konstanter Koeffizienten, also $A(t) = A$, ergibt sich wieder die Gleichung aus Abschnitt 7.2.4 mit $R(t, t_0) = e^{(t-t_0)A}$, und die aus der Wronski-Determinanten folgende Gleichung entspricht der schon bekannten Identität

$$\det\left(e^{(t-t_0)A}\right) = \exp\left((t - t_0)\operatorname{Sp} A\right).$$

7.5 Aufgaben

7.5.1

Es seien b und c zwei auf einem festgehaltenen Intervall $T = [0, \tau[$ stetige Funktionen. Es sei (S) das lineare inhomogene Differentialgleichungssystem mit konstanten Koeffizienten

$$\begin{cases} x' = y + b(t) \\ y' = 2x - y + c(t) \end{cases},$$

und es sei (S_0) das zugehörige homogene System (für welches $b(t) = c(t) = 0$ sei).

(a) Wie sieht die Matrix A von (S_0) aus; berechnen Sie e^{tA}.

(b) Bestimmen Sie die allgemeine Lösung des Systems (S_0).

(c) Bestimmen Sie die allgemeine Lösung des Systems (S) für $b(t) = 0$, $c(t) = e^{-t}$.

7.5.2

Es sei t eine reelle Variable ≥ 0. Man betrachtet das lineare Differentialgleichungssystem

$$\text{(S)} \quad \begin{cases} x' = 2y \\ y' = x - y \end{cases}.$$

(a) Wie sieht die Matrix A von (S) aus. Zeigen Sie, daß sie zwei reelle Eigenwerte λ und μ ($\lambda > \mu$) besitzt, und bestimmen Sie die zugehörigen Eigenvektorräume.

(b) Man setzt $e_x = \begin{pmatrix} 1 \\ 0 \end{pmatrix}$, $e_y = \begin{pmatrix} 0 \\ 1 \end{pmatrix}$ und bezeichnet die zu λ und μ gehörigen Eigenvektoren entsprechend als $v_\lambda = \begin{pmatrix} x_\lambda \\ y_\lambda \end{pmatrix}$ und $v_\mu = \begin{pmatrix} x_\mu \\ y_\mu \end{pmatrix}$, so daß $y_\lambda = y_\mu = 1$.

Berechnen Sie x_λ, x_μ. Bestimmen Sie die Transformationsmatrix P von der alten Basis (e_x, e_y) zur neuen Basis (v_λ, v_μ), und berechnen Sie die inverse Matrix P^{-1}.

(c) Man setzt $e^{tA} = \begin{pmatrix} a(t) & b(t) \\ c(t) & d(t) \end{pmatrix}$. Berechnen Sie explizit $a(t)$, $b(t)$, $c(t)$, $d(t)$.

Geben Sie die Lösung für das System (S) an, welches die Anfangsbedingungen $x(0) = x_0$, $y(0) = y_0$ erfüllt.

(d) Es sei $T(x_0, y_0)$ die den Anfangsbedingungen $M(0) = \begin{pmatrix} x_0 \\ y_0 \end{pmatrix}$ entsprechende

Trajektorie $t \mapsto \begin{pmatrix} x(t) \\ y(t) \end{pmatrix} = M(t)$.

α) Für welche Lagen von $M(0)$ ist diese Trajektorie $T(x_0, y_0)$ eine Halbgerade?

β) Für welche Lagen von $M(0)$ strebt sie für $t \to +\infty$ gegen 0?

γ) Zeichnen Sie in die gleiche Abbildung:

• die Gestalt der Trajektorien $T(x_0, 0)$, die von einem x-Achsenpunkt $(x_0, 0)$, $x_0 > 0$ ausgehen;

• die Gestalt der Trajektorien $T(0, y_0)$, die von einem y-Achsenpunkt $(0, y_0)$, $y_0 > 0$ ausgehen.

7.5.3

Man bezeichnet mit t eine reelle Variable und betrachtet die beiden Matrizen

$$B = \begin{pmatrix} 0 & 1 \\ 1 & 0 \end{pmatrix}, \quad C = \begin{pmatrix} 1 & 1 \\ 0 & 1 \end{pmatrix}.$$

(a) Berechnen Sie für jedes $n \geq 0$ explizit B^n und C^n, und schließen Sie daraus auf e^{tB} und e^{tC}.

(b) Führen Sie dieselben Berechnungen für die Matrix A durch

$$A = \begin{pmatrix} 0 & 1 & 0 & 0 \\ 1 & 0 & 0 & 0 \\ 0 & 0 & 1 & 1 \\ 0 & 0 & 0 & 1 \end{pmatrix}.$$

Man setzt jetzt $T = [0, +\infty[$. Als $b_i(t)$ $(1 \leq i \leq 4)$ werden vier auf T stetige Funktionen bezeichnet, und man betrachtet das lineare inhomogene Differentialgleichungssystem

$$(S) \quad \begin{cases} y_1' = & y_2 & + b_1(t) \\ y_2' = y_1 & & + b_2(t) \\ y_3' = & y_3 + y_4 + b_3(t) \\ y_4' = & y_4 + b_4(t) \end{cases}.$$

Als (S_0) wird das zu (S) gehörende homogene Differentialgleichungssystem bezeichnet.

(c) Wie lautet die den Anfangsbedingungen $y_i(0) = v_i$ genügende Lösung von (S_0), wenn mit v_i $(1 \leq i \leq 4)$ vier gegebene Konstanten bezeichnet werden.

(d) Geben Sie an, wie man dann (S) durch Variation der Konstanten lösen kann, und wenden Sie dieses Verfahren auf den speziellen Fall an

$$b_1(t) = 1, \quad b_2(t) = b_3(t) = 0, \quad b_4 = e^t.$$

7.5.4

Man betrachtet die lineare Differentialgleichung dritter Ordnung

(D) $$y''' + y'' + y' + y = \cos t$$

mit der von $t \geq 0$ abhängigen Unbekannten y.

(a) Bestimmen Sie die allgemeine Lösung der zu (D) gehörenden homogenen Differentialgleichung.

(b) Bestimmen Sie die allgemeine Lösung der Differentialgleichung (D) durch Variation der Konstanten.

(c) Zeigen Sie, daß (D) eine einzige Lösung der Form $At \cos t + Bt \sin t$ besitzt: Bestimmen Sie diese Lösung explizit und zeichnen Sie ihren Graphen.

7.5.5

Im $\mathbb{R}^2$ betrachtet man das Differentialgleichungssystem

$$\begin{cases} \dfrac{dx}{dt} = tx - y \\ \dfrac{dy}{dt} = x + ty \end{cases}$$

mit den reellwertigen Funktionen x, y und der reellen Variablen t.

(a) Lösen Sie das Anfangswertproblem für die Anfangswerte (x_0, y_0) zum Zeitpunkt $t_0 = 0$. (Ein möglicher Ansatz dazu ist $z = x + iy$.)

(b) Lösen Sie dieselbe Aufgabe für das Differentialgleichungssystem

$$\begin{cases} \dfrac{dx}{dt} = tx - y + t \cos t - t^3 \sin t \\ \dfrac{dy}{dt} = x + ty + t \sin t + t^3 \cos t. \end{cases}$$

7.5.6

Man betrachtet das Differentialgleichungssystem $X' = A(t)X$. Dabei ist $A(t)$ eine (2x2)-Matrix, deren Koeffizienten 2π-periodisch sind, beschränkt und stückweise stetig.

(a) $X(t)$ sei die Lösung von $X' = A(t)$ mit $X(0) = M$. Zeigen Sie, daß die Abbildung, welche $M \in \mathbb{R}^2$ die Lage für den Moment s zuordnet, eine lineare bijektive Abbildung ist. Dieser Endomorphismus soll mit U_s bezeichnet werden, und V ist dann $U_{2\pi}$.

(b) Zeigen Sie, daß die Gleichung $X' = A(t)X$ eine von Null verschiedene, 2π-periodische Lösung dann und nur dann zuläßt, wenn Eins ein Eigenwert von V ist; Wie kann die Tatsache gedeutet werden, daß V als Eigenwert eine k-fache Wurzel von Eins besitzt?

(c) Man betrachtet die Differentialgleichung $y'' + f(t)y = 0$ mit der reellwertigen, 2π-periodischen Funktion f. Formen Sie diese Gleichung in ein Differentialgleichungssystem erster Ordnung um.

(d) Ab jetzt soll

$$f(t) = \begin{cases} (w + \varepsilon)^2 & \text{für} \quad t \in [0, \pi[\\ (w - \varepsilon)^2 & \text{für} \quad t \in [\pi, 2\pi[\end{cases}$$

angenommen werden mit den Konstanten $0 < \varepsilon < w$. Bestimmen Sie U_π; zeigen Sie, daß V sich in die Form $B \circ U_\pi$ bringen läßt, woraus sich B bestimmen läßt. (Nützen Sie dabei aus, daß f sowohl auf $[\pi, 2\pi[$ als auch $[0, \pi[$ konstant ist.) Bestätigen Sie $\det V = 1$.

(e) Zeigen Sie, daß einer der Eigenwerte von V betragsmäßig kleiner Eins ist, und daß die Differentialgleichung $y'' + f(t)y = 0$ eine beschränkte (von Null verschiedene) Lösung auf $[0, +\infty[$ besitzt und eine weitere, beschränkte (von Null verschiedene) Lösung auf $] - \infty, 0[$; unter welcher Bedingung gibt es eine beschränkte (von Null verschiedene) Lösung auf $\mathbb{R}$?

(f) Zeigen Sie, daß die Spur von V sich als

$$-\Delta \cos 2\pi\varepsilon + (2 + \Delta) \cos 2\pi w$$

schreiben läßt mit

$$\frac{w + \varepsilon}{w - \varepsilon} + \frac{w - \varepsilon}{w + \varepsilon} = 2(1 + \Delta).$$

Schließen Sie daraus, daß wenn $w \neq (2n + 1)/2, n \in \mathbb{N}$ und ε genügend klein ist, daß dann alle Lösungen von $y'' + f(t)y = 0$ beschränkt sind. Was passiert für $w = (2n + 1)/2, n \in \mathbb{N}$?

8 Numerische Einschrittverfahren

Ziel dieses Kapitels ist es, einige Verfahren zu beschreiben, welche es erlauben, das Anfangswertproblem $y(t_0) = y_0$ für ein Differentialgleichung

(D) $$y' = f(t, y)$$

zu lösen. Dabei sei $f : [t_0, t_0 + T] \times \mathbb{R} \to \mathbb{R}$ eine genügend glatte Funktion. Wir haben im folgenden eindimensionale Gleichungen gewählt, um die ganze Darstellung möglichst einfach zu halten; für Systeme im $\mathbb{R}^m$ erhält man völlig identische Ergebnisse, wenn man in den im folgenden beschriebenen Algorithmen y als einen Vektor und f als Vektorfunktion betrachtet.

Es sei eine Zerlegung $t_0 < t_1 < \cdots < t_N = t_0 + T$ von $[t_0, t_0 + T]$ gegeben, und gesucht werden die Näherungswerte $y_0, y_1, \ldots, y_N$ der Werte $y(t_n)$, welche die exakte Lösung y annimmt. Die aufeinanderfolgenden Schritte werden folgendermaßen bezeichnet:

$$h_n = t_{n+1} - t_n, \qquad 0 \le n \le N - 1,$$

mit $$h_{\max} = \max(h_n), \text{ der größten Schrittweite.}$$

Als *Einschrittverfahren* wird ein Verfahren bezeichnet, welches es erlaubt y_{n+1} aus einer einzigen, zurückliegenden Näherung y_n zu berechnen. Im Gegensatz dazu benötigt ein r-Schrittverfahren die Speicherung der Ergebnisse der Stufen $n, n-1, \ldots, n-r+1$, um y_{n+1} zu berechnen.

8.1 Einige Beispiele

8.1.1 Rückblick auf das Euler-Cauchy-Verfahren

Es sei z eine exakte Lösung der Differentialgleichung (D). In erster Näherung ergibt sich

$$z(t_{n+1}) = z(t_n + h_n) \simeq z(t_n) + h_n z'(t_n) = z(t_n) + h_n f(t_n, z(t_n)).$$

Dies führt auf den Algorithmus

$$\begin{cases} y_{n+1} = y_n + h_n f(t_n, y_n) \\ t_{n+1} = t_n + h_n. \end{cases}$$

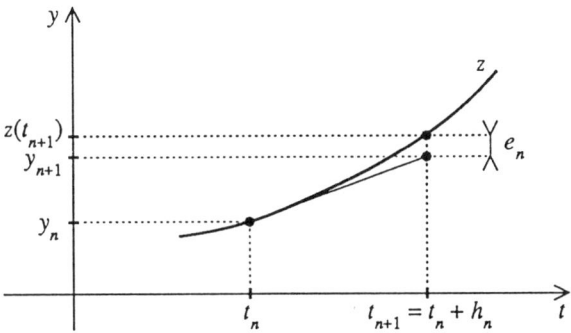

Definition

Der Konsistenzfehler nach der n-ten Stufe bezüglich der exakten Lösung z beträgt

$$e_n = z(t_{n+1}) - y_{n+1},$$

wenn man annimmt, daß $y_n = z(t_n)$ dem exakten Wert der Lösung z zum Zeitpunkt t_n entspricht. (Diese Annahme ist natürlich völlig theoretischer Natur.)

Aus dem Lagrangeschen Restglied der Taylor-Entwicklung folgt

$$e_n = z(t_n + h_n) - (z(t_n) + h_n z'(t_n)) = \frac{1}{2} h_n^2 z''(t_n) + o(h_n^2).$$

Wir wissen, daß wenn f zur Klasse C^1 gehört, daß dann z zur Klasse C^2 gehört und

$$z''(t) = f^{[1]}(t, z(t)) \qquad \text{mit} \qquad f^{[1]} = f_t' + f_y' f$$

gilt. Daraus schließt man

$$e_n = \frac{1}{2} h_n^2 f^{[1]}(t_n, y_n) + o(h_n^2).$$

Dieser Fehler bezüglich h_n^2 ist ziemlich groß, es sei denn die Schrittweite h_n wird sehr klein gewählt, was den Umfang der Rechenoperationen beträchtlich erhöht. Wir werden also versuchen Verfahren zu finden, die es erlauben den Konsistenzfehler e_n zu verringern.

8.1.2   Taylor-Verfahren p-ter Ordnung

Angenommen f gehöre zur Klasse C^p. Dann gehört z zur Klasse C^{p+1}, und ihre k-te Ableitung ist $z^{(k)}(t) = f^{[k-1]}(t, z(t))$. Eine Taylor-Entwicklung bis zur p-ten Ordnung ergibt

$$z(t_n + h_n) = z(t_n) + \sum_{k=1}^{p} \frac{1}{k!} h_n^k f^{[k-1]}(t_n, z(t_n)) + o(h_n^p).$$

Dies führt uns auf den folgenden Algorithmus, Taylor-Verfahren p-ter Ordnung genannt:

$$\begin{cases} y_{n+1} = y_n + \sum_{k=1}^{p} \frac{1}{k!} h_n^k f^{[k-1]}(t_n, y_n) \\ t_{n+1} = t_n + h_n \end{cases}.$$

Berechnen wir e_n. Angenommen es sei $y_n = z(t_n)$, dann liefert eine Taylor-Entwicklung bis zur $(p+1)$-ten Ordnung

$$\begin{aligned} e_n &= z(t_{n+1}) - y_{n+1} = z(t_n + h_n) - \sum_{k=0}^{p} \frac{1}{k!} h_n^k z^{(k)}(t_n) \\ &= \frac{1}{(p+1)!} h_n^{p+1} f^{[p]}(t_n, y_n) + o(h_n^{p+1}). \end{aligned}$$

Der Fehler liegt jetzt also in der Größenordnung von h_n^{p+1}. Ganz allgemein spricht man von einem Verfahren der *Konsistenzordnung* p (im folgenden oft nur als Ordnung p bezeichnet), wenn der Konsistenzfehler proportional zu h_n^{p+1} ist. Die Konsistenzordnung p wird in jedem Fall erreicht, wenn f wenigstens zur Klasse C^p gehört. Das Euler-Cauchy-Verfahren entspricht dem Taylor-Verfahren erster Ordnung.

Bemerkung

In der Praxis leidet das Taylor-Verfahren unter zwei schweren Nachteilen, welche im allgemeinen für $p \geq 2$ vom Gebrauch abraten:

- Die Berechnung der Größen $f^{[k]}$ ist komplex und kostet viel Rechenzeit.

- Das Verfahren setzt *a priori* f als genügend glatt voraus; man läuft also Gefahr, daß wenn einige Ableitungen von f Unstetigkeiten aufweisen, daß dann die Fehler außer Kontrolle geraten.

8.1.3   Verbessertes Euler-Cauchy-Verfahren

Der Grundgedanke ist, daß die Sekante der Funktion z auf $[t, t+h]$ ungefähr eine Steigung $z'(t + h/2)$ hat, während man beim Euler-Cauchy-Verfahren diese Steigung grob durch $z'(t)$ nähert. Damit ergibt sich:

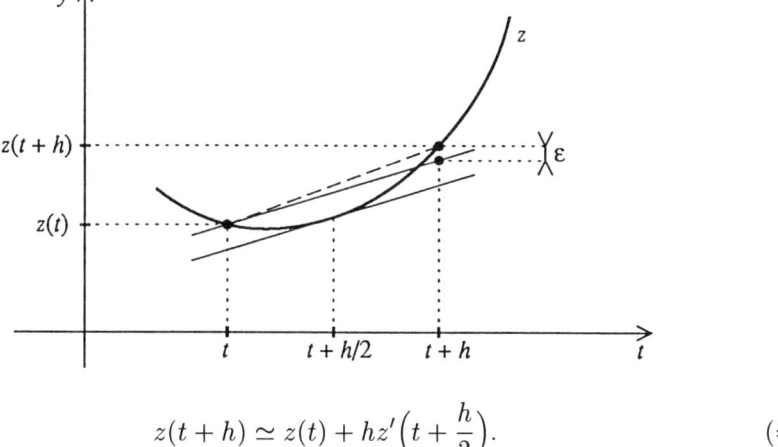

$$z(t + h) \simeq z(t) + hz'\left(t + \frac{h}{2}\right). \tag{$*$}$$

Wenn z zur Klasse C^3 gehört, dann folgt

$$z(t + h) = z(t) + hz'(t) + \frac{1}{2} h^2 z''(t) + \frac{1}{6} h^3 z'''(t) + o(h^3),$$

$$z'\left(t + \frac{h}{2}\right) = z'(t) + \frac{1}{2} hz''(t) + \frac{1}{8} h^2 z'''(t) + o(h^2).$$

Der dabei begangene Fehler beträgt also

$$\varepsilon = z(t + h) - z(t) - hz'\left(t + \frac{h}{2}\right) = \frac{1}{24} h^3 z'''(t) + o(h^3),$$

ist also proportional zu h^3, anstatt zu h^2 wie für das Euler-Cauchy-Verfahren. Weiter ergibt sich

$$z'\left(t + \frac{h}{2}\right) = f\left(t + \frac{h}{2}, z\left(t + \frac{h}{2}\right)\right).$$

Da der Wert von $z(t + h/2)$ unbekannt ist, nähern wir ihn durch

$$z\left(t + \frac{h}{2}\right) \simeq z(t) + \frac{h}{2} f(t, z(t)) \tag{$**$}$$

und erhalten damit schließlich

$$z(t + h) \simeq z(t) + hf\left(t + \frac{h}{2}, z(t) + \frac{h}{2} f(t, z(t))\right).$$

Der Algorithmus für das verbesserte Euler-Cauchy-Verfahren läßt sich also als

$$\begin{cases} y_{n+\frac{1}{2}} = y_n + \dfrac{h_n}{2} f(t_n, y_n) \\[2mm] p_n = f\left(t_n + \dfrac{h_n}{2}, y_{n+\frac{1}{2}}\right) \\[2mm] y_{n+1} = y_n + h_n p_n \\[2mm] t_{n+1} = t_n + h_n \end{cases}$$

schreiben. Berechnen wir den Konsistenzfehler: $e_n = z(t_{n+1}) - y_{n+1}$ mit $y_n = z(t_n)$. Es ist dann $e_n = \varepsilon_n + \varepsilon'_n$ mit den Fehlern

$$
\varepsilon_n = z(t_{n+1}) - z(t_n) - h_n z'\left(t_n + \frac{h_n}{2}\right),
$$

$$
\begin{aligned}
\varepsilon'_n &= h_n z'\left(t_n + \frac{h_n}{2}\right) - (y_{n+1} - z(t_n)) \\
&= h_n \left(f\left(t_n + \frac{h_n}{2}, z\left(t_n + \frac{h_n}{2}\right)\right) - f\left(t_n + \frac{h_n}{2}, y_{n+\frac{1}{2}}\right) \right),
\end{aligned}
$$

die sich aus den Näherungen $(*)$ und $(**)$ ergeben. Nach den oben durchgeführten Berechnungen ist

$$
\varepsilon_n = \frac{1}{24} h_n^3 z'''(t_n) + o(h_n^3) = \frac{1}{24} h_n^3 f^{[2]}(t_n, y_n) + o(h_n^3).
$$

Andererseits gilt

$$
\begin{aligned}
z\left(t_n + \frac{h_n}{2}\right) - y_{n+\frac{1}{2}} &= z\left(t_n + \frac{h_n}{2}\right) - \left(z(t_n) + \frac{h_n}{2} z'(t_n)\right) \\
&= \frac{1}{8} h_n^2 z''(t_n) + o(h_n^2) = \frac{1}{8} h_n^2 f^{[1]}(t_n, y_n) + o(h_n^2).
\end{aligned}
$$

Wendet man den Mittelwertsatz der Differentialrechnug auf y an, dann ergibt sich

$$
\begin{aligned}
f\left(t_n + \frac{h_n}{2}, z\left(t_n + \frac{h_n}{2}\right)\right) &- f\left(t_n + \frac{h_n}{2}, y_{n+\frac{1}{2}}\right) \\
&= f'_y\left(t_n + \frac{h_n}{2}, c_n\right)\left(z\left(t_n + \frac{h_n}{2}\right) - y_{n+\frac{1}{2}}\right) \\
&= \left(f'_y(t_n, y_n) + o(h_n)\right)\left(\frac{1}{8} h_n^2 f^{[1]}(t_n, y_n) + o(h_n^2)\right) \\
&= \frac{1}{8} h_n^2 f'_y f^{[1]}(t_n, y_n) + o(h_n^2), \\
\varepsilon'_n &= \frac{1}{8} h_n^3 f'_y f^{[1]}(t_n, y_n) + o(h_n^3).
\end{aligned}
$$

Daraus schließt man

$$
e_n = \varepsilon_n + \varepsilon'_n = \frac{1}{24} h_n^3 \left(f^{[2]} + 3 f'_y f^{[1]}\right)(t_n, y_n) + o(h_n^3).
$$

Das verbesserte Euler-Cauchy-Verfahren ist also zweiter Ordnung.

8.1.4 * Abwandlung des verbesserten Euler-Cauchy-Verfahrens

Wenn man die vorigen Algorithmen betrachtet, so erkennt man, daß die einzige Operation, die unter Umständen rechenzeitintensiv sein könnte, die Auswertung der Funktion $f(t, y)$ ist, im übrigen wird nur eine kleine Anzahl von Additionen und Multiplikationen durchgeführt. Als Maß für den Rechenaufwand, bei einem Verfahren gegebener Ordnung, kann man also *die Zahl der erforderlichen Auswertungen der Funktion f* pro Schritt heranziehen. Für Verfahren unterschiedlicher Ordnungen gilt dieser Vergleich nicht, da ein Verfahren höherer Ordnung bei gleicher Genauigkeit eine deutlich geringere Schrittzahl benötigt.

Beim verbesserten Euler-Cauchy-Verfahren kann man sich mit der Berechnung der Steigung $p_n = f\left(t_n + h_n/2, y_{n+\frac{1}{2}}\right)$ begnügen und die Berechnung von $f(t_n, y_n)$ folgendermaßen einsparen:

$$\begin{cases} \widetilde{y}_{n+\frac{1}{2}} = \widetilde{y}_n + \dfrac{h_n}{2}\, \widetilde{p}_{n-1} \\[2mm] \widetilde{p}_n = f\left(t_n + \dfrac{h_n}{2}, \widetilde{y}_{n+\frac{1}{2}}\right) \\[2mm] \widetilde{y}_{n+1} = \widetilde{y}_n + h_n \widetilde{p}_n \\[2mm] t_{n+1} = t_n + h_n. \end{cases}$$

Man hat also die Berechnung von $y_{n+\frac{1}{2}}$ leicht verändert, indem die Steigung $f(t_n, y_n)$ durch die eine Iterationsstufe vorher berechnete Steigung $\widetilde{p}_{n-1}$ ersetzt wurde. Natürlich folgt daraus auch, daß die Werte y_n durch die veränderten Werte $\widetilde{y}_n$ ersetzt werden.

Bemerkung

Der Start (Stufe $n = 0$) stellt dabei eine Schwierigkeit dar, da die Steigung $\widetilde{p}_{-1}$ noch nicht berechnet wurde. Man löst dieses Problem, indem man $\widetilde{p}_{-1} = f(t_0, y_0)$ als Startwert nimmt. Man stellt fest, daß die Abwandlung des verbesserten Euler-Cauchy-Verfahrens tatsächlich ein Zweischrittverfahren ist. (Die Stufen n und $n - 1$ werden zur Berechnung von $\widetilde{y}_{n+1}$ benötigt.)

Wir wollen jetzt den Konsistenzfehler $\widetilde{e}_n = z(t_{n+1}) - \widetilde{y}_{n+1}$ unter der Annahme $\widetilde{y}_n = z(t_n)$ berechnen. Man kann e_n auf folgende Art schreiben:

$$\widetilde{e}_n = (z(t_{n+1}) - y_{n+1}) + (y_{n+1} - \widetilde{y}_{n+1}) = e_n + \varepsilon_n''$$

mit e_n dem Konsistenzfehler des verbesserten Euler-Cauchy-Verfahrens. (Bei seiner Berechnung wird ebenfalls $y_n = z(t_n)$ angenommen.) Daraus folgt

$$\varepsilon_n'' = y_{n+1} - \widetilde{y}_{n+1} = h_n\left(f\left(t_n + \frac{h_n}{2}, y_{n+\frac{1}{2}}\right) - f\left(t_n + \frac{h_n}{2}, \widetilde{y}_{n+\frac{1}{2}}\right)\right).$$

$$y_{n+\frac{1}{2}} - \widetilde{y}_{n+\frac{1}{2}} = \frac{h_n}{2}\left(f(t_n, y_n) - \widetilde{p}_{n-1}\right)$$

$$= \frac{h_n}{2}\left(f(t_n, y_n) - f\left(t_{n-1} + \frac{h_{n-1}}{2}, \widetilde{y}_{n-\frac{1}{2}}\right)\right).$$

Es ist jedoch $\quad t_n - \left(t_{n-1} + h_{n-1}/2\right) = h_{n-1}/2 \quad$ und

$$
\begin{aligned}
y_n - \widetilde{y}_{n-\frac{1}{2}} &= y_n - \left(\widetilde{y}_{n-1} + \frac{h_{n-1}}{2}\,\widetilde{p}_{n-2}\right) \\
&= y_n - \left(\widetilde{y}_n - h_{n-1}\widetilde{p}_{n-1} + \frac{h_{n-1}}{2}\,\widetilde{p}_{n-2}\right) \\
&= h_{n-1}\left(\widetilde{p}_{n-1} - \frac{1}{2}\,\widetilde{p}_{n-2}\right) \\
&= \frac{1}{2}\,h_{n-1}f(t_n, y_n) + o(h_{n-1}).
\end{aligned}
$$

In der dritten Zeile nützt man die Tatsache aus, daß $y_n = \widetilde{y}_n = z(t_n)$ ist und in der vierten Zeile die Tatsache, daß $\widetilde{p}_{n-i} = f(t_{n-i} + h_{n-i}/2, \widetilde{y}_{n-i} + 1/2)$ für $i = 1, 2$ gegen $f(t_n, y_n)$ konvergiert, wenn $h_{\max}$ gegen 0 strebt. Mit der Taylor-Entwicklung für Funktionen von zwei Variablen folgt

$$
f(t_n, y_n) - f\left(t_{n-1} + \frac{h_{n-2}}{2}, \widetilde{y}_{n-\frac{1}{2}}\right)
$$

$$
\begin{aligned}
&= \frac{h_{n-1}}{2}\,f'_t(t_n, y_n) + \frac{1}{2}\,h_{n-1}f(t_n, y_n)f'_y(t_n, y_n) + o(h_{n-1}) \\
&= \frac{1}{2}\,h_{n-1}(f'_t + f f'_y)(t_n, y_n) + o(h_{n-1}) \\
&= \frac{1}{2}\,h_{n-1}f^{[1]}(t_n, y_n) + o(h_{n-1}),
\end{aligned}
$$

und daraus $\quad y_{n+\frac{1}{2}} - \widetilde{y}_{n+\frac{1}{2}} = \dfrac{1}{4}\,h_n h_{n-1}f^{[1]}(t_n, y_n) + o(h_n h_{n-1}).$

Letztendlich schließt man daraus

$$
\begin{aligned}
\varepsilon''_n &= h_n f'_y\left(t_n + \frac{h_n}{2}, c_n\right)\left(y_{n+\frac{1}{2}} - \widetilde{y}_{n+\frac{1}{2}}\right) \\
&= \frac{1}{4}\,h_n^2 h_{n-1}\left(f'_y f^{[1]}\right)(t_n, y_n) + o(h_n^2 h_{n-1}),
\end{aligned}
$$

womit sich der folgende Konsistenzfehler ergibt

$$
\widetilde{e}_n = \frac{1}{24}\,h_n^3\left(f^{[2]} + 3f'_y f^{[1]}\right)(t_n, y_n) + \frac{1}{4}\,h_n^2 h_{n-1}(f'_y f^{[1]})(t_n, y_n) + o(h_n^3 + h_n^2 h_{n-1}).
$$

Die Abwandlung des verbesserten Euler-Cauchy-Verfahrens ist also ein Verfahren zweiter Ordnung. (Aber es ist kein Einschrittverfahren mehr!)

8.2 Allgemeine Untersuchung von Einschrittverfahren

8.2.1 Bezeichnungen

Einschrittverfahren sind numerische Lösungsverfahren, welche sich in der Form

$$y_{n+1} = y_n + h_n \Phi(t_n, y_n, h_n), \qquad 0 \le n < N$$

darstellen lassen, mit $\Phi : [t_0, t_0 + T] \times \mathbb{R} \times \mathbb{R} \to \mathbb{R}$, einer als stetig angenommen Funktion, die auch als Verfahrensfunktion bezeichnet wird. In der Praxis braucht die Funktion $\Phi(t, y, h)$ nur auf einem Teilgebiet der Form $[t_0, t_0 + T] \times J \times [0, \delta]$ definiert sein. Dabei ist J ein Intervall von $\mathbb{R}$, so daß insbesondere $[t_0, t_0 + T] \times J$ im Definitionsbereich der Differentialgleichung eingeschlossen ist.

Beispiele

- Euler-Cauchy-Verfahren: $\Phi(t, y, h) = f(t, y)$;

- verbessertes Euler-Cauchy-Verfahren: $\Phi(t, y, h) = f\left(t + \dfrac{h}{2}, y + \dfrac{h}{2}\, f(t, y)\right)$;

- die Abwandlung des verbesserten Euler-Cauchy-Verfahrens kann nicht in diese Form gebracht werden, weil es ein Zweischrittverfahren ist.

Definition

Der Konsistenzfehler e_n bezüglich einer exakten Lösung z ist der Fehler

$$e_n = z(t_{n+1}) - y_{n+1}, \quad 0 \le n < N$$

unter der Annahme, daß $y_n = z(t_n)$ ist. Es ist also

$$e_n = z(t_{n+1}) - z(t_n) - h_n \Phi(t_n, z(t_n), h_n).$$

8.2.2 Konsistente, stabile und konvergente Verfahren

Definition 1

Ein Verfahren wird als konsistent bezeichnet, wenn für jede exakte Lösung z die Summe der Konsistenzfehler bezüglich z, also $\displaystyle\sum_{0 \le n \le N} |e_n|$, gegen 0 strebt, wenn h_{max} gegen 0 strebt.

Ein anderer grundlegender Begriff ist der der Stabilität. In der Praxis wird die rekursive Berechnung der Punkte y_n nämlich durch Rundungsfehler ε_n beeinträchtigt. Damit die Berechnungen ihre Aussagekraft nicht verlieren, ist es unabdingbar, daß die Fortpflanzung dieser Fehler unter Kontrolle bleibt. Dies führt uns zu folgender Definition:

Definition 2

Ein Verfahren wird als stabil *bezeichnet, wenn es eine* Stabilitätskonstante $S \geq 0$ *gibt, so daß für alle Folgen* (y_n), $(\tilde{y}_n)$, *welche als*

$$
\begin{aligned}
y_{n+1} &= y_n + h_n \Phi(t_n, y_n, h_n), & 0 \leq n < N, \\
\tilde{y}_{n+1} &= \tilde{y}_n + h_n \Phi(t_n, \tilde{y}_n, h_n) + \varepsilon_n, & 0 \leq n < N
\end{aligned}
$$

definiert sind, gilt

$$
\max_{0 \leq n \leq N} |\tilde{y}_n - y_n| \leq S\left(|\tilde{y}_0 - y_0| + \sum_{0 \leq n < N} |\varepsilon_n|\right).
$$

Oder anders ausgedrückt, ein kleiner Anfangsfehler $|\tilde{y}_0 - y_0|$ und kleine Rundungsfehler ε_n erzeugen bei der rekursiven Berechnung von $\tilde{y}_n$ einen Gesamtfehler $\max |\tilde{y}_n - y_n|$, der nicht außer Kontrolle gerät. Eine letzter, in der Praxis wichtiger Begriff ist der folgende:

Definition 3

Ein Verfahren wird als konvergent *bezeichnet, wenn für jede exakte Lösung z die Folge* y_n, *für die* $y_{n+1} = y_n + h_n \Phi(t_n, y_n, h_n)$ *gilt,*

$$
\max_{0 \leq n \leq N} |y_n - z(t_n)| \to 0
$$

erfüllt, wenn $y_0 \to z(t_0)$ *und wenn* $h_{max} \to 0$.

Die Größe $\max\limits_{0 \leq n \leq N} |y_n - z(t_n)|$ heißt *Gesamtfehler* (der berechneten Folge y_n bezüglich der exakten Lösung z). Selbstverständlich ist es dieser Fehler, der in der Praxis wichtig ist.

Berechnung des Gesamtfehlers

Wir setzen $\tilde{y}_n = z(t_n)$. Aus der Definition des Konsistenzfehlers (siehe Abschnitt 8.2.1) ergibt sich

$$
\tilde{y}_{n+1} = \tilde{y}_n + h_n \Phi(t_n, \tilde{y}_n, h_n) + e_n.
$$

Wenn das Verfahren stabil ist und eine Stabilitätskonstante S hat, dann ist der Gesamtfehler

$$
\max_{0 \leq n \leq N} |y_n - z(t_n)| \leq S\left(|y_0 - z(t_0)| + \sum_{0 \leq n < N} |e_n|\right).
$$

Korollar

Wenn das Verfahren stabil und konsistent ist, dann ist es auch konvergent.

In der Tat geht $\displaystyle\sum_{0 \le n < N} |e_n|$ gegen 0, wenn $h_{\max}$ gegen 0 geht, da das System als konsistent angenommen wurde.

8.2.3 Notwendige und hinreichende Konsistenzbedingung

Es seien z eine exakte Lösung der Differentialgleichung (D) und

$$e_n = z(t_{n+1}) - z(t_n) - h_n \Phi(t_n, z(t_n), h_n)$$

die zugehörigen Konsistenzfehler. Nach dem Mittelwertsatz der Differentialrechnung gibt es ein $c_n \in \,]t_n, t_{n+1}[$, so daß

$$z(t_{n+1}) - z(t_n) = h_n z'(c_n) = h_n f(c_n, z(c_n))$$

gilt und deswegen

$$e_n = h_n(f(c_n, z(c_n)) - \Phi(t_n, z(t_n), h_n)) = h_n(\alpha_n + \beta_n)$$

mit

$$\begin{aligned} \alpha_n &= f(c_n, z(c_n)) - \Phi(c_n, z(c_n), 0), \\ \beta_n &= \Phi(c_n, z(c_n), 0) - \Phi(t_n, z(t_n), h_n) \end{aligned}$$

ist. Da die Funktion $(t, h) \mapsto \Phi(t, z(t), h)$ auf $[t_0, t_0 + T] \times [0, \delta]$ stetig ist und $[t_0, t_0 + T] \times [0, \delta]$ kompakt, ist die Funktion in diesem Gebiet gleichmäßig stetig. Daraus folgt, daß es für jedes $\varepsilon > 0$ ein $\eta > 0$ gibt, so daß $h_{\max} \le \eta \Rightarrow |\beta_n| \le \varepsilon$. Für $h_{\max} \le \eta$ gilt also

$$\left| \sum_{0 \le n < N} |e_n| - \sum_{0 \le n < N} h_n |\alpha_n| \right| \le \sum_{0 \le n < N} h_n |\beta_n| \le \varepsilon \sum h_n = T\varepsilon.$$

Daraus schließt man

$$\begin{aligned} \lim_{h_{\max} \to 0} \sum_{0 \le n < N} |e_n| &= \lim_{h_{\max} \to 0} \sum_{0 \le n < N} h_n |\alpha_n| \\ &= \int_{t_0}^{t_0 + T} |f(t, z(t)) - \Phi(t, z(t), 0)| \, dt, \end{aligned}$$

weil $\sum h_n |\alpha_n|$ eine Riemannsumme des obigen Integrals ist. Die Definition besagt, daß das Verfahren dann und nur dann konsistent ist, wenn für jede exakte Lösung der Grenzwert $z \lim \sum |e_n| = 0$ ist. Daraus folgt:

Satz

Das durch die Verfahrensfunktion Φ definierte Einschrittverfahren ist dann und nur dann konsistent, wenn

$$\forall (t, y) \in [t_0, t_0 + T] \times \mathbb{R}, \quad \Phi(t, y, 0) = f(t, y).$$

Aus diesem Satz ergibt sich, daß die bereits erwähnten Einschrittverfahren konsistent sind.

8.2.4   Hinreichende Stabilitätsbedingung

Um für den in Abschnitt 8.2.2 beschriebenen Gesamtfehler eine obere Schranke angeben zu können, muß man einerseits eine Abschätzung für die Stabilitätskonstante S und andererseits eine Abschätzung für die Summe $\sum\limits_{0 \le n < N} |e_n|$ machen können. Das folgende Ergebnis erlaubt es uns, S zu berechnen.

Satz

Damit das Verfahren stabil ist, genügt es, daß die Verfahrensfunktion Φ lipschitz-stetig bezüglich y ist, das heißt, daß es eine Konstante $\Lambda \ge 0$ geben muß, so daß $\forall t \in [t_0, t_0 + T]$, $\forall (y_1, y_2) \in \mathbb{R}^2$, $\forall h \in \mathbb{R}$

$$|\Phi(t, y_1, h) - \Phi(t, y_2, h)| \le \Lambda |y_1 - y_2|$$

gilt. Für diesen Fall kann man

$$S = e^{\Lambda T}$$

als Stabiltätskonstante verwenden.

Beweis. Wir betrachten zwei Folgen (y_n), $(\tilde{y}_n)$, für die gilt

$$\begin{aligned} y_{n+1} &= y_n + h_n \Phi(t_n, y_n, h_n), \\ \tilde{y}_{n+1} &= \tilde{y}_n + h_n \Phi(t_n, \tilde{y}_n, h_n) + \varepsilon_n. \end{aligned}$$

Bildet man die Differenz, so erhält man

$$|\tilde{y}_{n+1} - y_{n+1}| \le |\tilde{y}_n - y_n| + h_n \Lambda |\tilde{y}_n - y_n| + |\varepsilon_n|.$$

Setzt man $\theta_n = |\tilde{y}_n - y_n|$, dann ergibt sich

$$\theta_{n+1} \le (1 + \Lambda h_n)\theta_n + |\varepsilon_n|.$$

Lemma von Gronwall (diskrete Version)

Die Folgen $h_n, \theta_n \geq 0$ und $\varepsilon_n \in \mathbb{R}$ seien so gewählt, daß $\theta_{n+1} \leq (1 + \Lambda h_n)\theta_n + |\varepsilon_n|$ ist. Dann gilt

$$\theta_n \leq e^{\Lambda(t_n - t_0)}\theta_0 + \sum_{0 \leq i \leq n-1} e^{\Lambda(t_n - t_{i+1})}|\varepsilon_i|.$$

Das Lemma läßt sich durch vollständige Induktion bestätigen. Für $n = 0$ bleibt von der Ungleichung noch $\theta_0 \leq \theta_0$ übrig. Nehmen wir weiter die Ungleichung in n-ter Ordnung als wahr an. Dann stellt man fest, daß

$$1 + \Lambda h_n \leq e^{\Lambda h_n} = e^{\Lambda(t_{n+1} - t_n)}$$

ist. Aus der Induktionsannahme heraus folgt

$$\begin{aligned} \theta_{n+1} &\leq e^{\Lambda(t_{n+1} - t_n)}\theta_n + |\varepsilon_n| \\ &\leq e^{\Lambda(t_{n+1} - t_0)}\theta_0 + \sum_{0 \leq i \leq n-1} e^{\Lambda(t_{n+1} - t_{i+1})}|\varepsilon_i| + |\varepsilon_n|. \end{aligned}$$

Die gesuchte Ungleichung folgt daraus also in $(n + 1)$-ter Ordnung.   ■

Da $t_n - t_0 \leq T$ und $t_n - t_{i+1} \leq T$ ist, zieht das Lemma von Gronwall

$$\max_{0 \leq n \leq N} \theta_n \leq e^{\Lambda T}\left(\theta_0 + \sum_{0 \leq i \leq N-1} |\varepsilon_i|\right)$$

nach sich. So wie θ_n definiert ist, gilt dann

$$\max_{0 \leq n \leq N} |\tilde{y}_n - y_n| \leq e^{\Lambda T}\left(|\tilde{y}_0 - y_0| + \sum_{0 \leq n \leq N} |\varepsilon_n|\right),$$

und der Satz ist damit bewiesen.   ■

Bemerkung

In der Praxis ist die Annahme über die Lipschitz-Stetigkeit von Φ nur sehr selten global für $y_1, y_2 \in \mathbb{R}$ und $h \in \mathbb{R}$ erfüllt. (Es wäre dies nur der Fall, weil der Definitionsbereich von Φ vielleicht kleiner ist.) Dagegen ist diese Annahme dann oft erfüllt, wenn man sich auf $y_1, y_2 \in J$ und $|h| \leq \delta$ beschränkt, wobei J ein ausreichend kleines, abgeschlossenes und beschränktes Intervall ist. In diesem Fall gilt die Stabilitätskonstante $S = e^{\Lambda T}$ für Folgen $y_n, \tilde{y}_n \in J$ und $h_{\max} \leq \delta$.

Beispiel

Angenommen, die Funktion f besitzt eine Lipschitz-Konstante k bezüglich y, und wir berechnen Λ, S für die bereits vorgestellten Verfahren.

- Für das Euler-Cauchy-Verfahren ist $\Phi(t, y, h) = f(t, y)$. Man kann $\Lambda = k$ und $S = e^{kT}$ benutzen.

- Für das verbesserte Euler-Cauchy-Verfahren ergibt sich

$$\Phi(t, y, h) = f\left(t + \frac{h}{2}, y + \frac{h}{2} f(t, y)\right).$$

Daraus schließt man

$$|\Phi(t, y_1, h) - \Phi(t, y_2, h)| \leq k\left|y_1 + \frac{h}{2} f(t, y_1) - \left(y_2 + \frac{h}{2} f(t, y_2)\right)\right|$$

$$\leq k\left(|y_1 - y_2| + \frac{h}{2} |f(t, y_1) - f(t, y_2)|\right)$$

$$\leq k\left(|y_1 - y_2| + \frac{h}{2} k|y_1 - y_2|\right) = k\left(1 + \frac{1}{2} hk\right)|y_1 - y_2|.$$

Hier kann man $\Lambda = k\left(1 + 1/2\, h_{\max} k\right)$ setzen und damit ergibt sich

$$S = \exp\left(kT\left(1 + \frac{1}{2} h_{\max}k\right)\right).$$

Wenn $h_{\max}$ klein (gegenüber $1/k^2 T$) ist, dann liegt diese Konstante in derselben Größenordnung wie beim Euler-Cauchy-Verfahren.

Korollar

Wenn f bezüglich y lipschitz-stetig ist, dann sind das Euler-Cauchy-Verfahren und das verbesserte Euler-Cauchy-Verfahren konvergent.

Der Leser wird die Analogie zwischen den in Kapitel 5.3.1 benutzten Methoden und den bei der Herleitung dieses Korollars benutzten Techniken bemerken.

8.2.5   Einfluß der Konsistenzordnung auf den Gesamtfehler

Definition

Die Konsistenzordnung eines Einschrittverfahrens ist $\geq p$, wenn für jede exakte Lösung z einer Differentialgleichung

(D) $y' = f(t, y)$ mit f der Klasse C^p

es eine Konstante $C \geq 0$ gibt, so daß der Konsistenzfehler bezüglich z

$$|e_n| \leq C h_n^{p+1}, \quad \forall n, \quad 0 \leq n < N$$

erfüllt.

Der Konsistenzfehler ist gegeben durch

$$e_n = z(t_{n+1}) - y_n - h_n \Phi(t_n, y_n, h_n) \quad \text{mit} \quad y_n = z(t_n).$$

Angenommen Φ gehört zur Klasse C^p. Eine Taylor-Entwicklung ergibt

$$\Phi(t_n, y_n, h_n) = \sum_{l=0}^{p} \frac{1}{l!} h_n^l \frac{\partial^l \Phi}{\partial h^l}(t_n, y_n, 0) + o(h_n^p).$$

Wenn f zur Klasse C^p gehört, dann gehört die Lösung z zur Klasse C^{p+1}, also ist

$$
\begin{aligned}
z(t_{n+1}) - y_n &= z(t_n + h) - z(t_n) \\
&= \sum_{k=1}^{p+1} \frac{1}{k!} h_n^k z^{(k)}(t_n) + o(h_n^{n+1}) \\
&= \sum_{l=0}^{p} \frac{1}{(l+1)!} h_n^{l+1} f^{[l]}(t_n, y_n) + o(h_n^{p+1}).
\end{aligned}
$$

Daraus schließt man sofort

$$e_n = \sum_{l=0}^{p} \frac{1}{l!} h_n^{l+1} \left(\frac{1}{l+1} f^{[l]}(t_n, y_n) - \frac{\partial^l \Phi}{\partial h^l}(t_n, y_n, 0) \right) + o(h_n^{p+1}).$$

Folgerung

Das Verfahren besitzt eine Konsistenzordnung $\geq p$, wenn und nur wenn Φ so gewählt wird, daß

$$\frac{\partial^l \Phi}{\partial h^l}(t, y, 0) = \frac{1}{l+1} f^{[l]}(t, y), \quad 0 \leq l \leq p - 1.$$

Unter dieser Annahme verringert sich der Fehler e_n auf

$$e^n = \frac{1}{p!} h_n^{p+1} \left(\frac{1}{p+1} f^{[p]}(t_n, y_n) - \frac{\partial^p \Phi}{\partial h^p}(t_n, y_n, 0) \right) + o(h_n^{p+1}).$$

Bemerkung

Aus vorstehendem schließt man auf folgende Äquivalenzen:

konsistentes Verfahren $\quad\Leftrightarrow\quad \Phi(t, y, 0) = f(t, y) \quad\Leftrightarrow\quad$ *Konsistenzordnung* $\quad \geq 1.$

Die Benutzung einer Taylor-Entwicklung mit Lagrangeschem Restglied bedingt die Existenz der Punkte $\tau_n \in {]}t_n, t_{n+1}[$ und $\eta_n \in {]}0, h_{\max}[$, so daß

$$e_n = h_n^{p+1}\left(\frac{1}{(p+1)!}\,f^{[p]}(\tau_n, z(\tau_n)) - \frac{1}{p!}\,\frac{\partial^p \Phi}{\partial h^p}\,(t_n, z(t_n), \eta_n)\right).$$

Dies erlaubt (wenigstens theoretisch), bei der Angabe einer oberen Schranke für den Konsistenzfehler eine Konstante C zu finden:

$$C = \frac{1}{(p+1)!}\,\|f^{[p]}(t, z(t))\|_\infty + \frac{1}{p!}\,\left\|\frac{\partial^p \Phi}{\partial h^p}\,(t, z(t), h)\right\|_\infty,$$

wobei die Normen $\|\quad\|_\infty$ für $(t, h) \in [t_0, t_0 + T] \times [0, h_{\max}]$ verwendet werden.

Obere Schranke des Gesamtfehlers

Berücksichtigt man die obere Schranke, die man für e_n als erfüllt betrachtet, so erhält man

$$\sum_{0 \leq n < N} |e_n| \leq \sum Ch_n^{p+1} \leq C\sum h_n h_{\max}^p \leq CTh_{\max}^p.$$

Wenn das Verfahren stabil ist und eine Stabilitätskonstante S besitzt, dann ergibt sich als obere Schranke

$$\max_{0 \leq n \leq N} |y_n - z(t_n)| \leq S(|y_0 - z(t_0)| + CTh_{\max}^p).$$

Der Anfangsfehler $|y_0 - z(t_0)|$ ist im allgemeinen vernachlässigbar. Der Gesamtfehler eines stabilen Verfahrens p-ter Ordnung liegt also in der Größenordnung von $h_{\max}^p$ mit einer Proportionalitätskonstanten SCT.

Wenn die Konstante SCT nicht zu groß ist (sagen wir $\leq 10^2$), dann erlaubt ein Verfahren dritter Ordnung mit einer maximalen Schrittweite $h_{\max} = 10^{-2}$ eine Gesamtgenauigkeit der Größenordnung 10^{-4}.

8.2.6   Einfluß der Rundungsfehler

Der in Abschnitt 8.2.5 berechnete Gesamtfehler ist nur ein theoretischer Fehler, das heißt, in ihm sind die Rundungsfehler, die sich in der Praxis nicht vermeiden lassen, nicht berücksichtigt. In Wirklichkeit wird der Computer nicht die rekursive Folge y_n berechnen, sondern einen Näherungswert $\widetilde{y}_n$ von y_n, in den

- ein Rundungsfehler ρ_n bei $\Phi(t_n, \widetilde{y}_n, h_n)$,
- ein Rundungsfehler σ_n bei der Berechnung von $\widetilde{y}_{n+1}$

eingehen.

Insgesamt erhält man

$$
\begin{aligned}
\widetilde{y}_{n+1} &= \widetilde{y}_n + h_n(\Phi(t_n, \widetilde{y}_n, h_n) + \rho_n) + \sigma_n \\
&= \widetilde{y}_n + h_n\Phi(t_n, \widetilde{y}_n, h_n) + h_n\rho_n + \sigma_n.
\end{aligned}
$$

Außerdem kann $\widetilde{y}_0$ noch leicht vom theoretischen Wert y_0 abweichen: $\widetilde{y}_0 = y_0 + \varepsilon_0$.

Annahme

$\forall n, \quad |\rho_n| \leq \rho, \quad |\sigma_n| \leq \sigma.$

Die Konstanten ρ, σ hängen von den Eigenschaften des Computers und der Genauigkeit der arithmetischen Operationen ab. (Wenn die reellen Zahlen je 6 Byte belegen, dann hat man typischerweise $\rho = 10^{-9}$, $\sigma = 10^{-10}$, $|\varepsilon_0| \leq 10^{-10}$.)

Wenn das Verfahren eine Stabilitätskonstante S besitzt, dann schließt man daraus

$$
\begin{aligned}
\max_{0 \leq n \leq N} |\widetilde{y}_n - y_n| &\leq S\Big(|\varepsilon_0| + \sum_{0 \leq n < N} (h_n|\rho_n| + |\sigma_n|)\Big) \\
&\leq S(|\varepsilon_0| + T\rho + N\sigma).
\end{aligned}
$$

Zu diesem durch Rundungen verursachten Fehler kommt noch der theoretische Gesamt-fehler

$$
\max_{0 \leq n \leq N} |y_n - z(t_n)| \leq SCTh_{\max}^p \qquad \text{für} \qquad y_0 = z(t_0).
$$

Der insgesamt begangene Fehler beträgt also

$$
\max_{0 \leq n \leq N} |\widetilde{y}_n - z(t_n)| \leq S(|\varepsilon_0| + T\rho + N\sigma + CTh_{\max}^p).
$$

Zur Vereinfachung werde die Schrittweite $h_n = h$ als konstant angenommen. Dann ist $N = T/h$ und

$$
\begin{aligned}
E(h) &= S\Big(|\varepsilon_0| + T\rho + \frac{T}{h}\sigma + CTh^p\Big) \\
&= S(|\varepsilon_0| + T\rho) + ST\Big(\frac{\sigma}{h} + Ch^p\Big)
\end{aligned}
$$

eine obere Fehlerschranke.

Untersucht man $E(h)$, dann ergibt sich folgende Kurve

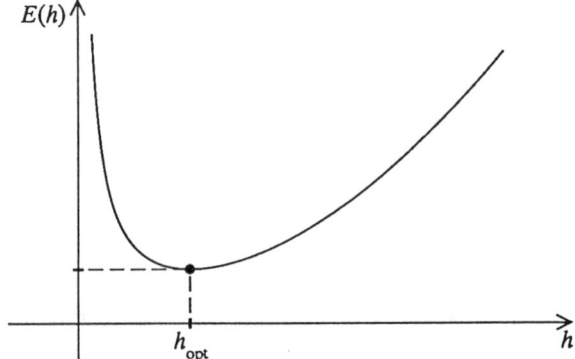

Der Fehler durchläuft für $h_{\text{opt}} = \left(\dfrac{\sigma}{pC}\right)^{\frac{1}{p+1}}$ ein Minimum. Typischerweise erhält man für ein Verfahren zweiter Ordnung, für welches $pC \simeq 10$ ist, $h_{\text{opt}} \simeq 10^{-3}$. Wenn man eine kleinere Schrittweite wählt, wächst der Fehler an! Dies liegt in der Tatsache begründet, daß für kleiner werdendes h die Schrittzahl $N = T/h$ ansteigt und mit ihr der Rundungsfehler. Die Rundungsfehler überwiegen dann den theoretischen Gesamtfehler $SCTh^p$.

Das folgende Zahlenbeispiel bestätigt diese theoretischen Vorhersagen.

Beispiel

Wir wollen das Anfangswertproblem $y' = y$ mit $y_0 = 1$ für $t_0 = 0$ betrachten. Die exakte Lösung ist $y(t) = e^t$ und $y(1) = e \simeq 2,7182818285$. Wenn man das verbesserte Euler-Cauchy-Verfahren mit konstanter Schrittweite h benutzt, dann erhält man als Algorithmus

$$y_{n+1} = (1 + h + h^2/2)y_n, \quad y_0 = 1.$$

Der Konsistenzfehler ist durch $e_n \sim h^3 y_n/6$ gegeben, und damit ist $e_n \le Ch^3$ mit $C = e/6$ für das Intervall $[0, T] = [0, 1]$. Desweiteren kann man bestenfalls $\sigma = 10^{-11}$ annehmen. Damit ergibt sich:

$$h_{\text{opt}} \ge \left(\frac{10^{-11}}{2 \cdot e/6}\right)^{1/3} \simeq 2,224 \cdot 10^{-4},$$

$$N_{\text{opt}} = \frac{T}{h_{\text{opt}}} < 4500.$$

Eine Berechnung in Turbo-Pascal liefert folgende Ergebnisse:

Schrittzahl	zugehöriger y_N-Wert	Fehler $y(1) - y_N$
$N \quad = \quad 10$	2,7140808465	$4,2 \cdot 10^{-3}$
$N \quad = \quad 100$	2,7182368616	$4,5 \cdot 10^{-5}$
$N \quad = \quad 500$	2,7182800146	$4,8 \cdot 10^{-6}$
$N \quad = \quad 1000$	2,7182813650	$4,6 \cdot 10^{-7}$
$N \quad = \quad 2000$	2,7182816975	$1,3 \cdot 10^{-7}$
$N \quad = \quad 3000$	2,7182817436	$8,5 \cdot 10^{-8}$
$N \quad = \quad 4000$	2,7182817661	$6,2 \cdot 10^{-8}$
$N \quad = \quad 4400$	2,7182817882	$4,0 \cdot 10^{-8}$
$N \quad = \quad 5000$	2,7182817787	$5,0 \cdot 10^{-8}$
$N \quad = \quad 6000$	2,7182817607	$6,8 \cdot 10^{-8}$
$N \quad = \quad 7000$	2,7182817507	$7,8 \cdot 10^{-8}$
$N \quad = \quad 10000$	2,7182817473	$8,1 \cdot 10^{-8}$
$N \quad = \quad 20000$	2,7182817014	$1,3 \cdot 10^{-7}$

Die optimale Schrittzahl ist $N_{\text{opt}} \simeq 4400$.

8.2.7 Gut gestellte, wohlkonditionierte und steife Probleme

Ziel dieses Abschnittes ist es, die Schwierigkeiten aufzuzeigen, die bei der Aufstellung von Algorithmen zur numerischen Lösung auftreten können.

Definition 1

Ein Anfangswertproblem wird als gut gestellt bezeichnet, wenn die Lösung eindeutig ist und stetig vom Anfangswert abhängt.

Beispiel

Wir betrachten das Anfangswertproblem

$$\begin{cases} y' = 2\sqrt{|y|}, & t \in [0, +\infty[\\ y(0) = 0. \end{cases}$$

Dieses Problem besitzt die Lösungen $y(t) = 0$, $y(t) = t^2$ und ganz allgemein

$$\begin{cases} y(t) = 0, & t \in [0, a] \\ y(t) = (t-a)^2, & t \in [a, +\infty[. \end{cases}$$

Benutzt man das Euler-Cauchy-Verfahren $y_{n+1} = y_n + 2h_n\sqrt{y_n}$, dann führt dies auf folgende Näherungslösungen:

- für $y_0 = 0$ $\qquad y(t) = 0$

• für $y_0 = \varepsilon$ $\qquad y(t) \simeq (t + \sqrt{\varepsilon})^2$ wenn $h_{max} \to 0$.

Hier liegt weder Eindeutigkeit noch Stetigkeit der Lösung vor. Das Anfangswertproblem ist also in mathematischem Sinne schlecht gestellt.

Die Ergebnisse aus Kapitel 5.3.2 (und die noch folgenden Ergebnisse aus Kapitel 11.1.2) zeigen, daß das Anfangswertproblem in mathematischem Sinne gut gestellt ist, sobald f(t,y) lokal lipschitz-stetig bezüglich y ist.

Definition 2

Man bezeichnet ein Anfangswertproblem in numerischem Sinne als gut gestellt, wenn die Stetigkeit der Lösung in Bezug auf die Anfangsbedingung ausreichend gut ist, so daß die Lösungen weder durch einen Anfangsfehler noch durch kleine Rundungsfehler gestört werden.

Unter dem Begriff »ausreichend gute Stetigkeit« versteht man im allgemeinen die Existenz einer im Vergleich zur Rechengenauigkeit kleinen Lipschitz-Konstanten. Man beachte, daß Definition 2 keine Aussage über das verwendete Verfahren macht.

Beispiel 2

Gegeben sei das Anfangswertproblem

$$\begin{cases} y' = 3y - 1, & t \in [0, 10] \\ y(0) = \dfrac{1}{3}. \end{cases}$$

Die exakte Lösung lautet $y(t) = t + 1/3$. Der Anfangswert $\tilde{y}(0) = 1/3 + \varepsilon$ liefert uns $\tilde{y}(t) = t + 1/3 + \varepsilon e^{3t}$. Daraus ergibt sich

$$\tilde{y}(10) - y(10) = \varepsilon \cdot e^{30} \simeq 10^{13}\varepsilon.$$

In diesem Fall ist das Problem in mathematischem Sinne gut, aber in numerischen Sinne schlecht gestellt, wenn die Rechengenauigkeit nur 10^{-10} beträgt. Das Problem ist erst ab einer Rechengenauigkeit von 10^{-20} gut gestellt.

Beispiel 3

Das folgende Beispiel zeigt, daß selbst ein in numerischem Sinne gut gestelltes Problem zu unerwarteten Schwierigkeiten führen kann:

$$\begin{cases} y' = -150y + 30, & t \in [0, 1], \\ y(0) = \dfrac{1}{5}. \end{cases}$$

Die exakte Lösung ist $y(t) = 1/5$ und der Anfangswert $\tilde{y}(0) = 1/5 + \varepsilon$ liefert $\tilde{y}(t) = 1/5 + \varepsilon e^{-150t}$. Da $0 \le e^{-150t} \le 1$ auf $[0, 1]$ ist, ist das Problem in numerischem Sinne gut gestellt. Das Euler-Cauchy-Verfahren mit konstanter Schrittweite h ergibt

$$y_{n+1} = y_n + h(-150y_n + 30) = (1 - 150h)y_n + 30h,$$

$$y_{n+1} - \frac{1}{5} = (1 - 150h)(y_n - \frac{1}{5}),$$

und daraus $\quad y_n - \frac{1}{5} = (1 - 150h)^n \left(y_0 - \frac{1}{5}\right).$

Nehmen wir $h = 1/50$ an. Ein Eingangsfehler $y_0 = 1/5 + \varepsilon$ führt zu $y_n = 1/5 + (-2)^m \varepsilon$, und daraus ergibt sich für $t = 1$

$$y_{50} = \frac{1}{5} + 2^{50}\varepsilon \simeq \frac{1}{50} + 10^{15}\varepsilon.$$

Damit $|y_n|$ nicht gegen $+\infty$ divergiert, ist es notwendig $|1 - 150h| \le 1$ also $150h \le 2$, $h \le 1/75$ zu benützen. Obwohl das Problem in jedem Sinne gut gestellt ist, sieht man, daß es notwendig ist, eine genügend kleine Schrittweite zu verwenden, und damit einen höheren Rechenaufwand zu betreiben als üblich.

Definition 3

Man bezeichnet ein Problem als wohlkonditioniert, wenn die gebräuchlichen numeri-schen Verfahren in der Lage sind, in vernünftiger Zeit eine Lösung zu liefern.

Für eine nicht allzugroße Stabilitätskonstante S wird das Problem wohlkonditioniert sein (sagen wir deutlich $< 10^{10}$ bei einer Rechengenauigkeit von 10^{-10}). Sonst haben wir ein *steifes System* vorliegen.

Es ist bekannt, daß im allgemeinen $e^{\Lambda T}$ eine obere Schranke für die Stabilitätskonstante S ist. Bei einem steifen System kann $\Lambda T = 10^3$, $e^{\Lambda T} > 10^{400}$ erreichen. Es gibt speziell auf die Behandlung steifer Systeme zugeschnittene Algorithmen, aber wir wollen hier nicht weiter auf diese Frage eingehen. Dem interessierten Leser sei zu diesem Zweck das Buch von Crouzeix-Mignot nahegelegt.

8.3 Runge-Kutta-Verfahren

8.3.1 Allgemeines Prinzip

Man betrachtet das Anfangswertproblem

$$\begin{cases} y' = f(t, y), & t \in [t_0, t_0 + T] \\ y(t_0) = y_0 \end{cases}$$

und versucht dieses Problem bezüglich einer Zerlegung $t_0 < t_1 < \cdots < t_N = t_0 + T$ zu diskretisieren. Der Grundgedanke dabei ist, die Punkte (t_n, y_n) rekursiv unter Benutzung von Stützstellen $(t_{n,i}, y_{n,i})$ zu berechnen, mit

$$t_{n,i} = t_n + c_i h_n, \quad 1 \le i \le q, \quad c_i \in [0, 1].$$

Jedem Punkt ordnet man die entsprechende Steigung zu

$$p_{n,i} = f(t_{n,i}, y_{n,i}).$$

Es sei z eine exakte Lösung der Differentialgleichung. Dann ergibt sich mit einer Variablentransformation $t = t_n + u h_n$

$$
\begin{aligned}
z(t_{n,i}) &= z(t_n) + \int_{t_n}^{t_{n,i}} f(t, z(t)) dt \\
&= z(t_n) + h_n \int_0^{c_i} f(t_n + u h_n, z(t_n + u h_n)) du
\end{aligned}
$$

$$Ebenso \quad z(t_{n+1}) = z(t_n) + h_n \int_0^1 f(t_n + u h_n, z(t_n + u h_n)) du.$$

Für jedes $i = 1, 2, \ldots, q$ wählt man ein numerisches Integrationsverfahren

$$(\text{M}_i) \qquad \int_0^{c_i} g(t) dt \simeq \sum_{1 \le j < i} a_{ij} g(c_j),$$

wobei diese Verfahren *a priori* verschieden sein können. Auf $[0, 1]$ wählt man ebenfalls ein numerisches Integrationsverfahren:

$$(\text{M}) \qquad \int_0^1 g(t) dt \simeq \sum_{1 \le j \le q} b_j g(c_j).$$

Wendet man diese Integrationsverfahren auf $g(u) = f(t_n + u h_n, z(t_n + u h_n))$ an, dann ergibt sich

$$
z(t_{n,i}) \simeq z(t_n) + h_n \sum_{1 \le j < i} a_{ij} f(t_{n,j}, z(t_{n,j})),
$$

$$
z(t_{n+1}) \simeq z(t_n) + h_n \sum_{1 \le j \le q} b_j f(t_{n,j}, z(t_{n,j})).
$$

Das entsprechende Runge-Kutta-Verfahren wird durch folgenden Algorithmus definiert:

$$
\begin{cases}
\begin{bmatrix} t_{n,i} = t_n + c_i h_n \\ y_{n,i} = y_n + h_n \displaystyle\sum_{1 \le j < i} a_{ij} p_{n,j} \\ p_{n,i} = f(t_{n,i}, y_{n,i}) \end{bmatrix} & 1 \le i \le q \\
t_{n+1} = t_n + h_n \\
y_{n+1} = y_n + h_n \displaystyle\sum_{1 \le j \le q} b_j p_{n,j}.
\end{cases}
$$

Es wird üblicherweise in Tabellenform dargestellt

$$
\begin{array}{cc|ccccc}
(M_1) & c_1 & 0 & 0 & \cdots & 0 & 0 \\
(M_2) & c_2 & a_{21} & 0 & \cdots & 0 & 0 \\
& \vdots & \vdots & \vdots & \ddots & \vdots & \vdots \\
& & & & & 0 & 0 \\
(M_q) & c_q & a_{q1} & a_{q2} & \cdots & a_{qq-1} & 0 \\
\hline
(M) & & b_1 & b_2 & \cdots & b_{q-1} & b_q
\end{array}
$$

Darin entsprechen jeweils die Zeilen den numerischen Integrationsverfahren. Konvention ist, für $j \geq i$ $a_{ij} = 0$ zu setzen.

Annahme

Es wird immer davon ausgegangen, daß die Integrationsverfahren (M_i) und (M) mindestens nullter Ordnung sind, das heißt

$$
c_i = \sum_{1 \leq j < i} a_{ij}, \qquad 1 = \sum_{1 \leq j \leq q} b_j.
$$

Insbesondere gilt immer

$$
c_1 = 0, \quad t_{n,1} = t_n, \quad y_{n,1} = y_n, \quad p_{n,1} = f(t_n, y_n).
$$

8.3.2 Beispiele

Beispiel 1

Für $q = 1$ ist die einzige mögliche Wahl
$$
\begin{array}{c|c}
0 & 0 \\
\hline
& 1
\end{array}
$$

In diesem Fall ist $c_1 = 0$, $a_{11} = 0$, $b_1 = 1$. Der Algorithmus ist gegeben durch

$$
\begin{cases}
p_{n,1} = f(t_n, y_n) \\
t_{n+1} = t_n + h_n \\
y_{n+1} = y_n + h_n p_{n,1}
\end{cases}.
$$

Es handelt sich dabei um das Euler-Cauchy-Verfahren.

Beispiel 2

Für $q = 2$ betrachtet man die Tabellen folgender Gestalt:

$$\begin{array}{c|cc} 0 & 0 & 0 \\ \alpha & \alpha & 0 \\ \hline & 1 - \dfrac{1}{2\alpha} & \dfrac{1}{2\alpha} \end{array} \quad , \qquad \text{mit} \quad \alpha \in \,]0,1].$$

Hier lautet der Algorithmus:

$$\begin{cases} p_{n,1} = f(t_n, y_n) \\ t_{n,2} = t_n + \alpha h_n \\ y_{n,2} = y_n + \alpha h_n p_{n,1} \\ p_{n,2} = f(t_{n,2}, y_{n,2}) \\ t_{n+1} = t_n + h_n \\ y_{n+1} = y_n + h_n\left(\left(1 - \dfrac{1}{2\alpha}\right) p_{n,1} + \dfrac{1}{2\alpha}\, p_{n,2}\right) \end{cases}$$

oder in kompakter Form:

$$y_{n+1} = y_n + h_n\left(\left(1 - \frac{1}{2\alpha}\right) f(t_n, y_n) + \frac{1}{2\alpha}\, f(t_n + \alpha h_n, y_n + \alpha h_n f(t, y_n))\right).$$

In der Praxis ist die erste Formel effizienter, da sie nur zwei Berechnungen der Funktion f verlangt, anstatt drei Berechnungen bei der kompakten Form.

- Für $\alpha = 1/2$ ergibt sich das *verbesserte Euler-Cauchy-Verfahren*:

$$y_{n+1} = y_n + h_n f\left(t_n + \frac{h_n}{2}, y_n + \frac{h_n}{2}\, f(t_n, y_n)\right),$$

welches auf der Integration nach dem Mittelpunktsverfahren beruht:

(M) $$\int_0^1 g(t)dt \simeq g\left(\frac{1}{2}\right).$$

- Für $\alpha = 1$ erhält man das *Verfahren von Heun*:

$$y_{n+1} = y_n + h_n\left(\frac{1}{2}\, f(t_n, y_n) + \frac{1}{2}\, f(t_{n+1}, y_n + h_n f(t_n, y_n))\right),$$

welches auf der Integration nach dem Trapezverfahren beruht:

(M) $$\int_0^1 g(t)dt \simeq \frac{1}{2}\left(g(0) + g(1)\right).$$

Beispiel 3

»*Klassisches*« *Runge-Kutta-Verfahren:*

$$
q = 4, \qquad
\begin{array}{c|cccc}
0 & 0 & 0 & 0 & 0 \\
\dfrac{1}{2} & \dfrac{1}{2} & 0 & 0 & 0 \\
\dfrac{1}{2} & 0 & \dfrac{1}{2} & 0 & 0 \\
1 & 0 & 0 & 1 & 0 \\
\hline
 & \dfrac{1}{6} & \dfrac{2}{6} & \dfrac{2}{6} & \dfrac{1}{6}
\end{array}
$$

$$
\left\{
\begin{aligned}
&p_{n,1} = f(t_n, y_n) \\
&t_{n,2} = t_n + \frac{1}{2} h_n \\
&y_{n,2} = y_n + \frac{1}{2} h_n p_{n,1} \\
&p_{n,2} = f(t_{n,2}, y_{n,2}) \\
&y_{n,3} = y_n + \frac{1}{2} h_n p_{n,2} \\
&p_{n,3} = f(t_{n,2}, y_{n,3}) && \text{(Beachten Sie, daß } t_{n,3} = t_{n,2} \text{ ist)} \\
&t_{n+1} = t_n + h_n && \text{(Beachten Sie, daß } t_{n,4} = t_{n+1} \text{ ist)} \\
&y_{n,4} = y_n + h_n p_{n,3} \\
&p_{n,4} = f(t_{n+1}, y_{n,4}) \\
&y_{n+1} = y_n + h_n \left(\frac{1}{6} p_{n,1} + \frac{2}{6} p_{n,2} + \frac{2}{6} p_{n,3} + \frac{1}{6} p_{n,4} \right)
\end{aligned}
\right.
$$

Wir werden später sehen, daß dieses Verfahren vierter Ordnung ist. Die in diesem Fall verwendeten Integrationsverfahren sind:

$(M_2) \quad \displaystyle\int_0^{\frac{1}{2}} g(t)\,dt \simeq \frac{1}{2}\, g(0): \qquad$ Obersumme,

$(M_3) \quad \displaystyle\int_0^{\frac{1}{2}} g(t)\,dt \simeq \frac{1}{2}\, g\!\left(\frac{1}{2}\right): \qquad$ Untersumme,

$(M_4) \quad \displaystyle\int_0^{1} g(t)\,dt \simeq g\!\left(\frac{1}{2}\right): \qquad$ Mittelpunktsverfahren,

$(M) \quad \displaystyle\int_0^{1} g(t)\,dt \simeq \frac{1}{6}\, g(0) + \frac{2}{6}\, g\!\left(\frac{1}{2}\right) + \frac{2}{6}\, g\!\left(\frac{1}{2}\right) + \frac{1}{6}\, g(1): \qquad$ Simpson-Verfahren.

8.3.3 Stabilität von Runge-Kutta-Verfahren

Die Runge-Kutta-Verfahren sind Einschrittverfahren

$$y_{n+1} = y_n + h_n \Phi(t_n, y_n, h_n)$$

mit $\Phi(t_n, y_n, h_n) = \sum\limits_{1 \le j \le q} b_j p_{n,j}$. Die Verfahrensfunktion Φ ist explizit definiert als

$$\begin{cases} \Phi(t, y, h) = \sum\limits_{1 \le j \le q} b_j f(t + c_j h, y_j) & \text{mit} \\ y_i = y + h \sum\limits_{1 \le j < i} a_{ij} f(t + c_j h, y_j), & 1 \le i \le q. \end{cases} \qquad (*)$$

Angenommen, f besitzt eine Lipschitz-Konstante k bezüglich y. Dann kann man zeigen, daß Φ ebenfalls lipschitz-stetig ist. Es sei $z \in \mathbb{R}$ und von $\Phi(t, z, h)$ und z_i nimmt man an, daß sie wie in Gleichung $(*)$ ausgehend von z definiert sind.

Lemma

Es sei $\alpha = \max\limits_i \left(\sum\limits_{1 \le j \le i} |a_{ij}| \right)$. *Dann ist*

$$|y_i - z_i| \le (1 + (\alpha k h) + (\alpha k h)^2 + \cdots + (\alpha k h)^{i-1})|y - z|.$$

Das Lemma läßt sich durch vollständige Induktion beweisen. Für $i = 1$ gilt $y_1 = y$, $z_1 = z$ und das Ergebnis ist offenkundig. Nehmen wir die Ungleichung für jedes $j < i$ als richtig an. Dann ist

$$\begin{aligned} |y_i - z_i| &\le |y - z| + h \sum_{j<i} |a_{ij}| \cdot k \cdot \max_{j<i} |y_j - z_j|, \\ |y_i - z_i| &\le |y - z| + \alpha k h \max_{j<i} |y_j - z_j|. \end{aligned}$$

Aus der Induktionsannahme folgt

$$\max_{j<i} |y_j - z_j| \le (1 + \alpha k h + \cdots + (\alpha k h)^{i-2})|y - z|,$$

und daraus folgt die Ungleichung für die i-te Ordnung.   ■

Die Gleichung $(*)$ zieht jetzt nach sich

$$|\Phi(t, y, h) - \Phi(t, z, h)| \le \sum_{1 \le j \le q} |b_j|\, k\, |y_j - z_j| \le \Lambda |y - z| \qquad \text{mit}$$

$$\Lambda = k \sum_{1 \le j \le q} |b_j|(1 + (\alpha k h_{\text{max}}) + \cdots + (\alpha k h_{\text{max}})^{j-1}).$$

Korollar

Die Runge-Kutta-Verfahren sind stabil und besitzen eine Stabilitätskonstante $S = e^{\Lambda T}$.

Bemerkung

Für den häufigen Fall, daß die Koeffizienten $b_j \geq 0$ sind, ergibt sich folgende Beziehung

$$\Lambda \leq k(1 + (\alpha k h_{\max}) + \cdots + (\alpha k h_{\max})^{q-1}).$$

Wenn die Koeffizienten a_{ij} selbst ≥ 0 sind, dann ist $\alpha = \max\limits_i c_i$.

Wenn $h_{\max}$ genügend klein gegenüber $1/\alpha k$ ist, dann liegt die Stabilitätskonstante in der Größenordnung von e^{kT}. Diese Beobachtungen zeigen, daß die in den Beispielen 1,2 und 3 (Abschnitt 8.3.3) beschriebenen Runge-Kutta-Verfahren eine ausgezeichnete Stabilität besitzen. (Wie man leicht sieht ist e^{kT} die kleinstmögliche untere Schranke für S, unabhängig vom benutzten Verfahren: Betrachten Sie in diesem Zusammenhang auch die Differentialgleichung $y' = ky$.)

8.3.4 Konsistenzordnung der Runge-Kutta-Verfahren

Um die Konsistenzordnung zu bestimmen, kann man das Kriterium aus Abschnitt 8.2.5 anwenden, bei dem die Ableitungen $\dfrac{\partial^l \Phi}{\partial h^l}(t, y, 0)$ berechnet werden: Die Ordnung ist mindestens gleich p, wenn und nur wenn diese Ableitung für $l \leq p-1$ gleich $\dfrac{1}{l+1}\,f^{[l]}(t, y)$ ist. Mit Hilfe der Gleichung $(*)$ aus Abschnitt 8.3.3 erhält man leicht die weiteren Ableitungen von Φ:

- $\Phi(t, y, 0) = \sum\limits_{1 \leq j \leq q} b_j f(t, y) = f(t, y).$

Die Ordnung der Runge-Kutta-Verfahren ist also stets ≥ 1 (das heißt, sie sind konsistent).

- $\dfrac{\partial \Phi}{\partial h}(t, y, h) = \sum\limits_j b_j\Big(c_j f_t'(t + c_j h, y_j) + f_y'(t + c_j h, y_j)\,\dfrac{\partial y_j}{\partial h}\Big),$

$\dfrac{\partial y_i}{\partial h} = \sum\limits_{j<i} a_{ij} f(t + c_j h, y_j) + h \sum\limits_{j<i} a_{ij}\Big(c_j f_t' + f_y'\,\dfrac{\partial y_j}{\partial h}\Big).$

Für $h = 0$ erhält man also

$$\dfrac{\partial y_i}{\partial h}\Big|_{h=0} = \Big(\sum\limits_{j<i} a_{ij}\Big) f(t, y) = c_i f(t, y)$$

$$\dfrac{\partial \Phi}{\partial h}(t, y, 0) = \sum\limits_j b_j c_j (f_t' + f_y' f)(t, y) = \Big(\sum b_j c_j\Big) f^{[1]}(t, y).$$

Nach Abschnitt 8.2.5 ist die Ordnung des Verfahrens ≥ 2, wenn und nur wenn $\sum b_j c_j = 1/2$ ist.

- $\dfrac{\partial^2 \Phi}{\partial h^2}(t, y, h) = \sum_j b_j \left(c_j^2 f_{tt}'' + 2 c_j f_{ty}'' \dfrac{\partial y_j}{\partial h} + f_{yy}'' \left(\dfrac{\partial y_j}{\partial h} \right)^2 + f_y' \dfrac{\partial^2 y_j}{\partial h^2} \right),$

$\dfrac{\partial^2 y_i}{\partial h^2} = 2 \sum_{j<i} a_{ij} \left(c_j f_t' + f_y' \dfrac{\partial y_j}{\partial h} \right) + h \sum_{j<i} a_{ij} \left(c_j^2 f_{tt}'' + \cdots \right).$

Für $h = 0$ folgt

$$\dfrac{\partial^2 y_i}{\partial h^2}\bigg|_{h=0} = 2 \sum a_{ij} c_j (f_t' + f_y' f)(t, y),$$

$$\dfrac{\partial^2 \Phi}{\partial h^2}(t, y, 0) = \sum_j b_j c_j^2 (f_{tt}'' + 2 f_{ty}'' f + f_{yy}'' f^2)(t, y) + 2 \sum_{i,j} b_i a_{ij} c_j f_y' (f_t' + f_y' f)(t, y).$$

$f^{[2]}$ ist jedoch gegeben durch

$$
\begin{aligned}
f^{[2]}(t, y) &= (f^{[1]})_t' + (f^{[1]})_y' f \\
&= (f_t' + f_y' f)_t' + (f_t' + f_y' f)_y' f \\
&= f_{tt}'' + f_{ty}'' f + f_y' f_t' + f_{ty}'' f + f_{yy}'' f^2 + f_y'^2 f. \\
&= (f_{tt}'' + 2 f_{ty}'' f + f_{yy}'' f^2) + f_y'(f_t' + f_y' f).
\end{aligned}
$$

Die Bedingung $\dfrac{\partial^2 \Phi}{\partial h^2}(t, y, 0) = \dfrac{1}{3} f^{[2]}(t, y)$ kommt im allgemeinen in den Bedingungen

$$\sum_j b_j c_j^2 = \dfrac{1}{3}, \qquad \sum_{i,j} b_i a_{ij} c_j = \dfrac{1}{6}$$

zum Ausdruck (um diese beiden Bedingungen zu erhalten, setzt man nacheinander $f(t, y) = t^2$ und $f(t, y) = t + y$). Eine analoge (mühsame!) Berechnung von $\dfrac{\partial^3 \Phi}{\partial h^3}$ führt zu folgenden Ergebnissen.

Satz

Das durch die Koeffiziententabelle c_i, a_{ij}, b_j *definierte Runge-Kutta-Verfahren ist*

- $\geq$ 2-ter Ordnung, wenn und nur wenn $\sum_j b_j c_j = \dfrac{1}{2}$.

- $\geq$ 3-ter Ordnung, wenn und nur wenn

$$\sum_j b_j c_j = \dfrac{1}{2}; \qquad \sum_j b_j c_j^2 = \dfrac{1}{3}; \qquad \sum_{i,j} b_i a_{ij} c_j = \dfrac{1}{6}.$$

- $\geq$ 4-ter Ordnung, wenn und nur wenn

$$\sum_j b_j c_j = \frac{1}{2}; \quad \sum_j b_j c_j^2 = \frac{1}{3}; \quad \sum_j b_j c_j^3 = \frac{1}{4}$$

$$\sum_{i,j} b_i a_{ij} c_j = \frac{1}{6}; \quad \sum_{i,j} b_i a_{ij} c_j^2 = \frac{1}{12}; \quad \sum_{i,j} b_i c_i a_{ij} c_j = \frac{1}{8};$$

$$\sum_{i,j,k} b_i a_{ij} a_{jk} c_k = \frac{1}{12}.$$

Es sei für die praktische Überprüfung angemerkt, daß einige der obenstehenden Ausdrücke Produkte der Matrizen $C = \begin{pmatrix} c_1 \\ \vdots \\ c_q \end{pmatrix}$, $A = (a_{ij})$, $B = (b_1 b_2 \ldots b_q)$ sind. So ist $\sum_{i,j} b_i a_{ij} c_j = BAC$, $\sum_{i,j,k} b_i a_{ij} a_{jk} c_k = BA^2 C$.

In den Beispielen aus Abschnitt 8.3.2 erkennt man auf diese Weise, daß das Euler-Cauchy-Verfahren erster Ordnung ist, und daß die Verfahren aus Beispiel 2 zweiter Ordnung sind. Desweiteren gibt es für ein Verfahren zweiter Ordnung mit $q = 2$ *a priori* einen einzigen von Null verschiedenen Koeffizienten a_{ij}, nämlich $\alpha = a_{21}$. Damit ist $c_2 = \sum_{j<2} a_{2j} = \alpha$, und das Verfahren ist mindestens zweiter Ordnung, wenn und nur wenn $\sum b_j c_j = b_2 \alpha = 1/2$ ist, also $b_2 = 1/2\alpha$ und $b_1 = 1 - b_2 = 1 - 1/2\alpha$. Daraus wird ersichtlich, daß es für ein Verfahren zweiter Ordnung mit $q = 2$ keine andere Wahl gab.

Schließlich ist das in Beispiel 3 vorgestellte »klassische« Runge-Kutta-Verfahren vierter Ordnung (es ist wegen $\sum b_j c_j^4 \neq 1/5$ nicht höherer als fünfter Ordnung). Dies ist sozusagen die »Königin« der Einschrittverfahren: hohe Ordnung und große Stabilität (wegen der positiven Koeffizienten, siehe Schlußbemerkung Abschnitt 8.3.3). Es gibt zwar Verfahren noch höherer Ordnung (siehe Übung 5.4), aber sie werden dann zu komplex, um noch einigermaßen handhabbar zu sein.

8.4 Schrittweitensteuerung

Die einfachste Art ein numerisches Lösungsverfahren anzuwenden besteht in der Wahl einer konstanten Schrittweite $h_n = h$.

Die Hauptschwierigkeit liegt nun darin, $h_{\max}$ derart zu bestimmen, daß der Gesamtfehler eine bestimmte, vorher festgelegte Toleranz ε nicht überschreitet; allerdings weiß man nicht, welche Entwicklung die untersuchte Lösung machen wird, so daß es schwierig sein wird, im voraus die Konsistenzfehler abzuschätzen.

Die Anwendung von Algorithmen mit variabler Schrittweite stellt unter diesen Gesichtspunkten zwei große Vorteile dar:

- Die Schrittweitenanpassung auf jeder Iterationsstufe erlaubt, den begangenen Fehler in Abhängigkeit von der vorgeschriebenen Toleranz ε zu optimieren. Allerdings unter dem Vorbehalt, daß man in der Lage ist, den Konsistenzfehler e_n »bei jedem Schritt« zu schätzen.

- Die Annäherung an eine Unstetigkeitsstelle oder Singularität einer Differentialgleichung läßt sich im allgemeinen nur durch eine enorme Verringerung der Schrittweite erreichen. Unter diesen Umständen empfiehlt es sich, den Algorithmus abzubrechen, bevor die Unstetigkeitsstelle überschritten wird, da sonst die Fehler unvorhersehbar werden. Die Schrittweitenberechnung dient in diesem Falle als Abbruchbedingung.

8.4.1 Allgemeines Prinzip der Schrittweitensteuerung

Man betrachtet das Zeitintervall $[t_0, t_0 + T]$. Es werde für den Gesamtfehler

$$\max_{0 \le n \le N} |y_n - z(t_n)|$$

eine Toleranz ε angenommen. Ebenso wird angenommen, daß man eine Schätzung der Stabilitätskonstante S kennt. Vernachlässigt man den Anfangsfehler $|y_0 - z(t_0)|$ und die Rundungsfehler, dann ergibt sich

$$\max_{0 \le n \le N} |y_n - z(t_n)| \;\le\; S \sum_{0 \le n < N} |e_n| = S \sum h_n \frac{|e_n|}{h_n}$$

$$\le\; S\Big(\sum h_n\Big) \max\Big(\frac{|e_n|}{h_n}\Big) \le ST \, \max\Big(\frac{|e_n|}{h_n}\Big).$$

Es genügt also die Schrittweiten h_n so zu wählen, daß

$$\max\Big(\frac{|e_n|}{h_n}\Big) \le \delta = \frac{\varepsilon}{ST}$$

wird; dabei gibt $\dfrac{|e_n|}{h_n}$ ein Maß für den Konsistenzfehler pro Zeiteinheit an und dieses Verhältnis gilt es unter Kontrolle zu behalten.

Selbstverständlich ist es unmöglich, e_n genau zu bestimmen, sonst würde man auf der Stelle aus der Gleichung $z(t_{n+1}) = y_{n+1} + e_n$ die exakte Lösung erhalten! Trotzdem nimmt man an, daß man über eine Schätzung e_n^* von e_n verfügt.

In der Praxis gibt man eine obere und untere Grenze $[h_{\min}, h_{\max}]$ für die Schrittweite vor ($h_{\min}$ wird durch die beschränkte Rechenzeit und das Anwachsen des Rundungsfehlers bei abnehmender Schrittweite, siehe Abschnitt 8.2.6, bestimmt). Man versucht nun, $h_n \in [h_{\min}, h_{\max}]$ so zu wählen, daß $|e_n^*|/h_n \le \delta$ wird. Wird der Fehler dabei merklich geringer, dann erlaubt man sich h_n vorsichtig zu vergrößern. Zum Beispiel:

- wenn $\dfrac{1}{3}\delta \le \dfrac{|e_n^*|}{h_n} \le \delta$, dann $h_{n+1} := h_n$;

- wenn $\dfrac{|e_n^*|}{h_n} < \dfrac{1}{3}\,\delta$, dann $h_{n+1} := \min(1,25\,h_n, h_{\max})$;

- wenn $\dfrac{|e_n^*|}{h_n} > \delta$, dann $h_{n+1} := 0,8\,h_n$, mit dem Abbruch des Algorithmus für $h_{n+1} < h_{\min}$.

Der letzte Fall kann der Annäherung an eine Unstetigkeitsstelle entsprechen. Der Fehler steigt stetig an, obwohl die Schrittweite verringert wird.

Als Startwert setzt man $h_0 = h_{\min}$, es sei denn man kennt einen besser geeigneten Startwert.

8.4.2 Schätzung des Verhältnisses $\dfrac{|e_n|}{h_n}$

Um e_n zu schätzen, wird man selbstverständlich nicht die analytische Form der Ableitungen $\dfrac{\partial^l \Phi}{\partial h^l}$ und $f^{[l]}$ verwenden, da dies viel zu viel Rechenzeit kostet. Man ist deswegen gezwungen, nach *ad-hoc*-Schätzungen zu suchen, welche wenn möglich nur Größen benötigen, die im Algorithmus schon vorher berechnet wurden, und die keine neue Berechnung von f erfordern.

- *Euler-Cauchy-Verfahren*

Wenn $p_n = f(t_n, y_n)$ ist, dann wird

$$
\begin{aligned}
p_{n+1} - p_n &= f(t_n + h_n, y_n + h_n f(t_n, y_n)) - f(t_n, y_n) \\
&= h_n f_t'(t_n, y_n) + h_n f(t_n, y_n) f_y'(t_n, y_n) + o(h_n) \\
&= h_n f^{[1]}(t_n, y_n) + o(h_n).
\end{aligned}
$$

Da $e_n = \dfrac{1}{2}\,h_n^2 f^{[1]}(t_n, y_n) + o(h_n^2)$ ist, besitzt man eine Approximation von e_n, die durch

$$
\frac{e_n^*}{h_n} = \frac{1}{2}\,(p_{n+1} - p_n)
$$

gegeben ist. Dies erfordert keinen zusätzlichen Rechenaufwand, da p_{n+1} ja für die nächste Iterationsstufe benötigt wird.

- *Runge-Kutta-Verfahren zweiter Ordnung*

0	0	0
α	α	0
	$1 - \dfrac{1}{2\alpha}$	$\dfrac{1}{2\alpha}$

Nach Abschnitt 8.2.5 gilt hier

$$e_n = h_n^3 \left(\frac{1}{3!} f^{[2]}(t_n, y_n) - \frac{1}{2!} \frac{\partial^2 \Phi}{\partial h^2}(t_n, y_n, 0) \right) + o(h_n^3),$$

und die Berechnungen aus Abschnitt 8.3.4 ergeben

$$
\begin{aligned}
e_n &= h_n^3 \left(\frac{1}{6} f^{[2]} - \frac{\alpha}{4} (f_{tt}'' + 2 f_{ty}'' f + f_{yy}'' f^2) \right)(t_n, y_n) + o(h_n^3) \\
&= h_n^3 \left(\left(\frac{1}{6} - \frac{\alpha}{4} \right)(f_{tt}'' + 2 f_{ty}'' f + f_{yy}'' f^2) + \frac{1}{6} f_y' f^{[1]} \right) + o(h_n^3).
\end{aligned}
$$

Zunächst muß man die Größen

$$
\begin{aligned}
p_{n,1} &= f(t_n, y_n), \\
p_{n,2} &= f(t_n + \alpha h_n, y_n + \alpha h_n p_{n,1}), \\
p_{n+1,1} &= f\left(t_n + h_n, y_n + h_n \left(\left(1 - \frac{1}{2\alpha}\right) p_{n,1} + \frac{1}{2\alpha} p_{n,2} \right) \right)
\end{aligned}
$$

berechnen. Reihenentwicklungen bis zur zweiten Ordnung ergeben:

$$
\begin{aligned}
p_{n,2} - p_{n,1} &= \alpha h_n f^{[1]} + \alpha^2 \frac{h_n^2}{2} (f_{tt}'' + 2 f_{ty}'' f + f_{yy}'' f^2) + o(h_n^2), \\
p_{n+1,1} - p_{n,1} &= h_n f^{[1]} + h_n \frac{1}{2\alpha} (p_{n,2} - p_{n,1}) f_y' \\
&\quad + \frac{h_n^2}{2} (f_{tt}'' + 2 f_{ty}'' f + f_{yy}'' f^2) + o(h_n^2), \\
p_{n+1,1} - p_{n,1} - \frac{1}{\alpha}(p_{n,2} - p_{n,1}) &= (1 - \alpha) \frac{h_n^2}{2} (f_{tt}'' + 2 f_{ty}'' f + f_{yy}'' f^2) \\
&\quad + \frac{h_n^2}{2} f_y' f^{[1]} + o(h_n^2).
\end{aligned}
$$

Damit kann man e_n / h_n grob durch

$$\frac{e_n^*}{h_n} = \frac{1}{3} \left(p_{n+1,1} - p_{n,1} - \frac{1}{\alpha}(p_{n,2} - p_{n,1}) \right)$$

approximieren. Dieses Vorgehen ist nur in der formalen Ähnlichkeit der Reihenentwicklungen begründet. Dies ist natürlich keine saubere theoretische Vorgehensweise.

- *klassisches Runge-Kutta-Verfahren*

Hier gibt es kein einfaches Verfahren, nicht einmal ein sehr grobes, um e_n zu berechnen. Man stellt jedoch fest, daß gilt

$$e_n = h_n^5 \times (\text{Ableitungen} \le 4\text{-ten Grades von } f).$$

Berechnungen, welche analog zu den oben stehenden Berechnungen durchgeführten wurden, zeigen andererseits, daß die Größen $\lambda_n = p_{n,4} - 2p_{n,2} + p_{n,1}$ und $\mu_n = p_{n,3} - p_{n,2}$ die Form $h_n^2 \times$ (Ableitungen ≤ 2-ten Grades von f) haben. Anstelle $\dfrac{|e_n|}{h_n}$ mit δ zu vergleichen, kann man versuchen, $\lambda_n^2 + \mu_n^2$ mit δ zu vergleichen, oder (noch schneller) $|\lambda_n| + |\mu_n|$ mit $\delta' = \sqrt{\delta} = \sqrt{\frac{\varepsilon}{ST}}$, wobei unter Umständen die Werte δ und δ' durch herantasten herausgefunden werden müssen.

Wenn man eine genauere Berechnung von e_n wünscht, dann ist es notwendig, aufwendigere Techniken anzuwenden, wie z.B. die verschachtelten Runge-Kutta-Verfahren (siehe zum Beispiel im Buch von Crouzeix-Mignot, Kapitel 5.6).

8.5 Aufgaben

8.5.1

Untersucht wird das numerische Verfahren (M) zur Lösung der Differentialgleichung $y' = f(x, y)$, welches definiert ist durch

$$
\begin{aligned}
y_{n+1} &= y_n + h_n \Phi(t_n, y_n, h_n), \\
\Phi(t, y, h) &= \alpha f(t, y) + \beta f\left(t + \frac{h}{2}, y + \frac{h}{2} f(t, y)\right) + \gamma f(t + h, y + h f(t, h))
\end{aligned}
$$

mit den reellen Zahlen α, β, γ zwischen 0 und 1.

(a) Für welches Zahlentripel (α, β, γ) erhält man

  - das Euler-Cauchy-Verfahren?
  - das verbesserte Euler-Cauchy-Verfahren?
  - das Verfahren von Heun?

(b) In dieser und der folgenden Frage wird für die Funktion $f(t, y)$ angenommen, daß sie auf $[t_0, t_0 + \tau] \times \mathbb{R}$ zur Klasse C^∞ gehöre und eine Lipschitz-Konstante k bezüglich y besitzt. Für welche Werte von (α, β, γ) ist das vorgeschlagene Verfahren stabil?

(c) Welche Beziehungen müssen (α, β, γ) erfüllen, damit das Verfahren

  konsistent ist?   konvergent ist? ≥ 1-ter Ordnung ist? ≥ 2-ter Ordnung ist?

  Kann das Verfahren (M) höherer Ordnung sein?

8.5.2

Betrachtet wird das durch folgende Tabelle definierte Runge-Kutta-Verfahren:

0	0	0	0
1/4	1	0	0
3/4	−9/20	6/5	0
1	1/9	1/3	5/9

Ferner wird die Differentialgleichung $y' = f(t,y) = t + y + 1$ betrachtet. Lösen Sie die Differentialgleichung, und berechnen Sie $f^{[n]}(0,0)$ für jedes n. Was läßt sich über $\partial^n \Phi / \partial h^n (0,0;0)$ sagen? Bestimmen Sie die Ordnung dieses Verfahrens.

8.5.3

Gesucht werden soll eine explizite Schranke für die p-te Ordnung eines Runge- Kutta-Verfahrens, dessen Stützstellenzahl q fest sei.

(a) Im Vektorraum $\mathcal{P}_n$ der Polynome n-ten oder niedrigeren Grades mit reellwertigen Koeffizienten betrachtet man die Bilinearform

$$\langle P, Q \rangle = \int_0^1 P(x)Q(x)dx.$$

Bestimmen Sie die Matrix dieser Bilinearform in der kanonischen Basis $(1, x, \ldots, x^n)$. Schließen Sie daraus, daß die symmetrische Matrix

$$M = \begin{pmatrix} 1 & 1/2 & \cdots & 1/(n+1) \\ 1/2 & 1/3 & & 1/(n+2) \\ \vdots & \vdots & & \vdots \\ 1/(n+1) & 1/(n+2) & \cdots & 1/(2n+1) \end{pmatrix}$$

positiv definit ist und $\det M > 0$.

(b) Man betrachtet für $q \in \mathbb{N}$ das Gleichungssystem

$$(S) \quad \begin{cases} b_1 + b_2 + \cdots + b_q = 1 \\ b_1 c_1 + b_2 c_2 + \cdots + b_q c_q = 1/2 \\ \vdots \\ b_1 c_1^{2q} + \cdots + b_q c_q^{2q} = 1/(2q+1) \end{cases}$$

mit b_i und c_i aus $\mathbb{R}_+^*$. Im $\mathbb{R}^{q+1}$ bezeichnet F den durch die Vektoren $(1, c_j, c_j^2, \ldots, c_j^q)$, $1 \leq j \leq q$ aufgespannten Vektorraum.

α) Wie groß ist die maximale Dimension von F?

β) Zeigen Sie, daß wenn (S) eine Lösung hätte, die Vektoren

$$
\begin{aligned}
V_1 &= (1 \quad 1/2 \ldots 1/(q+1)) \\
V_2 &= (1/2 \quad 1/3 \ldots 1/(q+2)) \\
V_{q+1} &= (1/(q+1) \ldots 1/(2q+1))
\end{aligned}
$$

zu F gehören würden. Schließen Sie daraus, daß $\det(V_1, V_2, \ldots, V_{q+1}) = 0$ ist, weil das System (S) nicht möglich ist.

(c) Man betrachtet ein Runge-Kutta-Verfahren

$$
\begin{array}{c|c}
\begin{array}{c} c_1 \\ \vdots \\ \vdots \\ c_q \end{array} & \begin{array}{c} A = \ (a_{ij}) \\ \\ 1 \le i, j \le q \end{array} \\
\hline
& b_1 \ldots \ldots b_q
\end{array}
$$

dem das Integrationsverfahren (INT) $\displaystyle\int_0^1 f(x)dx \simeq \sum_{j=1}^{q} b_j f(c_j)$ zugeordnet ist.

Angenommen, das Runge-Kutta-Verfahren sei p-ter Ordnung.

α) Zeigen Sie, daß (INT) $(p-1)$-ter Ordnung ist.

β) Schließen Sie daraus auf $p \le 2q$.

8.5.4

Man betrachtet ein Einschrittverfahren der Form

(M) $\qquad\qquad y_{n+1} = y_n + h_n \Phi(t_n, y_n, h_n),$

von dem man annimmt, daß es p-ter Ordnung ist. Zunächst wird ein numerisches Integrationsverfahren

(I) $\qquad\qquad \displaystyle\int_0^1 g(u)du \simeq \sum_{1 \le j \le q} b_j g(c_j)$

mindestens p-ter Ordnung gewählt.

(a) Man betrachtet das Einschrittverfahren mit den Stützstellen $t_{n,i} = t_n + c_i h_n$, das folgendermaßen definiert ist

$$(\text{M'}) \quad \begin{cases} \begin{bmatrix} t_{n,i} = t_n + c_i h_n \\ y_{n,i} = y_n + c_i h_n \Phi(t_n, y_n, c_i h_n) \\ p_{n,i} = f(t_{n,i}, y_{n,i}) \end{bmatrix} \quad 1 \le i \le q \\ t_{n+1} = t_n + h_n \\ y_{n+1} = y_n + h_n \sum_{1 \le j \le q} b_j p_{n,j}. \end{cases}$$

Zeigen Sie, daß $(\text{M'}) \ge (p+1)$-ter Ordnung ist.

(b) Zeigen Sie mit Hilfe der vollständigen Induktion, daß es Runge-Kutta-Verfahren beliebig hoher Ordnung gibt.

9   Mehrschrittverfahren

Wie im vorigen Kapitel geht es auch hier um die numerische Lösung eines Anfangswert-problems einer Differentialgleichung

(D) $$y' = f(t, y), \qquad (t, y) \in [t_0, t_0 + T] \times \mathbb{R}.$$

Wenn $(t_n)_{0 \leq n \leq N}$ eine Zerlegung von $[t_0, t_0 + T]$ in aufeinanderfolgende Schritte $h_n = t_{n+1} - t_n$ ist, dann bezeichnet man jedes numerische Verfahren der Form

$$y_{n+1} = \Psi(t_n, y_n, h_n; \ldots; t_{n-r}, y_{n-r}, h_{n-r})$$

als *numerisches* $(r+1)$-*Schrittverfahren*. Die Tatsache, daß man im Vergleich zu Runge-Kutta-Verfahren eine hohe Konsistenzordnung mit wesentlich weniger komplexen Berechnungen erreicht, macht diese Verfahren so interessant. Ein wesentliches Problem ist die Gewährleistung einer ausreichend guten numerischen Stabilität.

9.1   Verfahren mit konstanter Schrittweite

Es soll zunächst $h_n = h$ als konstant angenommen werden. Wir interessieren uns für Verfahren mit $r + 1$ Schritten, die eine rekursive Berechnung der Punkte (t_n, y_n) und der Steigungen $f_n = f(t_n, y_n)$ in folgender Form erlauben:

(M)
$$\begin{cases} y_{n+1} = \sum_{0 \leq i \leq r} \alpha_i y_{n-i} + h \sum_{0 \leq i \leq r} \beta_i f_{n-i} \\ t_{n+1} = t_n + h \\ f_{n+1} = f(t_{n+1}, y_{n+1}) \end{cases}$$

mit $\alpha_i, \beta_i, 0 \leq i \leq r$ als reellen Konstanten.

Anlaufrechnung

Bei gegebenem Startwert (t_0, y_0) kann der Algorithmus nur in Gang kommen, wenn die Werte $(y_1, f_1), \ldots, (y_r, f_r)$ bereits berechnet worden sind.

Diese Berechnung läßt sich für (y_1, f_1) nur mit einem Einschrittverfahren, für (y_2, f_2) höchstens mit einem Zweischrittverfahren, und schließlich für (y_r, f_r) höchstens mit einem r-Schrittverfahren durchführen. Die Berechnung der r ersten Werte (y_i, f_i) für $1 \leq i \leq r$ wird im allgemeinen mit einem Runge-Kutta-Verfahren gemacht, dessen Ordnung höher oder gleich der Ordnung des Verfahrens (M) sein sollte oder im Notfall auch eine Ordnung weniger sein kann (siehe zu diesem Thema auch den Beginn von Abschnitt 9.1.2).

9.1.1 Konsistenzfehler und Konsistenzordnung

Die allgemeine Definition des Konsistenzfehlers für ein Verfahren mit $r + 1$ Schritten ist folgende (dabei ist in dieser Definition die Schrittweite nicht notwendigerweise als konstant angenommen).

Definition

Es sei z eine exakte Lösung der Differentialgleichung (D). Der Konsistenzfehler e_n bezüglich z ist die Abweichung

$$e_n = z(t_{n+1}) - y_{n+1}, \quad r \leq n < N,$$

die man bei der Berechnung von y_{n+1} aus den $r + 1$ vorhergehenden, als exakt angenommenen Werten $y_n = z(t_n), \ldots, y_{n-r} = z(t_{n-r})$, erhält.
Das Verfahren wird als Verfahren p-ter Ordnung bezeichnet, wenn es für jede Lösung z eine Konstante C gibt, so daß

$$|e_n| \leq C h_n h_{\max}^p.$$

Für den Fall des obenstehenden Verfahrens (M) wollen wir e_n bestimmen. Es ist

$$z(t_{n+1}) = z(t_n + h) = \sum_{0 \leq k \leq p} \frac{h^k}{k!} z^{(k)}(t_n) + O(h^{p+1})$$

sobald f zur Klasse C^p gehört (dann gehört z zur Klasse C^{p+1}). Desweiteren ist

$$
\begin{aligned}
y_{n-i} &= z(t_{n-i}) = z(t_n - ih) = \sum_{0 \leq k \leq p} \frac{(-ih)^k}{k!} z^{(k)}(t_n) + O(h^{p+1}), \\
f_{n-i} &= f(t_{n-i}, z(t_{n-i})) = z'(t_{n-i}) = z'(t_n - ih) \\
&= \sum_{0 \leq k \leq p-1} \frac{(-ih)^k}{k!} z^{(k+1)}(t_n) + O(h^p) \\
&= \sum_{0 \leq k \leq p} k \frac{(-ih)^{k-1}}{k!} z^{(k)}(t_n) + O(h^p).
\end{aligned}
$$

Daraus folgt

$$
\begin{aligned}
e_n &= z(t_{n+1}) - y_{n+1} = z(t_{n+1}) - \sum_{0 \leq i \leq r} (\alpha_i y_{n-i} + h \beta_i f_{n-i}) \\
&= \sum_{0 \leq k \leq p} \frac{h^k}{k!} z^{(k)}(t_n) \Big[1 - \sum_{0 \leq i \leq r} (\alpha_i (-i)^k + k \beta_i (-i)^{k-1}) \Big] + O(h^{p+1}) \\
&= \sum_{0 \leq k \leq p} \frac{h^k}{k!} z^{(k)}(t_n) \Big[1 - (-1)^k \sum_{0 \leq i \leq r} i^k \alpha_i - k i^{k-1} \beta_i \Big] + O(h^{p+1}).
\end{aligned}
$$

Die Ordnung des Verfahrens (M) ist dann $\geq p$, wenn und nur wenn das Verfahren folgende Bedingungen erfüllt

$$\sum_{0 \leq i \leq r} i^k \alpha_i - k i^{k-1} \beta_i = (-1)^k, \qquad 0 \leq k \leq p.$$

Insbesondere ist die Ordnung ≥ 1 (das bedeutet: Das Verfahren ist konsistent), wenn und nur wenn

$$\begin{cases} \alpha_0 + \alpha_1 + \cdots + \alpha_r = 1 \\ \alpha_1 + \cdots + r\alpha_r - (\beta_0 + \cdots + \beta_r) = -1. \end{cases}$$

Damit die Ordnung des Verfahrens $\geq p$ ist, stellt sich die p-te Bedingung folgendermaßen dar:

$$\alpha_1 + 2^p \alpha_2 + \cdots + r^p \alpha_r - p(\beta_1 + 2^{p-1}\beta_2 + \cdots + r^{p-1}\beta_r) = (-1)^p.$$

9.1.2 Stabilität

Ein Mehrschrittverfahren wird als numerisch stabil bezeichnet, wenn eine kleine Störung der Startwerte $y_0, \ldots, y_r$ und kleine Fehler ε_n in der rekursiven Berechnung von y_{n+1}, $r \leq n < N$, einen Gesamtfehler hervorrufen, der nicht außer Kontrolle gerät. Genauer ausgedrückt:

Definition

Als stabil, mit einer Stabiltätskonstante S, bezeichnet man ein $(r+1)$-Schritt-Verfahren, wenn für alle Folgen y_n, $\widetilde{y}_n$ mit

$$\begin{aligned} y_{n+1} &= \Psi(t_{n-i}, y_{n-i}, h_{n-i}), & r \leq n < N, \\ \widetilde{y}_{n+1} &= \Psi(t_{n-i}, \widetilde{y}_{n-i}, h_{n-i}) + \varepsilon_n, & r \leq n < N \end{aligned}$$

gilt, daß

$$\max_{0 \leq n \leq N} |\widetilde{y}_n - y_n| \leq S\Big(\max_{0 \leq n \leq r} |\widetilde{y}_n - y_n| + \sum_{r \leq n < N} |\varepsilon_n| \Big).$$

Wendet man diese Definition auf $\widetilde{y}_n = z(t_n)$ an, dann sieht man, daß der Gesamtfehler der Folge y_n bezüglich der exakten Lösung $z(t_n)$ folgende obere Schranke besitzt:

$$\max_{0 \leq n \leq N} |y_n - z(t_n)| \leq S\Big(\max_{0 \leq n \leq r} |y_n - z(t_n)| + \sum_{r \leq n < N} |e_n| \Big).$$

Wenn das Verfahren p-ter Ordnung mit $|e_n| \leq C h_n h_{\max}^p$ ist, dann ist $\displaystyle\sum_{r \leq n < N} |e_n| \leq C T h_{\max}^p$, weil $\sum h_n = T$ ist. Für die Anlaufrechnung ist es sinnvoll, ein Verfahren zu wählen, dessen Startfehler $\max_{0 \leq n \leq r} |y_n - z(t_n)|$ höchstens $h_{\max}^p$-ter Ordnung ist. Aus diesem Grund benötigt man ein Anlaufverfahren der Konsistenzordnung $\geq p - 1$. Es ist in jedem Fall empfehlenswert, ein Verfahren der Konsistenzordnung $\geq p$ zu wählen, da der Startfehler dann durch $C' h_{\max}^{p+1}$ beschränkt ist und damit vernachlässigt werden kann.

Notwendige Stabiltätsbedingung

Es soll versucht werden, die für das in Abschnitt 9.1.1 beschriebene Verfahren (M) notwendige Stabiltätsbedingung zu bestimmen. Zu diesem Zweck betrachtet man die einfachst mögliche Differentialgleichung:

(D) $$y' = 0.$$

Damit ist die Folge y_n durch

$$y_{n+1} = \sum_{0 \leq i \leq r} \alpha_i y_{n-i}, \qquad n \geq r$$

definiert. Die Menge der Folgen, die diese Rekursionsbeziehung erfüllen, bildet einen $(r+1)$-dimensionalen Vektorraum, da jede Folge in eindeutiger Weise durch die vorgegebenen $(y_0, y_1, \ldots, y_r)$ definiert ist. Daraus ergeben sich leicht die speziellen Lösungen

$$y_n = \lambda^n,$$

wobei λ die Nullstellen des charakteristischen Polynomes

$$\lambda^{r+1} - \alpha_0 \lambda^r - \alpha_1 \lambda^{r-1} - \cdots - \alpha_r = 0$$

sind. Es seien λ_j die komplexen Nullstellen dieses Polynomes und m_j die dazugehörigen Vielfachheiten. Es ist bekannt (aus einer in jedem Punkt zur Theorie der linearen Differentialgleichungen mit konstanten Koeffizienten analogen Theorie), daß eine Basis im Vektorraum der betrachteten Folgen gebildet wird von den Folgen

$$n \mapsto n^q \lambda_j^n, \qquad 0 \leq q < m_j.$$

Wir betrachten die Folge $y_n \equiv 0$ und die Folge $\tilde{y}_n = \varepsilon \lambda_j^n$, mit $0 \leq n \leq N$ und kleinem $\varepsilon > 0$ (in diesem Fall ist $\varepsilon_n = 0$; es spielt nur der Startfehler eine Rolle). Wenn das Verfahren (M) stabil ist, muß

$$|\tilde{y}_N - y_N| = \varepsilon |\lambda_j|^N \leq S \max_{0 \leq n \leq r} \varepsilon |\lambda_j|^n$$

gelten, was äquivalent zu

$$|\lambda_j|^N \leq S \max(1, |\lambda_j|^r)$$

ist. Läßt man h gegen 0 streben und $N = T/h$ gegen $+\infty$, dann ist das nur für $|\lambda_j| \leq 1$ möglich.

Nehmen wir jetzt an, daß das charakteristische Polynom eine Nullstelle λ_j vom Betrag $|\lambda_j| = 1$ und der Vielfachheit $m_j \geq 2$ besitzt. Betrachtet man die Folge $\tilde{y}_n = n \lambda_j^n$, dann findet man

$$|\tilde{y}_N - y_N| = \varepsilon N, \qquad \max_{0 \leq n \leq r} |\tilde{y}_n - y_n| = \varepsilon r,$$

was der Stabilität widerspricht. Als notwendige Bedingung erhält man: $|\lambda_j| \leq 1$ für jedes j, und falls $|\lambda_j| = 1$ ist, dann muß es sich um eine einfache Nullstelle handeln.

Hinreichende Stabilitätsbedingung *

Man wird sogleich sehen, daß die notwendige Bedingung auch tatsächlich hinreichend ist.

Satz

Angenommen, $f(t, y)$ besitzt eine Lipschitz-Konstante k bezüglich y. Dann ist das Verfahren (M) *stabil, wenn und nur wenn*

$$\lambda^{r+1} - \alpha_0 \lambda^r - \cdots - \alpha_r = 0$$

nur Nullstellen besitzt, deren Betrag ≤ 1 ist und wenn es sich bei den Nullstellen vom Betrag Eins um einfache Nullstellen handelt.

Bemerkung

Man stellt fest, daß sobald es sich um eine konsistentes Verfahren handelt, $\lambda = 1$ immer eine Nullstelle ist, da dann $\alpha_0 + \cdots + \alpha_r = 1$ ist.

Beweis. Es seien $y_n, \tilde{y}_n$ zwei Folgen, so daß

$$\left. \begin{aligned} y_{n+1} &= \sum_{0 \leq i \leq r} \alpha_i y_{n-i} + h \beta_i f_{n-i} \\ \tilde{y}_{n+1} &= \sum_{0 \leq i \leq r} \alpha_i \tilde{y}_{n-i} + h \beta_i \tilde{f}_{n-i} + \varepsilon_n \end{aligned} \right\} \quad r \leq n < N$$

mit $\tilde{f}_n = f(t_n, \tilde{y}_n)$ ist. Wir setzen $\theta_n = \tilde{y}_n - y_n$. Daraus ergibt sich $|\tilde{f}_n - f_n| \leq k|\theta_n|$ und

$$\theta_{n+1} - \sum_{0 \leq i \leq r} \alpha_i \theta_{n-i} = h \sum_{0 \leq i \leq r} \beta_i (\tilde{f}_{n-i} - f_{n-i}) + \varepsilon_n.$$

Setzen wir $\sigma_n = \theta_n - \alpha_0 \theta_{n-1} - \cdots - \alpha_r \theta_{n-r-1}$, dann ergibt sich

$$|\sigma_{n+1}| \leq kh \sum_{0 \leq i \leq r} |\beta_i| |\theta_{n-i}| + |\varepsilon_n|, \quad r \leq n \leq N. \qquad (*)$$

Um dieses Integral auszuwerten, versucht man für $|\theta_{n+1}|$ eine obere Schranke in Abhängigkeit von $|\sigma_i|$ anzugeben. Dabei ist zu beachten, daß die Relation, über die σ_n definiert ist, äquivalent zur formalen Gleichung

$$\sum \sigma_n X^n = (\sum \theta_n X^n)(1 - \alpha_0 X - \cdots - \alpha_r X^{r+1})$$

ist, mit der Konvention $\sigma_n = 0$, $\theta_n = 0$ für $n < 0$. Umgekehrt ist dann

$$\sum \theta_n X^n = \frac{1}{1 - \alpha_0 X - \cdots - \alpha_r X^{r+1}} \sum \sigma_n X^n.$$

Betrachten wir die Reihenentwicklung um $X = 0$:

$$\frac{1}{1 - \alpha_0 X - \cdots - X^{r+1}} = \sum \gamma_n X^n.$$

Lemma

Unter den im Satz gemachten Annahmen sind die Koeffizienten γ_n beschränkt.

Tatsächlich gilt, wenn die Nullstellen des char   akteristischen Polynomes komplexe Zahlen λ_j mit der Vielfachheit m_j sind, daß dann

$$1 - \alpha_0 X - \cdots - \alpha_r X^{r+1} = \prod_j (1 - \lambda_j X)^{m_j}$$

ist. Folglich ist eine Partialbruchzerlegung möglich

$$\frac{1}{1 - \alpha_0 X - \cdots - \alpha_r X^{r+1}} = \sum_{j,q \leq m_j} \frac{c_{jq}}{(1 - \lambda_j X)^q}.$$

Durch Induktion bezüglich q und differenzieren überprüft man leicht die Gültigkeit von

$$\frac{1}{(1 - \lambda_j X)^q} = \sum_{n=0}^{+\infty} \frac{(n+1)(n+2) \cdots (n+q-1)}{(q-1)!} \lambda_j^n X^n.$$

Die Koeffizienten der letzten Reihe sind äquivalent zu $n^{q-1}\lambda_j^n/(q-1)!$ und sie sind deswegen dann beschränkt, wenn und nur wenn $|\lambda_j| < 1$ ist, oder auch wenn $|\lambda_j| = 1$ und $q = 1$ sind. ∎

Wir bezeichnen $\Gamma = \sup_{n \in \mathbb{N}} |\gamma_n| < +\infty$. Da $\gamma_0 = 1$ ist, ist $\Gamma \geq 1$ immer erfüllt. Die Beziehung

$$\sum \theta_n X^n = \sum \gamma_n X^n \sum \sigma_n X^n$$

ist äquivalent zu $\theta_n = \gamma_0 \sigma_n + \gamma_1 \sigma_{n-1} + \cdots + \gamma_n \sigma_0$, und damit ist

$$|\theta_n| \leq \Gamma(|\sigma_0| + |\sigma_1| + \cdots + |\sigma_n|). \tag{$**$}$$

Kombiniert man $(*)$ und $(**)$ ergibt sich

$$|\theta_{n+1}| \leq \Gamma \sum_{0 \leq j \leq n+1} |\sigma_j| \leq \left[\sum_{r \leq j \leq n} |\sigma_{j+1}| + \sum_{0 \leq j \leq r} |\sigma_j| \right]$$

$$|\theta_{n+1}| \leq \Gamma \left[\sum_{r \leq j \leq n} \left(kh \sum_{0 \leq i \leq r} |\beta_i||\theta_{j-i}| + |\varepsilon_j| \right) + \sum_{0 \leq j \leq r} |\sigma_j| \right].$$

Es gilt jedoch $\displaystyle\sum_{r \leq j \leq n} \sum_{0 \leq i \leq r} |\beta_i||\theta_{j-i}| \leq \left(\sum_{0 \leq i \leq r} |\beta_i| \right)\left(\sum_{0 \leq j \leq n} |\theta_j| \right)$

und aus der Definition $\sigma_j = \theta_j - \alpha_0 \theta_{j-1} - \cdots - \alpha_r \theta_{j-r-1}$ ergibt sich weiter

$$\sum_{0 \leq j \leq r} |\sigma_j| \leq \left(1 + \sum_{0 \leq i \leq r} |\alpha_i| \right)\left(|\theta_0| + \cdots + |\theta_r| \right).$$

Schließlich erhält man

$$|\theta_{n+1}| \le \Gamma kh \sum_{0 \le i \le r} |\beta_i|(|\theta_0| + \cdots + |\theta_n|)$$

$$+\Gamma\left[\sum_{r \le j \le n} |\varepsilon_j| + \left(1 + \sum_{0 \le i \le r} |\alpha_i|\right) \sum_{0 \le i \le r} |\theta_i|\right].$$

Wir setzen $\delta_n = |\theta_0| + \cdots + |\theta_n|$ und

$$\Lambda = \Gamma k \sum_{0 \le i \le r} |\beta_i|,$$

$$\eta_n = \Gamma\left[\sum_{r \le j \le n} |\varepsilon_j| + \left(1 + \sum_{0 \le i \le r} |\alpha_i|\right) \sum_{0 \le i \le r} |\theta_i|\right].$$

Die letzte Ungleichung läßt sich jetzt als

$$\delta_{n+1} - \delta_n \le \Lambda h \delta_n + \eta_n \Leftrightarrow \delta_{n+1} \le (1 + \Lambda h)\delta_n + \eta_n$$

schreiben, und das Lemma von Gronwall (diskrete Version, siehe Kapitel 8.2.4) ergibt

$$\delta_n \le e^{\Lambda n h}\delta_0 + \sum_{0 \le j \le n-1} e^{\Lambda(n-1-j)h}\eta_j.$$

Für $j \le n - 1$ gilt jedoch $\eta_j \le \eta_n$ und $\delta_0 = |\theta_0| \le \eta_n$. Daraus schließt man

$$\delta_n \le \eta_n(1 + e^{\Lambda h} + \cdots + e^{\Lambda n h}) = \frac{e^{\Lambda(n+1)h} - 1}{e^{\Lambda h} - 1} \eta_n.$$

Aus dieser Ungleichung folgt unmittelbar eine obere Schranke für θ_n:

$$|\theta_n| = \delta_n - \delta_{n-1} \le \Lambda h \delta_{n-1} + \eta_{n-1}$$

$$= \left(\Lambda h \frac{e^{\Lambda n h} - 1}{e^{\Lambda h} - 1} + 1\right) \eta_{n-1}.$$

Da $e^{\Lambda h} - 1 \ge \Lambda h$ ist, ergibt sich $|\theta_n| \le e^{\Lambda n h}\eta_{n-1}$, also

$$|\theta_n| \le \Gamma e^{\Lambda n h}\left[\left(1 + \sum_{0 \le i \le r} |\alpha_i|\right) \sum_{0 \le i \le r} |\theta_i| + \sum_{r \le j \le n-1} |\varepsilon_j|\right],$$

$$\max_{0 \le n \le N} |\theta_n| \le S'\left[\left(1 + \sum_{0 \le n \le r} |\alpha_i|\right) \sum_{0 \le i \le r} |\theta_n| + \sum_{r \le n \le N} |\varepsilon_n|\right]$$

mit $S' = \Gamma e^{\Lambda T}$, das bedeutet

$$S' = \Gamma e^{\Gamma k T \sum |\beta_i|} \quad \text{mit} \quad \Gamma = \sup |\gamma_n|.$$

Wenn der Startfehler $\max_{0 \le n \le r} |\theta_n|$ vernachlässigbar ist (was oft der Fall ist), dann setzt man $S = S'$, ansonsten kann man $S = (1 + r)\left(1 + \sum_{0 \le i \le r} |\alpha_i|\right)S'$ benutzen.

Bemerkung

Die Stabilität eines Verfahrens hängt für eine Funktion $f(t, y)$ mit einer Lipschitz-Konstanten k und einer festen Integrationsdauer T im wesentlichen von der Größe der Konstanten $\Gamma \sum |\beta_i|$ ab. Man wird also bestrebt sein, ein Verfahren zu finden, für welches diese Konstante möglichst klein wird.

9.1.3 Beispiele

• *Nyström-Verfahren*

Dieses Zweischrittverfahren ist definiert durch

$$y_{n+1} = y_{n-1} + 2h f_n, \quad n \geq 1.$$

Hier ist $\alpha_0 = 0$, $\alpha_1 = 1$, $\beta_0 = 2$, $\beta_1 = 0$. Das Prinzip dieses Verfahrens ist analog zu dem des verbesserten Euler-Cauchy-Verfahrens:

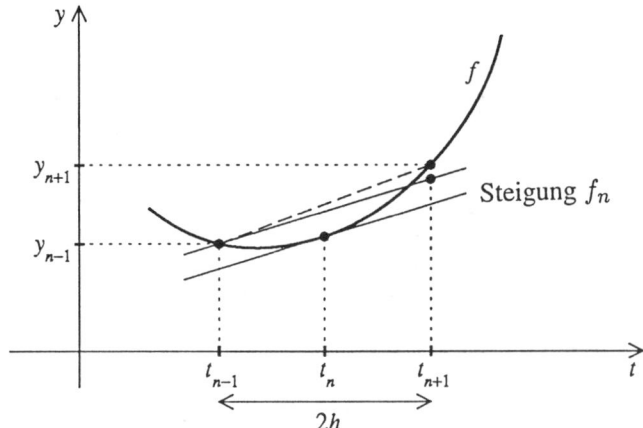

Die Steigung $\dfrac{1}{2h} (y_{n+1} - y_{n-1})$ der Sekante wird durch die Steigung der Tangente im Mittelpunkt t_n angenähert. Die Berechnungen aus Abschnitt 9.3.1 ergeben

$$e_n = \frac{h^3}{3!} z^{(3)}(t_n) \cdot 2 + O(h^4) = \frac{h^3}{3} f^{[2]}(t_n, y_n) + O(h^4).$$

Das Nyström-Verfahren ist also zweiter Ordnung. Für die Anlaufrechnung wird ein Verfahren erster oder zweiter Ordnung gewählt, zum Beispiel das verbesserte Euler-Cauchy-Verfahren:

$$
\begin{aligned}
f_0 &= f(t_0, y_0); \\
y_{1/2} &= y_0 + \frac{h}{2} f_0; \quad t_{1/2} = t_0 + \frac{h}{2}; \quad f_{1/2} = f(t_{1/2}, y_{1/2}); \\
y_1 &= y_0 + h f_{1/2}; \quad t_1 = t_0 + h; \quad f_1 = f(t_1, y_1).
\end{aligned}
$$

Das charakteristische Polynom lautet $\lambda^2 - 1$. Nach Abschnitt 9.1.2 ist das Verfahren stabil und es gilt

$$\frac{1}{1 - \alpha_0 X - \alpha_1 X^2} = \frac{1}{1 - X^2} = \sum X^{2n}.$$

Es ergibt sich also $\Gamma = 1$, $|\beta_0| + |\beta_1| = 2$, und daraus die Stabilitätskonstante

$$S' = e^{2kt}.$$

Man stellt jedoch fest, daß das charakteristische Polynom außer der notwendigen Nullstelle $\lambda = 1$ auch noch die auf der Stabilitätsgrenze $|\lambda| = 1$ liegende Nullstelle $\lambda = -1$ besitzt. Dies läßt vermuten, daß die Stabilität unter Umständen nicht allzu gut ist. Um diese Erscheinung genauer zu beleuchten, betrachten wir die Differentialgleichung

(D) $$y' = -y$$

mit den Anfangswerten $t_0 = 0$, $y_0 = 1$. Die exakte Lösung lautet

$$z(t) = e^{-t}, \quad z(t_n) = e^{-nh}.$$

Die Folge y_n wird bestimmt durch die Rekursionsbeziehung

$$y_{n+1} = y_{n-1} - 2hy_n, \qquad n \geq 1 \tag{$*$}$$

(weil hier $f_n = -y_n$ ist) mit den Anfangsbedingungen:

$$
\begin{array}{llll}
y_0 & = & 1, & \qquad f_0 & = & -1, \\
y_{1/2} & = & 1 - \frac{h}{2}, & \qquad f_{1/2} & = & -1 + \frac{h}{2}, \\
y_1 & = & 1 - h + \frac{h^2}{2}.
\end{array}
$$

Die allgemeine Lösung $(*)$ läßt sich als

$$y_n = c_1 \lambda_1^n + c_2 \lambda_2^n$$

schreiben mit λ_1, λ_2, den Nullstellen der Gleichung

$$\lambda^2 + 2hk - 1 = 0,$$

also $\lambda_1 = -h + \sqrt{1 + h^2}$, $\lambda_2 = -h - \sqrt{1 + h^2}$. Die Konstanten c_1, c_2 sind durch

$$
\begin{cases}
y_0 = c_1 + c_2 = 1 \\
y_1 = c_1 \lambda_1 + c_2 \lambda_2 = 1 - h + \dfrac{h^2}{2}
\end{cases}
$$

festgelegt. Damit ergibt sich

$$c_1 = \frac{1 - h + \dfrac{h^2}{2} - \lambda_2}{\lambda_1 - \lambda_2} = \frac{1 + \dfrac{h^2}{2} + \sqrt{1 + h^2}}{2\sqrt{1 + h^2}},$$

$$c_2 = \frac{\lambda_1 - \left(1 - h + \dfrac{h^2}{2}\right)}{\lambda_1 - \lambda_2} = \frac{\sqrt{1 + h^2} - \left(1 + \dfrac{h^2}{2}\right)}{2\sqrt{1 + h^2}}.$$

Da $\sqrt{1+h^2} = 1 + \dfrac{h^2}{2} - \dfrac{h^4}{8} + O(h^6)$ ist, sieht man, daß

$$c_1 = 1 + O(h^4)$$
$$c_2 = -\frac{1}{16}\,h^4 + O(h^6)$$

ist. Des weiteren ist $\lambda_1 = 1 - h + \dfrac{h^2}{2} + O(h^4) = e^{-h} + O(h^3)$,

während $\lambda_2 = -\left(1 + h + \dfrac{h^2}{2} + O(h^4)\right) = -e^h + O(h^3)$ ist.

Man erkennt daraus, daß y_n sich aus folgenden zwei Termen zusammensetzt

$$c_1 \lambda_1^n \simeq e^{-nh}, \qquad c_2 \lambda_2^n \simeq -\frac{1}{16}\,h^4(-1)^n e^{nh}.$$

Der erste Term ist eine gute Näherung der exakten Lösung, während der zweite Term ein Störglied ist und für $n \to +\infty$ divergiert, obwohl er für nicht allzu große Zeiten $t_n = nh$ vernachlässigbar ist. Wird die Integrationszeit zu lang (genauer gesagt, wenn $h^4 e^T$ nicht mehr vernachlässigbar ist), dann erhält man einen Graph der folgenden Gestalt.

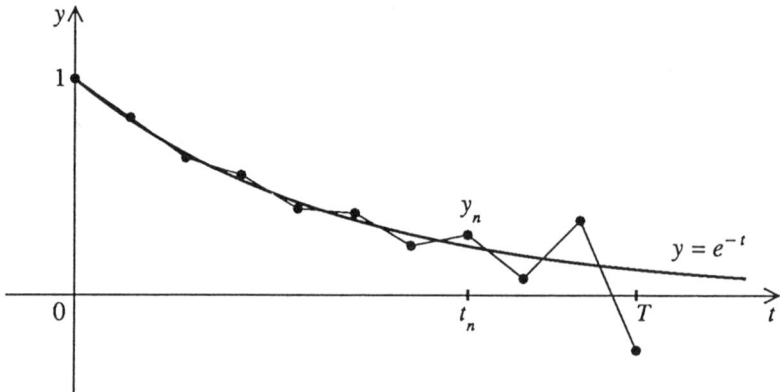

• *Milne-Verfahren*

Dabei handelt es sich um ein Vierschrittverfahren, das folgendermaßen definiert ist:

$$y_{n+1} = y_{n-3} + h\left(\frac{8}{3}\,f_n - \frac{4}{3}\,f_{n-1} + \frac{8}{3}\,f_{n-2}\right).$$

Man stellt fest, daß dieses Verfahren stabil und von vierter Ordnung ist. Aber wie schon beim Nyström-Verfahren ist die Stabilität nicht sehr gut, weil das charakteristische Polynom $\lambda^4 - 1 = 0$ Nullstellen vom Betrag Eins besitzt.

9.2 Adams-Bashforth-Verfahren

9.2.1 Beschreibung

Im weiteren soll h_n nicht mehr notwendigerweise als konstant angenommen werden. Wenn z eine exakte Lösung der Differentialgleichung ist, dann ist

$$z(t_{n+1}) = z(t_n) + \int_{t_n}^{t_{n+1}} f(t, z(t))dt.$$

Angenommen für $0 \le i \le r$ wären die Punkte $z(t_{n-i})$ und die Steigungen $f_{n-i} = f(t_{n-i}, z(t_{n-i}))$ schon berechnet.

Grundgedanke des Verfahrens ist es, die Funktion $f(t, z(t))$ auf $[t_n, t_{n+1}]$ durch sein Interpolationspolynom an den Stützstellen $t_n, t_{n-1}, \ldots, t_{n-r}$ zu approximieren. Betrachten wir also das Polynom $p_{n,r}(t)$, welches für $0 \le i \le r$ die Punkte (t_{n-i}, f_{n-i}) interpoliert:

$$p_{n,r}(t) = \sum_{0 \le i \le r} f_{n-i} L_{n,i,r}(t), \quad \deg(p_{n,r}) = r$$

mit $L_{n,i,r}(t) = \displaystyle\prod_{\substack{0 \le j \le r \\ j \ne i}} \dfrac{t - t_{n-j}}{t_{n-i} - t_{n-j}}$. Weiter läßt sich jetzt

$$
\begin{aligned}
z(t_{n+1}) &= z(t_n) + \int_{t_n}^{t_{n+1}} f(t, z(t))dt \\
&\simeq z(t_n) + \int_{t_n}^{t_{n+1}} p_{n,r}(t)dt \\
&= z(t_n) + h_n \sum_{0 \le i \le r} b_{n,i,r} f_{n,i}
\end{aligned}
$$

mit

$$b_{n,i,r} = \frac{1}{h_n} \int_{t_n}^{t_{n+1}} L_{n,i,r}(t)dt$$

schreiben. Der Algorithmus für das Adams-Bashforth-Verfahren mit $r + 1$ Schritten (abgekürzt AB_{r+1}) lautet also:

$$
\begin{cases}
y_{n+1} = y_n + h_n \displaystyle\sum_{0 \le i \le r} b_{n,i,r} f_{n-i}, & n \ge r, \\
t_{n+1} = t_n + h_n \\
f_{n+1} = f(t_{n+1}, y_{n+1}).
\end{cases}
$$

Dieses Verfahren ist deswegen so interessant, weil es zum einen relativ einfach ist und zum anderen nur eine einzige Berechnung der Funktion f auf jeder Iterationsstufe benötigt (die Runge-Kutta-Verfahren benötigen im Gegensatz dazu mehrere Berechnungen von f). Daraus ergibt sich ein beachtlicher Rechenzeitgewinn.

Beispiele

- $r = 0$: Dann ist $p_{n,0}(t) = \text{konstant} = f_n$, und damit wird AB_1: $y_{n+1} = y_n + h_n f_n$. Es handelt sich also um das Euler-Cauchy-Verfahren.

- $r = 1$: Das Polynom $p_{n,1}$ ist die lineare Funktion, welche (t_n, f_n) und (t_{n-1}, f_{n-1}) interpoliert. Daraus ergeben sich folgende Gleichungen:

$$
\begin{aligned}
p_{n,1}(t) &= f_n + \frac{f_n - f_{n-1}}{t_n - t_{n-1}} (t - t_n) \\
\int_{t_n}^{t_{n+1}} p_{n,1}(t)dt &= f_n h_n + \frac{f_n - f_{n-1}}{h_{n-1}} \left[\frac{1}{2} (t - t_n)^2 \right]_{t_n}^{t_{n+1}} \\
&= b_n \left(f_n + \frac{h_n}{2h_{n-1}} (f_n - f_{n-1}) \right).
\end{aligned}
$$

Der Algorithmus lautet also

$$
AB_2 \quad \begin{cases} y_{n+1} = y_n + h_n \left(f_n + \dfrac{h_n}{2h_{n-1}} (f_n - f_{n-1}) \right) \\ t_{n+1} = t_n + h_n \\ f_{n+1} = f(t_n, y_n). \end{cases}
$$

Für konstante Schrittweite $h_n = h$ reduziert sich die Rekursionsgleichung auf

$$
y_{n+1} = y_n + h \left(\frac{3}{2} f_n - \frac{1}{2} f_{n-1} \right).
$$

- Ganz allgemein gilt, daß bei konstanter Schrittweite die Koeffizienten $b_{n,i,r}$ unabhängig von n sind, weil das Verfahren translationsinvariant ist. Für kleine Werte von r sind die entsprechenden Koeffizienten $b_{i,r}$ in folgender Tabelle zusammengestellt:

r	$b_{0,r}$	$b_{1,r}$	$b_{2,r}$	$b_{3,r}$	$\beta_r = \sum_i |b_{i,r}|$
0	1				1
1	$\dfrac{3}{2}$	$-\dfrac{1}{2}$			2
2	$\dfrac{23}{12}$	$-\dfrac{16}{12}$	$\dfrac{5}{12}$		$3{,}66...$
3	$\dfrac{55}{24}$	$-\dfrac{59}{24}$	$\dfrac{37}{24}$	$-\dfrac{9}{24}$	$6{,}6...$

Bemerkung

$\sum_{0 \leq i \leq r} b_{n,i,r} = 1$ gilt immer, weil $p_{n,r}(t) \equiv 1$ für $f_n = \cdots = f_{n-r} = 1$ ist und folglich

$$\int_{t_n}^{t_{n+1}} p_{n,r}(t)dt = h_n = h_n \sum_{0 \leq i \leq r} b_{n,i,r} \cdot 1.$$

Im weiteren werden wir sehen, daß die Größe β_r bei der Berechnung der Stabilitätskonstante S eine Rolle spielt.

9.2.2 Konsistenzfehler und Konsistenzordnung des AB_{r+1}-Verfahrens

Es sei z eine exakte Lösung des Anfangswertproblems. Der Konsistenzfehler ist gegeben durch

$$
\begin{aligned}
e_n &= z(t_{n+1}) - y_{n+1} \\
&= z(t_{n+1}) - \left(z(t_n) + \int_{t_n}^{t_{n+1}} p_{n,r}(t)dt \right), \\
e_n &= \int_{t_n}^{t_{n+1}} \left(z'(t) - p_{n,r}(t) \right) dt,
\end{aligned}
$$

wobei $p_{n,r}$ genau das Interpolationspolynom der Funktion $z'(t) = f(t, z(t))$ an den Stützstellen t_{n-i}, $0 \leq i \leq r$ ist. Nach dem Mittelwertsatz der Integralrechnung gibt es einen Punkt $\theta \in]t_n, t_{n+1}[$, für den

$$e_n = h_n \left(z'(\theta) - p_{n,r}(\theta) \right)$$

gilt. Aus der Gleichung für den Interpolationsfehler (siehe Kapitel 2.1.2) folgt

$$z'(\theta) - p_{n,r}(\theta) = \frac{1}{(r+1)!} z^{(r+2)}(\xi) \pi_{n,r}(\xi)$$

mit $\xi \in]t_{n-r}, t_{n+1}[$ einem Zwischenpunkt zwischen θ und den Punkten t_{n-i} mit

$$\pi_{n,r}(t) = \prod_{0 \leq i \leq r} (t - t_{n-i}).$$

Wenn $\xi \in]t_{n-j}, t_{n-j+1}[$, $0 \leq j \leq r$, dann gilt die Ungleichung $|\xi - t_{n-i}| \leq (1 + |j - i|)h_{\max}$ und damit

$$
\begin{aligned}
|\pi_{n,r}(\xi)| &\leq h_{\max}^{r+1}(1+j)\cdots(1+1)1(1+1)\cdots(1+r-j) \\
&= h_{\max}^{r+1}(j+1)!(r-j+1)! \leq h_{\max}^{r+1}(r+1)!,
\end{aligned}
$$

wenn man 2 durch $j+2, \ldots, (r-j+1)$ durch $(r+1)$ nach oben abschätzt. Daraus folgert man schließlich

$$|z'(\theta) - p_{n,r}(\theta)| \leq |z^{(r+2)}(\xi)| \, h_{\max}^{r+1},$$

was zur gesuchten oberen Schranke für den Konsistenzfehler führt:

$$|e_n| \leq |z^{(r+2)}(\xi)| h_n h_{\max}^{r+1} \leq C h_n h_{\max}^{r+1}$$

mit $C = \max\limits_{t \in [t_0, t_0+T]} |z^{(r+2)}(t)|$.

Das Adams-Bashforth-Verfahren mit $r + 1$ Schritten ist also $(r + 1)$-ter Ordnung. Der Leser kann übungshalber leicht überprüfen, daß die Ordnung nicht $\geq r + 2$ ist. Zu diesem Zweck betrachtet man die Funktion $f(t, y) = t^{r+1}$.

Anlaufrechnung

Aus vorhergesagtem ergibt sich, daß für die Festlegung der ersten Werte $y_1, \ldots, y_r, f_0, f_1, \ldots, f_r$ ein Runge-Kutta-Verfahren der Ordnung $r + 1$ (notfalls der Ordnung r) gewählt wird.

9.2.3   Stabilität des AB_{r+1}-Verfahrens

Wir werden das folgende Ergebnis beweisen.

Satz

Es werde angenommen $f(t, y)$ besitze eine Lipschitz-Konstante k bezüglich y und für die Summen $\sum\limits_{0 \leq i \leq r} |b_{n,i,r}|$ gibt es eine von n unabhängige Konstante β_r als obere Schranke.
Dann ist das Adams-Bashforth-Verfahren mit $r + 1$ Schritten stabil und besitzt eine Stabilitätskonstante

$$S = \exp\left(\beta_r k T\right).$$

Beweis. $\tilde{y}_n$ sei eine gestörte Rekursionsfolge

$$\begin{cases} \tilde{y}_{n+1} = \tilde{y}_n + h_n \sum\limits_{0 \leq i \leq r} b_{n,i,r} \tilde{f}_{n-i} + \varepsilon_n, & r \leq n < N, \\ \tilde{f}_{n-i} = f(t_{n-i}, \tilde{y}_{n-i}). \end{cases}$$

Wir setzten $\theta_n = \max\limits_{0 \leq i \leq n} |\tilde{y}_i - y_i|$. Dann ist

$$\begin{aligned} |\tilde{f}_{n-i} - f_{n-i}| &\leq k|\tilde{y}_{n-i} - y_{n-i}| \leq k\theta_n, \\ |\tilde{y}_{n+1} - y_{n+1}| &\leq \theta_n + h_n \sum\limits_{0 \leq i \leq r} |b_{n,i,r}| \cdot k\theta_n + |\varepsilon_n| \\ &\leq (1 + \beta_r k h_n)\theta_n + |\varepsilon_n|. \end{aligned}$$

Da $\theta_{n+1} = \max\left(|\widetilde{y}_{n+1} - y_{n+1}|, \theta_n\right)$ ist, schließt man daraus

$$\theta_{n+1} \leq (1 + \beta_r kh_n)\theta_n + |\varepsilon_n|.$$

Das Lemma von Gronwall bedingt dann

$$\theta_N \leq \exp\left(\beta_r k(t_N - t_r)\right)\left(\theta_r + \sum_{r \leq n < N} |\varepsilon_n|\right),$$

was die Stabilität mit einer Stabilitätskonstante $S = \exp\left(\beta_r kT\right)$ nach sich zieht. Aus der Tabelle in Abschnitt 9.2.1 ist zu ersehen, daß die Konstante β_r mit zunehmendem r schnell anwächst. Die Stabilität wird also mit zunehmender Schrittzahl schlechter. Diese mittelmäßige Stabilität für großes r ist einer der schwerwiegendsten Nachteile des Adams-Bashforth-Verfahrens. In der Praxis beschränkt man sich meist auf $r = 1$ oder $r = 2$.

Bemerkung

Das Beispiel AB_2 aus Abschnitt 9.2.1 zeigt, daß die Koeffizienten $b_{n,i,r}$ im allgemeinen nur dann beschränkt sind, wenn das Verhältnis h_n/h_{n-1} zweier aufeinanderfolgender Schritte beschränkt bleibt. In der Praxis ist es vernünftig,

$$\frac{h_n}{h_{n-1}} \leq \delta$$

anzunehmen. Nehmen wir zum Beispiel $\delta \leq 2$ an. Für diesen Fall ergeben die Gleichungen aus Abschnitt 9.2.1:

$$|b_{n,i,r}| \leq \max_{t \in [t_n, t_{n+1}]} |L_{n,i,r}(t)| = \prod_{1 \leq j \leq n} \frac{t_{n+1} - t_{n-j}}{|t_{n-i} - t_{n-j}|}.$$

Da $t_{n+1} - t_{n-j} = h_{n-j} + \cdots + h_n \leq (1 + \delta + \cdots + \delta^j)h_{n-j}$ und

$$h_{n-j} \leq \begin{cases} |t_{n-i} - t_{n-j}| & \text{für } j > i \\ \delta|t_{n-i} - t_{n-j}| & \text{für } j < i \end{cases}$$

ist, ergibt sich

$$|b_{n,i,r}| \leq \delta^i \prod_{j \neq i}(1 + \delta + \cdots + \delta^j) \leq \prod_{0 \leq j \leq r}(1 + \delta + \cdots + \delta^j).$$

Damit erhält man als grobe Abschätzung

$$\beta_r = \max_n \sum_{0 \leq i \leq r} |b_{n,i,r}| \leq (r + 1) \prod_{0 \leq j \leq r}(1 + \delta + \cdots + \delta^j).$$

9.3   Adams-Moulton-Verfahren

9.3.1   Beschreibung

Der Grundgedanke ist derselbe wie für die Adams-Bashforth-Verfahren, aber jetzt wird $f(t, z(t))$ durch sein Interpolationspolynom an den Stützstellen $t_{n+1}, t_n, \ldots, t_{n-r}$ approximiert; der Punkt t_{n+1} kommt also zusätzlich hinzu. Man betrachtet das Polynom $p^*_{n,r}(t)$ vom Grade $r + 1$, welches die Punkte (t_{n-i}, f_{n-i}) für $-1 \leq i \leq r$ interpoliert:

$$p^*_{n,r}(t) = \sum_{-1 \leq i \leq r} f_{n-i} L^*_{n,i,r}(t),$$

und daraus

$$L^*_{n,i,r}(t) = \prod_{\substack{-1 \leq j \leq r \\ j \neq i}} \frac{t - t_{n,j}}{t - t_{n,i}}.$$

Wie in Abschnitt 9.2.2 erhält man also

$$z(t_{n+1}) \simeq z(t_n) + h_n \sum_{-1 \leq i \leq r} b^*_{n,i,r} f_{n-i}$$

mit

$$b^*_{n,i,r} = \frac{1}{h_n} \int_{t_n}^{t_{n+1}} L^*_{n,i,r}(t) dt.$$

Der entsprechende Algorithmus AM_{r+1} lautet

$$y_{n+1} - h_n b^*_{n,-1,r} f(t_{n+1}, y_{n+1}) = y_n + h_n \sum_{0 \leq i \leq r} b^*_{n,i,r} f_{n-i}.$$

Man stellt fest, daß y_{n+1} nicht explizit in Abhängigkeit der vorher berechneten Größen y_n, f_{n-i} gegeben ist, sondern nur als Lösung einer Gleichung, deren Auflösung *a priori* nicht sofort möglich ist. Deswegen wird das Adams-Moulton-Verfahren als *implizites Vefahren* bezeichnet (im Gegensatz zum expliziten Adams-Bashforth-Verfahren). Um obenstehende Gleichung aufzulösen, bedient man sich im allgemeinen eines iterativen Verfahrens. Wir bezeichnen mit u_n die (explizite) Größe

$$u_n = y_n + h_n \sum_{0 \leq i \leq r} b^*_{n,i,r} f_{n-i}.$$

Der gesuchte Punkt y_{n+1} ist die Lösung x der Gleichung

$$x = u_n + h_n b^*_{n,-1,r} f(t_{n+1}, x).$$

Man berechnet also die Iterationsfolge $x_{p+1} = \varphi(x_p)$ mit

$$\varphi(x) = u_n + h_n b^*_{n,-1,r} f(t_{n+1}, x).$$

Da $\varphi'(x) = h_n b^*_{n,-1,r} f'_y(t_{n+1}, x)$ ist, wird für genügend kleines h_n die Abbildung φ kontrahierend sein (mit einer kleinen Lipschitz-Konstanten). Wenn $f(t, y)$ eine Lipschitz-Konstante k bezüglich y besitzt, so genügt es, daß $h_n < \dfrac{1}{|b^*_{n,-1,r}|k}$ wird, um Konvergenz zu erhalten. Nach dem Fixpunktsatz ist y_{n+1} die einzige Lösung, und der Iterationsalgorithmus lautet

$$\begin{cases} F_p = f(t_{n+1}, x_p), \\ x_{p+1} = u_n + h_n b_{n,-1,r} F_p. \end{cases}$$

Als Startwert x_0 wählt man eine Näherung (die bestmögliche!) von y_{n+1}, zum Beispiel den durch das Adams-Bashforth-Verfahren gegebenen Wert:

$$x_0 = y_n + h_n \sum_{0 \le i \le r} b_{n,i,r} f_{n-i}.$$

Die Iteration wird für $|x_{p+1} - x_p| \le 10^{-10}$ (zum Beispiel) abgebrochen, und man nimmt

$$\begin{cases} y_{n+1} = & \text{letzter berechneter Wert von } x_{p+1} \\ f_{n+1} = & f(t_{n+1}, y_{n+1}) \quad \text{(oder aus Sparsamkeitsgründen } = F_p) \end{cases}$$

Beispiele

- $r = 0$: Das Polynom $p^*_{n,0}$ ist das Polynom ersten Grades, welches (t_{n+1}, f_{n+1}) und (t_n, f_n) interpoliert, also

$$p^*_{n,0}(t) = f_n + \frac{f_{n+1} - f_n}{h_n} (t - t_n);$$

$$\int_{t_n}^{t_{n+1}} p^*_{n,0}(t) dt = h_n \left(\frac{1}{2} f_{n+1} + \frac{1}{2} f_n \right).$$

Auf diese Weise erhält man das sogenannte Trapezverfahren (oder auch Crank-Nicolson-Verfahren):

$$y_{n+1} = y_n + h_n \left(\frac{1}{2} f_{n+1} + \frac{1}{2} f_n \right)$$

oder auch

$$y_{n+1} - \frac{1}{2} h_n f(t_{n+1}, y_{n+1}) = y_n + \frac{1}{2} h_n f_n.$$

- $r = 1$: Das Polynom $p^*_{n,1}$ interpoliert die Punkte $(t_{n+1}, f_{n+1}), (t_n, f_n), (t_{n-1}, f_{n-1})$; daraus ergeben sich die Gleichungen

$$p^*_{n,1}(t) = f_{n+1} \frac{(t - t_n)(t - t_{n-1})}{h_n(h_n + h_{n-1})} - f_n \frac{(t - t_{n-1})(t - t_{n-1})}{h_n h_{n-1}} + f_{n-1} \frac{(t - t_n)(t - t_{n+1})}{h_{n-1}(h_n + h_{n-1})},$$

$$y_{n+1} = y_n \int_{t_n}^{t_{n+1}} p_{n,1}^*(t)dt,$$

$$y_{n+1} = y_n + h_n \left[\frac{2h_n + 3h_{n-1}}{6(h_n + h_{n-1})} f_{n+1} + \frac{3h_{n-1} + h_n}{6h_{n-1}} f_n - \frac{h_n^2}{6h_{n-1}(h_n + h_{n-1})} f_{n-1} \right].$$

Für konstantes $h_n = h$ reduziert sich diese Gleichung auf

$$y_{n+1} = y_n + h\left(\frac{5}{12} f_{n+1} + \frac{8}{12} f_n - \frac{1}{12} f_{n-1} \right).$$

- Ganz allgemein gilt, daß bei konstanter Schrittweite die Koeffizienten $b_{n,i,r}^*$ von n unabhängige Zahlen $b_{i,r}^*$ sind. Es ergibt sich folgende Tabelle:

r	$b_{-1,r}^*$	$b_{0,r}^*$	$b_{1,r}^*$	$b_{2,r}^*$	$b_{3,r}^*$	$\beta_r^* = \sum_i |b_{i,r}^*|$	β_{r+1}
0	$\dfrac{1}{2}$	$\dfrac{1}{2}$				1	2
1	$\dfrac{5}{12}$	$\dfrac{8}{12}$	$-\dfrac{1}{12}$			1,16...	3,66...
2	$\dfrac{9}{24}$	$\dfrac{19}{24}$	$-\dfrac{5}{24}$	$\dfrac{1}{24}$		1,41...	6,66...
3	$\dfrac{251}{720}$	$\dfrac{646}{720}$	$-\dfrac{264}{720}$	$\dfrac{106}{720}$	$-\dfrac{19}{720}$	1,78...	12,64...

Die Koeffizienten $b_{n,i,r}^*$ erfüllen immer $\displaystyle\sum_{-1 \leq i \leq r} b_{n,i,r}^* = 1$.

9.3.2 Konsistenzfehler und Konsistenzordnung des AM_{r+1}-Verfahrens

Es sei z eine exakte Lösung des Anfangswertproblems. Unter der Annahme $y_{n-i} = z(t_{n-i})$, $0 \leq i \leq n$ gilt

$$
\begin{aligned}
e_n &= z(t_{n+1}) - y_{n+1} \\
&= z(t_{n+1}) - \left[z(t_n) + h_n \sum_{0 \leq i \leq r} b_{n,i,r}^* f(t_{n-i}, z(t_{n-i})) + h_n b_{n,-1,r}^* f(t_{n+1}, y_{n+1}) \right] \\
&= z(t_{n+1}) - \left[z(t_n) + h_n \sum_{-1 \leq i \leq r} b_{n,i,r}^* f(t_{n-i}, z(t_{n-i})) \right] \\
&\quad + h_n b_{n,-1,r}^* [f(t_{n+1}, z(t_{n+1})) - f(t_{n+1}, y_{n+1})], \\
e_n &= \int_{t_n}^{t_{n+1}} (z'(t) - p_{n,r}^*(t))dt + h_n b_{n,-1,r}^* \left[f(t_{n+1}, z(t_{n+1})) - f(t_{n+1}, y_{n+1}) \right].
\end{aligned}
$$

Angenommen, $f(t, y)$ besitzt eine Lipschitz-Konstante k bezüglich y. Dann gilt weiter

$$|e_n| \leq \left| \int_{t_n}^{t_{n+1}} (z'(t) - p_{n,r}^*(t)) dt \right| + h_n b_{n,-1,r}^* k |e_n|,$$

$$|e_n| \leq \frac{1}{1 - h_n b_{n,-1,r}^* k} \left| \int_{t_n}^{t_{n+1}} (z'(t) - p_{n,r}^*(t)) dt \right|.$$

Wenn die Schrittweite h_n genügend klein gewählt wird, dann ergibt sich also

$$|e_n| = \left| \int_{t_n}^{t_{n+1}} (z'(t) - p_{n,r}^*(t)) dt \right| (1 + O(h_n))$$

ebenso wie beim Adams-Bashforth-Verfahren. Ferner ergibt sich aus dem Mittelwertsatz der Integralrechnung

$$\int_{t_n}^{t_{n+1}} (z'(t) - p_{n,r}^*(t)) dt = h_n (z'(\theta) - p_{n,r}^*(\theta)), \quad \theta \in]t_n, t_{n+1}[,$$

$$z'(\theta) - p_{n,r}^*(\theta) = \frac{1}{(r+2)!} z^{(r+3)}(\xi) \pi_{n,r}^*(\xi), \quad \xi \in]t_{n,r}, t_{n+1}[$$

mit $\pi_{n,r}^*(t) = \prod\limits_{-1 \leq i \leq r} (t - t_{n-i})$. Aus Abschnitt 9.2.2 ergibt sich

$$|\pi_{n,r}^*(\xi)| = |\xi - t_{n+1}| |\pi_{n,r}(\xi)|$$
$$\leq (r+1) h_{max} \cdot (r+1)! \, h_{max}^{r+1} \leq (r+2)! \, h_{max}^{r+2},$$

$$\left| \int_{t_n}^{t_{n+1}} (z'(t) - p_{n,r}^*(t)) dt \right| \leq |z^{(r+3)}(\xi)| h_n h_{max}^{r+2},$$

und daraus ergibt sich weiter, daß der Konsistenzfehler folgende obere Schranke

$$|e_n| \leq C h_n h_{max}^{r+2} (1 + O(h_n))$$

mit $\quad C = \max\limits_{t \in [t_0, t_0 + T]} |z^{(r+3)}|$ besitzt.

Das AM_{r+1}-Verfahren ist also $(r+2)$-ter Ordnung. Die ersten r Werte $y_1, \ldots, y_r$ werden mit einem Runge-Kutta-Verfahren der Ordnung $r + 2$ (notfalls der Ordnung $r + 1$) berechnet.

9.3.3   * Stabilität des AM_{r+1}-Verfahrens

Man nimmt an, daß die Verhältnisse h_n / h_{n-1} beschränkt bleiben, so daß die Größen

$$\beta_r^* = \max_n \sum_{\leq i \leq r} |b_{n,i,r}^*|, \qquad \gamma_r^* = \max_n |b_{n,-1,r}^*|$$

nicht außer Kontrolle geraten. Weiterhin wird angenommen, daß $f(t, y)$ eine Lipschitz-Konstante k bezüglich y besitzt. Sobald $h_n < \dfrac{1}{|b^*_{n,-1,r}|k}$ wird, funktioniert das iterative Lösungsverfahren für y_{n+1}, insbesondere sobald

$$h_{max} < \frac{1}{\gamma^*_r k}$$

wird, was wir im folgenden annehmen wollen. Es sei $\tilde{y}_n$ eine gestörte Folge, so daß

$$\begin{cases} \tilde{y}_{n+1} = \tilde{y}_n + h_n \left(b^*_{n,-1,r} \tilde{f}_{n+1} + \sum_{0 \leq i \leq r} b^*_{n,i,r} \tilde{f}_{n-i} \right) + \varepsilon_n \\ \tilde{f}_{n-i} = f(t_{n-i}, y_{n-i}), \qquad r \leq n < N, \end{cases}$$

und wir setzen $\theta_n = \max_{0 \leq i \leq n} |\tilde{y}_i - y_i|$. Da $\theta_{n+1} = \max(|\tilde{y}_{n+1} - y_{n+1}|, \theta_n)$ ist, folgt

$$\theta_{n+1} \leq \theta_n + k h_n \left(|b^*_{n,-1,r}| \theta_{n+1} + \sum_{0 \leq i \leq r} |b^*_{n,i,r}| \theta_n \right) + |\varepsilon_n|,$$

$$\begin{aligned} \theta_{n+1}(1 - |b^*_{n,-1,r}| k h_n) &\leq \theta_n \left(1 + \sum_{0 \leq i \leq r} |b^*_{n,i,r}| k h_n \right) + |\varepsilon_n| \\ &\leq \left(1 + \sum_{0 \leq i \leq r} |b^*_{n,i,r}| k h_n \right) (\theta_n + |\varepsilon_n|). \end{aligned}$$

Wegen $1 - |b^*_{n,-1,r}| k h_n \geq 1 - \gamma^*_r k h_{max} > 0$ ergibt sich

$$\theta_{n+1} \leq \frac{1 + \sum\limits_{0 \leq i \leq r} |b^*_{n,i,r}| k h_n}{1 - |b^*_{n,-1,r}| k h_n} (\theta_n + |\varepsilon_n|),$$

$$\theta_{n+1} \leq \left(1 + \frac{\sum\limits_{-1 \leq i \leq r} |b^*_{n,i,r}| k h_n}{1 - |b^*_{n,-1,r}| k h_n} \right) (\theta_n + |\varepsilon_n|),$$

$$\theta_{n+1} \leq (1 + \Lambda h_n)(\theta_n + |\varepsilon_n|)$$

mit $\Lambda = \dfrac{\beta^*_r k}{1 - \gamma^*_r k h_{max}}$. Überlegungen, analog zu den beim Beweis des Lemmas von Gronwall gemachten, ergeben durch vollständige Induktion:

$$\theta_n \leq e^{\Lambda(t_n - t_r)} \left(\theta_r + \sum_{r \leq i \leq n} |\varepsilon_i| \right),$$

und damit die Stabilitätskonstante

$$S = e^{\Lambda T} = \exp\left(\frac{\beta^*_r k T}{1 - \gamma^*_r k h_{max}} \right).$$

Wenn h_{max} genügend klein gegenüber $1/\gamma_r^* k$ ist, ergibt sich ungefähr

$$S \simeq \exp\left(\beta_r^* kT\right).$$

Die Tabelle in Abschnitt 9.3.1 zeigt, daß bis zur $(r+2)$-ten Ordnung das AM_{r+1}- Verfahren sehr viel stabiler ist als das AB_{r+2}-Verfahren. Bleibt nur noch zu sagen, daß trotz dieses wichtigen Vorteils das Adam-Moulton-Verfahren in der Anwendung kritisch ist, weil es ein implizites Verfahren ist. Die im nächsten Abschnitt beschriebenen Prädiktor-Korrektor-Verfahren ermöglichen eine vergleichbare Stabilität und liefern darüber hinaus ein explizites Auflösungsschema.

9.4 Prädiktor-Korrektor-Verfahren

9.4.1 Allgemeines Prinzip

Gegeben sei ein als *Prädiktor*-Verfahren (oder Prädiktionsverfahren) bezeichnetes Verfahren, welches einen ersten Näherungswert py_{n+1} des zu erreichenden Punktes y_{n+1} explizit liefert:

$$py_{n+1} = \text{Vorhersage (Prädiktion) von } y_{n+1},$$
$$pf_{n+1} = f(t_{n+1}, py_{n+1}) = \text{Vorhersage (Prädiktion) von } f_{n+1}.$$

Ersetzt man in der Gleichung von Adams-Moulton f_{n+1} durch den so gefundenen Wert pf_{n+1}, so erhält man einen neuen *korrigierten* Wert y_{n+1}, der für weitere Berechnungen gespeichert wird.

Genauer ausgedrückt läßt sich ein $(r+1)$-Schritt-PECE-Verfahren (Prädiktor, Evaluation, Korrektor, Evaluation) folgendermaßen beschreiben: Für schon berechnete Werte $y_{n-r}, f_{n-r}, \ldots, y_n, f_n$ setzt man

$$\begin{cases} \text{Prädiktor (Vorhersage):} & py_{n+1} = \ldots(\text{ab } y_{n-i}, f_{n-i} \text{ für } 0 \leq i \leq r) \\ & t_{n+1} = t_n + h_n \\ \text{Evaluation (Berechnung):} & pf_{n+1} = f(t_{n+1}, py_{n+1}) \\ \text{Korrektor (Korrektur):} & y_{n+1} = y_n + h_n\left(b_{n,-1,r}^* pf_{n+1} + \sum_{0 \leq i \leq r} b_{n,i,r}^* f_{n-i}\right) \\ \text{Evaluation (Berechnung):} & f_{n+1} = f(t_{n+1}, y_{n+1}) \end{cases}$$

Als *Korrektor* wurde hier das Adams-Moulton-Verfahren benutzt, aber es hätte *a priori* auch jedes andere implizite Verfahren dazu benutzt werden können.

Auch für die Anlaufrechnung des PECE-Algorithmus benötigt man zunächst ein Einschrittverfahren zur Berechnung der Stützstellen $y_1, \ldots, y_r$ und der Steigungen $f_0, \ldots, f_r$. Grob geschätzt benötigt das PECE-Verfahren ungefähr doppelt so viel Rechenzeit wie ein Adams-Bashforth-Verfahren gleicher Ordnung (aber wir werden noch sehen, daß die Stabilität sehr viel besser ist). Die Rechenzeit ist im allgemeinen sehr viel geringer als für aufwendige Runge-Kutta-Verfahren ($\geq$ 3-ter Ordnung).

9.4.2   Konsistenzfehler beim PECE-Verfahren

Es sei z eine exakte Lösung des Anfangswertproblems. Der Konsistenzfehler beträgt

$$e_n = z(t_{n+1}) - y_{n+1} \quad \text{mit} \quad y_{n-i} = z(t_{n-i}), \quad 0 \le i \le r.$$

Es sei y_{n+1}^* der mit dem einzigen Korrektor (Adams-Moulton) erhaltene Wert, so daß

$$\begin{cases} y_{n+1}^* = y_n + h_n \left(b_{n,-1,r}^* f_{n+1}^* + \sum_{0 \le i \le r} b_{n,i,r}^* f_{n,i} \right) \\ f_{n+1}^* = f(t_{n+1}, y_{n+1}^*) \end{cases}$$

gilt. Der zugehörige Konsistenzfehler beträgt

$$e_n^* = z(t_{n+1}) - y_{n+1}^*.$$

Der Prädiktor selbst verursacht einen Konsistenzfehler

$$pe_n = z(t_{n+1}) - py_{n+1}.$$

Wir schreiben

$$\begin{aligned} e_n &= (z(t_{n+1}) - y_{n+1}^*) + (y_{n+1}^* - y_{n+1}) \\ e_n &= e_n^* + (y_{n+1}^* - y_{n+1}). \end{aligned}$$

Ferner ist

$$y_{n+1}^* - y_{n+1} = h_n b_{n,-1,r}^* (f_{n+1}^* - pf_{n+1}).$$

Besitzt $f(t, y)$ eine Lipschitz-Konstante k bezüglich y, so schließt man daraus

$$|y_{n+1}^* - y_{n+1}| \le h_n |b_{n,-1,r}^*| \, k \, |y_{n+1}^* - py_{n+1}|$$

und $y_{n+1}^* - py_{n+1} = (z(t_{n+1}) - py_{n+1}) - (z(t_{n+1}) - y_{n+1}^*)$ und damit

$$|y_{n+1}^* - py_{n+1}| \le |pe_n| + |e_n^*|.$$

Damit ergibt sich schließlich

$$\begin{aligned} |y_{n+1}^* - y_{n+1}| &\le |b_{n,-1,r}^*| \, kh_n(|pe_n| + |e_n^*|) \\ |e_n| &\le |e_n^*| + |y_{n+1}^* - y_{n+1}| \\ |e_n| &\le (1 + |b_{n,-1,r}^*| kh_n)|e_n^*| + |b_{n,-1,r}^*| \, kh_n \, |pe_n|. \end{aligned}$$

Man erkennt, daß der Einfluß des Prädiktors wesentlich geringer ausfällt als der Einfluß des Korrektors, da sein Konsistenzfehler nur einen Bruchteil des Terms $O(h_n)$ ausmacht. Ist der *Korrektor* AM_{r+1} $(r+2)$-*ter Ordnung* (das heißt $|e_n^*| \le Ch_n h_{\max}^{r+2}$), dann erkennt man, daß es genügt, einen *Prädiktor* $(r+1)$-*ter Ordnung zu wählen.* Die Beiträge von $|e_n^*|$ und $|pe_n|$ in $|e_n|$ sind alle beide $\le Ch_n h_{\max}^{r+2}$, *die Gesamtordnung eines PECE-Verfahrens beträgt in diesem Fall also* $r + 2$.

9.4.3 Beispiele

- Prädiktor: Euler-Cauchy-Verfahren (erster Ordnung),
  Korrektor: AM_1 (zweiter Ordnung).

$$\begin{cases} P: & py_{n+1} = y_n + h_n f_n \\ E: & pf_{n+1} = f(t_{n+1}, py_{n+1}) \\ C: & y_{n+1} = y_n + h_n \left(\frac{1}{2} pf_{n+1} + \frac{1}{2} f_n \right) \\ E: & f_{n+1} = f(t_{n+1}, y_{n+1}) \end{cases}$$

Dieser Algorithmus ist identisch mit dem Verfahren von Heun, welches ja nichts anderes ist, als das durch

$$\begin{array}{c|cc} 0 & 0 & 0 \\ 1 & 1 & 0 \\ \hline & \dfrac{1}{2} & \dfrac{1}{2} \end{array}$$

definierte Runge-Kutta-Verfahren.

- Prädiktor: Nyström (zweiter Ordnung) mit konstanter Schrittweite $h_n = h$,
  Korrektor: AM_2 (dritter Ordnung).

$$\begin{cases} P: & py_{n+1} = y_{n-1} + 2h f_n \\ E: & pf_{n+1} = f(t_{n+1}, py_{n+1}) \\ C: & y_{n+1} = y_n + h \left(\frac{5}{12} pf_{n+1} + \frac{8}{12} f_n - \frac{1}{12} f_{n-1} \right) \\ E: & f_{n+1} = f(t_{n+1}, y_{n+1}) \end{cases}$$

- Prädiktor: AB_{r+1} ($(r+1)$-ter Ordnung),
  Korrektor: AM_{r+1} ($(r+2)$-ter Ordnung).

$$\begin{cases} P: & py_{n+1} = y_n + h_n \sum_{0 \le i \le r} b_{n,i,r} f_{n-i} \\ E: & pf_{n+1} = f(t_{n+1}, py_{n+1}) \\ C: & y_{n+1} = y_n + h_n \left(b^*_{n,-1,r} pf_{n+1} + \sum_{0 \le i \le r} b^*_{n,i,r} f_{n-i} \right) \\ E: & f_{n+1} = f(t_{n+1}, y_{n+1}). \end{cases}$$

Übung

Bestätigen Sie, das dieser letzte PECE-Algorithmus einem Adams-Moulton-Verfahren entspricht, bei dem der Iterationsalgorithmus nach der ersten Stufe angehalten wurde, also $y_{n+1} = x_1$ ist, wobei von einem Wert x_0 ausgegangen wird, den das Adams-Bashforth-Verfahren liefert.

9.4.4 Stabilität des PECE-Verfahrens

Angenommen, der Prädiktor besitzt die Form

$$py_n = \sum_{0 \le i \le r} \alpha_{n,i} y_{n-i} + h_n \sum_{0 \le i \le r} \beta_{n,i} f_{n-i}$$

und wir bezeichnen

$$A = \max_n \sum_i |\alpha_{n,i}|, \qquad B = \max_n \sum_i |\beta_{n,i}|.$$

Es sei $\tilde{y}_n$ eine gestörte Folge, so daß gilt

$$\begin{cases} p\tilde{y}_{n+1} = \displaystyle\sum_{0 \le i \le r} \alpha_{n,i} \tilde{y}_{n-i} + h_n \sum_{0 \le i \le r} \beta_{n,i} \tilde{f}_{n-i} \\[2mm] \tilde{y}_{n+1} = \tilde{y}_n + h_n \left(b^*_{n,-1,r} p\tilde{f}_{n+1} + \displaystyle\sum_{0 \le i \le r} b^*_{n,i,r} \tilde{f}_{n-i} \right) + \varepsilon_n. \end{cases}$$

Bemerkung

In Wirklichkeit kommt auch beim Prädiktor ein Rundungsfehler $p\varepsilon_n$ mit ins Spiel, aber für den Fortgang unserer Rechnung ist es einfacher, diesen Rundungsfehler dem Fehler ε_n zuzuschlagen (das bedeutet offensichtlich keine Einschränkung).

Wir setzen $\theta_n = \max\limits_{0 \le i \le n} |\tilde{y}_i - y_i|$ und $p\theta_n = |p\tilde{y}_n - py_n|$. Da angenommen wird, daß $f(t,y)$ eine Lipschitz-Konstante k bezüglich y besitzt, folgt:

$$\begin{cases} p\theta_{n+1} \le A\theta_n + h_n B k \theta_n \\[2mm] \theta_{n+1} \le \theta_n + k h_n \left(|b^*_{n,-1,r}| p\theta_{n+1} + \displaystyle\sum_{0 \le i \le r} |b^*_{n,i,r}| \theta_n \right) + |\varepsilon_n|. \end{cases}$$

Ersetzt man in der zweiten Zeile $p\theta_{n+1} \le \theta_n + \theta_n(A - 1 + Bkh_n)$, dann ergibt sich

$$\theta_{n+1} \le \theta_n \left(1 + \Big[\sum_{-1 \le i \le r} |b^*_{n,i,r}| + |b^*_{n,-1,r}|(A - 1 + Bkh_n) \Big] kh_n \right) + |\varepsilon_n|,$$

$$\theta_{n+1} \le \theta_n(1 + \Lambda h_n) + |\varepsilon_n|$$

mit $\Lambda = (\beta^*_r + \gamma^*_r(A - 1 + Bkh_{\max}))k$. Aus dem Lemma von Gronwall folgt, daß das PECE-Verfahren stabil ist und eine Stabilitätskonstante

$$S = e^{\Lambda T} = \exp \left((\beta^*_r + \gamma^*_r(A - 1 + Bkh_{\max})kT \right)$$

besitzt. Man sieht leicht, daß für kleines $h_{\max}$

$$S \simeq \exp \left((\beta^*_r + \gamma^*_r(A - 1))kT \right)$$

ist. Weiter erkennt man, daß die Stabilität des Prädiktors keinen Einfluß auf die Stabilität des PECE-Verfahrens hat, nur die Konstante A kann sich auf die Stabilität auswirken; man könnte theoretisch also einen instabilen Prädiktor verwenden! Die Konsistenz des Prädiktors bedingt $\sum_i \alpha_{n,i} = 1$. Wenn die Koeffizienten $\alpha_{n,i} \geq 0$ sind, dann ist $A = 1$.

(Dies ist für die Verfahren nach Nyström, Milne oder AB_{r+1} der Fall.) Folglich weicht die Stabilitätskonstante

$$S \simeq \exp\left(\beta_r^* k T\right)$$

nur wenig von der des Adams-Moulton-Verfahrens ab. Es ergeben sich also bei mäßigem Rechenzeitaufwand ziemlich stabile Verfahren, deren Ordnung beliebig hoch sein kann. Im Vergleich mit Runge-Kutta-Verfahren sind sie bei gleicher Ordnung ein wenig schneller, aber dafür etwas weniger stabil.

9.4.5 PEC-Verfahren

Wie der Name andeutet handelt es sich dabei um Prädiktor-Korrektor-Verfahren, bei denen die letzte Stufe der Berechnung weggelassen wurde (selbstverständlich in der Absicht Zeit zu sparen). Das bedeutet, daß die korrigierten Steigungen f_{n+1} nicht berechnet werden. Man muß sich also mit den vorhergesagten Steigungen pf_{n-i} begnügen. Es ergibt sich folgender Algorithmus:

$$\begin{cases} \text{P}: & py_{n+1} = \sum_{0 \leq i \leq r} \alpha_{n,i} y_{n-i} + h_n \sum_{0 \leq i \leq r} \beta_{n,i} pf_{n-i} \\ & t_{n+1} = t_n + h_n \\ \text{E}: & pf_{n+1} = f(t_{n+1}, py_{n+1}) \\ \text{C}: & y_{n+1} = y_n + h_n \sum_{-1 \leq i \leq r} b_{n,i,r}^* pf_{n-i}. \end{cases}$$

Die Anlaufrechnung des Algorithmus benötigt zunächst die Berechnung der Größen $y_1, \ldots, y_r, pf_0, \ldots, pf_r$.

Konsistenzfehler *

Der PEC-Algorithmus paßt nicht ganz in den Rahmen der bis jetzt betrachteten Verfahren. Es bedarf folgender Neudefinition von e_n: Wenn z eine exakte Lösung ist, dann setzt man

$$e_n = z(t_{n+1}) - y_{n+1},$$

wobei y_{n+1} aus den vorhergehenden Werten $py_{n-i} = y_{n-i} = z(t_{n-i})$ mit $0 \leq i \leq r$ berechnet wurde. Mit dieser Definition sieht man leicht, daß der Konsistenzfehler genau identisch zu dem des PECE-Verfahrens ist, und daraus folgt

$$|e_n| \leq \left(1 + |b_{n,-1,r}^*| k h_n\right) |e_n^*| + |b_{n,-1,r}^*| k h_n |pe_n|.$$

Da der Korrektor $(r+2)$-ter Ordnung ist, wird man hier einen Prädiktor $(r+1)$-ter Ordnung wählen.

Stabilität des PEC-Verfahrens *

Wir betrachten mit den Schreibweisen und Annahmen aus Abschnitt 9.4.4 eine gestört Folge $\tilde{y}_n$, für die

$$\tilde{y}_{n+1} = \tilde{y}_n + h_n \sum_{-1 \leq i \leq r} b^*_{n,i,r} p\tilde{f}_{n-i} + \varepsilon_n$$

ist, und wir setzen $\theta_n = \max_{0 \leq i \leq n} |\tilde{y}_i - y_i|$, $p\theta_n = \max_{0 \leq i \leq n} |p\tilde{y}_i - py_i|$. Daraus folgt:

$$\begin{cases} p\theta_{n+1} \leq A\theta_n + Bkh_n p\theta_n \\ \theta_{n+1} \leq \theta_n + \beta^*_r kh_n p\theta_{n+1} + |\varepsilon_n|. \end{cases}$$

Die erste Zeile zieht

$$p\theta_{n+1} \leq A\theta_n + Bkh_{\max} p\theta_{n+1}$$

nach sich und damit $p\theta_{n+1} \leq \dfrac{A}{1 - Bkh_{\max}} \theta_n$ für $Bkh_{\max} < 1$. Eingesetzt in die zweite Zeile ergibt sich:

$$\theta_{n+1} \leq \left(1 + \frac{\beta^*_r Ak}{1 - Bkh_{\max}} h_n\right) \theta_n + |\varepsilon_n|.$$

Das Lemma von Gronwall liefert die Stabilitätskonstante

$$S = \exp\left(\frac{\beta^*_r AkT}{1 - Bkh_{\max}}\right).$$

Für genügend kleines $h_{\max}$ erhält man $S \simeq \exp(\beta^*_r AkT)$. Diese Stabilitätskonstante ist ein klein wenig schlechter als für das PECE-Verfahren, da $\gamma^*_r < \beta^*_r$. Trotzdem ist für $A = 1$ die Stabilitätskonstante dieselbe:

$$S \simeq \exp(\beta^*_r kT),$$

das heißt, genauer gesagt dieselbe wie für das Adams-Moulton-Verfahren alleine. Im Vergleich zum PECE-Verfahren gewinnt man ein wenig Rechenzeit, aber man verliert im Gegenzug ein wenig an Stabilität und Genauigkeit.

9.5 Aufgaben

9.5.1

Man betrachte das Anfangswertproblem $y'(t) = f(t, y(t))$, $y(t_0) = y_0$ mit einer Funktion $f : [t_0, t_0 + T] \times \mathbb{R} \to \mathbb{R}$ aus der Klasse C^5. Um dieses Problem numerisch zu lösen, wird eine ganze Zahl $N \geq 2$ vorgegeben, und man betrachtet die Zerlegung $t_n = t_0 + nh$, $0 \leq n \leq N$ mit konstanter Schrittweite $h = T/N$.
Es sollen die Zweischrittverfahren der Form

(M) $$y_{n+1} = \alpha y_{n-1} + \alpha' y_n + h(\beta f_{n-1} + \beta' f_n + \beta'' f_{n+1})$$

mit $f_n = f(t_n, y_n)$ untersucht werden. Für $\beta'' = 0$ handelt es sich um ein explizites Verfahren und für $\beta'' \neq 0$ um ein implizites Verfahren.

(a) Es sei g eine Funktion, welche in der Umgebung von Null zur Klasse C^5 gehört. Entwickeln Sie den folgenden Ausdruck

$$\Delta(h) = g(h) - [\alpha g(-h) + \alpha' g(0) + h(\beta g'(-h) + \beta' g'(0) + \beta'' g'(h))]$$

in eine Reihe um $h = 0$ bis zur vierten Ordnung.
Wie lautet die notwendige und hinreichende Bedingung, damit das Verfahren (M) $\geq$ 1-ter (bzw.$\geq$ 2-ter, $\geq$ 3-ter, $\geq$ 4-ter) Ordnung ist. Zeigen Sie, daß

(M^4) $$y_{n+1} = y_{n-1} + h\left(\frac{1}{3} f_{n-1} + \frac{4}{3} f_n + \frac{1}{3} f_{n+1}\right)$$

das einzige Verfahren (M) ist, welches $\geq$ 4-ter Ordnung ist.
Wie kann man dieses Verfahren interpretieren?

NB: In den folgenden Teilaufgaben sei, ohne es jedesmal zu erwähnen, immer angenommen, daß die untersuchten Verfahren (M) wenigstens erster Ordnung sind.

(b) Um die Stabilität des Verfahrens (M) zu prüfen, wird die triviale Differentialgleichung $y' = 0$ betrachtet.
Drücken Sie die Folge y_n für *a priori* gegebene reelle Zahlen y_0 und $y_1 = y_0 + \varepsilon$ in Abhängigkeit von y_0, ε, α, n aus. Schließen Sie daraus, daß $-1 < \alpha \leq 1$ eine notwendige Bedingung ist, damit das Verfahren (M) stabil ist.

(c) Umgekehrt soll jetzt gezeigt werden, daß das Verfahren (M) stabil ist, wenn $0 \leq \alpha \leq 1$ und h genügend klein ist. Es werde angenommen, daß für jedes $t \in [t_0, t_0 + T]$ die Funktion $y \mapsto f(t, y)$ eine Lipschitz-Konstante k besitzt. Es seien (y_n) und (z_n) zwei Folgen, so daß für $n \geq 1$

$$y_{n+1} = \alpha y_{n-1} + \alpha' y_n + h(\beta f(t_{n-1}, y_{n-1}) + \beta' f(t_n, y_n) + \beta'' f(t_{n+1}, y_{n+1})),$$
$$z_{n+1} = \alpha z_{n-1} + \alpha' z_n + h(\beta f(t_{n-1}, z_{n-1}) + \beta' f(t_n, z_n) + \beta'' f(t_{n+1}, z_{n+1})) + \varepsilon_n$$

gilt. Man setzt

$$\theta_n = \max_{0 \leq i \leq n} |z_i - y_i|.$$

α) Geben Sie für $|z_{n+1} - y_{n+1}|$ eine obere Schranke in Abhängigkeit von θ_n, θ_{n+1} und ε_n an. Folgern Sie daraus, daß wenn $|\beta''|kh < 1$ ist, sich

$$\theta_{n+1} \leq \left(1 + \frac{(|\beta| + |\beta'| + |\beta''|)kh}{1 - |\beta''|kh}\right)(\theta_n + |\varepsilon_n|)$$

ergibt.

β) Leiten Sie daraus die Existenz einer Stabilitätskonstante $S(h)$ ab, welche für h gegen 0 beschränkt bleibt, so daß gilt

$$\theta_N \leq S(h)\left(\theta_1 + \sum_{k=1}^{N-1} |\varepsilon_n|\right).$$

(e) Bestimmen Sie in Abhängigkeit von α die Verfahren (M) dritter Ordnung; sie werden mit (M_α^3) bezeichnet. Welchem Verfahren entspricht (M_0^3)? Gibt es ein Verfahren (M_α^3), das sowohl explizit als auch stabil ist?
Zeigen Sie, daß es ein einziges Verfahren $(M_{\alpha_1}^3)$ gibt, für welches $\beta = 0$ ist.

(f) α) Geben Sie den PECE-Algorithmus explizit an, für welchen der Prädiktor das Nyström-Verfahren und der Korrektor das Verfahren $(M_{\alpha_1}^3)$ sind.
Die Anlaufrechnung wird mit einem üblichen Runge-Kutta-Verfahren vierter Ordnung gemacht.

β) Schreiben Sie ein Pascal-Programm, in dem der vorstehende Algorithmus für den Fall der Funktion $f(t, y) = \sin(ty - y^2)$ realisiert wird.
Eingabedaten sollen die Anfangsbedingung (t_0, y_0), die Schrittweite h und die Zahl N der Iterationen sein. Der Computer soll für $0 \leq n \leq N$ nacheinander die Werte (t_n, y_n) anzeigen.

9.5.2

Ziel dieser Aufgabe ist die Untersuchung der Verfahren von Adams-Bashforth und Adams-Moulton mit konstanter Schrittweite.

(a) Zeigen Sie, daß sich das Adams-Bashforth-Verfahren mit $r + 1$ Schritten und konstanter Schrittweite h als

$$y_{n+1} = y_n + h \sum_{i=0}^{r} b_{i,r} f(t_{n-i}, y_{n-i})$$

mit

$$b_{i,r} = (-1)^i \int_0^1 \frac{s(s+1)\ldots \widehat{(s+i)}\ldots(s+r)}{i!(r-i)!}, \quad 0 \leq i \leq r$$

schreiben läßt.

(b) Man setzt

$$\gamma_r = \int_0^1 \frac{s(s+1)\ldots(s+r-1)}{r!}\, ds.$$

Beweisen Sie die Gleichungen

$$b_{i,r} - b_{i,r-1} = (-1)^i C_r^i \gamma_r, \quad 0 \leq i \leq r-1,$$
$$b_{r,r} = (-1)^r \gamma_r.$$

(c) Zeigen Sie, daß für $|t| < 1$

$$\int_0^1 (1-t)^{-s} ds = \sum_{r=0}^{+\infty} \gamma_r t^r$$

gilt. Schließen Sie daraus auf den Wert des Ausdrucks $\log(1-t) \sum\limits_{r=0}^{+\infty} \gamma_r t^r$ und

daraus dann den Summenwert

$$\frac{\gamma_0}{r+1} + \frac{\gamma_1}{r} + \cdots + \frac{\gamma_{r-1}}{2} + \gamma_r.$$

(d) Setzen Sie das Adams-Bashforth-Verfahren mit einer beliebigen Schrittzahl in ein Pascal-Programm um. Zur Berechnung von γ_r und $b_{i,r}$ sollen die obenstehenden Rekursionsgleichungen verwendet werden. Die Anlaufrechnung geschieht mit einem Runge-Kutta-Verfahren vierter Ordnung.

(e) Beweisen Sie die zu (a), (b) und (c) analogen Gleichungen für das Adams-Moulton-Verfahren.

9.5.3

Das Anfangswertproblem

$$y' = f(t,y), \quad y(t_0) = y_0$$

mit f der Klasse C^2 auf $[t_0, t_0 + T] \times \mathbb{R}$ sei numerisch zu lösen. Gegeben sei eine Zerlegung

$$t_0 < t_1 < \cdots < t_N = t_0 + T$$

des Intervalls, und es soll folgendes numerisches Verfahren untersucht werden: Wenn y_n der Näherungswert der Lösung für den Zeitpunkt t_n ist und $f_n = f(t_n, y_n)$, dann setzt man

(M) $$y_{n+1} = y_{n-1} + \int_{t_{n-1}}^{t_{n+1}} p_n(t) dt,$$

wobei p_n das Interpolationspolynom für die Steigungen f_n, f_{n-1} zu den Zeiten t_n und t_{n-1} ist. Man bezeichnet $h_n = t_{n+1} - t_n$.

(a) Berechnen Sie explizit y_{n+1}. Welches Verfahren erhält man für konstante Schrittweite $h_n = h$?

(b) Es sei z eine exakte Lösung der Differentialgleichung. Bestimmen Sie für das Verfahren (M) eine dem Konsistenzfehler e_n entsprechende Größe. Welcher Ordnung ist das Verfahren? Wie würden Sie bei der Anlaufrechnung vorgehen?

(c) Es sei $\widetilde{y}_n$ eine Folge, welche die Rekursionbeziehung

$$\widetilde{y}_{n+1} = \widetilde{y}_{n-1} + \int_{t_{n-1}}^{t_{n+1}} \widetilde{p}_n(t)dt + \varepsilon_n$$

erfüllt, wobei $\widetilde{p}_n$ die Werte $\widetilde{f}_n = f(t_n, \widetilde{y}_n)$ und $\widetilde{y}_{n-1}$ interpoliert. Mit der Größe ε_n wird der auf jeder Stufe n begangene Fehler bezeichnet. Es wird angenommen, daß $f(t, y)$ eine Lipschitz-Konstante k bezüglich y besitzt und $\theta_n = \max\limits_{0 \le i \le n} |\widetilde{y}_i - y_i|$ ist.

α) Zeigen Sie, daß gilt

$$\theta_{n+1} \le \left(1 + kh_n \left(1 + \max\left\{\frac{h_n}{h_{n-1}}, \frac{h_{n-1}}{h_n}\right\}\right)\right)\theta_n + \varepsilon_n.$$

β) Angenommen, das Verhältnis zweier aufeinanderfolgender Schritte habe als obere Schranke eine Konstante δ (mit z.B. $1 \le \delta \le 2$). Untersuchen Sie die Stabilität des Verfahrens (M).

9.5.4

In dieser Übung soll ein Prädiktor-Korrektor-Verfahren vom Typ PEPEC für die Lösung eines Anfangswertproblems

$$\begin{cases} y' = f(t, y), & t \in [t_0, t_0 + T] \\ y(t_0) = y_0 \end{cases}$$

untersucht werden. Angenommen, die Funktion $f(t, y)$ gehört auf $[t_0, t_0 + T] \times \mathbb{R}$ zur Klasse C^4 und besitzt eine Lipschitz-Konstante k bezüglich y. Als konstante Schrittweite wird $h = T/N$, $N \in \mathbb{N}^*$ gewählt.

(a) Ziel dieser Teilaufgabe ist es, das Korrektor-Verfahren zu beschreiben.

α) Wenn z eine exakte Lösung des Anfangswertproblems ist, dann kann man

$$z(t_{n+1}) = z(t_n) + \int_{t_n}^{t_{n+1}} f(t, z(t))dt$$

schreiben und das Integral durch ein einfaches Simpson-Verfahren approximieren. Zeigen Sie, daß der entsprechende Algorithmus sich als

(C) $\qquad y_{n+1} = y_n + h(\alpha f_n + \beta f_{n+\frac{1}{2}} + \gamma f_{n+1})$

mit näher zu bestimmenden Koeffizienten α, β, γ beschreiben läßt.

β) Angenommen, die Steigungen f_n, $f_{n+1/2}$, f_{n+1} sind die exakten Ableitungen von z in den Stützstellen t_n, $t_n + h/2$, $t_n + h$. Bestimmen Sie eine dem Konsistenzfehler entsprechende Größe

$$e_n^* = z(t_{n+1}) - y_{n+1}$$

in Abhängigkeit von h und der Ableitung $z^{(5)}(t_n)$. Welche Ordnung hat das Verfahren (C)?

(b) Um die Gleichung (C) anwenden zu können, ist es notwendig die Näherungswerte $py_{n+1/2}$ und py_{n+1} an den Stützstellen $y_{n+1/2}$ und y_{n+1} sowie die entsprechenden Steigungen

$$pf_{n+\frac{1}{2}} = f(t_n + \frac{h}{2}, py_{n+\frac{1}{2}}), \quad pf_{n+1} = f(t_{n+1}, py_{n+1})$$

vorherzusagen. Zu diesem Zweck benutzt man als Prädiktor (P) das Dreischritt-Adams-Bashforth-Verfahren mit konstanter Schrittweite $h/2$, bei dem die vorher schon vorhergesagten Steigungen pf_n, $pf_{n-1/2}$, pf_{n-1} wieder ins Spiel kommen. Das Verfahren (P) wird zuerst benutzt, um $py_{n+1/2}$ zu berechnen und dann noch einmal, um py_{n+1} aus $py_{n+1/2}$ zu berechnen.

α) Stellen Sie den auf diese Weise erhaltenen gesamten PEPEC-Algorithmus explizit zusammen.

β) Schreiben Sie in Pascal die entscheidende Schleife, die der Iteration des PEPEC-Algorithmus entspricht. (Geben Sie dabei die Bedeutung der verwendeten Variablen genau an.)

γ) Der Konsistenzfehler des PEPEC-Verfahrens ist als $e_n = z(t_{n+1}) - y_{n+1}$ definiert, wobei die Stützstellen y_n und py_{n-i}, $i \in \{0, 1/2, 1\}$ als exakt angenommen werden. Zeigen Sie, wenn pe_n und $pe_{n+1/2}$ die Konsistenzfehler des Prädiktors auf den Zeitintervallen $[t_n, t_n + h/2]$ und $[t_n + h/2, t_{n+1}]$ bezeichnen, daß dann

$$|e_n| \leq |e_n^*| + \frac{4}{6} kh |pe_n| + \frac{1}{6} kh \left(|pe_{n+\frac{1}{2}}| + |pe_n| + \frac{23}{24} kh |pe_n| \right)$$

gilt. Ist diese Wahl des Prädiktors sinnvoll? Welcher Ordnung ist das PEPEC-Verfahren? Wie würden Sie bei der Anlaufrechnung vorgehen?

(c) Es soll jetzt eine Stabilitätskonstante für den PEPEC-Algorithmus bestimmt werden. Es sei $\tilde{y}_n$ eine gestörte Folge, so daß die Korrekturgleichung mit einem Fehler ε_n behaftet ist; dabei wurde so verfahren, als ob der gesamte Fehler bei (C) entstanden wäre:

$$\tilde{y}_{n+1} = \tilde{y}_n + h(\alpha p\tilde{f}_n + \beta p\tilde{f}_{n+\frac{1}{2}} + \gamma p\tilde{f}_{n+1}) + \varepsilon_n.$$

Für $i, n \in \mathbb{N}$ setzt man

$$\theta_n = \max_{0 \le i \le n} |\tilde{y}_i - y_i|,$$

$$p\theta_n = \max_{0 \le i \le n} |p\tilde{y}_i - py_i|, \quad p\theta_{n+\frac{1}{2}} = \max_{0 \le i \le n} |p\tilde{y}_{i+\frac{1}{2}} - py_{i+\frac{1}{2}}|.$$

α) Geben Sie eine obere Schranke für $p\theta_{n+1/2}$ in Abhängigkeit von θ_n, $p\theta_n$ und $p\theta_{n-1/2}$ an, sowie für $p\theta_{n+1}$ in Abhängigkeit von $p\theta_{n+1/2}$ und $p\theta_n$. Schließen Sie (für genügend kleines h) daraus nacheinander:

$$p\theta_{n+1} \le \frac{1 + \dfrac{7}{6} kh}{1 - \dfrac{4}{6} kh} p\theta_{n+\frac{1}{2}} \le \frac{1}{1 - \dfrac{11}{6} kh} p\theta_{n+\frac{1}{2}},$$

$$p\theta_{n+\frac{1}{2}} \le \theta_n + kh \frac{\dfrac{11}{6} p\theta_{n-\frac{1}{2}}}{1 - \dfrac{11}{6} kh},$$

$$p\theta_{n+\frac{1}{2}} \le \frac{1 - \dfrac{11}{6} kh}{1 - \dfrac{11}{3} kh} \theta_n.$$

Leiten Sie daraus eine obere Schranke für θ_{n+1} in Abhängigkeit von θ_n und $|\varepsilon_n|$ ab, und geben Sie eine Schätzung von S an.

β) Vergleichen Sie die Stabilität des PEPEC-Verfahrens mit der Stabilität des PECE-Verfahrens gleicher Ordnung, bei welchem als Prädiktor das Adams-Bashforth-Verfahren und als Korrektor das Adams-Moulton-Verfahren verwendet wird.

10 Stabilität von Lösungen und singuläre Punkte eines Vektorfeldes

In diesem Kapitel soll das Verhalten der Lösungen einer Differentialgleichung und der Integralkurven eines Vektorfeldes, wenn die Zeit t gegen unendlich geht, untersucht werden. Wir interessieren uns hauptsächlich für den Fall linearer Gleichungen oder dazu »benachbarter« Gleichungen. Das Vorzeichen des Realteils der Eigenwerte der zum linearen Teil der Gleichung gehörenden Matrix bestimmt das Lösungsverhalten für diesen Fall: Eine Lösung wird dann als stabil bezeichnet, wenn die zu benachbarten Anfangsbedingungen gehörenden Lösungen bis im Unendlichen in der Nähe der betrachteten Lösung bleiben. Dieser Stabilitätsbegriff (auch als Stabilität im Sinne von Lyapunow bezeichnet) darf nicht mit der Stabilität eines numerischen Verfahrens verwechselt werden, die sich auf die Stabilität eines Algorithmus auf einem festen Zeitintervall bezieht. Schließlich werden verschiedene Konfigurationen von Integralkurven in der Umgebung von nicht entarteten singulären Punkten des ebenen Vektorfeldes untersucht.

10.1 Stabilität von Lösungen

10.1.1 Definitionen

Man betrachtet das zu einer Differentialgleichung

(D) $$y' = f(t, y)$$

gehörende Anfangswertproblem mit der Anfangsbedingung $y(t_0) = z_0$. Es wird angenommen, daß die Lösung des Problems auf $[t_0, +\infty[$ existiert.

Definition

Es sei $y(t, z)$ die maximal fortgesetzte Lösung von (D), so daß $y(t_0, z) = z$ ist. Die Lösung $y(t, z_0)$ wird als stabil bezeichnet, wenn es eine Kugel $\overline{B}(z_0, r)$ und eine Konstante $C \geq 0$ gibt, so daß

(i) für jedes $z \in \overline{B}(z_0, r)$, $t \mapsto y(t, z)$ auf $[t_0, +\infty[$ definiert ist;

(ii) für alle $z \in \overline{B}(z_0, r)$ und $t \geq t_0$

$$\|y(t, z) - y(t, z_0)\| \leq C\|z - z_0\|$$

gilt. Die Lösung $y(t, z_0)$ wird als asymptotisch stabil bezeichnet, wenn sie stabil ist und wenn die Bedingung (ii'), die noch stärker ist als die Bedingung (ii), erfüllt ist:

(ii') *Es gibt eine Kugel $\overline{B}(z_0, r)$ und eine stetige Funktion $\gamma : [t_0, +\infty[\to \mathbb{R}_+$ mit* $\lim\limits_{t \to +\infty} \gamma(t) = 0$, *so daß für alle $z \in \overline{B}(z_0, r)$ und $t \geq t_0$ gilt*

$$\|y(t, z) - y(t, z_0)\| \leq \gamma(t)\|z - z_0\|.$$

Die geometrische Bedeutung dieser Stabilitätsbegriffe ist in folgender Abbildung veranschaulicht.

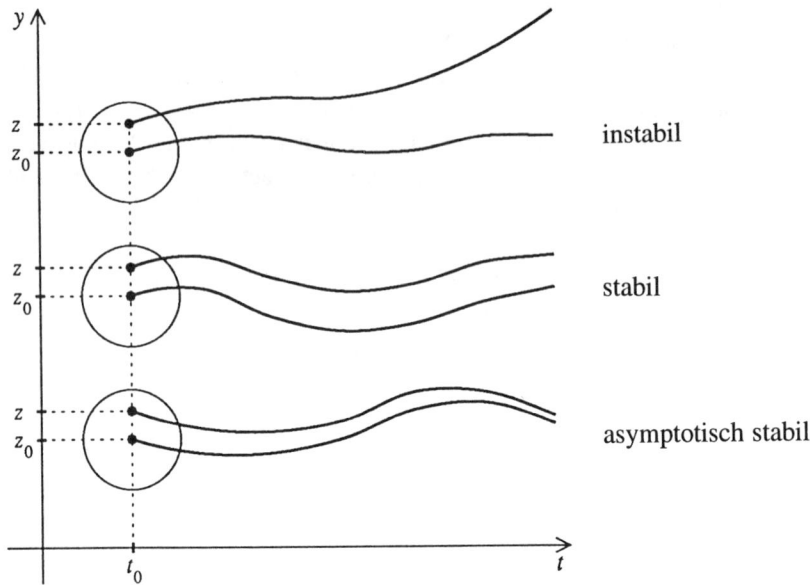

10.1.2 Lineares Differentialgleichungssystem mit konstanten Koeffizienten

Zunächst wollen wir den einfachsten Fall untersuchen, nämlich ein lineares homogenes Differentialgleichungssystem

$$(D) \qquad Y' = AY, \qquad Y = \begin{pmatrix} y_1 \\ \vdots \\ y_m \end{pmatrix}, \qquad A = \begin{pmatrix} a_{11} & \cdots & a_{1m} \\ \vdots & & \vdots \\ a_{m1} & \cdots & a_{mm} \end{pmatrix}$$

mit $y_j, a_{ij} \in \mathbb{C}$; der reelle Fall kann selbstverständlich als Spezialfall des komplexen Falles angesehen werden. Die Lösung des Anfangswertproblems $Y(t_0) = Z$ ist gegeben durch $Y(t, Z) = e^{(t-t_0)A} \cdot Z$. Also gilt

$$Y(t, Z) - Y(t, Z_0) = e^{(t-t_0)A} \cdot (Z - Z_0),$$

und die Stabilität verhält sich wie $e^{(t-t_0)A}$, wenn t gegen $+\infty$ strebt, das bedeutet, daß die Norm $\|e^{(t-t_0)A}\|$ beschränkt bleiben muß. Wir unterscheiden folgende Fälle:

- $m = 1$, $A = (a)$. Dann ist

$$\left| e^{(t-t_0)a} \right| = e^{(t-t_0)\mathrm{Re}(a)}.$$

Die Lösungen sind dann und nur dann stabil, wenn diese Größe für t gegen $+\infty$ beschränkt bleibt, das bedeutet, wenn $\mathrm{Re}(a) \leq 0$ ist. Desgleichen sind die Lösungen dann und nur dann asymptotisch stabil, wenn $\mathrm{Re}(a) < 0$ ist, und man kann dann setzen

$$\gamma(t) = e^{(t-t_0)\mathrm{Re}(a)} \xrightarrow[t \to +\infty]{} 0.$$

- m beliebig. Wenn A sich diagonalisieren läßt, dann ergibt sich nach einer linearen Koordinatentransformation

$$\tilde{A} = \begin{pmatrix} \lambda_1 & & 0 \\ & \ddots & \\ 0 & & \lambda_m \end{pmatrix}$$

mit $\lambda_1, \ldots, \lambda_m$, den Eigenwerten von A. Das Gleichungssystem läßt sich auf die unabhängigen Gleichungen $y'_j = \lambda_j y_j$ zurückführen und besitzt als Lösung

$$y_j(t, Z) = z_j e^{\lambda_j(t-t_0)}, \quad 1 \leq j \leq m.$$

Die Lösungen sind also dann und nur dann stabil, wenn $\mathrm{Re}(\lambda_j) \leq 0$ für jedes j ist, und dann und nur dann asymptotisch stabil, wenn $\mathrm{Re}(\lambda_j) < 0$ für jedes j ist.

Wenn A sich nicht in Diagonalform bringen läßt, so genügt es zu betrachten, was für jede Blockdreiecksmatrix von A geschieht. Angenommen, es sei

$$A = \begin{pmatrix} \lambda & & * \\ & \ddots & \\ 0 & & \lambda \end{pmatrix} = \lambda I + N,$$

wobei N eine nilpotente, von Null verschiedene Matrix ist (obere Blockdreiecksmatrix). Daraus folgt dann

$$\begin{aligned} e^{(t-t_0)A} &= e^{(t-t_0)\lambda I} \cdot e^{(t-t_0)N} \\ &= e^{\lambda(t-t_0)} \sum_{k=0}^{m-1} \frac{(t-t_0)^k}{k!} N^k, \end{aligned}$$

also sind die Koeffizienten von $e^{(t-t_0)A}$ Produkte von $e^{\lambda(t-t_0)}$ mit Polynomen, deren Grad $\leq m - 1$ ist und die nicht alle konstant sind (wegen $N \neq 0$ ist der Grad wenigstens Eins). Wenn $\mathrm{Re}(\lambda) < 0$ ist, so streben die Koeffizienten gegen 0, und wenn $\mathrm{Re}(\lambda) > 0$ ist, geht ihr Betrag gegen $+\infty$, weil das Exponentialwachstum über den Polynomanteil dominiert. Wenn $\mathrm{Re}(\lambda) = 0$ ist, dann ist $|e^{\lambda(t-t_0)}| = 1$, und folglich ist $e^{(t-t_0)A}$ nicht beschränkt. Man erkennt daraus, daß die Lösungen dann und nur dann asymptotisch stabil sind, wenn $\mathrm{Re}(\lambda) < 0$ ist. Für alle anderen Fälle sind sie instabil. Zusammengefaßt läßt sich feststellen:

Satz

Es seien $\lambda_1, \ldots, \lambda_m$ die komplexen Eigenwerte einer Matrix A. Dann sind die Lösungen des linearen Differentialgleichungssystems $Y' = AY$

- *asymptotisch stabil, wenn und nur wenn $\mathrm{Re}(\lambda_j) < 0$ für jedes $j = 1, \ldots, m$ ist.*

- *stabil, wenn und nur wenn für jedes j entweder $\mathrm{Re}(\lambda_j) < 0$ ist oder $\mathrm{Re}(\lambda_j) = 0$ ist, und außerdem die entsprechende Blockmatrix sich diagonalisieren läßt.*

10.1.3 Kleine Störungen eines linearen Differentialgleichungssystems

Man betrachtet im $\mathbb{K}^m = \mathbb{R}^m$ oder $\mathbb{C}^m$ ein Gleichungssystem der Form

$$(D) \qquad\qquad Y' = AY + g(t, Y)$$

mit einer stetigen Funktion $g : [t_0, +\infty[\times \mathbb{K}^m \to \mathbb{K}^m$. Es soll gezeigt werden, daß wenn der lineare Teil asymptotisch stabil ist und die »Störung« g ausreichend klein ist, wobei der Begriff »ausreichend« noch präzisiert werden muß, daß dann die Lösungen von (D) immer noch asymptotisch stabil sind.

Satz

Es wird angenommen, daß die komplexen Eigenwerte λ_j von A einen Realteil $\mathrm{Re}\, \lambda_j < 0$ besitzen.

(a) *Wenn es eine stetige Funktion $k : [t_0, +\infty[\to \mathbb{R}_+$ gibt, für die $\lim\limits_{t \to +\infty} k(t) = 0$ und*

$$\forall t \in [t_0, +\infty[, \quad \forall Y_1, Y_2 \in \mathbb{K}^m, \quad \|g(t, Y_1) - g(t, Y_2)\| \leq k(t)\|Y_1 - Y_2\|$$

ist, dann ist jede Lösung von (D) asymptotisch stabil.

(b) *Wenn $g(t, 0) = 0$ ist und es ein $r_0 > 0$ und eine stetige Funktion $k : [0, r_0] \to \mathbb{R}_+$ gibt, für die $\lim\limits_{r \to 0} k(r) = 0$ ist und*

$$\forall t \in [t_0, +\infty[, \quad \forall Y_1, Y_2 \in \overline{B}(0, r), \quad \|g(t, Y_1) - g(t, Y_2)\| \leq k(r)\|Y_1 - Y_2\|$$

für $r \leq r_0$ gilt, dann gibt es eine Kugel $\overline{B}(0, r_1) \subset \overline{B}(0, r_0)$, so daß jede Lösung $Y(t, Z_0)$ mit einem Anfangswert $Z_0 \in \overline{B}(0, r_1)$ asymptotisch stabil ist.

Beweis * Wenn $\mathbb{K} = \mathbb{R}$ ist, dann kann man das System immer auf $\mathbb{C}^m$ ausdehnen, indem man zum Beispiel für $Y \in \mathbb{C}^m$ $\tilde{g}(t, Y) = g(t, \mathrm{Re}(Y))$ setzt. Man begibt sich also in $\mathbb{C}^m$. Es gibt dann eine Basis $(e_1, \ldots, e_m)$, in der sich A als Dreiecksmatrix darstellen läßt

$$A = \begin{pmatrix} \lambda_1 & a_{12} & \cdots & & a_{1m} \\ & \lambda_2 & & & \vdots \\ \vdots & & \ddots & & a_{m-1m} \\ & \cdots & \cdots & & \\ 0 & \cdots & \cdots & & \lambda_m \end{pmatrix}.$$

Setzen wir $\widetilde{e}_j = \varepsilon^j e_j$ mit kleinem $\varepsilon > 0$, dann folgt

$$\begin{aligned} A\widetilde{e}_j &= \varepsilon^j(a_{1j}e_1 + \cdots + a_{j-1j}e_{j-1} + \lambda_j e_j) \\ &= \varepsilon^{j-1}a_{1j}\widetilde{e}_1 + \cdots + \varepsilon a_{j-1j}\widetilde{e}_{j-1} + \lambda_j\widetilde{e}_j, \end{aligned}$$

so daß bezüglich der Basis $(\widetilde{e}_j)$ die Nichtdiagonalkoeffizienten beliebig klein werden können. Es soll angenommen werden, daß $|a_{ij}| \leq \varepsilon$ ist und ε beliebig klein gewählt werden kann. Wir betrachten zwei Lösungen $Y(t, Z)$ und $Y(t, Z_0)$:

$$\begin{aligned} Y'(t, Z) &= AY(t, Z) + g(t, Y(t, Z)), \\ Y'(t, Z_0) &= AY(t, Z_0) + g(t, Y(t, Z_0)), \end{aligned}$$

und wir versuchen, die Differenz $\Delta(t) = Y(t, Z) - Y(t, Z_0)$ zu berechnen. Es gilt dabei, zwei Fälle (a) und (b) zu unterscheiden.

(a) Im ersten Fall besitzt $f(t, Y) = AY + g(t, Y)$ eine Lipschitz-Konstante $\|A\| + k(t)$ bezüglich Y. Schon das Kriterium aus Kapitel 5.3.4 zeigt, daß alle Lösungen auf $[t_0, +\infty[$ global definiert sind. Wir erhalten

$$\begin{aligned} \Delta'(t) &= A\Delta(t) + g(t, Y(t, Z)) - g(t, Y(t, Z_0)), \\ k(t)\|\Delta(t)\| &\geq \|g(t, Y(t, Z)) - g(t, Y(t, Z_0))\|. \end{aligned}$$

Bezeichnen wir die Komponenten von $\Delta(t)$ mit $(\delta_j(t))_{1 \leq j \leq m}$ und führen die Größe $\rho(t)$ ein mit

$$\rho(t) = \|\Delta(t)\|^2 = \sum_{j=1}^{m} \delta_j(t)\overline{\delta_j(t)}.$$

Durch Differenzieren ergibt sich

$$\begin{aligned} \rho'(t) &= \sum_{j=1}^{m} \delta_j'(t)\overline{\delta_j(t)} + \delta_j(t)\overline{\delta_j'(t)} = 2\mathrm{Re}\sum_{i=1}^{m} \delta_j'(t)\overline{\delta_j(t)}, \\ &= 2\mathrm{Re}({}^t\overline{\Delta(t)}\Delta'(t)) \\ &= 2\mathrm{Re}({}^t\overline{\Delta(t)}A\Delta(t)) + 2\mathrm{Re}\left({}^t\overline{\Delta(t)}(g(t, Y(t, Z)) - g(t, Y(t, Z_0)))\right). \end{aligned}$$

Der zweite Realteil besitzt als obere Schranke

$$2\|\Delta(t)\| \cdot \|g(t, Y(t, Z)) - g(t, Y(t, Z_0))\| \leq 2k(t)\|\Delta(t)\|^2 = 2k(t)\rho(t).$$

Ferner gilt

$$^t\overline{\Delta(t)}A\Delta(t) = \sum_{j=1}^{m} \lambda_j|\delta_j(t)|^2 + \sum_{i<j} a_{ij}\overline{\delta_i(t)}\delta_j(t),$$

so daß

$$\mathrm{Re}(^t\overline{\Delta(t)}A\Delta(t)) \le \sum_{j=1}^{m}(\mathrm{Re}\lambda_j)|\delta_j(t)|^2 + \Big(\sum_{i<j}|a_{ij}|\Big)\|\Delta(t)\|^2.$$

Wegen der Annahme $\mathrm{Re}(\lambda_j) < 0$, und weil $|a_{ij}| \le \varepsilon$ ist, gibt es eine Wahl für ε, für die

$$\mathrm{Re}(^t\overline{\Delta(t)}A\Delta(t)) \le -\alpha\sum_{j=1}^{m}|\delta_j(t)|^2 = -\alpha\rho(t)$$

mit $\alpha > 0$ ist. Damit ergibt sich

$$
\begin{aligned}
\rho'(t) &\le -2\alpha\rho(t) + 2k(t)\rho(t),\\
\frac{\rho'(t)}{\rho(t)} &\le -2\alpha + 2k(t),\\
\ln\frac{\rho(t)}{\rho(t_0)} &\le -2\int_{t_0}^{t}(\alpha - k(u))du,\\
\rho(t) &\le \|Z - Z_0\|^2\exp\Big(-2\int_{t_0}^{t}(\alpha - k(u))du\Big),
\end{aligned}
$$

weil $\rho(t_0) = \|Z - Z_0\|^2$ ist. Man stellt fest, daß $\rho(t) = \|\Delta(t)\|^2$ nur dann zu Null werden kann, wenn die beiden Lösungen identisch zusammenfallen. Zieht man die Quadratwurzel, so erhält man

$$\|Y(t, Z) - Y(t, Z_0)\| \le \gamma(t)\|Z - Z_0\|$$

mit

$$\gamma(t) = \exp\Big(-\int_{t_0}^{t}(\alpha - k(u))du\Big).$$

Da $\lim\limits_{u\to+\infty}(\alpha - k(u)) = \alpha > 0$ ist, divergiert das Integral gegen $+\infty$ und es wird $\lim\limits_{t\to+\infty}\gamma(t) = 0$. Die Lösungen sind also asymptotisch stabil.

(b) Dieser Fall ist etwas heikler, weil man *a priori* nicht von allen Lösungen weiß, ob sie global sind. Im allgemeinen werden sie das für $Z_0 \notin \overline{B}(0, r_0)$ zunächst nicht sein, angesichts der Tatsache, daß die gemachten Annahmen sich nur auf das beziehen, was für $Y \in \overline{B}(0, r_0)$ geschieht. Da $g(t, 0) = 0$ ist, gibt es jedoch in jedem Fall die globale Lösung $Y(t) = 0$, das bedeutet, daß für $t \in [t_0, +\infty[$ überall $Y(t, 0) = 0$ gilt. Desweiteren ist

$$\|g(t, Y(t, Z)) - g(t, Y(t, Z_0))\| \le k(r)\|\Delta(t)\|,$$

vorausgesetzt daß die Werte von $t \mapsto Y(t, Z)$ und $t \mapsto Y(t, Z_0)$ alle in $\overline{B}(0, r) \subset \overline{B}(0, r_0)$ liegen. Unter dieser Annahme ergibt sich aus denselben Rechnungen wie vorher

$$\rho(t) \leq \|Z - Z_0\|^2 \exp\left(-2\int_{t_0}^{t}(\alpha - k(r)du)\right),$$

$$\|Y(t, Z) - Y(t, Z_0)\| \leq \exp\left(-(t - t_0)(\alpha - k(r))\right)\|Z - Z_0\|, \qquad (*)$$

und insbesondere für $Z_0 = 0$: $\quad \|Y(t, Z)\| \leq \exp\left(-(t - t_0)(\alpha - kr)\right)\|Z\|.$

Da $\lim_{r \to 0} k(r) = 0$ ist, kann man $r_1 < r_0$ wählen, so daß $k(r_1) < \alpha$ wird, das heißt $\alpha - k(r_1) > 0$. Die obige Ungleichung zeigt, daß für $Z \in B(0, r_1)$ die in der offenen Kugel $B(0, r_1)$ maximal fortgesetzte Lösung $Y(t, Z)$ die Ungleichungen $\|Y(t, Z)\| \leq \|Z\| < r_1$ erfüllt. Diese maximal fortgesetzte Lösung ist notwendigerweise global auf $[t_0, +\infty[$ definiert. Wenn dem nicht so wäre, wäre das maximale Intervall auf $[t_0, t_1[$ beschränkt und wegen den Ergebnissen aus Kapitel 5.2.4. notwendigerweise nach rechts offen. Da die Ableitung von $t \mapsto Y(t, Z)$ durch

$$\|AY + g(t, Y)\| \leq (\|A\| + k(r_1))\|Y\| \leq M$$

mit $M = (\|A\| + k(r_1))r_1$ nach oben abgeschätzt werden kann, würde die Funktion $Y(t, Z)$ das Cauchy-Kriterium

$$\lim_{t, t' \to t_1 - 0} \|Y(t, Z) - Y(t', Z)\| = 0$$

erfüllen. Sie hätte also einen Grenzwert $Y_1 = \lim_{t \to t_1 - 0} Y(t, Z)$ mit $\|Y_1\| \leq \|Z\| < r_1$ und ließe sich in einer rechtsseitigen Umgebung von t_1 in eine vollständig in $B(0, r_1)$ enthaltene Lösung fortsetzen; das ist aber ein Widerspruch. Verkleinert man r_1 noch einmal ein wenig, so erkennt man, daß jede Lösung $Y(t, Z)$ mit $Z \in \overline{B}(0, r_1)$ global ist und vollständig in $\overline{B}(0, r_1)$ enthalten. Folglich ist $(*)$ für alle $t \in [t_0, +\infty[$ und $Z, Z_0 \in \overline{B}(0, r_1)$ mit der Konstante $\alpha - k(r_1) > 0$ erfüllt, womit der Satz bewiesen wäre. ∎

10.2 Singuläre Punkte eines Vektorfeldes

10.2.1 Problemstellung

Im weiteren soll ein Vektorfeld der Klasse C^1 auf einem Gebiet $\Omega \subset \mathbb{R}^2$ als gegeben angenommen werden, das heißt, eine Abbildung

$$\Omega \to \mathbb{R}^2, \qquad M = \begin{pmatrix} x \\ y \end{pmatrix} \mapsto \vec{V}(M) = \begin{pmatrix} f(x, y) \\ g(x, y) \end{pmatrix},$$

wobei f, g zur Klasse C^1 auf Ω gehören. Man betrachtet das zugehörige Differentialgleichungssystem

$$\frac{\overrightarrow{dM}}{dt} = \overrightarrow{V}(M) \Longleftrightarrow \begin{cases} x'(t) = f(x(t), y(t)) \\ y'(t) = g(x(t), y(t)) \end{cases}.$$

Dank dem Satz von Lipschitz weiß man, daß durch jeden Punkt eine eindeutige Integralkurve geht. Ein interessantes geometrisches Problem ist die Beschreibung der Gestalt der Schar der Integralkurven, welche in der Umgebung eines gegebenen Punktes M_0 verlaufen.

Erster Fall:

$\overrightarrow{V}(M_0) \neq \overrightarrow{0}$. In diesem Fall strebt der Winkel zwischen $\overrightarrow{V}(M)$ und $\overrightarrow{V}(M_0)$ gegen 0, wenn M gegen 0 strebt. Folglich sind die Tangenten an die Integralkurven in einer kleinen Umgebung von M_0 ungefähr parallel zueinander. Ein solcher Punkt M_0 wird als regulär bezeichnet:

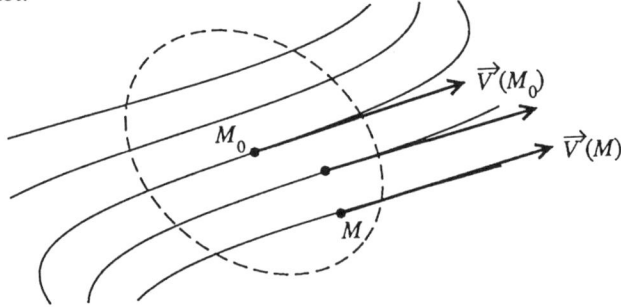

Zweiter Fall:

$\overrightarrow{V}(M_0) = \overrightarrow{0}$. Wie man anhand der Beispiele leicht sieht, gibt es mehrere mögliche Konfigurationen für das Richtungsfeld:

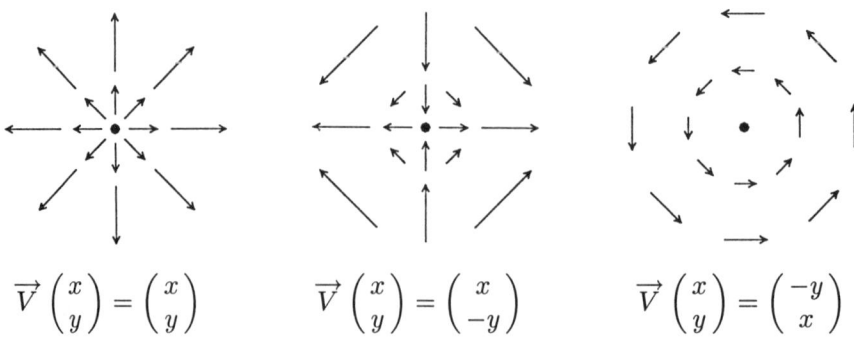

$$\overrightarrow{V}\begin{pmatrix} x \\ y \end{pmatrix} = \begin{pmatrix} x \\ y \end{pmatrix} \qquad \overrightarrow{V}\begin{pmatrix} x \\ y \end{pmatrix} = \begin{pmatrix} x \\ -y \end{pmatrix} \qquad \overrightarrow{V}\begin{pmatrix} x \\ y \end{pmatrix} = \begin{pmatrix} -y \\ x \end{pmatrix}$$

Wenn $\overrightarrow{V}(M_0) = \overrightarrow{0}$ ist, dann bezeichnet man M_0 als einen *singulären Punkt* (oder *kritischen Punkt*) des Vektorfeldes. Ein solcher Punkt ergibt offensichtlich eine konstante Lösung $M(t) = M_0$ von (D). Um die benachbarten Lösungen zu untersuchen, nimmt man nach einer eventuellen Koordinatentransformation $M_0 = 0$ an. Dann ist $f(0,0) =$

$g(0,0) = 0$, so daß das Differentialgleichungssystem sich folgendermaßen schreiben läßt

$$\begin{cases} \dfrac{dx}{dt} = f(x,y) = ax + by + o(|x| + |y|) \\[2mm] \dfrac{dy}{dt} = g(x,y) = cx + dy + o(|x| + |y|). \end{cases}$$

Wir führen die Matrix

$$A = \begin{pmatrix} a & b \\ c & d \end{pmatrix} = \begin{pmatrix} f'_x(0,0) & f'_y(0,0) \\ g'_x(0,0) & g'_y(0,0) \end{pmatrix}$$

ein. Damit stellt sich das betrachtete Differentialgleichungssystem als

$$\frac{dM}{dt} = AM + G(M)$$

dar mit $G(0,0) = G'_x(0,0) = G'_y(0,0) = 0$. Für r gegen Null strebt die stetige Funktion

$$k(r) = \sup_{M \in \overline{B}(0,r)} |||G'(M)|||$$

gegen Null, und mit dem Mittelwertsatz der Differentialrechnung ergibt sich schließlich

$$\|G(M_1) - G(M_2)\| \leq k(r)\|\overrightarrow{M_1 M_2}\|$$

für alle $M_1, M_2 \in \overline{B}(0,r)$. Die Annahme (b) des Satzes aus Abschnitt 10.1.3 ist also erfüllt. Bleibt zu sagen, daß asymptotische Stabilität für den Punkt M_0 bedeutet, daß die Integralkurven, welche von einem M_0 benachbarten Punkt M_1 ausgehen, alle gegen M_0 konvergieren (ungefähr gleichmäßig mit der selben Geschwindigkeit), wenn die Zeit gegen $+\infty$ strebt. Man kann also feststellen:

Behauptung

Damit ein singulärer Punkt $M_0 = (x_0, y_0)$ asymptotisch stabil ist, genügt es, daß der Realteil der Eigenwerte der Jacobi-Matrix

$$A = \begin{pmatrix} f'_x(x_0,y_0) & f'_y(x_0,y_0) \\ g'_x(x_0,y_0) & g'_y(x_0,y_0) \end{pmatrix}$$

kleiner als Null ist.

Bemerkung

Im Gegensatz zu einem linearen Gleichungssystem kann man keine Aussagen über die Art des kritischen Punktes machen, wenn die Jacobi-Matrix einen Eigenwert besitzt, dessen Realteil gleich Null ist. Betrachten wir zum Beispiel folgendes Differentialgleichungssystem

$$\begin{cases} \dfrac{dx}{dt} = \alpha x^3 \\[2mm] \dfrac{dy}{dt} = \beta y^3 \end{cases}, \qquad t \in [t_0, +\infty[= [0, +\infty[,$$

welches als kritischen Punkt den Koordinatenursprung besitzt und die Jacobi-Matrix $A = 0$ hat. Man erkennt leicht, daß die Lösung des Anfangswertproblems

$$x(t) = x_0(1 - 2\alpha x_0^2 t)^{-1/2}, \quad y(t) = y_0(1 - 2\beta y_0^2 t)^{-1/2}$$

ist. Folglich ist der Koordinatenursprung ein asymptotisch stabiler Punkt, wenn $\alpha < 0$ und $\beta < 0$ sind und ein instabiler Punkt, sobald $\alpha > 0$ und $\beta > 0$ sind. Im letzten Fall sind die Lösungen nicht einmal mehr global definiert: wenn $\alpha > 0$, $\beta \leq 0$ und $x_0 \neq 0$ sind, dann ist die maximal fortgesetzte Lösung nur noch für $t \in [0, 1/(2\,\alpha x_0^2)[$ definiert.

Wenn die Jacobi-Matrix sich invertieren läßt (Eigenwerte $\neq 0$), dann folgt aus dem Satz über die lokale Umkehrbarkeit, daß die Funktion $M \mapsto \overrightarrow{V}(M)$ eine Bijektion einer Umgebung von M_0 auf eine Umgebung von 0 definiert; insbesondere für M genügend nahe aber verschieden von M_0 gilt $\overrightarrow{V}(M) \neq \overrightarrow{0}$, so daß M_0 ein *isolierter* singulärer Punkt ist. Dies ist für entartete Matrizen nicht immer der Fall: Das Feld $\overrightarrow{V}(x, y) = (x, 0)$ besitzt zum Beispiel die ganze Gerade $x = 0$ als singuläre Punkte. Im allgemeinen schließt man solche Situationen aus, die extrem kompliziert werden können.

Definition

Als nicht entartet bezeichnet man einen singulären Punkt M_0, wenn

$$\det \begin{pmatrix} f'_x(x_0, y_0) & f'_y(x_0, y_0) \\ g'_x(x_0, y_0) & g'_y(x_0, y_0) \end{pmatrix} \neq 0.$$

Im folgenden wollen wir die verschiedenen möglichen Konfigurationen für einen nichtentarteten singulären Punkt untersuchen. Im Kapitel 11.2.3 werden wir sehen, daß bei der Annäherung an den kritischen Punkt die Integralkurven dazu neigen, den Integralkurven des linearen Systems $dM/dt = AM$ zu ähneln, zumindest für ein festgehaltenes Zeitintervall $[t_0, t_1]$; diese Aussage gilt nicht notwendigerweise auf dem ganzen Intervall $[t_0, +\infty[$ (Beispiele dazu in Abschnitt 10.2.3). Zunächst wollen wir uns auf den linearen Fall beschränken.

10.2.2 Lineares Vektorfeld

Wir betrachten das Differentialgleichungssystem

$$\frac{dM}{dt} = AM, \qquad \begin{cases} \dfrac{dx}{dt} = ax + by \\[2mm] \dfrac{dy}{dt} = cx + dy \end{cases} \quad \text{mit} \quad A = \begin{pmatrix} a & b \\ c & d \end{pmatrix}.$$

Es soll $\det A \neq 0$ angenommen werden, so daß das Vektorfeld $\overrightarrow{V}(M) = AM$ als einzigen kritischen Punkt den Koordinatenursprung besitzt. Da das Richtungsfeld invariant gegenüber einer Homothetie bezüglich des Mittelpunktes O ist, gehen alle Integralkurven durch eine Homothetie auseinander hervor. Wir unterscheiden mehrere Fälle in Abhängigkeit von den Eigenwerten von A.

(a) *Die Eigenwerte λ_1, λ_2 von A sind reelle Zahlen.*

• Nehmen wir weiter $\lambda_1 \neq \lambda_2$ an. In diesem Fall läßt sich die Matrix A in Diagonalform bringen. Nachdem wir die Basis gewechselt haben, kann man

$$A = \begin{pmatrix} \lambda_1 & 0 \\ 0 & \lambda_2 \end{pmatrix}$$

annehmen, und das Differentialgleichungssystem reduziert sich auf

$$\begin{cases} \dfrac{dx}{dt} = \lambda_1 x \\[2mm] \dfrac{dy}{dt} = \lambda_2 y. \end{cases}$$

Die Lösung des Anfangswertproblems mit $M(0) = (x_0, y_0)$ lautet also

$$\begin{cases} x(t) = x_0 e^{\lambda_1 t} \\ y(t) = y_0 e^{\lambda_2 t}, \end{cases}$$

so daß die Kurven $y = C|x|^{\lambda_2/\lambda_1}$, $C \in \mathbb{R}$ und die Gerade der Gleichung $x = 0$ die Integralkurven sind. Wir unterscheiden zwei Unterfälle:

∗ λ_1, λ_2 haben das selbe Vorzeichen, und es sei $|\lambda_1| < |\lambda_2|$. Dann ist $\lambda_2/\lambda_1 > 1$. Man spricht dann von einem *uneigentlichen Knoten* (auch Knoten 2.Art genannt):
∗ λ_1, λ_2 haben entgegengesetztes Vorzeichen, zum Beispiel $\lambda_1 < 0 < \lambda_2$. Dann handelt es sich um einen *Sattel* (immer instabil):
• Die Eigenwerte fallen zusammen: $\lambda_1 = \lambda_2 = \lambda$. Dann sind zwei Fälle möglich:

∗ A läßt sich in Diagonalform bringen. Dann ist A tatsächlich eine Diagonalmatrix, und die Integralkurven sind gegeben durch

$$\begin{cases} x(t) = x_0 e^{\lambda t} \\ y(t) = y_0 e^{\lambda t}, \end{cases}$$

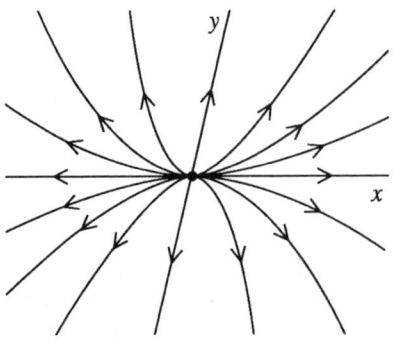

$$0 < \lambda_1 < \lambda_2$$

instabiler uneigentlicher Knoten

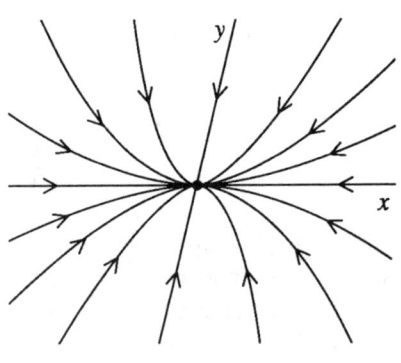

$$\lambda_2 < \lambda_1 < 0$$

stabiler uneigentlicher Knoten

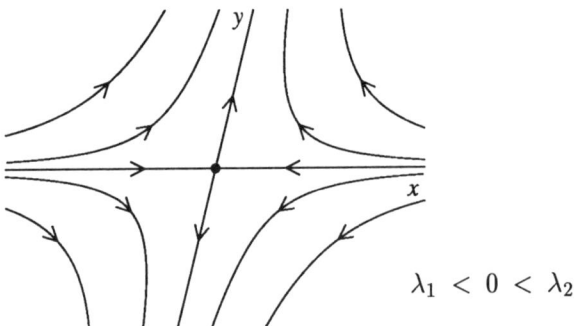

$$\lambda_1 < 0 < \lambda_2.$$

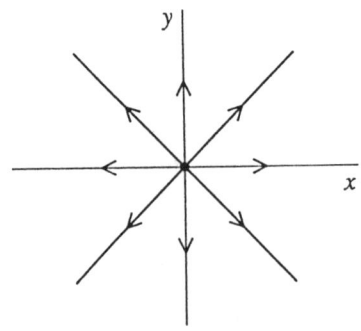

$$\lambda > 0$$

instabiler eigentlicher Knoten

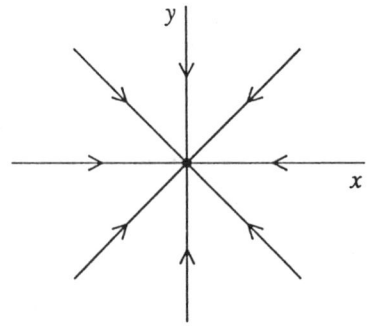

$$\lambda < 0$$

stabiler eigentlicher Knoten

das sind die Geraden $y = \alpha x$ und $x = 0$. Man spricht dann von einem *eigentlichen Knoten* (auch Stern oder Knoten 1.Art genannt):

$*$ A läßt sich nicht in Diagonalform bringen. Dann gibt es eine Basis, in der sich die Matrix A und das System auf folgende Art darstellen lassen

$$A = \begin{pmatrix} \lambda & 0 \\ 1 & \lambda \end{pmatrix}, \qquad \begin{cases} \dfrac{dx}{dt} = \lambda x \\ \dfrac{dy}{dt} = x + \lambda y. \end{cases}$$

Die Integralkurven sind gegeben durch

$$\begin{cases} x(t) = x_0 e^{\lambda t} \\ y(t) = (y_0 + x_0 t)e^{\lambda t}. \end{cases}$$

Da jede Integralkurve mit $x_0 \neq 0$ durch einen solchen Punkt geht, so daß $|x(t)| = 1$ ist, erhält man alle Integralkurven außer $x = 0$, indem man $x_0 = \pm 1$ setzt, und damit

$$\begin{cases} t = \dfrac{1}{\lambda} \ln |x| \\ y = y_0 |x| + \dfrac{x}{\lambda} \ln |x|. \end{cases}$$

Man spricht von einem *außergewöhnlichen Knoten* (oder Knoten 3.Art). Um diese Kurven zu konstruieren, zeichnet man zunächst die Kurve $y = \dfrac{x}{\lambda} \ln |x|$, die durch $(x_0, y_0) = (\pm 1, 0)$ geht. Alle anderen Kurven ergeben sich durch Homothetien.

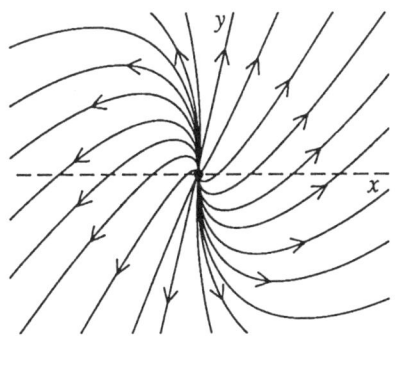

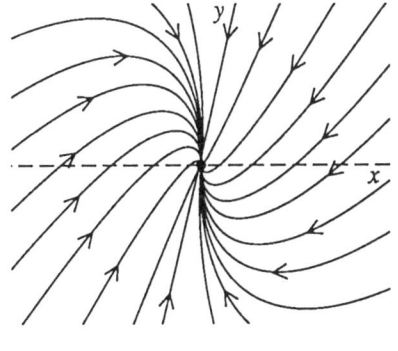

$\lambda > 0$ $\qquad\qquad\qquad\qquad\qquad\qquad$ $\lambda < 0$

instabiler außerordentlicher Knoten $\qquad$ instabiler außerordentlicher Knoten

(b) *Die Eigenwerte von A sind keine reellen Zahlen.*

Es seien $\alpha + i\beta$, $\alpha - i\beta$ die konjugiert komplexen Eigenwerte mit z. B. $\beta > 0$, und es gibt eine Basis, in der die Matrix A und das Differentialgleichungssystem sich als

$$A = \begin{pmatrix} \alpha & -\beta \\ \beta & \alpha \end{pmatrix}, \qquad \begin{cases} \dfrac{dx}{dt} = \alpha x - \beta y \\[2mm] \dfrac{dy}{dt} = \beta x + \alpha y \end{cases}$$

schreiben lassen. Die schnellste Möglichkeit dieses System zu lösen, besteht darin, $z = x + iy$ zu setzen. Dann ergibt sich

$$\frac{dz}{dt} = (\alpha + i\beta)x + (-\beta + \alpha i)y = (\alpha + i\beta)(x + iy) = (\alpha + i\beta)z,$$

so daß die allgemeine Lösung

$$z(t) = z_0 e^{(\alpha + i\beta)t} = z_0 e^{\alpha t} e^{i\beta t}$$

lautet. In Polarkoordinaten $z = re^{i\theta}$ wird aus dieser Gleichung

$$\begin{cases} r = r_0 e^{\alpha t} \\ \theta = \theta_0 + \beta t \end{cases}, \qquad \text{also} \quad r = r_0 e^{\frac{\alpha}{\beta}(\theta - \theta_0)}.$$

Dabei handelt es sich für $\alpha \neq 0$ um eine logarithmische Spirale und für $\alpha = 0$ um einen Kreis. (Beachten Sie, daß in der graphischen Darstellung dieser Kreis im allgemeinen als Ellipse erscheint, da die oben verwendete Basis nicht notwendigerweise orthonormiert ist.) Man bezeichnet solch einen singulären Punkt als *Strudel*, beziehungsweise als *Wirbel*:

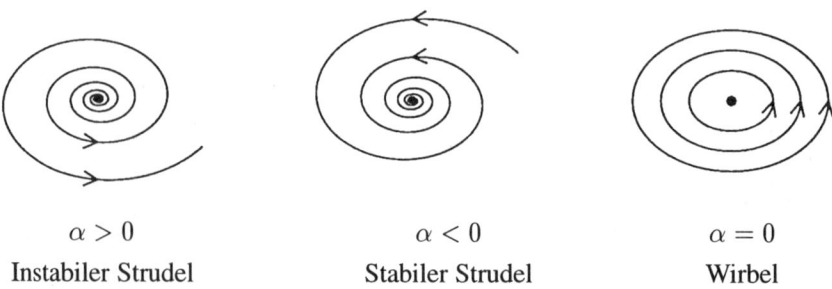

$\alpha > 0$	$\alpha < 0$	$\alpha = 0$
Instabiler Strudel	Stabiler Strudel	Wirbel

Für $\alpha \neq 0$ ist das Ähnlichkeitsverhältnis zwischen zwei aufeinanderfolgenden Windungen der Spirale $\exp(2\pi\,\alpha/\beta)$.

10.2.3 Singularitäten nicht-linearer Vektorfelder

Ziel dieses Abschnittes ist in erster Linie, den Leser vor ein paar falschen Überlegungen zu schützen, vor allem davor, daß die Integralkurven eines beliebigen Vektorfeldes in der Umgebung eines singulären Punktes immer denen des entsprechenden linearen Gleichungssystems ähneln. Wenn das Vektorfeld des linearen Gleichungssystems *einen Wirbel* oder auch *einen Knoten* besitzt, dann ist vorige Aussage im allgemeinen nicht richtig. Die zwei folgenden Beispiele veranschaulichen diese Erscheinung.

Beispiel 1

Man betrachtet das Differentialgleichungssystem

$$(S) \qquad \begin{cases} \dfrac{dx}{dt} = -y - x(x^2 + y^2) \\[2mm] \dfrac{dy}{dt} = \ \ x - y(x^2 + y^2). \end{cases}$$

Der Koordinatenursprung ist ein nicht entarteter kritischer Punkt, und das zugehörige lineare Differentialgleichungssystem $dx/dt = -y$, $dy/dt = x$ weist nach Abschnitt 10.2.2 einen Wirbel auf. Beim Übergang auf Polarkoordinaten (r, θ) wird aus dem System (S)

$$\begin{cases} r\dfrac{dr}{dt} = x\dfrac{dx}{dt} + y\dfrac{dy}{dt} = -(x^2 + y^2)^2 \\[3mm] \dfrac{d\theta}{dt} = \dfrac{x\dfrac{dy}{dt} - y\dfrac{dx}{dt}}{x^2 + y^2} = 1 \end{cases} \iff \begin{cases} \dfrac{dr}{r^3} = -dt \\[3mm] d\theta = dt, \end{cases}$$

da $r\,dr = x\,dx + y\,dy$ und $x\,dy - y\,dx = r^2 d\theta$ (Übungsaufgabe!). Die Integralkurven der Gleichung $-dr/r^3 = d\theta$ sind für $\theta > \theta_0$ durch $1/2r^2 = \theta - \theta_0$, also $r = (2(\theta - \theta_0))^{-1/2}$, gegeben. Hier ist $\theta = t + C$, $\lim\limits_{\theta \to +\infty} r(\theta) = 0$. Man sieht, daß die Integralkurven Spiralen sind, welche für $t \to +\infty$ gegen Null konvergieren. Der Ursprung ist also ein stabiler *Strudel*.

Beispiel 2

Es soll jetzt das Differentialgleichungssystem

$$(S) \qquad \begin{cases} \dfrac{dx}{dt} = -x - \dfrac{2y}{\ln{(x^2 + y^2)}} \\[3mm] \dfrac{dy}{dt} = -y + \dfrac{2x}{\ln{(x^2 + y^2)}} \end{cases}$$

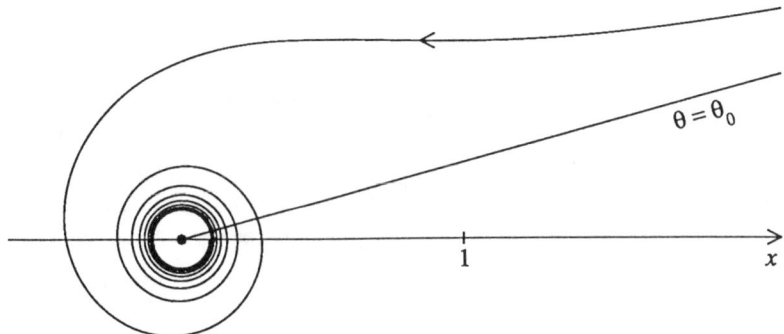

auf der offenen Einheitsscheibe $x^2 + y^2 < 1$ betrachtet werden. Wir stellen fest, daß sich $2y/\ln(x^2 + y^2)$ in einer Umgebung von $(0,0)$ in einer Funktion der Klasse C^1 fortsetzen läßt: Sie besitzt tatsächlich im Ursprung einen Grenzwert, der Null ist ebenso wie ihre partiellen Ableitungen

$$\frac{-4xy}{(x^2 + y^2)(\ln(x^2 + y^2))^2}, \quad \frac{2}{\ln(x^2 + y^2)} - \frac{4y^2}{(x^2 + y^2)(\ln(x^2 + y^2))^2}.$$

Dasselbe gilt für den Term $2x/\ln(x^2 + y^2)$. Der Ursprung ist also ein singulärer Punkt und das zugehörige lineare Gleichungssystem $dx/dt = -x$, $dy/dt = -y$ weist einen *eigentlichen Knoten* auf. Um (S) zu lösen, verwendet man wieder Polarkoordinaten (r, θ). Es ergibt sich

$$\begin{cases} \dfrac{dr}{dt} = -\dfrac{x^2 + y^2}{r} = -r \\[2mm] \dfrac{d\theta}{dt} = \dfrac{1}{x^2 + y^2}\dfrac{2x^2 + 2y^2}{\ln(x^2 + y^2)} = \dfrac{1}{\ln r}. \end{cases}$$

Die Lösung des Anfangswertproblems mit (r_0, θ_0) für $t = 0$ ist durch

$$r = r_0 e^{-t} \quad \text{mit} \quad r_0 < 1,$$
$$d\theta = \frac{dt}{\ln r_0 - t}, \quad \theta = \theta_0 - \ln(1 - t/\ln r_0)$$

gegeben. Die Lösung ist auf $[\ln r_0, +\infty[$ definiert, und es ist $\lim\limits_{t \to +\infty} r(t) = 0$, $\lim\limits_{t \to +\infty} \theta(t) = -\infty$. Auch hier ergibt sich eine gegen Null konvergierende Spirale (in der folgenden Abbildung ist das nur schlecht zu erkennen, da θ nur sehr langsam gegen $-\infty$ strebt). Der Ursprung ist also ein *stabiler Strudel*. Da $\lim\limits_{t \to \ln r_0 + 0} r(t) = 1_-$ und $\lim\limits_{t \to \ln r_0 + 0} \theta(t) = +\infty$ ist, rollt sich die Kurve für $t \to \ln r_0 + 0$ im Inneren des Kreises mit $r = 1$ spiralförmig zusammen.

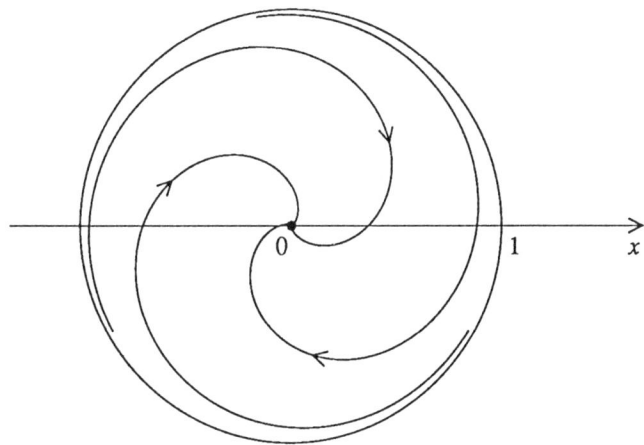

10.3 Aufgaben

10.3.1

Man betrachtet im $\mathbb{R}^2$ das Vektorfeld

$$\overrightarrow{V}\begin{pmatrix} x \\ y \end{pmatrix} = \begin{pmatrix} x^2 - y^2 \\ 2xy \end{pmatrix}.$$

(a) Bestimmen Sie die kritischen Punkte.

(b) Setzen Sie $z = x + iy$, und berechnen Sie die zum Anfangswert z_0 zum Zeitpunkt $t = 0$ gehörende Lösung.

(c) Schließen Sie daraus, daß die beiden Halbachsen Ox, Ox' Integralkurven sind, ebenso wie die Kreise, welche durch den Ursprung gehen und deren Mittelpunkte auf der Achse $y'Oy$ liegen.

(d) Zeigen Sie, daß die Lösungen, für die $z_0 \in \mathbb{C} \setminus [0, +\infty[$ ist, asymptotisch stabil sind. Was passiert, wenn $z_0 \in [0, +\infty[$ ist?

10.3.2

Man untersucht im $\mathbb{R}^2$ das Differentialgleichungssystem

(S)
$$\frac{d\overrightarrow{M}}{dt} = \overrightarrow{V}(M).$$

$\overrightarrow{V}$ bezeichnet das Vektorfeld, welches jedem Punkt $M(x, y) \in \mathbb{R}^2$ den Vektor

$$\overrightarrow{V}(M) = (-x^2 - y, -x + y^2)$$

zuordnet. Bestimmen Sie die kritischen Punkte des Vektorfeldes $\overrightarrow{V}$. Berechnen Sie die Lösungen $t \mapsto \widetilde{M}(t) = (\widetilde{x}(t), \widetilde{y}(t))$ des Differentialgleichungssystems, welches man erhält, wenn man $\overrightarrow{V}$ in der Umgebung aller seiner kritischen Punkte linearisiert. Fertigen Sie eine Zeichnung vom Verlauf der Lösungen in der Umgebung der kritischen Punkte an. Sind diese Punkte stabil?

10.3.3

Beantworten Sie dieselben Fragen für das Vektorfeld

$$\overrightarrow{V}(x, y) = (-1 + x^2 + y^2, -x).$$

10.3.4

Man betrachtet das Vektorfeld, das für $(x, y) \neq (0, 0)$ definiert ist durch

$$\overrightarrow{V}\begin{pmatrix} x \\ y \end{pmatrix} = \begin{pmatrix} -y + x \sin\left(\dfrac{\pi}{x^2 + y^2}\right) \exp\left(-\dfrac{1}{x^2 + y^2}\right) \\ x + y \sin\left(\dfrac{\pi}{x^2 + y^2}\right) \exp\left(-\dfrac{1}{x^2 + y^2}\right) \end{pmatrix}$$

und durch $\overrightarrow{V}(0, 0) = \overrightarrow{0}$.

(a) Zeigen Sie, daß das Vektorfeld $\overrightarrow{V}$ auf $\mathbb{R}^2$ zur Klasse C^∞ gehört; zunächst soll gezeigt werden, daß die Funktion

$$t \mapsto \sin(\pi/t) \exp(-1/t), \quad t > 0$$

sich in einer Funktion der Klasse C^∞ auf $[0, +\infty[$ fortsetzen läßt.

(b) Zeigen Sie, daß sich das Differentialgleichungssystem $dM/dt = \overrightarrow{V}(M)$ auf eine Gleichung der Form $dr/d\theta = f(r)$ zurückführen läßt; es soll nicht versucht werden, das Gleichungssystem explizit zu lösen. Schließen Sie daraus, daß es eine unendliche Zahl von konzentrischen Kreisen $(C_k)_{k \geq 1}$ gibt, deren Radius R_k bis auf Null abnimmt, und daß diese Kreise die Integralkurven des Feldes sind.

(c) Untersuchen Sie die Konvergenz des Integrals $\displaystyle\int_{R_{k+1}}^{R_k} dr/f(r)$ für jede seiner Grenzen. Gegeben sei ein Punkt (r_0, θ_0) (in Polarkoordinaten), für den $R_{k+1} < r_0 < R_k$ gilt. Zeigen Sie, daß die von diesem Punkt ausgehende Integralkurve eine Spirale ist, welche die Kreise $r = R_k$ und $r = R_{k+1}$ als Asymptoten besitzt. Untersuchen Sie auf dieselbe Weise das Verhalten der Integralkurven im Unendlichen.

11 Parameterabhängige Differentialgleichungen

Gegeben sei eine von einem Parameter λ abhängende Differentialgleichung $y' = f(t, y, \lambda)$. Untersucht werden soll wie die Lösungen sich in Abhängigkeit von λ verändern. Insbesondere soll gezeigt werden, daß unter verträglichen Annahmen die Lösungen stetig oder differenzierbar vom Parameter λ abhängen. Außer aus theoretischer Sicht sind diese Ergebnisse auch für die sogenannte Störungsrechnung wichtig: Es kommt häufig vor, daß man zwar in der Lage ist, die Lösung y für einen bestimmten Wert λ_0 zu berechnen, nicht aber für benachbarte Werte λ; gesucht wird also eine Reihenentwicklung von y bezüglich λ in Abhängigkeit von $\lambda - \lambda_0$. Wir werden zeigen, daß man den Koeffizient $\lambda - \lambda_0$ dadurch erhält, daß man eine lineare Differentialgleichung, die sogenannte »linearisierte« Form der ursprünglichen Differentialgleichung, löst; diese bemerkenswerte Eigenschaft erlaubt es im allgemeinen, kleine Störungen der Lösung zu untersuchen.

11.1 Parameterabhängigkeit der Lösung

11.1.1 Bezeichnungen

Es sei U ein Gebiet auf $\mathbb{R} \times \mathbb{R}^m \times \mathbb{R}^p$ und

$$
\begin{aligned}
f: \quad U &\to \mathbb{R}^m \\
(t, y, \lambda) &\mapsto f(t, y, \lambda)
\end{aligned}
$$

eine stetige Funktion. Für jeden Wert von $\lambda \in \mathbb{R}^p$ betrachtet man die Differentialgleichung

$$(\mathrm{D}_\lambda) \qquad\qquad y' = f(t, y, \lambda), \qquad (t, y) \in U_\lambda$$

mit $U_\lambda \subset \mathbb{R} \times \mathbb{R}^m$, einem Gebiet der Punkte, für die $(t, y, \lambda) \in U$ erfüllt ist. Für einen festgehaltenen Anfangswert (t_0, y_0) bezeichnet $y(t, \lambda)$ die maximal fortgesetzte Lösung des Anfangswertproblems bezüglich (D_λ), so daß $y(t_0, \lambda) = y_0$ ist; im folgenden soll immer angenommen werden, daß die Annahmen, welche die Eindeutigkeit der Lösungen sichern, erfüllt sind. Unser Ziel ist es, die Stetigkeit oder Differenzierbarkeit von $y_0(t, \lambda)$ in Abhängigkeit des Wertepaares (t, λ) zu untersuchen.

Halten wir einen Punkt $(t_0, y_0, \lambda_0) \in U$ fest. Da U ein offenes Gebiet ist, besitzt dieser Punkt eine (kompakte) Umgebung in U

$$V_0 = [t_0 - T_0, t_0 + T_0] \times \overline{B}(y_0, r_0) \times \overline{B}(\lambda_0, \alpha_0).$$

Man bezeichnet $M = \sup_{V_0} \|f\|$. Dann ist für jedes festgehaltene $T \le \min(T_0, r_0/M)$ und für jedes $\lambda \in \overline{B}(\lambda_0, \alpha_0)$ der Zylinder

$$C = [t_0 - T, t_0 + T] \times \overline{B}(y_0, r_0) \subset U_\lambda$$

mit den Ergebnissen aus Kapitel 5.2.1 für die Lösungen von D_λ ein Sicherheitszylinder. Der Existenzsatz aus Kapitel 5.2.4 bedingt:

Behauptung

Die Lösung $y(t, \lambda)$ ist mit vorstehenden Bezeichnungen für jedes $(t, \lambda) \in [t_0 - T, t_0 + T] \times \overline{B}(\lambda_0, \alpha_0)$ definiert und besitzt als Wertebereich $\overline{B}(y_0, r_0)$.

11.1.2 Stetigkeit

Es soll jetzt angenommen werden, daß f einer lokalen Lipschitz-Bedingung bezüglich y genügt, das heißt, daß nachdem V_0 unter Umständen eingeschränkt worden ist, es eine Konstante $k \geq 0$ gibt, so daß folgende Bedingung erfüllt ist

$$\forall (t, \lambda) \in [t_0 - T_0, t_0 + T_0] \times \overline{B}(\lambda_0, \alpha_0), \quad \forall y_1, y_2 \in \overline{B}(y_0, r_0),$$
$$\|f(t, y_1, \lambda) - f(t, y_2, \lambda)\| \leq k\|y_1 - y_2\|.$$

Satz

Wenn f auf U stetig ist und einer lokalen Lipschitz-Bedingung bezüglich y genügt, dann ist die Lösung $y(t, \lambda)$ auf $[t_0 - T, t_0 + T] \times \overline{B}(\lambda_0, \alpha_0)$ stetig.

Beweis. Wir stellen zunächst fest, daß

$$\left\| \frac{d}{dt} y(t, \lambda) \right\| = \|f(t, y(t, \lambda), \lambda)\| \leq M$$

gilt, weil $\|f\| \leq M$ auf V_0 ist. Der Mittelwertsatz der Differentialrechnung zeigt dann, daß $y(t, \lambda)$ eine Lipschitz-Konstante M bezüglich t besitzt. Das bedeutet, daß

$$\|y(t_1, \lambda) - y(t_2, \lambda)\| \leq M|t_1 - t_2|$$

für alle (t_1, λ), $(t_2, \lambda) \in [t_0 - T, t_0 + T] \times \overline{B}(\lambda_0, \alpha_0)$ gilt. Desweiteren ist dort, da V_0 kompakt ist, f entsprechend stetig, und es gibt deswegen einen Stetigkeitsmodul $\eta : \mathbb{R}^+ \to \mathbb{R}^+$, für den

$$\|f(t, y, \lambda_1) - f(t, y, \lambda_2)\| \leq \eta(\|\lambda_1 - \lambda_2\|)$$

mit $\lim_{u \to 0_+} \eta(u) = 0$ gilt. Dann ist $z_1(t) = y(t, \lambda_1)$ die exakte Lösung des Anfangswertproblems für die Gleichung

(D_{λ_1}) $\hspace{4cm}$ $y' = f(t, y, \lambda_1),$

unter der Voraussetzung, daß $z_2(t) = y(t, \lambda_2)$ eine ε-genäherte Lösung ist mit $\varepsilon = \eta(\|\lambda_1 - \lambda_2\|)$.

Das Lemma von Gronwall aus Kapitel 5.3.1 besagt

$$\|z_1(t) - z_2(t)\| \leq \varepsilon \frac{e^{k|t-t_0|} - 1}{k}, \quad \text{und damit}$$

$$\|y(t, \lambda_1) - y(t, \lambda_2)\| \leq \frac{e^{kT} - 1}{k} \eta(\|\lambda_1 - \lambda_2\|).$$

Aus diesen Ungleichungen schließen wir

$$\|y(t_1, \lambda_1) - y(t_2, \lambda_2)\| \leq \|y(t_1, \lambda_1) - y(t_2, \lambda_1)\| + \|y(t_2, \lambda_1) - y(t_2, \lambda_2)\|$$

$$\leq M|t_1 - t_2| + \frac{e^{kT} - 1}{k} \eta(\|\lambda_1 - \lambda_2\|),$$

und da der zweite Term für $(t_2, \lambda_2) \to (t_1, \lambda_1)$ gegen 0 strebt, erkennt man, daß $y(t, \lambda)$ sehr wohl auf $[t_0 - T, t_0 + T] \times \overline{B}(\lambda_0, \alpha_0)$ stetig ist. ∎

Bemerkung

Der Beweis zeigt auch, daß wenn $f(t, y, \lambda)$ einer lokalen Lipschitz-Bedingung bezüglich λ genügt, daß dann $y(t, \lambda)$ einer lokalen Lipschitz-Bedingung bezüglich (t, λ) genügt: In diesem Fall kann man $\eta(u) = Cu$ setzen.

11.1.3 Differenzierbarkeit

Um die Bezeichnungen etwas zu vereinfachen, nimmt man zunächst an, daß $\lambda \in \mathbb{R}$ ist, das heißt, daß $p = 1$ ist. Wir wollen die Ergebnisse erraten und führen zunächst eine formale Berechnung durch, bei der angenommen wird, daß die Funktionen f und $y(t, \lambda)$ sooft wie nötig differenzierbar seien. Da y voraussetzungsgemäß (D_λ) erfüllt, gilt

$$\frac{\partial y}{\partial t}(t, \lambda) = f(t, y(t, \lambda), \lambda).$$

Differenzieren wir diese Beziehung nach λ:

$$\frac{\partial^2 y}{\partial \lambda \partial t}(t, \lambda) = \sum_{j=1}^{m} f'_{y_j}(t, y(t, \lambda), \lambda) \frac{\partial y_j}{\partial \lambda}(t, \lambda) + f'_\lambda(t, y(t, \lambda), \lambda).$$

Wir setzen $u(t) = y(t, \lambda)$ und $v(t) = \dfrac{\partial y}{\partial \lambda}(t, \lambda)$, dann ergibt sich

(D'_λ) $$v'(t) = \sum_{j=1}^{m} f'_{y_j}(t, u(t), \lambda) v_j(t) + f'_\lambda(t, u(t), \lambda).$$

Wir stellen fest, daß die durch v erfüllte Gleichung (D$'_\lambda$) *linear* ist. Die Gleichung (D$'_\lambda$) heißt die zu (D$_\lambda$) gehörende *linearisierte Differentialgleichung*. Des weiteren genügt v der Anfangsbedingung

$$v(t_0) = \frac{\partial y}{\partial \lambda}(t_0, \lambda) = 0,$$

da voraussetzungsgemäß $y(t_0, \lambda) = y_0$ nicht von λ abhängt.

Satz

Es wird angenommen, daß f auf U stetig ist und dort stetige partielle Ableitungen f'_{y_j} und f'_λ besitzt.
Dann gehört $y(t, \lambda)$ auf $[t_0 - T, t_0 + T] \times B(\lambda_0, \alpha_0)$ zur Klasse C^1 und besitzt gemischte partielle Ableitungen

$$\frac{\partial}{\partial \lambda} \frac{\partial y}{\partial t} = \frac{\partial}{\partial t} \frac{\partial y}{\partial \lambda},$$

die stetig sind. Ferner ist für $u(t) = y(t, \lambda)$ die partielle Ableitung $v(t) = \dfrac{\partial y}{\partial \lambda}(t, \lambda)$ die Lösung der linearisierten Differentialgleichung

$$\text{(D$'_\lambda$)} \qquad v'(t) = \sum_{j=1}^{m} f'_{y_j}(t, u(t), \lambda) v_j(t) + f'_\lambda(t, u(t), \lambda)$$

mit der Anfangsbedingung $v(t_0) = 0$.

Beweis*. Die Annahmen bedingen, daß f einer lokalen Lipschitz-Bedingung bezüglich der Variablen y genügt, also weiß man schon, daß $y(t, \lambda)$ stetig ist. Für ein festgehaltenes λ_1 setzen wir $u_1(t) = y(t, \lambda_1)$, und es sei $v_1(t)$ die Lösung der linearen Differentialgleichung

$$\text{(D$'_{\lambda_1}$)} \qquad v'_1(t) = \sum_{j=1}^{m} f'_{y_j}(t, u_1(t), \lambda_1) v_{1,j}(t) + f'_\lambda(t, u_1(t), \lambda_1)$$

mit der Anfangsbedingung $v_1(t_0) = 0$. Wohlgemerkt, ohne daß man schon weiß, ob $v_1(t) = \partial y/\partial \lambda\,(t, \lambda_1)$ ist, denn genau das soll ja bewiesen werden. Zu diesem Zweck vergleicht man $u(t) = y(t, \lambda)$ mit $u_1(t) + (\lambda - \lambda_1)v_1(t)$ und versucht zu zeigen, daß die Differenz $o(\lambda - \lambda_1)$ ist. Wir setzen also

$$w(t) = u(t) - u_1(t) - (\lambda - \lambda_1)v_1(t).$$

Aus den Definitionen von u, u_1, v_1, folgt

$$w'(t) = f(t, u(t), \lambda) - f(t, u_1(t), \lambda_1)$$

$$-(\lambda - \lambda_1)\left(\sum_{j=1}^{m} f'_{y_j}(t, u_1(t), \lambda_1) v_{1,j}(t) + f'_\lambda(t, u_1(t), \lambda_1) \right). \qquad (*)$$

Für jede Komponente f_k ergibt der Mittelwertsatz der Differentialrechnung

$$f_k(t, y, \lambda) - f_k(t, y_1, \lambda_1) = \sum_{j=1}^{m} f'_{k,y_j}(t, \widetilde{y}, \widetilde{\lambda})(y_j - y_{1,j}) + f'_{k,\lambda}(t, \widetilde{y}, \widetilde{\lambda})(\lambda - \lambda_1),$$

wobei $(\widetilde{y}, \widetilde{\lambda})$ ein Punkt aus dem Randbereich von (y_1, λ_1) und (y, λ) ist. Wenn η_k auf dem Kompaktum V_0 ein für die partiellen Ableitungen f'_{k,y_j} und $f'_{k,\lambda}$ gleichförmiger Stetigkeitsmodul ist, dann ist

$$\eta_k(\|\widetilde{y} - y_1\| + |\widetilde{\lambda} - \lambda_1|) \leq \eta_k(\|y - y_1\| + |\lambda - \lambda_1|)$$

eine obere Schranke für die Abweichung jeder Funktion zwischen den Punkten $(\widetilde{y}, \widetilde{\lambda})$ und (y_1, λ_1). Es läßt sich also

$$f(t, y, \lambda) - f(t, y_1, \lambda_1) = \sum_{j=1}^{m} f'_{y_j}(t, y_1, \lambda_1)(y_j - y_{1,j}) + f'_{\lambda}(t, y_1, \lambda_1)(\lambda - \lambda_1) + g(t, y, y_1, \lambda)$$

schreiben, wobei $g(t, y, y_1, \lambda)$ für einen bestimmten Stetigkeitsmodul η gleichmäßig nach oben beschränkt ist:

$$\|g(t, y, y_1, \lambda)\| \leq (\|y - y_1\| + |\lambda - \lambda_1|) \, \eta(\|y - y_1\| + |\lambda - \lambda_1|).$$

Ersetzt man in der letzten Gleichung y durch $u(t)$ und y_1 durch $u_1(t)$, so schließt man aus $(*)$ auf folgende Beziehungen

$$w'(t) = \sum_{j=1}^{m} f'_{y_j}(t, u_1(t), \lambda_1)(u_j(t) - u_{1,j}(t) - (\lambda - \lambda_1)v_{1,j}(t)) + g(t, u(t), u_1(t), \lambda),$$

$$w'(t) = \sum_{j=1}^{m} f'_{y_j}(t, u_1(t), \lambda_1)w_j(t) + g(t, u(t), u_1(t), \lambda) \qquad (**)$$

mit der oberen Schranke:

$$\|g(t, u(t), u_1(t), \lambda)\| \leq (C + 1)|\lambda - \lambda_1| \, \eta((C + 1)|\lambda - \lambda_1|) = o(\lambda - \lambda_1).$$

Tatsächlich ist nach der Schlußbemerkung von Abschnitt 11.1.2

$$\|u(t) - u_1(t)\| = \|y(t, \lambda) - y(t, \lambda_1)\| \leq C|\lambda - \lambda_1|.$$

Die Gleichung $(**)$ ist linear in w und besitzt deswegen eine Lipschitz-Konstante $K = \sup_{V_0} \sum_{1 \leq j \leq m} \|f'_{y_j}\|$. Da $u(t_0) = u_1(t_0) = y_0$ ist und $v_1(t_0) = 0$, ergibt sich $w(t_0) = 0$, und außerdem ist $\widetilde{w}(t) \equiv 0$ eine ε-genäherte Lösung von $(**)$ mit $\varepsilon = o(\lambda - \lambda_1)$. Das Lemma von Gronwall aus Kapitel 5.3.1 zeigt weiter, daß

$$\|w(t)\| = \|w(t) - \widetilde{w}(t)\| \leq \varepsilon \, \frac{e^{KT} - 1}{K} = o(\lambda - \lambda_1)$$

ist, das heißt mit den Definitionen von w, u, u_1:

$$\|y(t,\lambda) - y(t,\lambda_1) - (\lambda - \lambda_1)v_1(t)\| = o(\lambda - \lambda_1).$$

Dies bedeutet, daß $\partial y/\partial\lambda \, (t,\lambda_1)$ existiert und mit $v_1(t)$ zusammenfällt. Die Funktion y besitzt also sehr wohl erste partielle Ableitungen

$$\frac{\partial y}{\partial t}(t,\lambda) = f(t,y(t,\lambda),\lambda) \quad \text{und} \quad \frac{\partial y}{\partial\lambda}(t,\lambda).$$

Die partielle Ableitung $\partial y/\partial t$ ist stetig bezüglich (t,λ), weil y es auch ist. Desweiteren ist $v(t,\lambda) = \partial y/\partial\lambda \, (t,\lambda)$ die Lösung der linearisierten Differentialgleichung

$$(\text{D}'_\lambda) \qquad v' = G(t,v,\lambda) = \sum_{j=1}^{m} f'_{y_j}(t,y(t,\lambda),\lambda)v_j + f'_\lambda(t,y(t,\lambda),\lambda)$$

mit den Anfangswerten t_0, $v_0 = 0$. Dabei ist G stetig in (t,v,λ) und wegen der Linearität in v auch lokal lipschitz-stetig bezüglich v. Daraus folgt, daß $v = \partial y/\partial\lambda$ ebenfalls stetig bezüglich (t,λ) ist, was zur Folge hat, daß y zur Klasse C^1 gehört. Schließlich gilt

$$\begin{aligned}
\frac{\partial}{\partial t}\frac{\partial y}{\partial\lambda} &= \frac{\partial}{\partial t}v(t,\lambda) \\
&= \sum_{j=1}^{m} f'_{y_j}(t,y(t,\lambda),\lambda)\frac{\partial y_j}{\partial\lambda}(t,\lambda) + f'_\lambda(t,y(t,\lambda),\lambda) \\
&= \frac{\partial}{\partial\lambda}(f(t,y(t,\lambda),\lambda)) = \frac{\partial}{\partial\lambda}\frac{\partial y}{\partial t}(t,\lambda),
\end{aligned}$$

und diese partiellen zweiten Ableitungen sind wegen der zweiten Zeile stetig. ∎

Verallgemeinerung

Der Satz läßt sich leicht für den Fall $\lambda \in \mathbb{R}^p$ erweitern. Es genügt in der Tat, alle Variablen λ_i bis auf eine, festzuhalten, um festzustellen, daß $\dfrac{\partial}{\partial\lambda_i}\dfrac{\partial y}{\partial t} = \dfrac{\partial}{\partial t}\dfrac{\partial y}{\partial\lambda_i}$ ist, und daß $v(t) = \dfrac{\partial y}{\partial\lambda_i}(t,\lambda)$ die Lösung der linearisierten Differentialgleichung

$$(\text{D}_{\lambda_i}) \qquad v'(t) = \sum_{j=1}^{m} f'_{y_j}(t,u(t),\lambda)v_j(t) + f'_{\lambda_i}(t,u(t),\lambda)$$

mit der Anfangsbedingung $v(t_0) = 0$ ist.

Die Tatsache, daß $y(t,\lambda)$ ebenfalls zur Klasse C^1 gehört, rührt daher, daß der Stetigkeitssatz aus Abschnitt 11.1.2 bezüglich der Menge der Variablen $(\lambda_1,\ldots,\lambda_p)$ global gültig ist: Dies zieht die Stetigkeit der partiellen Ableitungen $\partial y/\partial\lambda_i$ bezüglich (t,λ) nach sich. Jetzt wollen wir die Differenzierbarkeit höherer Ordnungen untersuchen: Wir werden sehen, daß sich das sofort durch vollständige Induktion aus der ersten Ordnung schließen läßt.

Satz

Es wird angenommen, daß f zur Klasse C^s gehört und partielle Ableitungen f'_{y_j} und f'_{λ_i} besitzt, die ebenfalls zur Klasse C^s gehören. Dann ist die Lösung $y(t, \lambda)$ des zu (D_λ) gehörenden Anfangswertproblems aus der Klasse C^{s+1}.

Beweis. Durch vollständige Induktion. Für $s = 0$ handelt es sich um obigen Satz. Wir nehmen an, daß der Satz schon für die $(s-1)$-te Ordnung bewiesen ist. Dann gehört $y(t, \lambda)$ zur Klasse C^s. Dasselbe gilt für die Ableitung

$$\frac{\partial y}{\partial t}(t, \lambda) = f(t, y(t, \lambda), \lambda).$$

Ferner ist $v(t, \lambda) = \partial y/\partial \lambda_i\,(t, \lambda)$ die Lösung der linearisierten Differentialgleichung (D'_{λ_i}), also $v' = G(t, v, \lambda)$. Da f'_{y_j} und f'_{λ_i} zur Klasse C^s gehören, sieht man leicht, daß G auch zur Klasse C^s gehört. Die Ableitungen G'_{v_j} und G'_{λ_i} gehören also zur Klasse C^{s-1}, und aus der Induktionsannahme folgt, daß v zur Klasse C^s gehört. Dies zeigt, daß y zur Klasse C^{s+1} gehört. ∎

11.1.4 Abhängigkeit der Lösung vom Anfangswert

Im folgenden wird mit $t \mapsto y(t, y_0, \lambda)$ die Lösung der Differentialgleichung

$$(D_\lambda) \qquad\qquad y' = f(t, y, \lambda)$$

mit dem Anfangswert (t_0, y_0) bezeichnet. Ziel ist es, die Stetigkeit oder Differenzierbarkeit von $y(t, y_0, \lambda)$ in Abhängigkeit von drei Variablen t, y_0, λ zu untersuchen. Gleichzeitig löst man damit den Sonderfall parameterfreier Lösungen $y(t, y_0)$ einer Differentialgleichung (D).

Um diese Frage zu beantworten, betrachtet man die Variable y_0 selbst als einen Parameter und setzt $\mu = y_0$. Die Funktion $z(t, \mu, \lambda) = y(t, \mu, \lambda) - \mu$ erfüllt sowohl die Anfangsbedingung $z(t_0, \mu, \lambda) = 0$ als auch die Gleichung

$$\frac{\partial z}{\partial t}(t, \mu, \lambda) = \frac{\partial y}{\partial t}(t, \mu, \lambda) \;=\; f(t, y(t, \mu, \lambda), \lambda)$$
$$=\; f(t, z(t, \mu, \lambda) + \mu, \lambda).$$

Die Funktion $z(t, \mu, \lambda)$ ist also die Lösung der Differentialgleichung

$$(D_{\mu, \lambda}) \qquad\qquad z' = f(t, z + \mu, \lambda)$$

mit dem Anfangswert $(t_0, 0)$. Die gesuchten Eigenschaften ergeben sich also aus den schon bewiesenen Sätzen, wenn man diese für den Parametersatz $(\mu, \lambda) \in \mathbb{R}^{m+p}$ auf die Gleichung $(D_{\mu, \lambda})$ anwendet. Es läßt sich also feststellen:

Satz

Wenn f zur Klasse C^s gehört und partielle Ableitungen f'_{y_j} und f'_{λ_i} besitzt, die zur Klasse C^s gehören, dann gehört $y(t, y_0, \lambda)$ zur Klasse C^{s+1}.

11.2 Störungsrechnung

11.2.1 Beschreibung des Verfahrens

Man betrachtet die von einem Parameter λ abhängende Differentialgleichung

(D_λ) $y' = f(t, y, \lambda).$

Einfachheitshalber sei $\lambda \in \mathbb{R}$. Wir nehmen an, daß sowohl f als auch die partiellen Ableitungen f'_{y_j} und f'_λ stetig seien. Es sei $y(t, \lambda)$ die maximal fortgesetzte Lösung des Anfangswertproblems $y(t_0, \lambda) = y_0(\lambda)$; y_0 kann hier also von λ abhängen; weiter wird angenommen, daß $y_0(\lambda)$ zur Klasse C^1 gehört.

Eine zu einem bestimmten Parameterwert λ_0 $u(t) = y(t, \lambda_0)$ gehörende spezielle Lösung wird als bekannt angenommen. Das Ziel ist, kleine Störungen der Lösung zu untersuchen, das heißt Lösungen $y(t, \lambda)$, wobei λ nur wenig von λ_0 abweicht. Dies entspricht einer in der Physik oft vorkommenden Situation, daß man die ideale theoretische Lösung eines Problems kennt und die wirkliche Lösung unter Berücksichtigung von mehr oder weniger komplexen kleinen Störungen sucht. Im allgemeinen ist man nicht in der Lage, die exakte Lösung $y(t, \lambda)$ für $\lambda \neq \lambda_0$ zu berechnen. Die Ergebnisse aus Abschnitt 11.1.3 und 11.1.4 zeigen, daß $y(t, \lambda)$ zur Klasse C^1 gehört, und man macht deswegen einen Approximationsansatz erster Ordnung

$$
\begin{aligned}
y(t, \lambda) &= y(t, \lambda_0) + (\lambda - \lambda_0)\, \frac{\partial y}{\partial \lambda}\, (t, \lambda_0) + o(\lambda - \lambda_0) \\
&= u(t) + (\lambda - \lambda_0)v(t) + o(\lambda - \lambda_0)
\end{aligned}
$$

mit noch zu bestimmendem $v(t) = \dfrac{\partial y}{\partial \lambda}\, (t, \lambda_0)$. Es ist bekannt, daß v die Lösung der linearisierten Gleichung

$$(D'_{\lambda_0}) \qquad v'(t) = \sum_{j=1}^m f'_{y_j}(t, u(t), \lambda_0)v_j(t) + f'_\lambda(t, u(t), \lambda_0)$$

ist, wobei sich die Anfangsbedingung als

$$v(t_0) = \frac{\partial y}{\partial \lambda}\, (t_0, \lambda_0) = y'_0(\lambda_0)$$

darstellen läßt. Da (D'_{λ_0}) linear ist, ist ihre Lösung eigentlich viel leichter als die von (D_λ). Wir wollen jetzt durch einige konkrete Beispiele dieses Verfahren illustrieren.

11.2.2 Störung eines Vektorfeldes

Wir betrachten die Ebene des Vektorfeldes

$$M = (x, y) \mapsto \overrightarrow{V}(M) = (-y, x).$$

Die Integralkurven des Feldes $t \mapsto (x(t), y(t))$ sind Lösungen des Differentialgleichungssystems

$$\frac{d\overrightarrow{M}}{dt} = \overrightarrow{V}(M) \qquad \begin{cases} \dfrac{dx}{dt} = -y \\[2mm] \dfrac{dy}{dt} = x. \end{cases}$$

Man löst dieses System wie in Kapitel 10.2.2(b) gezeigt, indem man $z = x + iy$ setzt. Das System läßt sich dann auf die Gleichung $dz/dt = iz$ zurückführen, so daß die Lösung des Anfangswertproblems $z = z_0 e^{it}$ ist mit dem Anfangswert $z_0 = x_0 + iy_0$. Die Feldlinien sind konzentrische Kreise um den Nullpumkt.

Es wird jetzt angenommen, daß das Vektorfeld eine kleine Störung der Form

$$M = (x, y) \mapsto \overrightarrow{V_\lambda}(M) = (-y, x) + \lambda(a(x, y), b(x, y))$$

erfährt, wobei a, b zur Klasse C^1 gehören und $\lambda \in \mathbb{R}$ klein ist. Damit ergibt sich das Differentialgleichungssystem

$$(\mathrm{D}_\lambda) \qquad \begin{cases} \dfrac{dx}{dt} = -y + \lambda\, a(x, y) \\[2mm] \dfrac{dy}{dt} = x + \lambda\, b(x, y) \end{cases} \quad \Leftrightarrow \quad \frac{dz}{dt} = iz + \lambda A(z) \qquad (*)$$

mit $A(z) = a(x, y) + ib(x, y)$. Wir bezeichnen mit $z(t, \lambda)$ die Lösung, für die $z(0, \lambda) = z_0$ ist. Es ist bekannt, daß $z(t, 0) = z_0 e^{it}$ ist, und man hätte gerne eine Approximation von $z(t, \lambda)$ für kleine λ. Wir stellen $z(t, \lambda)$ folgendermaßen dar:

$$z(t, \lambda) = z(t, 0) + \lambda\, \frac{\partial z}{\partial \lambda}\,(t, 0) + o(\lambda).$$

Differenziert man $(*)$ nach λ, so ergibt sich

$$\begin{aligned} \frac{\partial}{\partial t}\,\frac{\partial z}{\partial \lambda} &= \frac{\partial}{\partial \lambda}\,\frac{\partial z}{\partial t} = \frac{\partial}{\partial \lambda}\,(iz + \lambda A(z)) \\[2mm] &= i\,\frac{\partial z}{\partial \lambda} + A(z) + \lambda\,\frac{\partial}{\partial \lambda}\,(A(z(t, \lambda))). \end{aligned}$$

Folglicherweise erfüllt $v(t) = \dfrac{\partial z}{\partial \lambda}\,(t, 0)$ die Gleichung

$$(\mathrm{D}_0') \qquad \frac{dv}{dt} = iv + A(z(t, 0)) = iv + A(z_0 e^{it})$$

mit der Anfangsbedingung $v(0) = \partial z/\partial \lambda\,(0,0) = 0$. Diese Gleichung läßt sich durch Variation der Konstanten lösen, indem man $v(t) = C(t)e^{it}$ setzt. Es ergibt sich

$$C'(t)e^{it} + iC(t)e^{it} = iC(t)e^{it} + A(z_0 e^{it}),$$

also $C'(t) = e^{-it}A(z_0 e^{it})$. Da $C(0) = v(0) = 0$ ist, erhält man

$$
\begin{aligned}
C(t) &= \int_0^t e^{-iu} A(z_0 e^{iu})du, \\
v(t) &= C(t)e^{it} = \int_0^t e^{i(t-u)} A(z_0 e^{iu})du, \\
z(t,\lambda) &= z_0 e^{it} + \lambda \int_0^t e^{i(t-u)} A(z_0 e^{iu})du + o(\lambda).
\end{aligned}
$$

Dies läßt sich leicht berechnen, solange $a(x, y)$ und $b(x, y)$ zum Beispiel Polynome sind. Trotzdem ist es selbst für diesen Fall im allgemeinen unmöglich, die exakte Lösung der nicht-linearisierten Gleichung in geschlossener Form anzugeben.

11.2.3 Integralkurven eines Vektorfeldes in der Umgebung eines singulären Punktes

In einer Teilebene Ω sei $M \mapsto \overrightarrow{V}(M)$ ein Vektorfeld der Klasse C^s mit $s \geq 1$. Man begibt sich in die Umgebung eines singulären Punktes, der der Einfachheit halber als Koordinatenursprung gewählt werden soll. Es ist also $\overrightarrow{V}(0) = \overrightarrow{0}$ und wie in Kapitel 10.2.1 läßt sich das Differentialgleichungssystem als

$$
\text{(D)} \qquad \frac{dM}{dt} = \overrightarrow{V}(M), \qquad
\begin{cases}
\dfrac{dx}{dt} = ax + by + g(x,y) \\[2mm]
\dfrac{dy}{dt} = cx + dy + h(x,y)
\end{cases}
$$

darstellen mit $\begin{pmatrix} a & b \\ c & d \end{pmatrix}$, der Matrix der partiellen Ableitungen $(\overrightarrow{V_x'}(0,0), \overrightarrow{V_y'}(0,0))$. Dabei werden g, h an der Stelle $(0,0)$ ebenso zu Null wie ihre partiellen ersten Ableitungen. Die Funktionen sind voraussetzungsgemäß auf einer Kugel $\overline{B}(0, r_0)$ definiert.

Es soll versucht werden, die Gestalt der Integralkurven in der Nähe des Ursprunges bei »immer stärkerer Vergrößerung« zu vergleichen. (Betrachtung mit dem bloßen Auge, durch die Lupe, mit dem Mikroskop...) Anders ausgedrückt, man möchte die Kurve, die vom Punkt M_0 ausgeht, mit der Kurve vergleichen, die vom Punkt λM_0 ausgeht (λ sei klein), wenn die beiden Kurven auf die gleiche Skala vergrößert werden. Um die zweite Kurve um den Faktor $1/\lambda$ zu vergrößern, führt man eine Koordinatentransformation $X = x/\lambda$, $Y = y/\lambda$ durch. In den neuen Koordinaten nimmt das Differentialgleichungssystem folgende Gestalt an.

$$(D_\lambda) \qquad \begin{cases} \dfrac{dX}{dt} = aX + bY + \dfrac{1}{\lambda}\, g(\lambda X, \lambda Y) \\[2mm] \dfrac{dY}{dt} = cX + dY + \dfrac{1}{\lambda}\, h(\lambda X, \lambda Y). \end{cases}$$

Die Lösung von (D_λ) mit dem Anfangswert (X_0, Y_0) für $t = 0$ entspricht der Lösung von (D) mit dem Anfangswert $(x_0, y_0) = (\lambda X_0, \lambda Y_0)$. In Anbetracht der gemachten Annahmen sind die Funktionen

$$G(X, Y, \lambda) = \frac{1}{\lambda}\, g(\lambda X, \lambda Y)$$

$$H(X, Y, \lambda) = \frac{1}{\lambda}\, h(\lambda X, \lambda Y)$$

definiert und gehören auf $\overline{B}(0, r_0) \times\,]0, 1]$ zur Klasse C^s; außerdem lassen sie sich für $\lambda = 0$ stetig fortsetzen, indem man $G(X, Y, 0) = H(X, Y, 0) = 0$ setzt. Diese Fortsetzung gehört wegen

$$G(X, Y, \lambda) = \int_0^1 (X g_x'(u\lambda X, u\lambda Y) + Y g_y'(u\lambda X, u\lambda Y))du = \left[\frac{1}{\lambda}\, g(u\lambda X, u\lambda Y) \right]_{u=0}^{u=1}$$

auf $\overline{B}(0, r_0) \times [0, 1]$ tatsächlich zur Klasse C^{s-1}.

Für $s = 1$ sind die Funktionen G, H lipschitz-stetig bezüglich X, Y (mit der selben Lipschitz-Konstante wie g und h). Die Lösung $(X(t, \lambda), Y(t, \lambda))$ des Anfangswertproblems ist also stetig, und für $s \geq 1$ gehört sie bezüglich (t, λ) zur Klasse C^{s-1}, einschließlich der Grenze $\lambda = 0$. Insbesondere gilt:

Behauptung

Wenn λ gegen 0 strebt, dann konvergiert die Lösung von (D_λ) mit dem Anfangswert (X_0, Y_0) gegen die Lösung des linearen Differentialgleichungssystem

$$(D) \qquad \begin{cases} \dfrac{dX}{dt} = aX + bY \\[2mm] \dfrac{dY}{dt} = cX + dY. \end{cases}$$

Wie wir in Abschnitt 11.2.2 gesehen haben, erlauben die obigen Verfahren selbstverständlich für die Lösung von (D_λ) in der Umgebung von $\lambda = 0$ eine Reihenentwicklung bis zur ersten Ordnung.

11.2.4 Schwingungen des einfachen Pendels

Untersucht werden sollen die Schwingungen eines Pendels mit der Punktmasse m, die an einem Faden der Länge l aufgehängt ist. Die Bewegungsgleichung wurde in Kapitel 6.4.2(c) aufgestellt:

$$\theta'' = -\frac{g}{l}\,\sin\theta.$$

Dabei bezeichnet θ den Winkel, den der Faden mit der Vertikalen bildet. Es soll angenommen werden, daß man das Pendel zum Zeitpunkt $t = 0$ bei maximaler Auslenkung $\theta = \theta_m$ mit der Startgeschwindigkeit Null losläßt. Für kleine θ_m nähert man üblicherweise $\sin\theta \simeq \theta$, und damit ergibt sich

$$\theta'' = -\omega^2\theta \quad \text{mit} \quad \omega^2 = \frac{g}{l}.$$

Die gesuchte Lösung ist bekanntlich

$$\theta(t) = \theta_m \cos\omega t.$$

Allerdings ist diese Lösung nicht ganz exakt, und wir interessieren uns für den begangenen Fehler. Zu diesem Zweck setzt man $\theta(t) = \theta_m y(t)$, so daß y die Lösung der Gleichung

$$y'' = -\omega^2\,\frac{\sin\theta_m y}{\theta_m}$$

mit den Anfangsbedingungen $y(0) = 1$, $y'(0) = 0$ ist. Die Reihenentwicklung von $\sin\theta_m y$ ergibt

$$\frac{\sin\theta_m y}{\theta_m} = y - \frac{1}{6}\,\theta_m^2 y^3 + \frac{1}{120}\,\theta_m^4 y^5 - \cdots + (-1)^n\,\frac{1}{(2n+1)!}\,\theta_m^{2n} y^{2n+1} + \cdots = \varphi(y,\lambda)$$

mit $\lambda = \theta_m^2$ und einer zur Klasse C^∞ gehörenden Funktion

$$\varphi(y,\lambda) = y - \frac{1}{6}\,\lambda y^3 + \cdots + (-1)^n\,\frac{1}{(2n+1)!}\,\lambda^n y^{2n+1} + \cdots.$$

Die Lösung $y(t,\lambda)$ der Gleichung

$$(\mathrm{D}_\lambda) \qquad\qquad y'' = -\omega^2\varphi(y,\lambda)$$

gehört also zur Klasse C^∞ (man wird feststellen, daß alle Ergebnisse aus Abschnitt 11.1 auch noch für Gleichungen der Ordnung ≥ 2 gelten, da diese Gleichungen Systemen erster Ordnung entsprechen). Es ist $\varphi(y,0) = y$ und $y(t,0) = \cos\omega t$. Um eine Reihenentwicklung von $y(t,\lambda)$ für kleines λ zu erhalten, leitet man (D_λ) nach λ ab, was

$$(\mathrm{D}_\lambda') \qquad\qquad \frac{\partial^2}{\partial t^2}\left(\frac{\partial y}{\partial\lambda}\right) = \frac{\partial}{\partial\lambda}\,\frac{\partial^2 y}{\partial t^2} = \frac{\partial}{\partial\lambda}\,(-\omega^2\varphi(y,\lambda))$$

$$= -\omega^2\left(\varphi_y'(y,\lambda)\,\frac{\partial y}{\partial\lambda} + \varphi_\lambda'(y,\lambda)\right)$$

ergibt. Es ist $\varphi_y'(y,0) = 1$ und $\varphi_\lambda'(y,0) = -1/6\,y^3$, so daß die Funktion $v(t) = \partial y/\partial\lambda\,(t,0)$ die Gleichung

$$v''(t) = -\omega^2\left(v(t) - \frac{1}{6}\,y(t,0)^3\right)$$

$$= -\omega^2 v(t) + \frac{1}{6}\,\omega^2 \cos^3 \omega t$$

erfüllt. Da $y(0,\lambda) = 1$ und $\partial y/\partial t(0,\lambda) = 0$ für jedes λ ist, sind die Anfangsbedingungen $v(0) = v'(0) = 0$. Die allgemeine Lösung des homogenen Systems lautet

$$v(t) = \alpha \cos \omega t + \beta \sin \omega t.$$

Jetzt wendet man die Variation der Konstanten auf

$$v(t) = \alpha(t) \cos \omega t + \beta(t) \sin \omega t$$

an. Nach Kapitel 7.3.3 führt dies zum System

$$\begin{cases} \alpha'(t) \cos \omega t + \beta'(t) \sin \omega t = 0 \\ \alpha'(t)(-\omega \sin \omega t) + \beta'(t)\,\omega \cos \omega t = \dfrac{1}{6}\,\omega^2 \cos^3 \omega t, \end{cases}$$

und daraus ergibt sich

$$\begin{cases} \alpha'(t) = -\dfrac{\omega}{6}\,\cos^3 \omega t \, \sin \omega t \\ \beta'(t) = \dfrac{\omega}{6}\,\cos^4 \omega t = \dfrac{\omega}{48}\,(3 + 4 \cos 2\omega t + \cos 4\omega t), \end{cases}$$

$$\begin{cases} \alpha(t) = \alpha_0 + \dfrac{1}{24}\,\cos^4 \omega t \\ \beta(t) = \beta_0 + \dfrac{1}{48}\,(3\omega t + 2 \sin 2\omega t + \dfrac{1}{4}\sin 4\omega t). \end{cases}$$

Die Anfangsbedingungen $v(0) = \alpha(0) = 0$ und $v'(0) = \alpha'(0) + \omega\beta(0) = 0$ ergeben $\alpha(0) = \beta(0) = 0$, also $\alpha_0 = -1/24$, $\beta_0 = 0$ und

$$v(t) = \frac{1}{24}\,(\cos^4 \omega t - 1) \cos \omega t + \frac{1}{48}\,(3\omega t + 2\sin 2\omega t + \frac{1}{4}\sin 4\omega t)\sin \omega t$$

$$= \frac{1}{16}\left(\omega t + \frac{1}{6}\sin 2\omega t\right)\sin \omega t,$$

$$y(t,\lambda) = \cos \omega t + \frac{\lambda}{16}\,(\omega t + \frac{1}{6}\sin 2\omega t)\sin \omega t + O(\lambda^2).$$

Davon ausgehend wollen wir jetzt den Einfluß der maximalen Auslenkung θ_m auf die Schwingungsdauer untersuchen. Es sei $T(\lambda)$ die Periode, so daß $1/4\,T(\lambda)$ dem kleinsten $t > 0$ entspricht, für das $y(t,\lambda) = 0$ ist. Das bedeutet $y(1/4\,T(\lambda), \lambda) = 0$. Der Satz über implizite Funktionen besagt, daß diese Gleichung für kleines λ wegen

$$T(0) = \frac{2\pi}{\omega}, \qquad \frac{\partial y}{\partial t}\left(\frac{1}{4}\,T(0), 0\right) = -\omega \sin \omega t\Big|_{t=\frac{1}{4}\,T(0)} = -\omega \neq 0$$

eine Funktion $T(\lambda)$ der Klasse C^∞ definiert.
Durch Differenzieren der Gleichung an der Stelle $\lambda = 0$ findet man ferner

$$\frac{1}{4} T'(0) \frac{\partial y}{\partial t}\left(\frac{1}{4} T(0), 0\right) + \frac{\partial y}{\partial \lambda}\left(\frac{1}{4} T(0), 0\right) = 0$$

mit

$$\frac{\partial y}{\partial \lambda}\left(\frac{1}{4} T(0), 0\right) = v\left(\frac{\pi}{2\omega}\right) = \frac{\pi}{32},$$

und damit ist

$$\frac{1}{4} T'(0)(-\omega) + \frac{\pi}{32} = 0, \qquad T'(0) = \frac{\pi}{8\omega},$$

$$T(\lambda) = T(0) + \lambda T'(0) + O(\lambda^2)$$

$$= \frac{2\pi}{\omega}\left(1 + \frac{1}{16}\lambda + O(\lambda^2)\right).$$

Auf diese Weise findet man die wohlbekannte Gleichung

$$T(\theta_m^2) = 2\pi\sqrt{\frac{l}{g}}\left(1 + \frac{1}{16}\theta_m^2 + O(\theta_m^4)\right).$$

11.3 Aufgaben

11.3.1

Man betrachtet eine von einem Parameter λ abhängige Differentialgleichung p-ter Ordnung:

(D$_\lambda$) $y^{(p)} = f(t, y, y', \ldots, y^{(p-1)}, \lambda).$

Es sei f auf einem Gebiet U auf $\mathbb{R} \times (\mathbb{R}^m)^p \times \mathbb{R}^q$ definiert und dort stetig.

(a) Es soll angenommen werden, daß $f(t, Y, \lambda)$ auf U zur Klasse C^k gehört und bezüglich jeder Komponente Y und λ partielle Ableitungen der Klasse C^k besitzt. Mit

$$y(t, y_0, y_1, \ldots, y_{p-1}, \lambda)$$

bezeichnet man die Lösung von (D$_\lambda$), welche die Anfangsbedingungen

$$y(t_0) = y_0, \quad y'(t_0) = y_1, \ldots, y^{(p-1)}(t_0) = y_0$$

erfüllt. Zeigen Sie, daß diese Lösung y bezüglich der Menge der Variablen t, y_j, λ zur Klasse C^{k+1} gehört, ebenso wie ihre partiellen Ableitungen $\partial y/\partial t, \ldots, \partial^{p-1} y/\partial t^{p-1}$.
[*Hinweis:* Führen Sie das Problem auf ein System erster Ordnung zurück.]

(b) Es soll jetzt $\lambda \in \mathbb{R}$ angenommen werden. Es sei $u(t,\lambda)$ die Lösung, welche die Anfangsbedingung

$$\frac{\partial^k u}{\partial t^k}(t_0, \lambda) = y_k(\lambda), \quad 0 \le k \le p-1$$

erfüllt, wobei $y_0(\lambda), \ldots, y_{p-1}(\lambda)$ zumindest bezüglich λ zur Klasse C^1 gehören. Zeigen Sie, daß $v(t,\lambda) = \partial u/\partial \lambda(t,\lambda)$ die Lösung einer linearen Differentialgleichung p-ter Ordnung, mit näher zu bestimmenden Anfangsbedingungen, ist.

(c) Anwendung: Formulieren Sie die Gleichung aus (b) mit den Anfangsbedingungen $y(0) = e^{-\lambda}$, $y'(0) = \cosh 2\lambda$ für $y'' = e^{\lambda t} y^2 + \lambda y'$.

11.3.2

In dieser Aufgabe interessieren wir uns für das Verhalten von Integralkurven des Systems (S) aus Aufgabe 10.3.2, die durch einen, dem Ursprung benachbarten Punkt hindurchgehen. Für jedes $\lambda > 0$ bezeichnet

$$t \mapsto M(t,\lambda) = (x(t,\lambda), y(t,\lambda))$$

die maximal fortgesetzte Lösung von (S), welche zum Zeitpunkt $t = 0$ durch den Punkt mit den Koordinaten $(\lambda, 0)$ hindurch geht.

(a) Bestimmen Sie in der Umgebung des Ursprungs die Lösung $t \mapsto (\widetilde{x}(t), \widetilde{y}(t))$ des *linearisierten* Systems, welche zum Zeitpunkt $t = 0$ durch den Punkt $(1,0)$ geht.

(b) Zeigen Sie mit Hilfe einer passenden Homothetie und den Verfahren aus Kapitel 11, daß $M(t,\lambda)$ eine Reihenentwicklung folgender Gestalt besitzt:

$$M(t,\lambda) = (\lambda \widetilde{x}(t) + \lambda^2 u(t) + O(\lambda^3), \ \lambda \widetilde{y}(t) + \lambda^2 v(t) + O(\lambda^3)).$$

Dabei sind u, v näher zu bestimmende Funktionen.

11.3.3

Ziel dieser Aufgabe ist es, die Feldlinien zu untersuchen, welche ein elektrischer Dipol (zum Beispiel ein polarisiertes Molekül wie Chlorwasserstoff) in einer Ebene erzeugt.

Die Ebene wird in das orthonormierte Koordinatensystem $(O; \vec{i}, \vec{j})$ gelegt, mit O als der Lage des punktförmig angenommenen Dipols und $(O; \vec{i})$ der Dipolachse. Wenn M ein beliebiger, von O verschiedener Punkt ist, dann sind (r, θ) die Polarkoordinaten von M bezüglich des Koordinatensystems $(O; \vec{i}, \vec{j})$. Man ordnet M den Radiusvektor $\vec{u} = \cos \theta \cdot \vec{i} + \sin \theta \cdot \vec{j}$ und den dazu senkrechten Vektor $\vec{v} = -\sin \theta \cdot \vec{i} + \cos \theta \cdot \vec{j}$ zu. Das vom Dipol überall außer in $M \ne O$ erzeugte elektrische Potential $V(M)$ ist gegeben durch

$$V(M) = \frac{\cos \theta}{r^2}.$$

(a) Es sollen folgende Gleichungen ins Gedächtnis zurückgerufen werden:

$$
\begin{aligned}
d\overrightarrow{M} &= dr \cdot \vec{u} + r\,d\theta \cdot \vec{v}, \\
\overrightarrow{\mathrm{grad}}\, V &= \frac{\partial V}{\partial r} \cdot \vec{u} + \frac{1}{r}\,\frac{\partial V}{\partial \theta} \cdot \vec{v}.
\end{aligned}
$$

Berechnen Sie das durch den Dipol erzeugte elektrische Feld $\overrightarrow{E} = -\overrightarrow{\mathrm{grad}}\, V$.
Bestimmen Sie die Gleichung $r = \varphi(\theta)$ der Feldlinie (Integralkurve des Vektorfeldes $\overrightarrow{E}$), welche durch den Punkt mit den Polarkoordinaten (r_0, θ_0) mit $r_0 > 0$ und $\theta_0 = \pi/2$ geht.

(b) Es soll angenommen werden, daß der Dipol sich in einem ihn umgebenden, konstanten elektrischen Feld $\overrightarrow{E}_0 = \lambda\vec{j}$ befindet, dessen Feldstärke im Vergleich zum eigenen Feld $\overrightarrow{E}$ sehr schwach ist.

α) Wie lautet die Differentialgleichung $\dfrac{dr}{d\theta} = f(r, \theta, \lambda)$ der zum Feld $\overrightarrow{E} + \overrightarrow{E}_0$ gehörenden Feldlinien. Berechnen Sie die Reihenentwicklung erster Ordnung von $f(r, \theta, \lambda)$ in Abhängigkeit von λ.

β) Man bezeichnet $r = \psi(\theta, \lambda)$ als die Polargleichung der durch den Punkt $(r_0, \pi/2)$ gehenden Feldlinie. [Versuchen Sie nicht ψ zu berechnen.]
Zeigen Sie, daß $w(\theta) = \partial\psi/\partial\lambda\,(\theta, 0)$ einer linearen Differentialgleichung genügt. Leiten Sie daraus eine Reihenentwicklung erster Ordnung von $\psi(\theta, \lambda)$ in Abhängigkeit von λ ab.

Sachwortverzeichnis